变电站
运行与维护

XIANDIANZHAN
YUNXING YU WEIHU

许傲然　杨　林　谷彩连 ◎ 编　著

首都经济贸易大学出版社

Capital University of Economics and Business Press

·北京·

图书在版编目(CIP)数据

变电站运行与维护/许傲然,杨林,谷彩连编著 . --北京:
首都经济贸易大学出版社,2018.2
ISBN 978 - 7 - 5638 - 2752 - 7

Ⅰ.①变… Ⅱ.①许… ②杨… ③谷… Ⅲ.①变电
所—电力系统运行—维护 Ⅳ.①TM63

中国版本图书馆 CIP 数据核字(2018)第 000625 号

变电站运行与维护
许傲然 杨 林 谷彩连 编 著

责任编辑 刘元春 田玉春
封面设计 砚祥志远·激光照排
　　　　　TEL:010-65976003
出版发行 首都经济贸易大学出版社
地　址 北京市朝阳区红庙(邮编100026)
电　话 (010)65976483 65065761 65071505(传真)
网　址 http://www.sjmcb.com
E-mail publish@cueb.edu.cn
经　销 全国新华书店
照　排 北京砚祥志远激光照排技术有限公司
印　刷 北京京华虎彩印刷有限公司
开　本 710 毫米×1000 毫米 1/16
字　数 426 千字
印　张 24.25
版　次 2018 年 2 月第 1 版 2018 年 2 月第 1 次印刷
书　号 ISBN 978 - 7 - 5638 - 2752 - 7/TM·13
定　价 45.00 元

《变电站运行与维护》
编 委 会

内容提要

《变电站运行与维护》一书以电力行业有关规程、标准和国家电网公司相关规定为依据,并结合变电运维岗位生产实际编写,旨在提高变电运维岗位人员专业技能水平,增强岗位胜任力。

本书分为7章,主要内容包括:电气设备、继电保护及安全自动装置、二次回路、倒闸操作、变电站设备巡视与异常处理、变电站事故处理、变电运维管理规定。

本书可作为220kV及以下变电运维专业岗位员工和电气专业大学生的培训教材,也可供变电专业技术管理人员参考使用。

前　言

为贯彻落实国家电网公司"人才强企"战略,努力满足省公司对于加强生产专业全员培训的新要求,我们组织有关专业人员编写了此书,其目的是促进变电运维岗位员工尽快适应公司和岗位需要,提高员工培训的针对性、有效性和实用性。沈阳工程学院与国网辽宁省电力有限公司技能培训中心共同组织优秀专兼职培训师和生产现场专家,以《国家电网公司生产技能人员职业能力培训规范》和变电运维岗位工作实际情况为依据,编写本培训教材,旨在提高变电运维岗位员工岗位胜任力。参加编写的单位主要有:沈阳工程学院、国网辽宁技培中心、国网辽宁省电力公司调控中心、国网锦州供电公司、国网辽宁电科院。

本书借鉴国内外先进的培训理念,以培养职业能力为出发点,注重学以致用,注重情境教学模式,把"教、学、做"融为一体。本书共包括7章。第1章电气设备,第2章继电保护及安全自动装置,第3章二次回路,第4章倒闸操作,第5章变电站设备巡视与异常处理,第6章变电站事故处理,第7章变电运维管理规定。全书由许傲然和杨林组织编写,杨林统稿。

在编写过程中,参考了许多规程规范和文献,在此向他们表示衷心的感谢! 由于编者的水平有限,加之时间仓促,难免存在疏漏及差错之处,恳请各位专家和读者批评指正,并提出宝贵意见,以便修订时改进完善。

编者

2018 年 1 月

目　　录

1　电气设备 ………………………………………………………………… 1

　1.1　电力变压器 …………………………………………………………… 1

　1.2　高压断路器 …………………………………………………………… 7

　1.3　SF₆ 全封闭组合电器 ………………………………………………… 16

　1.4　隔离开关 ……………………………………………………………… 19

　1.5　高压开关柜 …………………………………………………………… 22

　1.6　互感器 ………………………………………………………………… 25

　1.7　补偿设备 ……………………………………………………………… 30

　1.8　避雷器 ………………………………………………………………… 32

　1.9　变电站一二次设备间的联系 ………………………………………… 36

2　继电保护及安全自动装置 ……………………………………………… 38

　2.1　继电保护的基本概念 ………………………………………………… 38

　2.2　高压线路的继电保护 ………………………………………………… 46

　2.3　电力变压器的保护 …………………………………………………… 79

　2.4　自动重合闸装置 ……………………………………………………… 101

　2.5　备用电源自动投入装置 ……………………………………………… 113

3　二次回路 ………………………………………………………………… 121

　3.1　二次回路概述 ………………………………………………………… 121

　3.2　二次回路图识读方法 ………………………………………………… 130

　3.3　电气测量与绝缘监察装置 …………………………………………… 142

　3.4　典型二次回路 ………………………………………………………… 150

4　倒闸操作 ······························· 164

4.1　倒闸操作的一般要求 ····················· 164

4.2　倒闸操作的执行顺序 ····················· 165

4.3　操作设备的规定 ························· 166

4.4　两票的管理 ··························· 167

4.5　设备管理 ···························· 169

4.6　安全管理 ···························· 172

4.7　无人值班变电运行管理 ··················· 176

4.8　倒闸操作的基本原则及注意事项 ·············· 179

4.9　倒闸操作的标准化程序 ··················· 187

5　变电站设备巡视与异常处理 ················ 192

5.1　变电站设备巡视 ························· 192

5.2　变电站异常与缺陷的处理 ·················· 198

6　变电站事故处理 ······················· 218

6.1　变电站事故处理概述 ····················· 218

6.2　变电站主要设备的事故处理 ················· 220

7　变电运维管理规定 ······················· 228

7.1　油浸式变压器（电抗器）运维细则 ·············· 228

7.2　断路器运维细则 ························· 245

7.3　组合电器运维细则 ······················ 256

7.4　隔离开关运维细则 ······················ 264

7.5　开关柜运维细则 ························· 272

7.6　电流互感器运维细则 ····················· 283

7.7　电压互感器运维细则 ····················· 290

7.8　并联电容器组运维细则 ···················· 297

7.9　消弧线圈运维细则 ······················ 304

7.10　电力电缆运维细则 ······················ 311

7.11　避雷器运维细则 ························ 316

7.12　避雷针运维细则 ································· 321

7.13　站用变运维细则 ································· 324

7.14　站用交流电源系统运维细则 ························· 329

7.15　站用直流电源系统运维细则 ························· 334

7.16　母线及绝缘子运维细则 ·························· 342

7.17　干式电抗器运维细则 ···························· 347

7.18　端子箱及检修电源箱运维细则 ······················ 352

7.19　辅助设施运维细则 ······························ 356

参考文献 ··· 373

7.12 ....

7.13 ....

7.14 ....

7.15 ....

7.16 ....

7.17 ....

7.18 ....

7.19 ....

....

1 电气设备

学习目标

掌握变电站各种电气设备包括变压器、断路器、GIS、隔离开关、开关柜、互感器、补偿设备、避雷器等设备的结构、作用及相关运行知识。

1.1 电力变压器

1.1.1 基本结构

电力变压器（简称变压器）是变电站最主要的一次设备，它的作用是进行电压变换和电流变换。变压器主要由变压器本体、冷却器装置、调压装置、套管、保护装置及其他附件组成。

1.1.1.1 变压器本体

铁芯和绕组是变压器本体的主要部分，铁芯是导磁部件，绕组是导电部件。为防止变压器在运行或试验时由于静电感应在铁芯等金属构件上产生悬浮电位，造成对地放电，铁芯及其金属附件必须且仅有一点接地。

变压器运行中会产生铜损和铁损，使铁芯和绕组发热，温度升高，影响变压器的运行，尤其影响变压器绝缘材料的绝缘强度。温度越高绝缘老化越快。在我国，电力变压器大多数采用 A 级绝缘，正常运行中，铁芯和绕组温度不能超过 105℃。

电力变压器大都是油浸式变压器，变压器油对绕组起绝缘和冷却的密封作用，一般通过监测上层油温来控制变压器绕组最热点的工作温度，使绕组运行温度不超过其绝缘材料的允许温度，以保证变压器的绝缘使用寿命。由于绕组的平均温度比油温高 10℃，当周围最高空气温度为 40℃时，油浸自冷或风冷变压器上层油温允许值一般不宜超过 85℃，最高允许温度为 95℃，220kV 变压器一般采用油浸自冷、风冷。

1.1.1.2 冷却装置

运行中变压器铁芯和绕组产生的热量，是通过绝缘油经油道带出并传至散热器和油箱散发冷却的，带风扇加强散热的称为油浸风冷式。有油泵加强油的循环的称为强迫油循环风冷式，其冷却方式为变压器油箱上部的热油，由潜油泵抽入上集油器，经风扇吹风降温的冷却通道，由下集油器回流入油箱中。串联的冷却管道之间，可接入净油器。

油浸风冷变压器在风扇停止工作时允许的负荷和运行时间应遵守制造厂的规定，其中油浸风冷变压器，当上层油温度不超过65℃，允许不开风扇带额定负荷运行。

1.1.1.3 调压装置

调压装置又叫分接开关，是变压器为了稳定负荷中心电压的调压设备。它是在变压器的某一绕组上设置分接头，当变换分接头时就改变了绕组的匝数，改变了绕组的匝数比。绕组匝数的改变使电压相应改变，从而达到了调整电压的目的。

分接开关的调压方式有无载调压和有载调压两种。

（1）无载调压装置。无载调压装置是用于油浸变压器在无励磁状态下进行分接变换的装置。按相数分有单相和三相；按安装方式分为卧式和立式；按结构形式分为鼓形、笼形、条形和盘形；按调压部位分为中性点调压、中部调压和线端调压。

变压器无载调压装置的额定调压范围较窄，调节级数较少。在额定调压范围以变压器额定电压的百分数表示为 ±5% 或 ±2×2.5% 。

无载调压装置要求开关动作位置准确，操作灵活、方便，有良好的绝缘性能和稳定性能，同时要求机械强度好，寿命长，外形尺寸小且便于维护等。在对二次侧电压进行调整时，首先对该变压器进行停电。变换分接头位置时，要求正反转动三个循环，消除触头上的氧化膜及油污，然后正式变换分接头。变换分接头后测量绕组档位的直流电阻，并检查销紧位置，以确保接触良好、可靠。分接头变换情况应做好记录并报告调度部门。

由于每次变换分接位置比较麻烦，无载调压装置只适用于不经常调整电压或季节性调整电压的变压器。

（2）有载调压装置。有载调压装置是用于油浸变压器在变压器励磁（带负载）状态下变换分接位置，它必须满足以下两个基本条件：①在变换分接过程中保证电流的连续，不能开路；②在变换分接过程中，保证分接过程中不能短路。

为满足以上两个基本条件，在变换过程中必然在某一瞬间同时桥接两个分接头以确保电流连续。在桥接的两个分接头间，必须串入阻抗以限制循环电流，该阻抗称为过渡阻抗。调压变压器绕组有多个分接头，需要一套电路来选择这些分接头，该电路称为选择电路。不同的调压方式要求有不同的调压电路。因此有载调压装置的电路由过渡电路、选择电路、调压电路三部分组成。

有载调压时应遵守以下规定：①有载分接开关切换调节时，应注意分接开关位置指示、变压器电流和母线电压变化情况，并做好记录。②有载调压时应逐级调压，原则上每次只操作一档，隔1min后再进行下一档的调节。严禁分接开关在变压器严重过负荷时进行切换。③分相安装的有载分接开关，应三相同步电动操作，一般不允许分相操作。④两台有载调压变压器并联运行时，其调压操作应轮流逐级进行。⑤有载调压变压器与无载调压变压器并联运行时，有载调压变压器的分接头位置应尽量靠近无载调压变压器的分接位置。

1.1.1.4　保护装置

（1）储油柜。储油柜也称油枕，用以补偿油的热胀冷缩或缺油漏油引起的油位变化，并能使空气与本体油不直接接触，减少油的氧化。储油柜储油的总量为变压器油的10%，其面积小，缩小了空气与油的接触面。

（2）吸湿器。吸湿器也称空气滤过器，可防止空气中的水分和杂质进入储油柜，安装在变压器油枕的呼吸器管路上。吸湿器是一个圆形的玻璃容器，上端通过联管接通到油枕里面油面上，下端是空气的进出口，通过油封与大气相通，可以起到呼吸作用。其中的变色硅胶吸湿后，由蓝色变粉红色，或紫色变白色。当变色达2/3时应予以更换。

（3）气体继电器。气体继电器也称为瓦斯继电器。常用的有浮子式和挡板式气体继电器。

①浮子式气体继电器。浮子式气体继电器是比较老旧的，其应用历史比较长，目前在很大一部分变压器上还在使用。在浮子式气体继电器容器内部上下各有一个带水银触点的玻璃泡，它们可以以支点为中心自由转动。正常运行时，气体继电器整个容器内充满油，上触点保持水平，下触点保持垂直状态。当变压器内部有少量不正常气体产生时，气体上升到变压器箱壳的顶部，然后沿着管道流向气体继电器，由于气体发生比较缓慢，气体开始凝聚在容器的上部，迫使油面逐渐下降，当下降到一定程度，上玻璃泡内的水银触点闭合，接通信号回路，发出轻瓦斯信号。当变压器内部故障，大量气体突然发生，强烈的油流会急促地涌向气体继电器冲动下玻璃泡，水银触点闭合，接通跳闸回路，将故障变压器从系统中切除。

②挡板式气体继电器。挡板式气体继电器是比较新型的，比浮子式气体继电

器动作更为可靠。它也是装在储油柜与变压器箱盖的连接管之间，运行时气体继电器整个容器内充满油。当变压器内部轻微故障时，产生少量气体聚集于继电器顶部，使上油杯带动磁铁下降，使干簧继电器触点接通，发出轻瓦斯信号。当内部严重故障时，急速的油流冲击挡板，使挡板向上撬起，磁铁吸合干簧继电器触点，接通跳闸回路。

（4）压力释放阀和防爆管。压力释放阀和防爆管是变压器的安全装置，作用是当变压器内部发生故障，变压器油产生大量气体，使变压器内部压力骤然猛增时能有一个排气泄压处，以避免变压器壳因受高压而发生爆裂。当油箱内的压力降低或恢复正常值后，阀盖自动复位，使箱内变压器油与外部空气隔绝。

（5）净油器。净油器也称温差过滤器，是一个充满吸附剂的金属容器。变压器油流经吸附剂时，油中水分、游离酸和各种氧化物均被吸附剂吸收，使油得到连续再生，使油质能长时间保持在合格状态。如果压力释放阀与全密封式储油柜配合使用，可以不装净油器。常用的净油器有温差环流法净油器和强制环流法净油器。

1.1.1.5 监测部件

（1）温度计。电力变压器中散装设有油面温度指示计和绕组温度指示计，用来监视上层油温和绕组的温度。常用的温度计形式有水银温度计、指针式温度计和电阻式温度计。

（2）油位计。变压器油位过高可能因温度上升溢出，过低可能因温度下降引起气体继电器动作，因此必须监视变压器油位的高低。油位计上标有 $-30℃$、$+20℃$、$+40℃$ 时的油位。

1.1.2 基本参数

（1）额定电压。额定电压是变压器长时间所承受的工作电压。它关系到主绝缘和纵绝缘的承受能力。

（2）额定电流。额定电流是允许长时间通过的电流。它关系到变压器的发热、温度和寿命。

（3）温度及温升。变压器中所使用的材料，在长期温度作用下，会逐渐降低原有的绝缘性能，温度越高绝缘老化越快。电力变压器大多都是油浸式变压器，运行中各部分的温度是不同的，绕组温度最高，铁芯温度次之，绝缘油的温度最低。运行中必须监视各部分温度的变化，确保变压器绝缘使用寿命。

运行中的变压器不仅要监视上层油温，而且还要监视上层油温的温升。当周围环境温度较低时，变压器外壳的散热能力大大加强，使外壳温度降低较多，但内部散热能力却提高很少，即使上层油温不超过允许值，变压器绕组温度可能会超过允许值。油浸自冷或风冷变压器上层油的允许温升（周围环境温度为＋40℃，额定负荷）为55℃。

（4）效率。效率是二次输出功率 P_2 与一次输入功率 P_1 之比，即为：

$$\eta = P_2/P_1 \times 100\%$$

效率大小关系到变压器的经济运行。

（5）频率：50Hz。

（6）变比、视在功率及组别。

当忽略励磁电流、铁芯损耗和绕组损耗时，变比 K 为：

$$K = \frac{U_1}{U_2} = \frac{I_2}{I_1} = \frac{N_1}{N_2}$$

对于单相变压器额定容量为：

$$S_N = U_N I_N$$

对三相变压器额定容量为：

$$S_N = \sqrt{3} U_N I_N$$

变压器的联结组别就是表示绕组的连接形式及用时钟表示的方法标示出高低压绕组相位的关系。220kV 变电站主变压器联结组别多为：双绕组变压器为 $Y_N d11$，三绕组变压器为 $Y_N y0d11$。66kV 变电站主变压器组别多为 Yd11。

1.1.3 变压器的运行规定

1.1.3.1 过负荷的一般规定

（1）变压器允许的过过负荷倍数和时间按照厂家说明书或现场运行规程掌握。

（2）有缺陷的变压器不宜过负荷运行。

（3）变压器的载流附件和外部回路元件应能满足超额定电流运行的要求，当任一附件和回路元件不能满足要求时，应按负载能力最小的附件和元件限制负载。

1.1.3.2 运行电压要求

变压器的运行电压一般不应高于105%的运行分接电压。

1.1.3.3 运行温度要求

油浸式变压器顶层油温一般不应超过表1－1规定（制造厂另有规定的除外）。当冷却介质温度较低时，顶层油温也相应降低。自然循环冷却变压器的顶层油温一般不宜经常超过85℃。

表1-1　油浸式变压器顶层油温一般限值

冷却方式	冷却介质最高温度（℃）	最高顶层油温（℃）
自然循环风冷	40	95
强迫油循环风冷	40	85

1.1.3.4　冷却装置的运行要求

（1）不允许在带有负荷的情况下将强油冷却器（非片散）全停，以免产生过大的铜油温差，使线圈绝缘受损伤。在运行中，当冷却系统发生故障切除全部冷却器时，变压器在额定负载下允许运行20min。当油面温度尚未达到75℃时，允许上升到75℃，但冷却器全停的最长运行时间不得超过1h。

（2）同时具有多种冷却方式（如ONAN、ONAF或OFAF）的变压器应按制造厂规定执行。如型号为SFPSZ10-180000/220的片散式变压器在各种冷却方式下允许长期运行的负荷如表1-2所示。

表1-2　SFPSZ10-180000/220型片散式变压器在各种冷却方式下允许的负荷

冷却方式	长期运行负荷允许值	冷却方式	长期运行负荷允许值
ONAN	$63\% S_N$	OFAF	$100\% S_N$
ONAF	$80\% S_N$		

注：S_N 为变压器的额定容量，kVA。

（3）油浸风冷变压器，风机停止工作时，允许的负载和运行时间应按制造厂的规定。

（4）冷却装置部分故障时，变压器的允许负载和运行时间应按制造厂规定。

1.1.3.5　并列运行要求

（1）变压器并列运行条件是：一次和二次额定电压分别相等或电压比相等，联结组别相同，短路阻抗百分值相近。

（2）电压比不等或短路阻抗不等的变压器并列运行时，每台变压器并列运行绕组的环流应满足制造厂的要求。

（3）短路阻抗不同的变压器，可通过调整分接头位置，适当提高短路阻抗大的变压器的二次电压，使并列运行变压器的容量均能充分利用。

1.1.3.6　三相负载不平衡

变压器三相负载不平衡时，应监视最大一相的电流。

1.1.3.7　共用中性点电流互感器

对变压器间隙过流保护与零序过电流保护共用中性点电流互感器时要求在变

压器投入运行时，中性点放电间隙保护应退出运行，合上变压器中性点接地刀闸投入零序过流保护（零序过流保护投入运行）。送电结束后，根据运行方式安排拉开中性点接地刀闸，投入间隙过流保护压板。间隙过流保护必须在变压器中性点刀闸合上前停用，拉开后投入。对变压器间隙过流保护采用间隙回路单独电流互感器时，在变压器中性点切换时，间隙过流保护压板可不用切换。

1.2 高压断路器

1.2.1 高压断路器的类型

高压断路器是变电站的重要设备，既用来断开或闭合正常工作电流，也用来断开或闭合短路电流。

高压断路器主要由导流部分、绝缘部分、灭弧部分和操动机构几部分组成。根据高压断路的装设地点，可分为户内和户外两种形式。按断路器使用的灭弧介质和灭弧原理可分为六氟化硫（SF_6）断路器、真空断路器、油断路器（多油断路器和少油断路器）、空气断路器等。由于油断路器运行维护量大，且有火灾的危险，而空气断路器结构复杂、制造工艺和材料要求高，有色金属消耗量大，维护周期长等缺点，目前油断路器、空气断路器逐渐被 SF_6 断路器和真空断路器取代。操动机构应用最多的是液压机构、气动机构、弹簧储能机构。

1.2.1.1 SF_6 断路器

采用具有优良灭弧性能和绝缘性能的 SF_6 气体作为灭弧介质的断路器，称为 SF_6 断路器。这种断路器具有开断能力强、全开断时间短、体积小、运行维护量小等优点，但结构复杂，金属消耗量大，价格较贵。由于六氟化硫（SF_6）断路器的优良性能，目前 35kV 及以上系统得到广泛应用，尤其以 SF_6 断路器为主体的封闭式组合电器（GIS），在高压电网应用广泛。

1.2.1.2 真空断路器

利用真空（$133.3 \times 10^{-4} Pa$ 以下）的高介质强度来实现灭弧的断路器，称为真空断路器。这种断路器开断能力强，灭弧迅速，运行维护简单，灭弧室不需要检修。目前真空断路器在 10kV 配电系统得到广泛应用。

1.2.2 高压断路器的基本技术参数

1.2.2.1 额定电压（U_N）

额定电压是指断路器长期工作的标准电压。产品铭牌上标明的额定电压是指正常工作的线电压。我国采用的额定电压等级有 6kV、10kV、35kV、66kV、110kV、220kV、330kV、500kV 等。

考虑到输电线路的首、末端运行电压不同及电力系统调压要求，高压断路器又规定了与额定电压对应的最高工作电压 U_{alm}。当 $U_N \leqslant 220kV$ 时，$U_{alm} = 1.15U_N$；当 $U_N > 220kV$ 时，$U_{alm} = 1.1U_N$。额定电压的高低影响断路器的外形尺寸和绝缘水平，电压越高，要求绝缘水平越高，外形尺寸越大。

1.2.2.2　额定电流（I_N）

额定电流是指断路器长期允许通过的最大工作电流。电气设备长期通过 I_N 时，其发热温度不会超过国家标准规定值。额定电流的大小，决定断路器导电部分和触头的尺寸及结构，在相同的允许温升下，电流越大，则要求导电部分和触头的截面越大，以便减小损耗和增大散热面积。

1.2.2.3　额定开断电流

开断电流是指断路器在开断操作时，首先起弧的那相电流。额定开断电流是指断路器在额定电压下能保证正常开断的最大短路电流。它是标志断路器开断能力的一个重要参数。开断电流和电压有关。在低于额定电压下，断路器开断电流可以提高，但由于灭弧装置机械强度的限制，开断电流仍有一极限值，此极限值称为极限开断电流。

1.2.2.4　关合电流

当线路上存在短路故障时，断路器一合闸就会有短路电流流过，这种故障称为"预伏故障"。当断路器关合有预伏故障的线路时，在动、静触头接触前几毫米就发生预击穿，随之出现短路电流，给断路器关合造成阻力，影响动触头合闸速度及触头的接触压力，甚至出现触头弹跳、熔化、焊接以至断路器爆炸等事故。

短路时，保证断路器能够关合而不致发生触头熔焊或其他损伤的最大电流，称为断路器的关合自流。其数值以关合操作时瞬态电流第一个最大半波峰值来表示，制造部门对关合电流一般取额定开断电流的 $1.8\sqrt{2}$，即

$$i_{Ncl} = 1.8\sqrt{2}I_{Nbr} = 2.55I_{Nbr}$$

断路器关合短路电流的能力与断路器操动机构的功率、断路器灭弧装置性能等有关。

1.2.2.5　t 秒热稳定电流

t 秒热稳定电流是指在 t 秒内，通过断路器使其各部分发热不超过短时发热允许温度的最大短路电流。它是标志断路器承受短路电流热效应能力的一个重要

参数。

1.2.2.6 动稳定电流（i_{es}）

动稳定电流亦称极限通过电流。动稳定电流是指断路器在合闸位置时，允许通过的短路电流最大峰值。在通过这一电流后，断路器不应损坏而是能继续正常工作。短路电流最大峰值以短路电流的第一个半波最大峰值来表示。即：

$$I_{es} = 2.55I_{Nbr}$$

动稳定电流表示断路器对短路电流的动稳定性，它决定于导体部分及支持绝缘子部分的机械强度，并决定于触头的结构形式。额定关合电流在数值应等于动稳定电流，以保证关合与开断能力相匹配。

1.2.2.7 全开断（分闸）时间（t_t）

全开断时间是指断路器接到分闸命令瞬间起到各相电弧完全熄灭为止的时间间隔，即：

$$t_t = t_1 + t_2$$

式中：t_1——断路器固有分闸时间，指断路器接到分闸命令瞬间到各相触头都分离的时间间隔；

　　　t_2——燃弧时间，指断路器触头从分离燃弧瞬间到各相电弧完全熄灭的时间间隔。

断路器开断单相电路时，各个时间的关系如图 1-1 所示。

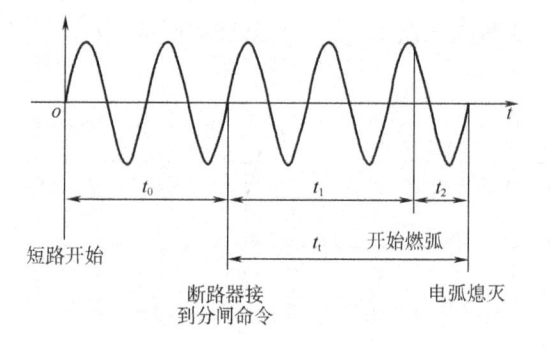

图 1-1　断路器开断电路时的有关时间

全开断时间是表征断路器开断过程快慢的主要参数。从电力系统对开断短路电流的要求来看，希望 t_t 愈小愈好，因为它直接影响故障设备的损坏程度、故障范围、传输容量和系统的稳定性。高速动作的断路器 $t_t < 0.08s$；低速动作的断路器，$t_t > 0.12s$；中速动作的断路器 $t_t = 0.08s \sim 0.12s$。

1.2.2.8 合闸时间（t_{hz}）

合闸时间是指处于分闸位置的断路器，从接到合闸命令瞬间起到各相的触头均接触为止的时间间隔。合闸时间决定于断路器的操动机构及中间传动机构。电力系统对合闸时间一般要求不高，但希望稳定。

1.2.2.9 操作循环

操作循环也是表征断路操作性能的指标。架空线路的短路故障大多为暂时的，短路电流切除后，故障迅速消失。为了提高架空线路供电的可靠性和系统运行的稳定性，断路器应能承受一次或两次以上的关合、开断，或关合后立即开断的能力。此种按一定时间间隔进行多次分、合的操作，称为操作循环。我国规定断路器的额定操作循环如下。

（1）自动重合闸操作循环：

分 → θ → 合分 → t → 合分。

（2）非自动重合闸操作循环：

分 → t → 合分 → t → 合分。

其中：分——分闸操作；

t——强送电时间，标准时间为180s；

合分——合闸后立即分闸的动作；

θ——无电流间隔时间，标准值为0.3s或0.5s。

高压断路器自动重合闸操作循环有关时间如图1−2所示。图中和t_0、t_i和θ的定义与前述相同，t_3为预击穿时间，t_4为金属断路时间，t_5为燃弧时间。

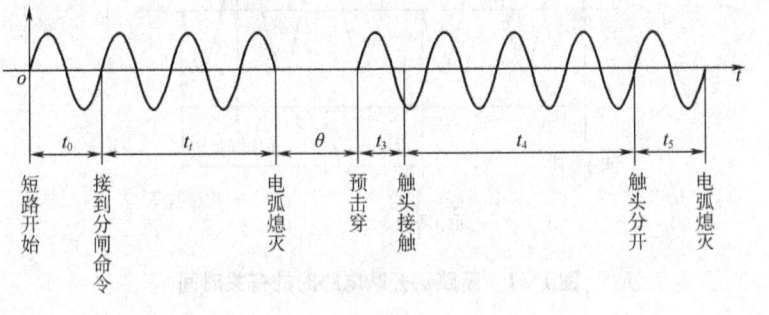

图1−2 自动重合闸操作循环有关时间

断路器的全分闸时间加上间隔无电流时间称为自动重合闸时间。从断路器重合操作触头闭合到第二次触头分开为止的时间，称为金属短接时间。因为重合操作是在线路可能仍处于故障下的合闸，所以为提高电力系统的稳定性，要求所使用的断路器具有较高的动作速度，除了缩短全分闸时间外，金属短接时间也必须较短。

断路器所允许的无电流间隔时间取决于第一次开断后，断路器恢复熄弧能力所需要的时间。如果时间太短，则当高压断路器重合后再次分闸时，会因其灭弧能力尚未恢复，而使断路器在第二次分闸时的开断能力却有所降低。

1.2.3 高压断路器的结构

1.2.3.1 弹簧机构

虽然高压断路器类型不同，具体结构也不相同，但其基本结构类似，主要包括电路通断元件1、绝缘支撑元件2、操动机构3及基座4组成，如图1-3所示。电路通断元件安装在绝缘支承元件上，而绝缘支承元件则安装在基座上。电路通断元件承担接通和断开电路的任务，由接线端子、导电杆、触头及灭弧室等组成；绝缘支撑元件起固定通断元件的作用，并使其带电部分与地绝缘；操动机构起控制通断元件的作用，当操动机构接到合闸和分闸命令时，操动机构动作，经中间传动机构驱动触头，实现断路器的合闸和分闸。

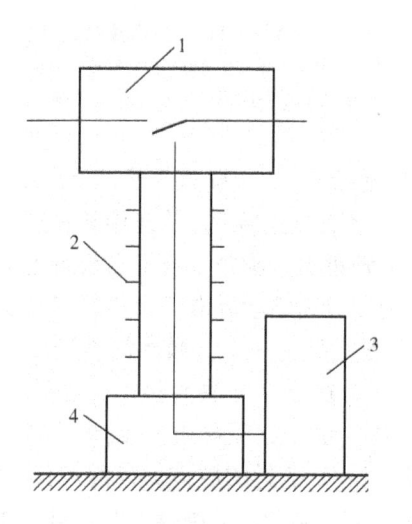

图1-3 断路器基本结构示意图

1—电路通断元件；2—绝缘支撑元件；3—操动机构；4—基座

现以ZN12-10型真空断路器为例，对断路器结构进行介绍。ZN12-10真空断路器为额定电压10kV，三相交流50Hz的户内高压开关设备，其是引进西德西门子公司的技术研制的国产化产品，配用弹簧储能操动机构，结构如图1-4所示。

ZN12-10断路器主要由真空灭弧室、操动机构及支持部分组成。在用钢板焊

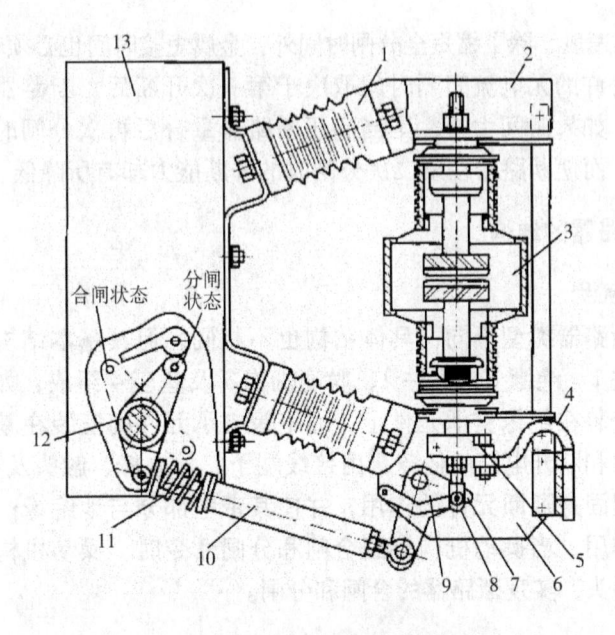

图 1 − 4 ZN12 −10 真空断路器结构图

1—支持绝缘子；2—上出线座；3—灭弧室；4—软连接；5—导电夹；6—下出线座；7—万向杆端轴承；
8—轴销；9—杠杆；10—绝缘拉杆；11—触头弹簧；12—主轴；13—机构箱

接的机构箱 13 上固定支持绝缘子 1，灭弧室 3 通过上出线座 2 和下出线座 6 固定在绝缘子 1 上，下出线座 6 上装有软连接 4，软连接与真空灭弧室动导电杆的底部装有万向杆端轴承 7，该杆端轴承通过辅销 8 与下出线端上的杠杆 9 相连，断路器主轴 12 通过绝缘拉杆 10，把力传递给动导电杆，使断路器实现合、分闸动作。

ZN12 −10 断路器的灭弧室是由一个金属圆筒屏蔽罩和两只瓷管封在一起作为外壳，上、下两只瓷管分别封在上、下法兰盘上，动、静触头分别焊在动、静导电杆上。静导电杆焊在上法兰盘上，动导电杆上焊一波纹管，波纹管的另一端焊在下法兰盘上，由此而形成一个密封的腔体。该腔体经过抽真空，灭弧室的真空度一般在 133.3×10^{-4} Pa 以下。当合、分闸操作时，操动机构带动导电杆上、下运动，波纹管被压缩或拉伸，使真空灭弧室内的真空度得到保持。

图 1 −5 为 ZN12 −10 断路器配用的弹簧操动机构原理图。操动机构主要由储能机构、锁定机构、合闸弹簧、分闸弹簧、断路器主轴、缓冲器及控制装置组成。

储能机构主体是一个外壳为铸铝的减速箱 1，减速箱内是两套蜗轮蜗杆，储能轴 O3 横穿减速箱中，与蜗轮蜗杆无机械联系。储能轴上套有轴套，此轴套用键连在大蜗轮上，轴套上有一轴销，上面装一棘爪；在储能轴的右端装有一凸轮 3，凸

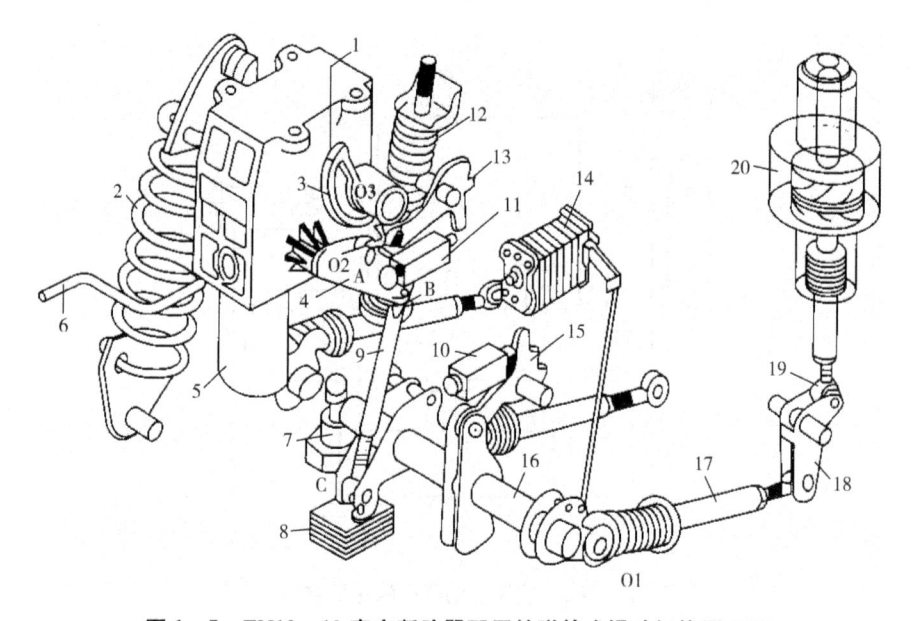

图 1 – 5 ZN12 –10 真空断路器配用的弹簧式操动机构原理图

1—减速箱；2—合闸弹簧；3—凸轮；4—杠杆；5—电动机；6—手摇把；7—分闸油缓冲器；
8—合闸油缓冲器；9—连杆；10—分闸电磁铁；11—合闸电磁铁；12—分闸弹簧；
13—合闸锁扣；14—辅助开关；15—分闸锁扣；16—主轴；17—绝缘拉杆；
18—转向杠杆；19—万向接头；20—真空灭弧室；
O1—主轴；O2—减速箱；O3—储能轴

轮上有一缺口，棘爪通过此缺口来带动凸轮转动。在储能轴的左端装有一曲柄，合闸弹簧 2 一端挂在此曲柄上，轴上还装有带扣合滚轮的杠杆（拐臂），用来在储能后与合闸锁扣 13 相加。

减速箱的 O2 轴销上装有一个三角形的杠杆 4，在该杠杆的 A 轴销处装有合闸滚轮，合闸时合闸弹簧的能量通过凸轮将合闸弹簧的能量传给此轴承；三角杠杆的另一个孔中用轴销连接一连杆 9，该连杆的另一端装在主轴 O1 拐臂上，形成一个四连杆机构，合闸力通过该机构传递给断路器主轴。减速箱的轴上还装有一滚针轴承，用于钮住合闸锁扣 13。减速箱的下部装有储能电动机 5，左侧有手摇把 6 的插孔。

在断路器主轴的拐臂上装有分闸弹簧 12。主轴上还有三对拐臂，其中两对分别作用在合闸橡皮缓冲器 8 和分闸油缓冲器上 7，另一对拐臂上装一滚针轴承，用于锁住分闸锁扣 15。此外，主轴上装有带动辅助开关 14 的专用拐臂。

1.2.3.2 液压操动机构工作原理。

液压操动机构主要结构如图 1 –6 所示。

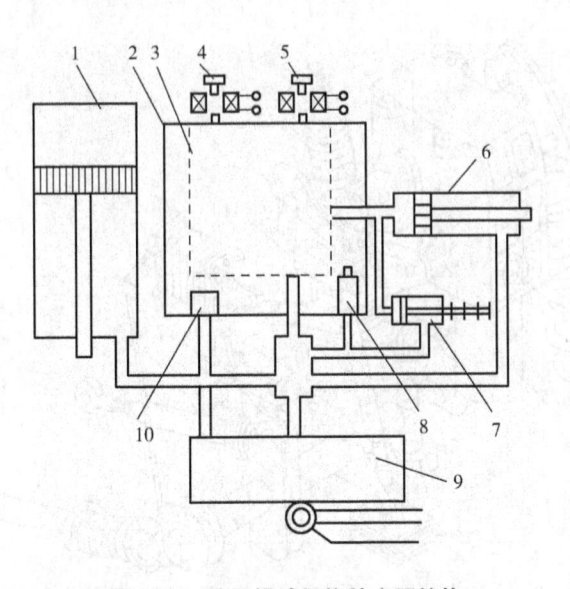

图1-6　液压操动机构的主要结构

1—储压筒；2—低压油箱；3—两级控制阀；4—合闸电磁铁；5—分闸电磁铁；
6—工作缸；7—信号缸及辅助触头；8—安全阀；9—油泵；10—过滤器

　　液压操动机构是利用液压差动原理来实现开关动作的，也就是利用工作缸活塞两侧液体压力的不同实现活塞的运动。图中工作缸活塞左侧为合闸腔，右侧为分闸腔。

　　（1）建压过程。油箱注油到规定油位后，启动油泵，将液压油打压并经防振容器减振后，送入储压筒压缩氮气储能，当油压达到额定工作压力时，微动开关动作，切断油泵电源。此时高压油也进入了工作缸和信号缸的分闸腔，断路器在分闸状态，为合闸操作做好了准备。

　　（2）合闸过程。合闸线圈带电后，电磁铁动作，向控制阀发出合闸命令，控制阀动作，使高压油进入工作缸和信号缸左侧的合闸腔，此时虽然合闸腔与分闸腔都有高压油，但由于合闸腔受力面积大于分闸腔，所以活塞向右运动，使断路器合闸，同时信号缸动作，通过辅助触头断开断路器的合闸回路并发出信号。

　　（3）分闸过程。分闸线圈带电后，电磁铁动作，向控制阀发出分闸命令，控制阀动作，使工作缸和信号缸合闸腔的高压油迅速泄放，活塞在分闸腔高压油的作用下，向左运动，使断路器分闸，同时信号缸动作，通过辅助触头断开断路器的分闸回路并发出信号。

　　通过以上描述可以看出，断路器合闸时利用工作缸活塞两侧受力面积不同来动作，所以合闸需要的油压要高于分闸需要的油压；而断路器分闸时，合闸腔的高压油泄放回油箱，所以分闸操作时液压机构油压下降较多，一般油泵会启动打压。

1.2.4 高压断路器的运行规定

（1）高压断路器外露的带电部分应有醒目的相色漆；本体无锈蚀、液压系统无渗漏；机构箱密封良好，无漏雨进水。

（2）正常情况下，断路器应按铭牌规定的参数运行，不得超过额定值，断路器及其辅助设备应处于良好的工作状态。

（3）高压断路器规定了额定负荷下允许切断次数及故障电流下允许切断次数。当达到规定跳闸次数时，应汇报申请检修，一般不再投入运行。当达到重合闸次数时，应退出重合闸。操动机构在断路器动作次数达到允许切断次数时，报缺陷要求检修，各计数器不得随意归零。

例某变电站 35kV 断路器为 3API - FG 型 SF_6 断路器，单柱单断口，弹簧操动机构，10kV 断路器为 ZN12 - 10 真空断路器，弹簧操动机构。它们在额定负荷下允许切断次数及故障电流下允许切断次数见表 1 - 3。

表 1 - 3 断路器在额定负荷下及故障电流下允许切断次

序号	开关型号	额定开断次数	故障电流开断次数	退重合闸跳闸次数
1	3AP1 - FG	4 000 次	10 次	9 次
2	ZN12 - 10	1 000 次	50 次	49 次

（4）发出 SF_6 压力闭锁的断路器即认为失去断路能力，不得投入运行。SF_6 断路器的气体压力与断路器的灭弧能力和绝缘能力相关，运行中必须严密监视气体压力及其泄漏情况。定期记录 SF_6 气体压力、温度。

（5）装有"远方"和"就地"操作按钮的开关，正常操作时，应采用"远方"操作，仅在调试或紧急事故处理时，才可使用"就地"操作。

（6）长期停运、检修后的断路器，在送电前，试操作 2 次 ~3 次，无异常后方能正式操作。

（7）断路器及操动机构有若干加热器以防止结露，加热器应始终处于接通状态。低温加热器在 0℃时投入，在 10℃时退出。

（8）断路器液压机构，应通过监视信号和压力表对油压进行严密的监视，保证断路器有足够的操作动力和良好的操作性。油泵打压频率超过 1 次/1h，应立即汇报。

（9）真空灭弧室的使用或储存期超过产品规定的有效期（自真空灭弧室出厂之日算起），应更换真空灭弧室。

（10）真空灭弧室触头的累计磨损超过产品使用说明的规定值，多数真空断路器在动触杆上标有允许磨损量警戒标志，当磨损量累计超过规定值时，断路器合闸后即看不见警戒标志，此时应更换真空灭弧室。

（11）如果发现真空断路器真空灭弧室发生撞击、损坏或出现其他怀疑造成真空度降低的现象时，应立即联系检修对该断路器做工频耐压试验，试验合格后方能将该断路器投运。

1.3 SF_6 全封闭组合电器

GIS 是气体绝缘全封闭组合电器的简称。SF_6 全封闭组合电器是按电气主接线的要求，将各电气设备依次连接成一个整体，全部封装在封闭着的接地金属壳体内，壳体内充以 SF_6 气体，作为灭弧和绝缘介质用，以优质环氧树脂绝缘子作支撑的一种新型成套高压电器。

SF_6 全封闭组合电器所采用的断路器大多为专门设计制造的专用设备，断路器结构与单独的瓷套绝缘方式有明显不同，通常采用在金属筒内按同心布置并做直线运动的断路器。避雷器可以采用常规气隙与电阻式元件，安装在充满 SF_6 气体的圆筒箱体内；也可以采用完全 SF_6 化的避雷器，即以 SF_6 气体作为气隙的灭弧介质的避雷器。电流互感器可以采用套管型电流互感器，而电压互感器可以采用安装在金属容器内的充满 SF_6 气体的干式电压互感器，但通常对于 220kV 及以上电压等级的 GIS，多采用电容式箱形电压互感器。母线和导线在 GIS 中具有显著的特点，虽然只是在圆筒状外壳中用固体绝缘支持导线的简单结构，但是与一般变电站中用绝缘子支持的母线相比，空间显著缩小。

1.3.1 GIS 结构组成

GIS 是将断路器、隔离开关、接地刀闸、电流互感器、电压互感器、避雷器、母线、进出线套管或电缆终端等元件组合封闭在接地的金属壳体内，充以一定压力的 SF_6 气体作为绝缘介质和灭弧介质所组成的成套开关设备。GIS 的气体系统可以分为若干气室。一般断路器压力高，它和电流互感器组成一个气室，主母线、电压互感器、避雷器分别为独立的气室，其他元件根据工程确定气室划分。各气室分别由相应的密度继电器监测气体压力，并辅以一些过渡元件（如弯头、三通、波纹管等）。

GIS 一般每间隔设有一个就地控制柜，各元件控制、状态信号，各气室密度监测信号，以及电压、电流互感器二次出线全部引到就地控制柜，并通过就地控制柜与主控室相连。220kV GIS 出线间隔组成设备如图 1−7 所示。

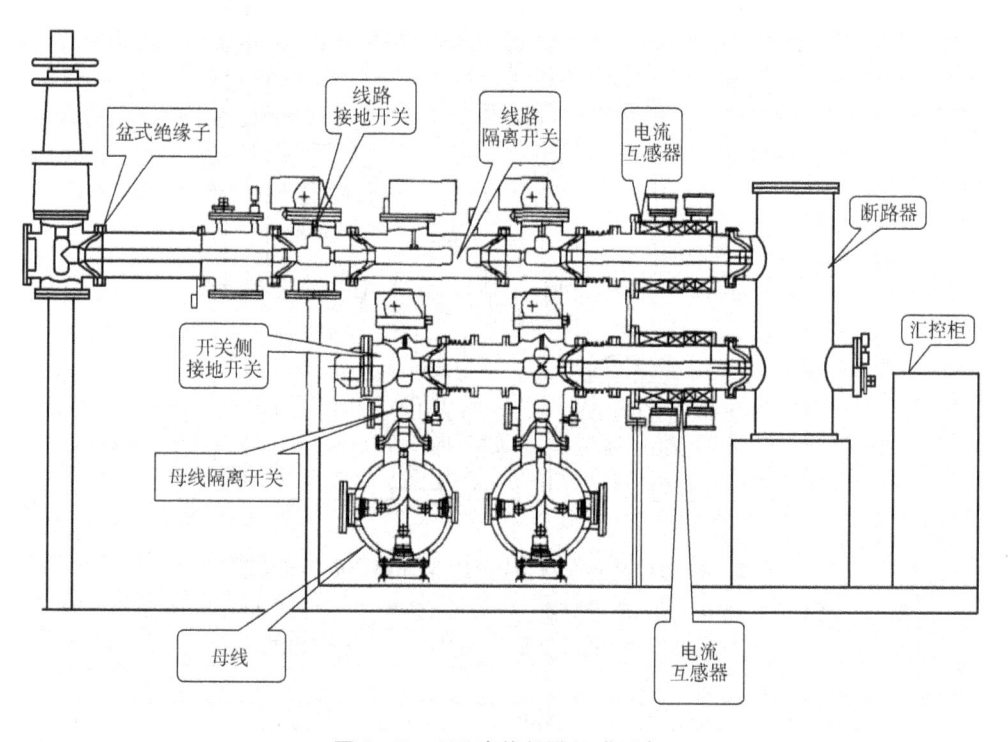

图 1−7 GIS 出线间隔组成设备

图 1−8 为 110kV 单母线接线的 SF_6 全封闭组合电器断面图。为了便于支撑和检修，母线布置在下部。母线采用三相共筒式结构。配电装置按照电气主接线的连接顺序，布置成 Ⅱ 型，使结构更紧凑，以节省占地面积和空间，该封闭组合电器内部分为母线、断路器以及隔离开关与电压互感器等四个相互隔离的气室，各气室内 SF_6 的压力不完全相同。封闭组合电器各气室相互隔离，这样可以防止事故范围的扩大，也便于各元件的分别检修与更换。

1.3.2 SF_6 全封闭组合电器的运行规定

（1）SF_6 全封闭组合电器各气室 SF_6 气体年漏气率运行中≤1%，开关气室 SF_6 含水量≤150μL/L，其他气室 SF_6 含水量≤250μL/L。

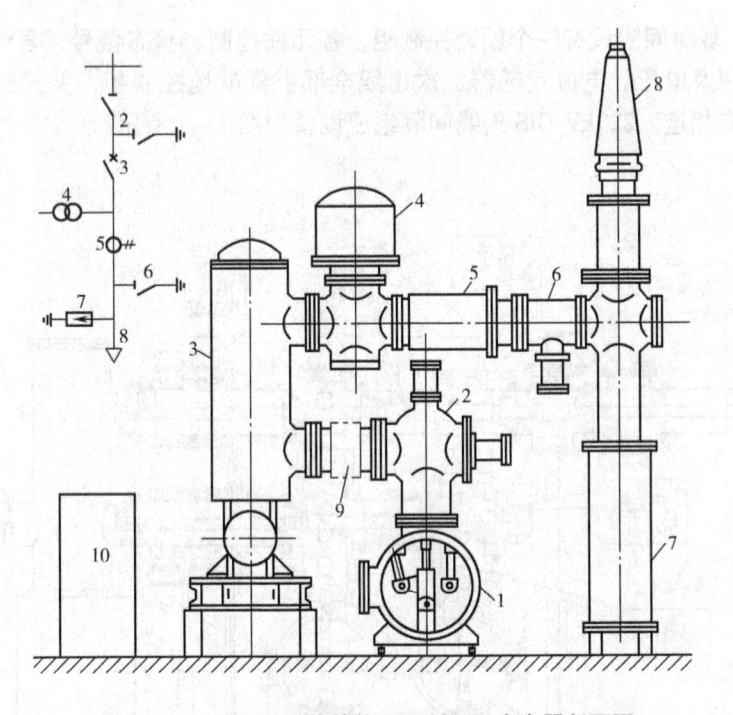

图 1-8　110kV 单母线接线 SF₆ 封闭组合电器断面图

1—母线；2—隔离开关、接地刀闸；3—断路器；4—电压互感器；5—电流互感器；6—快速接地刀闸；
7—避雷器；8—引线套管；9—波纹管；10—操动机构

（2）在 GIS 室内设备充装 SF₆ 气体时，周围环境相对湿度应≤80%，同时必须开启通风系统，并避免 SF₆ 气体泄漏到工作区。工作区空气中 SF₆ 气体含量不得超过 1 000μL/L。

（3）定期检查各气室中 SF₆ 气体压力和外部环境温度，判断有无漏气倾向。

（4）开关切断故障或发生 SF₆ 气体泄漏时，应开启全部通风系统，只有将室内彻底通风 SF₆ 气体分解物排净后，才能进入 GIS 室，必须要戴防毒面具，穿防护服。

（5）开关室 SF₆ 气体压力降低，发报警信号时，禁止分合闸操作。

（6）当断路器在合闸位置时出现气动机构压力降低到打压闭锁时，断路器维持在合闸位置，此时应采取停用控制电源等措施，立即进行汇报处理。

（7）当 GIS 设备进行正常操作时，为了防止触电危险，禁止触及外壳，并保持一定距离。操作时禁止在设备外壳上进行任何工作。

（8）所有断路器的操作，正常情况下必须在控制室内利用监控机进行远方操作或用测控柜的操作把手进行远方操作，只有在远方控制出现故障或其他原因不能进行远方操作时，应征得相关领导同意，才能到就地控制柜上进行操作。

（9）GIS的断路器、隔离开关、接地刀闸一般情况下禁止手动操作，只有在检修、调试时经相关领导同意方能使用手动操作，操作时必须有专业人员在现场进行指导。

（10）当GIS设备某一间隔发出"闭锁"信号时，此间隔上禁止任何设备操作，结合设备异常信号和设备位置状态，查明原因，在原因没有分析清楚前，禁止进行任何操作；同时迅速向调度和工区汇报情况，通知检修人员处理，待处理正常后方可操作。

（11）操作GIS设备的接地刀闸无法验电，必须严格使用联锁功能，采用间接验电的方法，并加强监护；线路侧接地刀闸可在相应线路侧验电（电缆出线利用带电显示装置间接验电），变压器接地刀闸可在变压器侧验电。

（12）断路器转检修时应断开测控屏"遥控"压板。

1.4　隔离开关

隔离开关是变电站中常用的电气设备，它需与断路器配套使用。隔离开关主要由导电部分、绝缘部分、操动机构三部分组成，比断路器少了灭弧装置。隔离开关触头裸露在空气中，有明显的开断点，所以不能用它来开断负荷电流和短路电流。

1.4.1　隔离开关的用途

（1）隔离电源。将需要检修的电气设备与电源隔开，产生明显开断点，以保证检修工作的安全进行。

（2）倒闸操作。投入备用母线或旁路母线以及改变运行方式时，常用隔离开关配合断路器，协同操作来完成。

（3）分、合小电流。因隔离开关具有一定的分、合小电感电流和电容电流的能力。

在实际操作中，既能用断路器开断也能用隔离开关开断的电路，用断路器开断。不能用试的方式确定隔离开关能否开断电路，否则，会引起严重的误操作。

1.4.2　隔离开关的基本要求和基本参数

按所担负的工作任务，隔离开关应满足以下基本要求：①应具有明显可见的断开点，使检修、运行人员能清楚地观察隔离开关的分、合状态；②断开点应具有可靠的绝缘，即使在恶劣的气候条件下，也不能发生漏电或闪络现象，以确保检修、运行人员的人身安全；③应具有足够的短路稳定性；④结构简单，动作可靠；⑤隔离开关装有接地闸刀时，主闸刀与接地闸刀之间应具有机械的或电气的联锁以保证"先断开主闸刀，后闭合接地闸刀；先断开接地闸刀，后闭合主闸刀"的操作顺序。

隔离开关的基本参数有额定电压、额定电流、动稳定电流、t 秒热稳定电流等，各参数的意义与断路器相同。

1.4.3 隔离开关结构

1.4.3.1 户内式隔离开关

户内式隔离开关有单极式和三极式两种。一般为闸刀式结构，并采用线接触触头。图1-9所示为某一户内式隔离开关的典型结构图。隔离开关的三相共装在同一个底座上，操动机构通过拐臂6接在转轴7上，使转轴7转动形成分、合闸动作。为了保证触头的良好接触和冷却，每相有两片铜制闸刀，用弹簧夹紧在静触头上，两边成线接触。在电流较大的户内式隔离开关中为了增加对短路电流的稳定性，在闸刀两面装有钢片作为磁锁。磁锁装置的作用如图1-10所示，当短路电流沿并行的两片闸刀流向静触头时，闸刀外侧的两片钢片受磁力作用相互吸引，增加了闸刀对静触头的接触压力，从而保证触头对短路电流的稳定性。

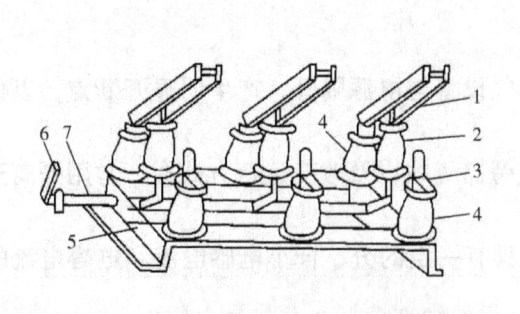

图1-9 户内式隔离开关的典型结构图
1—闸刀；2—操作绝缘子；3—静触头；4—支柱绝缘子；
5—底座；6—拐臂；7—转轴

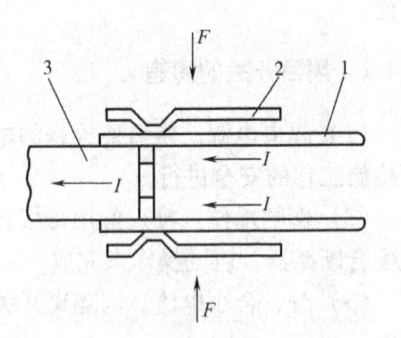

图1-10 磁锁装置的作用原理
1—并行闸刀片；2—钢片；3—静触头

1.4.3.2 户外式隔离开关结构

户外式隔离开关的工作条件比较复杂，其绝缘应能保证承受冰、雨、风、严寒和酷热等气象变化，并且应有较高的机械强度。户外式隔离开关有三柱式、双柱式和单柱式。

图1-11所示为GW4-110型双柱式隔离开关。每相有两个绝缘支柱1、2，既是支持瓷瓶又是绝缘瓷瓶，分别装在底座13两端的滚珠轴承上，并与交叉连杆3连接，可以水平转动。导电部分分成两半（刀闸6、7，触头8，连接端子9、10，挠性连接导体11、12），分别固定在一个绝缘支柱的项上，触头为指形，加罩以防雨、尘、冰、雪等。进行操作时，操动机构带动一个绝缘支柱转动90°角，另一个支柱由于连杆传动也同时转动90°角，于是闸刀向同一侧断开或闭合。为使引出线不随支柱的转动而扭曲，在闸刀与出线接线座之间装有滚珠轴承和可以导电的挠性连接。GW4型双柱式隔离开关有35kV~220kV系列。

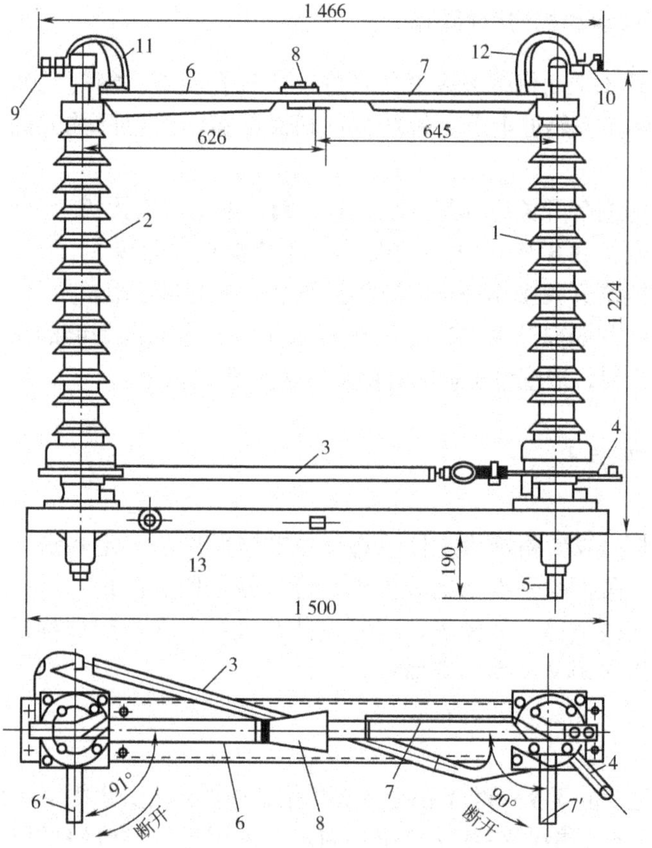

图1-11　GW4-110型双柱式隔离开关

1、2—绝缘支柱；3—连杆；4—操动机构的牵引杆；5—绝缘支柱的轴；6、7—闸刀；8—触头；
9、10—接线端子；11、12—挠性连接导体；13—底座

1.4.4 隔离开关运行规定

（1）隔离开关在运行中禁止采用就地进行分合操作，分合操作时应分相认真检查。

（2）正常运行时远方/就地切换开关切至远方位置，并断开操作电源开关。

（3）隔离开关运行时，电流、电压不超过其额定值。

（4）隔离开关引弧装置、导电管、传动机构、加紧机构、均压环应完好；导电部位无过热现象；传动机构无卡涩；绝缘子无污秽、闪络。

（5）运行中隔离开关与断路器、接地刀闸的电气及机械闭锁应完善可靠。

（6）隔离开关导电接触部位应涂有凡士林导电膏，传动变速部位涂黄干油，支持、转动瓷瓶涂 PRTV 涂料，均压环涂有相应相的相色漆。

1.4.5 隔离开关操动机构运行规定

（1）隔离开关操动机构箱应密封良好、透气孔良好，箱门无漏雨进水；内部电气接线正确整齐，热继电器、接触器、辅助开关、限位开关完好，照明灯、门控开关完好。

（2）机构箱内各开关应标签齐全正确，箱内各电器应无灰尘及小动物等杂物。

（3）操作电机在 85% ~110% 额定电压下应能正常运转。

（4）电动隔离开关操作完毕，应将操作电动机电源停用。

（5）在带电的隔离开关二次回路进行工作时，应采取足够的安全措施，防止隔离开关突然分闸，造成带负荷断开隔离开关的事故发生。

1.5 高压开关柜

高压开关柜是以断路器为主体，将其他电器元件按一定要求组装为一体的成套电气设备。开关柜除一次电器元件外，还包括控制、测量、保护和调整等方面的元件和电气连接辅件、外壳等，这些元件有机组合在一起即构成开关柜。高压开关柜大量应用在 3kV ~35kV 系统中。

1.5.1 分类

我国目前生产的 3kV ~35kV 高压开关柜按结构形式可分为固定式和手车式两种。

固定式高压开关柜断路器安装位置固定，采用母线和线路的隔离开关作为断路器检修的隔离措施，结构简单；断路器室体积小，断路器维修不便；固定式高压开关柜中的各功能区是敞开相通的，容易造成故障范围的扩大。

　　手车式高压断路器安装于可移动手车上，断路器两侧使用一次插头与固定的母线侧、线路侧静插头构成导电回路，检修的隔离措施采用捅头式的触头断路器手车可移出柜外检修。并且同类型断路器手车具有通用性，备用断路器手车可代替检修的断路器手车，以减少停电时间。手车式高压开关柜的各个功能区是采用金属封闭或者采用绝缘板的方式封闭，有一定的限制故障扩大的能力。

　　手车柜目前大体上可分为铠装型和间隔型两种。金属封闭铠装型开关柜采用金属板材组成全封闭结构，各小室间均采用金属板材作隔离；而金属封闭间隔式开关柜柜体结构与金属封闭铠装型开关柜基本相同，但部分间隔使用绝缘板。间隔型比铠装型造价低，深度尺寸小，可简化触头盒和活门结构。但从整个开关柜的造价比例看，间隔型节省造价不多，而安全等级要比铠装型低得多，因此近几年来铠装型柜采用较多而间隔柜较少。

　　铠装型手车的位置可分为落地式和中置式两种。落地式的主要特点是落地手车易于兼容 SF_6、真空断路器，配置电磁或弹簧操动机构，制造工艺较中置式要求低，手车进出和停放方便，便于维修。中置式开关柜是在真空、SF_6 断路器小型化后设计出的产品，小车断路器导轨置于中间隔层。手车小型化后，有利于手车的互换性和经济性，提高了电缆终端的高度，符合用户的要求；同时也使柜体尺寸（宽度）大大缩小；可实现单面维护。总体来讲，中置柜的使用性能有所提高，近几年来国内外推出的新柜型以中置式居多。

1.5.2　"五防"的功能

　　防止电气误操作和保证人身安全，要求掌握开关柜具有如下"五防"的功能。

（1）防止误分、误合断路器。

（2）防止带负荷将手车拉出或者推进。

（3）防止带电将接地刀闸合闸。

（4）防止接地刀闸在合闸位置合断路器。

（5）防止进入带电的开关柜内部。

1.5.3　金属铠装中置式高压开关柜

　　中置式开关柜近年来很受欢迎，其小车断路器导轨置于中间隔层，断路器隔离插头中心线对中问题易保证，具有精度高、互换性强等优点。

　　图 1-12 和图 1-13 为 KYN28A-12（GZS1）交流金属铠装中置式开关柜外形图及内部结构图。它是 3kV~10kV 单母线及单母线分段系统普遍采用的成套配电装置。KYN28A-12（GZS1）交流金属铠装中置式开关柜主要用于发电厂变电站、工矿企

业，作为受电、送电及大型高压电动机启动的控制、保护及监测之用，是一种很有发展潜力的配电设备。其整体是由柜体和中置式可抽出部件（即手车）两大部分组成，柜体分四个单独的隔室。其具有架空进出线、电缆进出线及其他功能方案，经排列、组合后能成为各种方案形式的配电装置。本开关设备可以从正面进行安装调试和维护，因此它可以背靠背组成双重排列和靠墙安装，提高开关设备的安全性、灵活性，减少了占地面积。其整体精度高、重量轻、机械强度高、外形美观。开关设备的主要电气元件都有其独立的隔室，即：断路器隔室、母线隔室、电缆隔室、继电器仪表室。除继电器室外，其他三隔室都分别有其泄压通道。

图 1 – 12   KYN28A – 12（GZS1）交流金属铠装中置式开关柜外形

由于采用了中置式形式，电缆室高度大大增加，因此设备可接多路电缆。

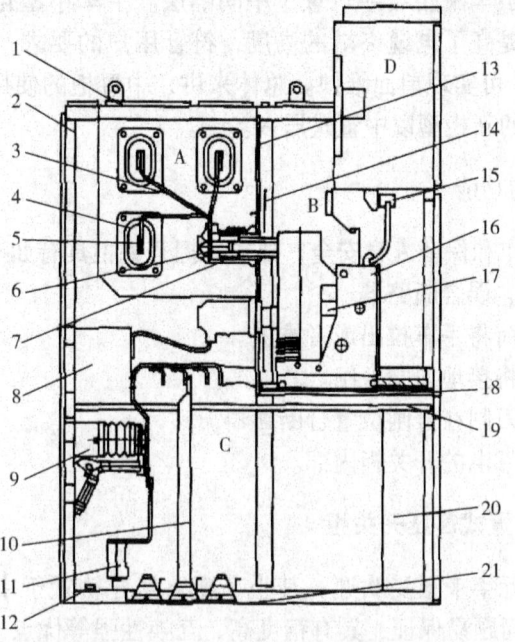

图 1 –13   KYN28A –12（GZS1）交流金属铠装中置式开关柜

1—泄压装置；2—外壳；3—分支小母线；4—套管；5—主母线；6—静触头装置；7—静触头盒；
8—TA；9—接地刀闸；10—电缆；11—避雷器；12—接地主母线；13—隔板；14—活门；
15—二次插头；16—手车；17—加热装置；18—可抽出式隔板；19—接地刀闸操动机构；
20—控制小线槽；21—底板

1.5.4　手车式开关柜运行操作规定

（1）断路器的大修、维护周期按制造厂家规定进行。

（2）断路器检修后投入运行前，应对跳合闸及重合闸各试验一次。

（3）小车断路器的跳合闸试验，应将手车开关推至"试验"位置进行，开关运行中不允许就地手动分合闸。

（4）小车断路器送电时，必须将小车断路器推至（摇至）"运行"位置，并确定上下触头接触良好后，方可合上开关。

（5）开关柜运行中严禁装拆后封板。

（6）推、拉、摇小车断路器必须在断路器分闸后进行。

（7）开关柜被隔板分割成开关室、母线室、电缆室、仪表室，各室应密封良好，闭锁可靠。

（8）操作前及合线路侧接地刀闸前应检查带电显示装置指示正确。

（9）更换 10kV、35kV 高压熔断器时，应将 TV 柜拉至（摇至）"检修"位置，然后用临时地线放电，再进行更换高压熔断器的工作。

（10）小车断路器在由试验位置推至（摇至）工作位置前应检查开关确在分闸位置且未储能，并将储能电源停用。小车断路器由试验位置推至（摇至）工作位置后，再将储能电源合上进行机构储能。

（11）10kV 小车断路器需拉出检修时，应将手车托盘推至开关柜前，将托盘前左右两个固定插头插入开关柜固定孔内，并将托盘中间固定钩固定在盘前固定孔内，两手将手车拉把向内拉入，再向外拉出手车至托盘上，托盘高度可根据实际情况进行调整。

（12）检查断路器分、合闸位置与实际位置对应，柜门锁好。

（13）柜内照明正常，加热器按规定投入并工作正常。

1.6　互感器

互感器是联系一二次系统的中间设备，能按一定的比例将高电压和大电流降低，提供给测量、计量、继电保护及自动装置使用。互感器包括电流互感器和电压互感器。同一母线上的电压基本相等，所以电压互感器一般按母线安装；而每个间隔的电流各不相同，所以电流互感器按间隔安装。

互感器是一特殊的变压器，其工作原理与变压器相同，其包括电压互感器和电流互感器。互感器在系统的原理接线如图 1 – 14 所示。电压互感器 TV 的一次侧绕组并联接在被测的一次电路中，将高电压变成低电压，二次侧绕组与测量仪表或继电器的电压线圈并联，二次侧的额定电压为 100V 或 $100/\sqrt{3}$ V；电流互感器 TA 的一次侧绕组串联于被测的一次电路中，将大电流变成小电流，二次测绕组与测量仪表或继电器的电流线圈串联，二次侧的额定电流为 5A 或 1A。

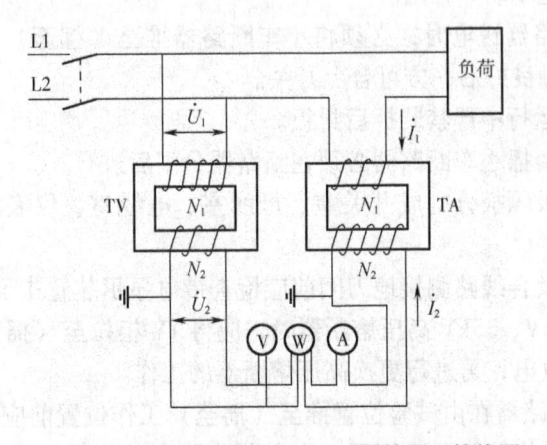

图 1—14　电压互感器和电流互感器的原理接线图

互感器为一次系统和二次系统间的联络元件，其作用如下。

第一，将一次系统的高电压和大电流变换成二次系统的低电压和小电流，用以分别向测量仪表、继电器的电压线圈和电流线圈供电，正确反映电气设备的正常运行参数和故障情况。

第二，能使测量仪表和继电器等二次侧的设备与一次侧高压设备在电气方面隔离，以保证工作人员的安全。

第三，能使测量仪表和继电器等二次设备实现标准化、小型化而且结构轻巧、价格便宜、便于屏内安装。

第四，能够采用低压小截面控制电缆，实现远距离测量和控制。

第五，当一次系统发生短路故障时，能够保护测量仪表和继电器等二次设备免受大电流的损害。

为了确保人在接触测量仪表和继电器时的安全，互感器的二次绕组必须接地。这样可以防止互感器绝缘损坏、高电压传到低电压侧时，在仪表和继电器上出现危险的高电压。

1.6.1 电流互感器

电流互感器将一次的大电流变换为标准的小电流（5A 或 1A）。

1.6.1.1 分类

按安装方式可分为穿墙式、支持式和套管式。

按绝缘可分为干式、浇注式、油浸式和气体绝缘式。

按一次绕组匝数可分为单匝式和多匝式。

1.6.1.2 结构特点

110kV、220kV 电流互感器广泛使用单匝 U 字形绕组，为了使电场均匀分布，在一次绕组 U 形铝管上包扎成电容型绝缘，即缠绕一定厚度的电缆纸后，包一层铝箔纸，最外一层铝箔纸为末屏，铝管与末屏间形成若干个串联电容器，因此运行中末屏必须接地。

有些电流互感器具有多个没有磁联系的独立铁芯，一次绕组是公共的，而每个铁芯上都有一个二次绕组，变比可相同或不同，由此可得到不同准确度和特性的电流互感器。因为保护和测量装置所需要的电流互感器特性是不同的，比如保护用电流互感器在系统发生故障时，为了快速正确动作，希望其尽快饱和，以免大电流通过仪表造成损坏。

1.6.1.3 误差及准确度等级

比差 $\Delta I\%$ 为经电流互感器二次表计测出的一次电流与实际一次电流的差值，与实际一次电流之比的百分数。

角差 δ 为二次电流相量旋转 180° 后与一次电流相量之间的夹角，并且规定二次电流超前时，角度为正。

复合误差为二次电流瞬时值乘以变比与一次电流瞬时值的差值，再与额定电流之比的百分数。

电流互感器的准确度等级一般是按 100% ~ 120% 额定电流时比差的数值来确定，如 0.2、0.5 级；对于保护用电流互感器，准确度等级考量的是复合误差，现在用 P 表示，如 10P20 表示在 20 倍额定电流下，复合误差不大于 ± 10%。

1.6.1.4 工作原理

电力系统中广泛采用的是电磁式电流互感器，它的工作原理和变压器相似，但其用途与变压器完全不同。电流互感器的原理接线如图 1 – 14 所示。由图可见，电流互感器有以下特点。

（1）电流互感器的一次绕组（原绕组）串联在电路中，并且匝数很少。因此，一次绕组中的电流完全取决于被测电路的一次负荷电流，而与电流互感器二次电流无关。

（2）电流互感器的二次绕组（副绕组）与测量仪表、继电器等的电流线圈串联，由于测量仪表和继电器等元件的电流线圈阻抗都很小，电流互感器的正常工作方式接近于短路状态。

电流互感器一次额定电流 I_{1N} 和二次额定电流 I_{2N} 之比，称为电流互感器的额定变流比，用 K_i 表示，即：

$$K_i = \frac{I_{1N}}{I_{2N}} \approx \frac{N_2}{N_1}$$

式中：N_1，N_2——电流互感器一次绕组和二次绕组的匝数

由于电流互感器二次额定电流通常为 5A 或 1A，设计电流互感器时，已将其一次额定电流标准化（如 100A、300A），所以电流互感器的变流比是标准化的。

1.6.1.5 电流互感器的运行规定

（1）运行中的电流互感器二次侧禁止开路，备用的二次绕组应短接接地。

（2）各连接良好无过热现象，瓷质无闪络。

（3）电流互感器端子箱内的二次连接片应连接良好，严禁随意拆动。

（4）运行中的电流互感器的二次侧只允许有一处接地点，其他地方不得有接地点。

（5）SF_6 绝缘电流互感器释压动作时应立即断开电源，进行检修。

（6）电流互感器的二次压板操作顺序是先短接，后断开。

（7）6kV 及以上电流互感器一次侧用 1 000V ~ 2 500V 绝缘电阻表测量，其绝缘电阻值不低于 50MΩ；二次侧用 1 000V 绝缘电阻表测量，其绝缘电阻值不低于 1MΩ；0.4kV 电压、电流互感器用 500V 绝缘电阻表测量，其值不低于 0.5MΩ。

（8）电流互感器允许在设备最高电流下和额定连续热电流下长期运行。

（9）电容型电流互感器一次绕组的末（地）屏必须可靠接地。

（10）倒立式电流互感器二次绕组屏蔽罩的接地端子必须可靠接地。

（11）三相电流互感器一相在运行中损坏，更换时要选用电压等级、电流比、二次绕组、二次额定输出、准确级、准确限值系数等技术参数相同，保护绕组伏安特性无明显差别的互感器，并进行试验合格，以满足运行要求。

（12）66kV 及以上电磁式油浸互感器应装设膨胀器或隔膜密封，应有便于观察的油位指示器，并有最低和最高限值标志。

1.6.2 电压互感器

按照工作原理，电压互感器可分为电磁式和电容分压式两种。目前电力系统

广泛应用的电压互感，电压等级为 110kV 及以下时，多为电磁式电压互感器，220kV 及以上时，多采用为电容分压式电压感器。

电磁式电压互感器是根据电磁感应原理，利用一二次线圈匝数不同实现电压的变换；电容式电压互感器是先利用电容分压器分压，再经中间电磁式电压互感器降压实现电压的变换。电压互感器有 2~3 个二次绕组，分为基本绕组和辅助绕组。基本绕组接成星形，供保护和测量装置使用；辅助绕组接成开口三角形，供接地保护使用。一般基本绕组的额定相电压均为 $100/\sqrt{3}V$，而辅助绕组的额定相电压却与电压等级有关，应用在大电流接地系统中额定电压为 100V，应用在小电流接地系统中额定电压为 $100/\sqrt{3}V$，其目的是为了发生单相接地故障时，在开口三角处都能得到 100V 的电压。而当大电流接地系统失去接地点运行时，发生单相接地故障，开口三角处的电压理论上为 300V，所以间隙过电压保护一般定值为 150V 或 180V。

1.6.2.1 电磁式电压互感器工作原理

电磁式电压互感器的工作原理、构造和连接方法都与变压器相同。其主要区别在于电压互感器的量很小，通常只有几十到几百伏安。电压互感器原理接线如图 1-14 所示。

电压互感器一次额定电压 U_{1N} 和二次额定电压 U_{2N} 之比，称为电压互感器的额定电压比，用 K_u 表示，K_u 近似等于一二次绕组的匝数比，即：

$$K_u = \frac{U_{1N}}{U_{2N}} \approx \frac{N_1}{N_2}$$

式中：N_1，N_2——电压互感器一次绕组和二次绕组的匝数。

由于电压互感器一次额电压是电网的额定电压，已标准化（如 6kV、10kV、35kV、66kV、110kV、220kV、330kV、500kV 等）。二次额定电压已统一为 100V（或 $100/\sqrt{3}V$），所以电压互感器的变压比也是标准化的。

电压互感器与电力变压器相比，其工作状态有以下特点。

（1）电压互感器一次侧的电压（即电网电压），不受互感器二次侧负荷的影响，并且在大多数情下，二次侧负荷是恒定的。

（2）电压互感器二次侧所接的负荷是测量仪表和继电器的电压线圈，它们的阻抗很大，因此，电互感器的正常工作方式接近于空载状态。必须指出，电压互感器二次侧不允许短路，因为短路电流大，会烧坏电压互感器。

1.6.2.2 电压互感器的运行规定

（1）运行中的电压互感器严禁二次短路，不得长期过电压、过负荷运行。

（2）电磁式电压互感器一次绕组 N 端必须可靠接地，电容式电压互感器的电容分压器低压端子需直接接地或通过载波回路线圈接地。

（3）电容式电压互感器断开电源后，须将导电部分多次放电，方可接触。

（4）在停用运行中的电压互感器之前，必须先将该组电压互感器所带的负荷全部切至另一组电压互感器。否则须经调度值班员批准，将该组电压互感器所带的保护及自动装置暂时退出，然后再退出电压互感器。

（5）在切换电压互感器二次负荷的操作中，应注意先将电压互感器一次侧并列运行，再切换二次负荷。

（6）电压互感器退出运行前，下列保护应退出：距离保护、方向保护、低电压闭锁（复压闭锁）保护、低电压保护、过励磁保护、阻抗保护。

（7）停用电压互感器必须先断开二次开关、再拉开一次刀闸，以防反充电。

（8）线路停电检修时，必须取下线路电压互感器二次熔断器或拉开二次开关。

（9）电压互感器停电或二次回路断开，若一时不能恢复，可参考电流表和相关的表计计算电量。

（10）电压互感器停电时的操作顺序：拉开二次开关（取下二次熔断器），拉开一次侧隔离开关，验电，合上接地刀闸。电压互感器送电时操作顺序相反。

（11）新投入或大修后的可能变动的电压互感器必须定相。

（12）电压互感器的各个二次绕组必须有可靠的保护接地，且只允许有一个接地点。

（13）电容式电压互感器的电容分压器单元、电磁装置、阻尼器等在出厂时，均经过调整误差后配套使用，安装时不得互换，运行中如发生电容分压器单元损坏，更换时应注意重新调整互感器误差；互感器的外接阻尼器必须接入，否则不得投入运行。

（14）停运半年及以上的互感器应按有关规定试验检查合格后方可投运。

1.7　补偿设备

1.7.1　高压并联电容器

并联电容器的作用主要是进行无功补偿，调整网络电压，提高功率因数。并联电容器组包括电容器及其配套设备（如串联电抗器、放电线圈等）。串联电抗器的电抗百分数是根据其作用进行选择的，只用于限制合闸涌流，可选1%的电抗器；主要用于限制五次谐波，可选4%～6%的电抗器；主要用于限制三次谐波，可选12%～13%的电抗器。

高压并联电容器的运行要求如下。

（1）电容器装置必须按照有关消防规定设置消防设施，并设有总的消防通道。

（2）电容器室不宜设置采光玻璃，门应向外开启。相邻两电容器的门应能向两个方向开启。

（3）电容器室的进、排风口应有防止风雨和小动物进入的措施。

（4）运行中的电抗器室温度不应超过35℃，当室温超过35℃时，干式三相重叠安装的电抗器线圈表面温度不应超过85℃，单独安装不应超过75℃。

（5）运行中的电抗器室不应堆放铁件、杂物，且通风口亦不应堵塞，门窗应严密。

（6）电容器组电缆投运前应定相，应检查电缆头接地良好，并有相色标志。两根以上电缆两端应有明显的编号标志，带负荷后应测量负荷分配是否适当。在运行中需加强监视，一般可用红外线测温仪测量温度，在检修时，应检查各接触面的表面情况。停电超过一个星期不满一个月的电缆，在重新投入运行前，应用绝缘电阻表测量绝缘电阻。

（7）电力电容器允许在额定电压的±5%波动范围内长期运行。电力电容器过电压倍数及运行持续时间按表1-4执行，尽量避免在低于额定电压下运行。

表1-4　电力电容器过电压倍数及运行持续时间

过电压倍数 (U_g/U_N)	持续时间	说明	过电压倍数 (U_g/U_N)	持续时间	说明
1.05	连续		1.20	5min	轻荷载时电压升高
1.30	每24h中8h		1.30	1min	
1.15	每24h中30min	系统电压调整与波动			

注：U_g 为工作电压，U_N 为额定电压。

（8）电力电容器允许在不超过额定电流的30%运况下长期运行。三相不平衡电流不应超过±5%。

（9）电力电容器运行室温最高不允许超过40℃，外壳温度不允许超过50℃。

（10）安装于室内电容器必须有良好的通风，进入电容器室应先开启通风装置。

（11）电力电容器组新装投运时，在额定电压下合闸冲击3次，每次合闸间隔时间为5min，应将电容器残留电压放完后方可进行下次合闸。

（12）装设自动投切装置的电容器组，应有防止保护跳闸时误投入电容器装置的闭锁回路，并应设置操作解除控制开关。

（13）电容器熔断器熔丝的额定电流按不小于电容器额定电流的1.43倍选择。

（14）在出现保护跳闸或因环境温度长时间超过允许温度，以及电容器大量渗油时禁止合闸；电容器温度低于下限温度时，避免投入操作。

（15）电容器正常运行时，应保证每季度进行一次红外成像测温，运行人员每周进行一次测温，以便于及时发现设备存在的隐患，保证设备安全、可靠运行。

1.7.2 消弧线圈

消弧线圈的作用是补偿系统发生单相接地时的流过故障点的接地电容电流，使接地故障点形成的电弧自然熄灭，保持系统继续运行。根据消弧线圈绝缘介质不同，分为油浸式和干式两种。消弧线圈实际是一个铁芯带有间隙的电感线圈，间隙沿着整个铁芯分布，避免了磁饱和。

消弧线圈的运行要求如下。

（1）消弧线圈应有标明基本技术参数的铭牌标志，技术参数必须满足装设地点运行工况的要求。

（2）消弧线圈应有明显的接地符号标志，接地端子应与设备底座可靠连接。接地螺栓直径应不小于12mm，引下线截面应满足安装地点短路电流的要求。

（3）消弧线圈装置本体及附件的安装位置应在变电站直击雷保护范围之内。

（4）停运半年及以上的消弧线圈装置应按有关规定试验检查合格后方可投运。

（5）消弧线圈装置投入运行前，调度部门必须按系统的要求调整保护定值，确定运行档位。

（6）中性点经消弧线圈接地系统，应运行于过补偿状态。

（7）中性点位移电压小于15%相电压时，允许长期运行。

（8）运行人员每半年进行一次消弧线圈装置运行工况的分析。分析的内容包括系统接地的次数、起止时间、故障原因、整套装置是否正常等，并上报相关部门。

1.8 避雷器

1.8.1 过电压的类型

电气设备在运行中承受的过电压，主要有来自外部的雷电过电压和由于电力系统内部电磁能积聚、转换引起的内部过电压两种类型。按过电压产生的原因，它们可大致分为以下几类，如图1-15所示。

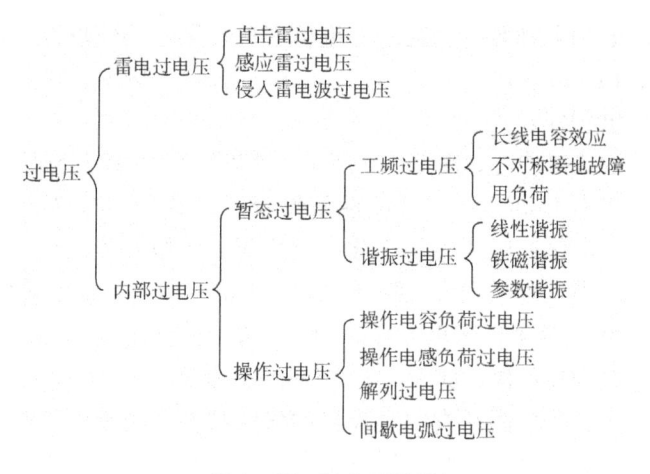

图 1－15　过电压类型

1.8.2　避雷器

变电站中为防止雷直击于电气设备装设避雷针。用避雷针保护以后，电力设备几乎可以免受直接雷击。但是长达数十、数百公里的输电线路，虽然有避雷线保护，但由于雷电的绕击和反击，仍不能完全避免输电线上遭受大气过电压的侵袭，其幅值可达一、二百万伏。此过电压波还会沿着输电线侵入变电站，直接危及变压器等电气设备，造成事故，因此，需要配置避雷器。避雷器的作用是防止雷电波沿线路侵入变电站危害电气设备绝缘，它必须与被保护设备并联，避雷器的冲击放电电压要低于被保护设备的绝缘击穿电压。当出现危及被保护设备的过电压时，避雷器动作，对地放电，从而限制了被保护设备上的过电压数值。

目前使用的避雷器主要有四种类型：保护间隙，排气式避雷器，阀式避雷器，金属氧化物避雷器。目前新建变电站中广泛采用金属氧化物避雷器。金属氧化物避雷器（MOA）是 20 世纪 70 年代发展起来的一种新型过电压保护设备，它由封装在瓷套（或硅橡胶等合成材料护套）内的若干非线性电阻阀片串联组成。其阀片以氧化锌为主要原料，并配以其他金属氧化物，所以又称为氧化锌（ZnO）避雷器。

1.8.2.1　金属氧化物避雷器的伏安特性

金属氧化物避雷器具有优异的非线性伏安特性，在正常工作电压的作用下，其阻值很大，通过的泄漏电流很小（在 10^{-5}A 以下），而在过电压的作用下，阻值会急剧变小。氧化物避雷器阀片的伏安特性可用下式表示

$$u = Ci^{\alpha}$$

式中：C——常数，等于阀片上流过1A电流时的压降，其值取决于阀片的材料和
　　　　尺寸；

　　　α——非线性系数。

氧化锌阀片的伏安特性如图1-16所示，伏安特性可分三个典型区域。区域Ⅰ是小电流区，电流在1mA以下，非线性系数较高，约为0.2，故曲线较陡峭，在正常运行电压下，氧化锌阀片工作于此小电流区。区域Ⅱ为工作电流区，电流为$10^{-3}A \sim 3 \times 10^3 A$，非线性系数大大降低，约为0.02~0.04，此区域内曲线较平坦，呈现出理想的非线性关系，所以此区域也称为非线性区。区域Ⅲ为饱和电流区，随电压的增加电流增长不快，约为0.1，非线性减弱。

氧化锌阀片比碳化硅阀片有非常优异的伏安特性，两者的伏安特性曲线比较如图1-17所示。通过对比可见，在$I=10^4 A$时二者的残压基本相等，那么在相电压下，SiC阀片将流过数值达数百安的电流，因而必须要用火花间隙加以隔离，而ZnO阀片在相电压下流过的电流数量级只有$10^{-5}A$，所以用这种阀片制成的ZnO避雷器可以省去串联的火花间隙，成为无间隙避雷器。由图1-16可见，在额定电压下，流过氧化锌阀片的电流仅为$10^{-5}A$以下，实际上阀片相当于绝缘体，因此它可以不用串联火花间隙来隔离工作电压与阀片。当作用在氧化锌避雷器上的电压超过一定值（称其为启动压）时，阀片"导通"，将冲击电流通过阀片泄入地中，此时其残压不会超过被保护设备的耐压，从而达到了过电压保护的目的。此后，当工频电压降到启动电压以下时，阀片自动终止"导通"状态，恢复绝缘状态，因此，整个过程中不存在电弧的燃烧与熄灭问题。

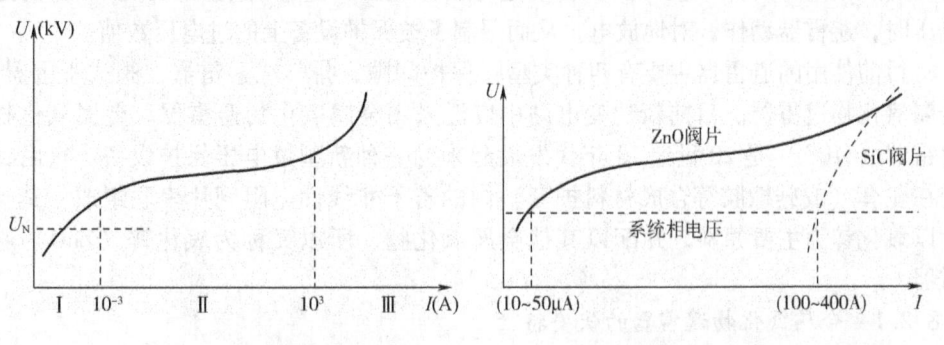

图1-16　ZnO避雷器伏安特性　　**图1-17　ZnO避雷器与SiC避雷器**
　　　　　　　　　　　　　　　　　　　　　伏安特性的比较

不过有些氧化锌避雷器内仍存在间隙，但不是那种与工作电阻串联的火花间

隙，而是跨接在部分阀片上的并联间隙。这是因为 ZnO 阀片在大电流时伏安特性有上翘的趋势（变大），如图 1-16 所示。为了进一步降低大电流时的残压，我国和国外某些产品采用均匀电场短间隙并联在一部分 ZnO 阀片上，一旦残压超过允许值，这个并联间隙立即放电而短接了部分阀片，如图 1-18 所示。正常运行时，由 R_1 和 R_2 共同承担工作电压，可以将漏电流限制到足够低的数值；而在遇到冲击放电电流过大、残压可能超过应有的保护水平时，并联间隙 F 立即放电短接 R_2，所以残压将仅由 R_1 决定，其值大大降低。解决大电流下

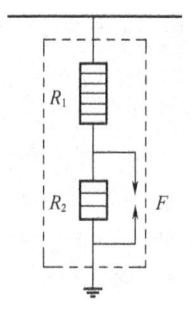

图 1-18 带并联间隙

残压过高问题的另一种办法是采用多个阀片柱相并联的设计制成多柱式 ZnO 避雷器，以减小每柱通过的冲击电流和相应的残压。

1.8.2.2 金属氧化物避雷器技术参数

由于 ZnO 避雷器没有串联火花间隙，也就无所谓灭弧电压、冲击放电电压等特性参数，但也有自己某些独特的电气特性，简要说明如下。

（1）避雷器额定电压。它相当于 SiC 避雷器的灭弧电压，但含义不同，它是避雷器能较长期耐受的最大工频电压有效值，即在系统中发生短时工频电压升高时（此电压直接施加在 ZnO 阀片上），避雷器亦应能正常可靠地工作一段时间（完成规定的雷电及操作过电压动作负载、特性基本不变、不会出现热损坏）。

（2）容许最大持续运行电压（MCOV）。其为避雷器能长期持续运行的最大工频电压有效值。它一般应等于系统的最高工作相电压。

（3）起始动作电压（亦称参考电压或转折电压）。起始动作电压大致位于 ZnO 阀片伏安特性曲线由小电流区上升部分进入大电流区平坦部分的转折处，可认为避雷器此时开始进入动作状态以限制过电压。通常以通过 1mA 电流时的电压 U_{1mA} 作为起始动作电压。

（4）残压。其指放电电流通过 ZnO 避雷器时，其端子间出现的电压峰值，此时存在三个残压值。

①雷电冲击电流下的残压 $U_{R(1)}$。电流波形为 $7\mu s \sim 9/8\mu s \sim 22\mu s$，标称放电电流为 5kA、10kA、20kA。

②操作冲击电流下的残压 $U_{R(s)}$。电流波形为 $30\mu s \sim 100/60\mu s \sim 200\mu s$，电流峰值为 0.5kA（一般避雷器），1kA（330kV 避雷器），2kA（500kV 避雷器）。

③陡波冲击电流下的残压 $U_{R(st)}$。电流波前时间为 $1\mu s$，峰值与标称（雷电冲击）电流相同。

（5）保护水平。ZnO 避雷器的雷电保护水平 $U_{P(1)}$ 为下列两值中的较大者。

①雷电冲击残压 $U_{R(1)}$。

②陡波冲击残压 $U_{R(st)}$ 除以 1.15。

ZnO 避雷器的操作保护水平 $U_{R(s)}$ 等于操作冲击残压 $U_{R(s)}$。

（6）压比。其指 ZnO 避雷器在波形为 8/20μs 的冲击电流规定值（例如 10kA）作用下的残压 U_{10kA} 与起始动作电压 U_{1mA} 之比。压比越小，表明非线性越好、避雷器的保护性能越好。目前产品制造水平所能达到的压比约为 1.6 ~ 2.0。

（7）荷电率（AVR）。它的定义是容许最大持续运行电压的幅值与起始动作电压之比。它是表示阀片上电压负荷程度的一个参数。设计 ZnO 避雷器时为它选择一个合理的荷电率是很重要的，这时应综合考虑阀片特性的稳定度、漏电流的大小、温度对伏安特性的影响、阀片预期寿命等因素。选定的荷电率大小对阀片的老化速度有很大的影响。在中性点非有效接地系统中，因一相接地时，非固障相上的电压会升至线电压，所以一般选用较小的荷电率。

1.8.2.3　避雷器的运行规定

（1）避雷器的监测仪动作次数及泄漏电流应指示正确、动作可靠。

（2）避雷器应定期试验。

（3）系统跳闸或预试工作结束后对避雷器进行针对性检查并及时记录。

（4）雷雨过后或产生操作过电压后，必须逐台对避雷器的动作情况进行统计记录。

（5）避雷器投运前、更换全相避雷器及试验后，应登记动作指示数。

（6）雷雨天气严禁接近避雷器及避雷针。

（7）定期抄录避雷器泄漏电流值，并认真分析，及时发现缺陷。在线监测泄漏电流值三相泄漏电流不平衡率不超过 25%。

（8）均压环水平安装、不歪斜、方向正确，均压环相色漆完好无脱落。

1.9　变电站一二次设备间的联系

二次设备是指对一次设备进行监视、控制、调节、保护的低压电气设备。下面以一个间隔为例，概述二次设备如何实现以上功能，并简单介绍一二次设备之间的联系，如图 1-19 所示。

（1）电流互感器、电压互感器的二次电流、电压，提供给计量装置进行电量统计；提供给测控装置变换为数字量传送到监控系统进行监视；提供给保护装置，计算判断设备是否正常运行。

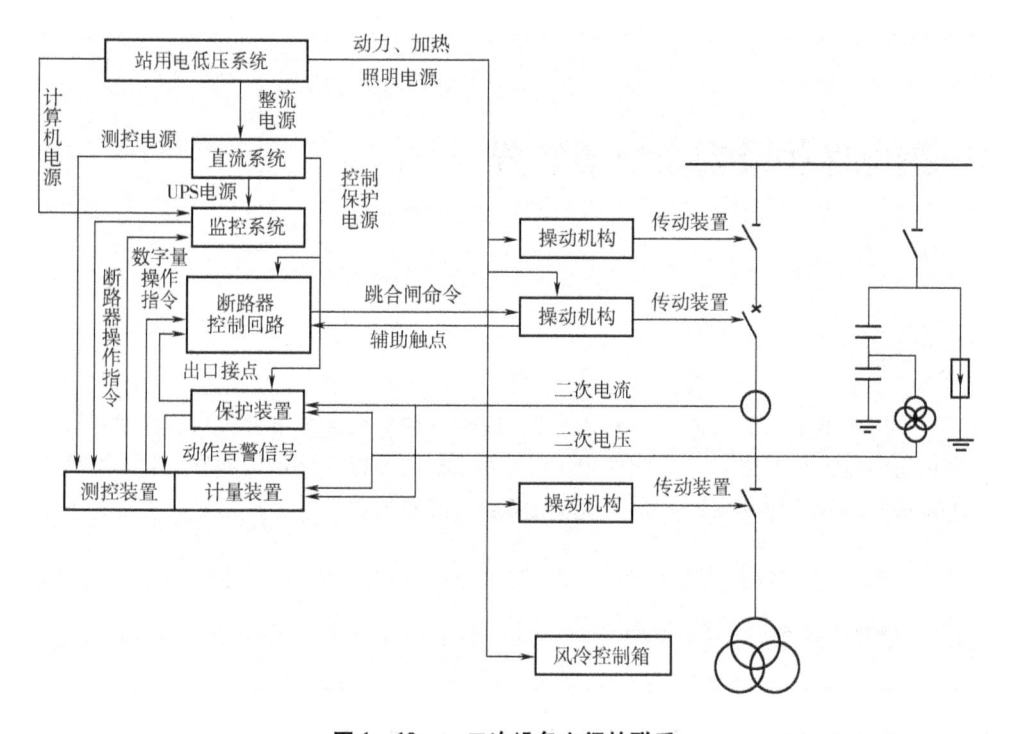

图 1-19　一二次设备之间的联系

（2）电网或设备发生异常或故障后，保护装置动作或告警，将信号提供给测控装置（或直接发送到监控系统）传送到监控系统，提示运行人员检查处理；保护出口触点闭合，接入断路器控制回路，使其跳闸或合闸回路接通。

（3）断路器跳闸或合闸回路接通后，断路器操动机构中的跳合闸线圈带电，使操动机构储存的能量释放，带动传动装置使断路器分闸或合闸。

（4）断路器分合闸之后，其操动机构中的辅助触点发生对应变位，该触点位置接入断路器控制回路，使跳合闸回路失电返回。有些保护装置也需要断路器和隔离开关提供辅助触点位置进行动作判别。

（5）正常操作时，通过监控系统发出的操作指令送到测控装置，转换为触点输出到断路器（或隔离开关）控制回路，达到分合闸的目的。

（6）站用电低压系统给断路器、隔离开关操动机构及主变压器风冷系统提供动力、加热、照明电源，给直流系统提供整流电源，给监控系统提供计算机电源。

（7）直流系统给保护装置提供保护电源，给控制回路提供控制电源，给测控装置提供测控电源，给监控系统等重要负荷提供 UPS 中的直流电源。

2 继电保护及安全自动装置

学习目标

①理解继电保护的任务和基本要求。②重点掌握线路的三段式电流保护原理、接线图和整定计算方法。③掌握电力变压器保护的原理、接线图和整定计算方法。④掌握自动重合闸装置的原理。⑤掌握备自投装置的原理。

2.1 继电保护的基本概念

2.1.1 电力系统继电保护及自动装置的作用与任务

2.1.1.1 继电保护装置含义

在电力系统中，由于雷击或小动物跨接电气设备、外力破坏、人为误操作、设备设计制造上的缺陷、安装上的错误、检修质量不高或运行维护不到位等原因，往往会引起各种故障。最常见、最危险的故障是各种形式的短路。其中以单相接地短路最为常见，而三相短路比较少见，其他复合故障发生的概率更低。

电力系统中电气设备的正常工作遭到破坏，但没有发生故障的这种情况属于不正常运行状态。最常见的不正常运行状态是过负荷。所谓过负荷是指电气设备的负荷电流超过电气设备的额定值。此外，系统中发电机有功功率不足引起的系统频率降低，无功功率调节的不及时引起的电压越限，发电机突然甩负荷而产生的过电压，以及电力系统发生振荡等，都属于不正常运行状态。

电力系统为防止发生故障和不正常运行状态，积极采取如下相应对策。

（1）改进设计制造，加强运行维护，提高检修水平和工作质量；采取各种积极措施消除或减少发生故障的可能性。

（2）发生故障后，迅速而有选择地切除故障设备，保证无故障设备正常运行。

电力企业常用继电保护一词泛指继电保护技术或由各种继电保护装置单元组

成的继电保护系统。继电保护装置，是指能对电力系统中电气元件发生故障或不正常运行状态做出反应，并动作于断路器跳闸或发出信号的一种自动化设备。熔断器和低压断路器保护也属电力系统的简易保护装置。

2.1.1.2 继电保护装置的任务

（1）故障时，自动、迅速、有选择地将故障元件从电力系统中切除，使无故障部分设备恢复正常运行，故障部分设备免遭毁坏。

（2）不正常运行状态（或称异常状态），根据运行维护条件（如有无经常值班人员）动作于发信号、减负荷或跳闸。此时一般不要求保护迅速动作，而是根据对系统元件的危害程度规定一定的延时，以免不必要的动作或由于干扰而引起的误动作。

2.1.1.3 主保护、后备保护和辅助保护的定义

根据保护装置作用不同，继电保护可分为主保护、后备保护、辅助保护。电力系统中的每一个被保护元件都应装设主保护和后备保护，必要时可再增设辅助保护。

主保护是指能以最短的时限，有选择地切除被保护设备和全线路故障的保护。它既能满足系统稳定运行及设备安全要求，也能保证系统中其他非故障部分继续运行。如差动保护、瓦斯保护等。

后备保护是指主保护或断路器拒动时，用以切除故障的保护装置。如距离保护、零序保护、过流保护等。后备保护不仅可以对本线路或设备的主保护起后备作用，而且对相邻线路也可以起后备作用。因此，后备保护又可分为远后备和近后备两种方式。远后备是指本元件的主保护或断路器拒动时，由相邻电力设备或线路的保护实现后备。近后备是指主保护拒绝动作时，由本设备或线路的另一套保护实现的后备；当断路器拒绝动作时，可由该元件的保护或断路器失灵保护断开同一连接母线的断路器，以切除故障。

辅助保护作为补充主保护和后备保护的不足而增设的简单保护，例如电流速断通常就可作为这类性质的保护。还有一种异常运行保护，是反映被保护电力设备或线路异常运行状态的保护，如过负荷保护、发电机的过电压保护。

2.1.2 继电保护的要求

继电保护的基本原理是利用被保护线路或设备在故障前后的某些突变的物理量为信息量，当突变量达到一定值时，起动逻辑控制环节，发出相应的跳闸脉冲信号或报警信号。

为使继电保护装置能有效地发挥作用，在技术上，电力系统对继电保护装置基本性能有 4 点要求，即选择性、速动性、灵敏性和可靠性。这 4 点要求有的相辅相成，有的相互制约，需要综合进行考虑。

2.1.2.1 选择性

继电保护装置的选择性是指保护装置动作时，仅将故障器件从电力系统中切除，使停电范围尽量缩小，以保证系统中的无故障部分仍能继续安全运行。

在图 2-1 所示网络接线中，当 k_1 点发生短路时，应由距离短路点最近的保护 1 和保护 2 动作跳闸，将故障线路切除，变电站 B 则仍可由另一条无故障的线路继续供电。而当 k_3 点短路时，保护 6 动作跳闸，切除故障线路 CD，此时只有变电站 D 停电。由此可见，继电保护有选择性的动作可将停电范围限制到最小，甚至可以做到不中断向用户供电。在要求继电保护动作有选择性的同时，还必须考虑继电保护或断路器有拒动的可能性。当 k_3 点短路时，保护 6 没有动作或 6 断路器没有跳闸，需要上一级（靠近电源侧）的保护 5 动作，切除线路 BC 和 CD，使故障消除（使停电范围不致过大），这种称为保护的远后备。

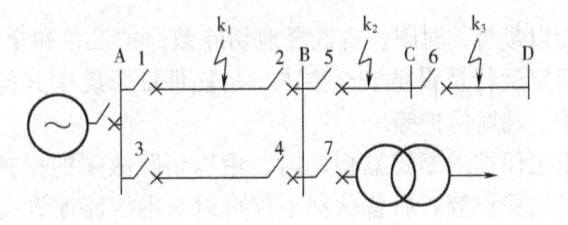

图 2-1 继电保护装置动作选择性示意图

2.1.2.2 速动性

短路时快速地切除故障可以提高电力系统并列运行的稳定性，减少用户在低电压情况下的工作时间，减轻短路引起的破坏程度。速动性是指在发生故障时，保护装置力求尽可能快速动作切除故障。速动性和选择性一般情况下是矛盾的，为兼顾两者，一般允许保护装置在切除故障时带有一定的延时，因此，对继电保护速动性的具体要求应根据电力系统的接线以及被保护设备的具体情况来确定。故障切除的总时间等于保护装置和断路器动作时间之和。对 110kV 系统，一般切除故障的最小时间为 0.1s ~ 0.7s；对配电系统，切除短路的最小时间取决于不允许电压长时间降低的用户，一般为 0.5s ~ 1s。

2.1.2.3 灵敏性

继电保护的灵敏性是指对保护范围内发生故障或不正常运行状态的反应能力。满足灵敏性要求的保护装置，是在保护范围内发生故障时，不论故障点的位置在何处，故障的类型如何，系统是否发生振荡以及短路点是否有过渡电阻，都应敏锐感觉，正确反应。保护装置的灵敏性通常用灵敏系数 K 来衡量，它主要取决于被保护设备及电力系统的参数和运行方式。通常灵敏系数越大，保护的灵敏度越高，反之越低。

对于反应数值上升而动作的过量保护装置，如过电流保护，其灵敏系数 K_{sen} 为：

$$K_{sen} = \frac{I_{k.\min}}{I_{op}} \qquad (2-1)$$

式中：$I_{k.\min}$ 为被保护区内最小运行方式下的最小短路电流；I_{op} 为保护装置的一次侧动作电流。

对于反应数值降低而动作的欠量保护装置，如低电压保护，其灵敏系数 K_{sen} 为：

$$K_{sen} = \frac{U_{op}}{U_{k.\min}} \qquad (2-2)$$

式中：$U_{k.\min}$ 为被保护区内发生短路时，该保护装置母线上的最大残余电压；U_{op} 为保护装置的一次动作电压，即保护装置动作电压换算到一次回路的电压，单位都为 V。

2.1.2.4　可靠性

保护装置的可靠性是指在所规定的保护范围内发生了它应该动作的故障时，它不应该拒绝动作；而在该保护不该动作的情况下，则不误动作。因此可靠性包括两方面的内容：可靠不拒动和可靠不误动。

在 GB 50062—2008《电力装置的继电保护和自动装置设计规范》中，对各种继电保护的灵敏度（灵敏系数）都有规定，这将在后面讲述各种保护时分别介绍。

以上 4 点要求对一个具体的保护装置来说，不一定都是同等重要的，而往往有所侧重。例如对电力变压器，由于它是供电系统中最关键的设备，因此对它的保护装置的灵敏度要求就比较高，而对一般电力线路的保护装置，灵敏度要求就可低一些，而对其选择性要求就较高。又如，在无法兼顾选择性和速动性的情况下，为了快速切除故障以保护某些关键设备，或者为了尽快恢复系统对某些重要负荷的供电，有时甚至牺牲选择性来保证速动性。

2.1.3　继电保护的基本工作原理与类型

2.1.3.1　继电保护装置的基本原理

为完成继电保护的任务，首先需要正确区分电力系统正常运行与发生故障或不正常运行状态之间的差别，找出电力系统被保护范围内电气设备（输电线路、发电机、变压器等）在故障或不正常运行时的特征，配置完善的保护以满足继电保护的要求。

电力系统不同电气设备故障或不正常运行时的特征可能是不同的，但一般情况下，发生短路故障之后总是伴随着电流增大，电压降低，电流和电压间的相位发生变化，测量阻抗发生变化等，利用正常运行时这些基本参数与故障后的稳定值间的区别，可以构成不同稳态原理的继电保护（简称稳态保护）。例如反映电流增大的过流保护，反映电压降低的低电压保护，反映故障点到保护安装处之间距离（或阻抗）的距离保护，反映电流和电压间相位的方向保护等。

随着微机保护的深入发展，以电力系统故障过程中的瞬间信息为故障特征的瞬态保护应运而生，如输电线路行波保护，基波突变量保护，故障分量距离、故障分量方向、故障分量电流差动保护等。

构成各种继电保护装置时，可使它们反映每相中的某个或几个基本电气参数（如相电流或相电压等），也可以使之反映这些基本参数的一个或几个对称分量（如负序、零序或正序量）。例如利用零序构成接地保护，利用负序构成相间保护，还可以使其反映基本参数的某次谐波分量。

除反映各种电气设备电气量的保护外，还有根据电气设备的特点实现反映非电量的保护，例如变压器油箱内部绕组短路时反映油被分解产生气体而构成的瓦斯保护，反映电动机绕组温度升高而构成的过热保护等。

2.1.3.2 继电保护装置的组成

尽管继电保护装置的分类繁多，但其基本结构主要包括现场信号输入部分、测量部分、逻辑判断部分和输出执行部分。继电保护装置的基本原理结构框如图2－2所示。

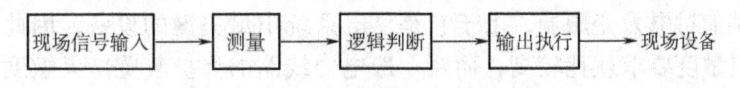

图2－2 继电保护装置基本原理结构框图

（1）现场信号输入部分。现场信号输入继电保护装置一般要进行必要的前置处理，如隔离、电平转换、低通滤波等，使保护装置能有效地检测各现场物理量。

（2）测量部分。测量部分是检测经现场信号输入电路处理后的与被保护对象有关的物理量，并与已给定的整定值或自动实时生成的判据（自适应保护）进行比较，根据比较的结果给出"是"或"非"，即"0"和"1"性质的一组逻辑信号或电平信号，经判断确定保护是否应起动。

（3）逻辑判断部分。逻辑判断部分根据测量部分各输出量的大小、性质、逻辑状态、输出顺序等信息，按一定的逻辑关系组合、运算，最后确定是否应该使断路器跳闸或发出信号，并将有关命令传给执行部分。常用逻辑一般有"与""或""非""延时""记忆"等功能。

（4）输出执行部分。输出执行部分是根据逻辑部分送来的出口信号，完成保护装置的最终任务，主要负责保护装置与现场设备的隔离、连接、电平转换、出口跳闸的功率驱动，以及现场设备状态信息的反馈等，以使继电保护装置能可靠地工作于电力设备发生故障时跳闸，不正常运行时发出信号，正常运行时不动作的理想状态。

传统的继电保护装置是一般由若干个继电器组成的，如图 2 - 3 所示。当线路上发生短路时，起动的电流继电器 KA 瞬时动作，使时间继电器 KT 起动，KT 经整定的时限后，接通信号继电器 KS 和中间（出口）继电器 KM，KM 触头接通断路器 QF 的跳闸回路，使断路器 QF 跳闸，从而切除短路故障。

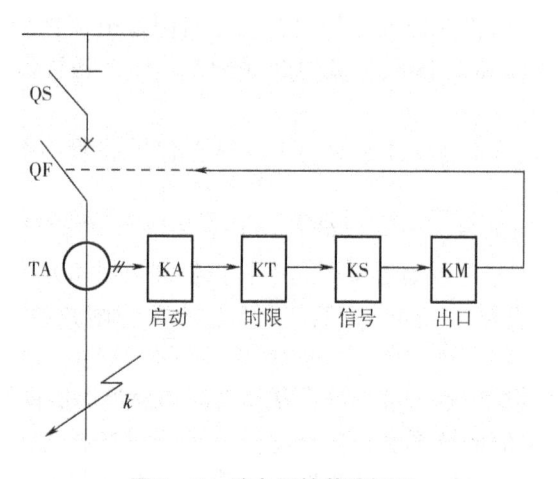

图 2 - 3　继电保护装置框图

2.1.4　微机保护的软硬件结构

2.1.4.1　微机保护装置的功能

20 世纪 90 年代，电力系统继电保护技术发展到了微机保护时代，微机保护在硬件结构和软件功能方面已经成熟，广泛应用在电力系统中。微机保护的构成如图 2 - 4 所示。

电力系统微机保护装置除了保护功能外，还有测量、自动重合闸、人机对话、自检、事件记录、报警、断路器控制、通信和实时时钟等功能。

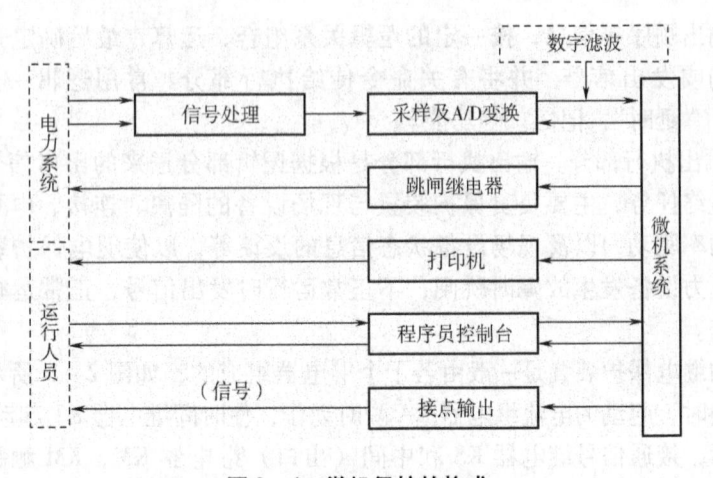

图 2－4　微机保护的构成

（1）保护功能。微机保护装置的保护有定时限过电流保护、反时限过电流保护、带时限电流速断保护、瞬时电流速断保护等。以上各种保护方式可供用户自由选择，并进行设定。

（2）测量功能。配电系统正常运行时，微机保护装置不断测量三相电流，并在液晶显示器上显示。

（3）自动重合闸功能。当上述的保护功能动作，断路器跳闸后，该装置能自动发出合闸信号，即有自动重合闸功能，以提高供电可靠性。自动重合闸功能为用户提供自动重合闸的延时时间，以及自动重合闸是否投入运行的选择和设定。

（4）人机对话功能。通过液晶显示器和简洁的键盘提供良好的人机对话界面：①保护功能和保护定值的选择和设定；②正常运行时各相电流显示；③自动重合闸功能和参数的选择和设定；④故障时，故障性质及参数的显示；⑤自检通过或自检报警。

（5）自检功能。为了保证装置可靠工作，微机保护装置具有自检功能，对装置的有关硬件和软件进行开机自检和运行中的动态自检。

（6）事件记录功能。发生事件的所有数据如日期、时间、电流有效值、保护动作类型等都保存在存储器中，事件包括事故跳闸事件、自动重合闸事件、保护定值设定事件等，并不断更新。

（7）报警功能。报警功能包括自检报警、故障报警等。

（8）断路器控制功能。各种保护动作和自动重合闸的开关量输出，控制断路器的跳闸和合闸。

（9）通信功能。微机保护装置能与调控中心的后台机进行通信，接受命令和发送有关数据。

（10）实时时钟功能。实时时钟功能能自动生成年、月、日和时、分、秒，最小分辨率为毫秒，有对时功能。

2.1.4.2 微机保护装置的硬件结构

根据配电系统微机保护的功能要求，微机保护装置的硬件结构框图如图2－5所示。它由数据采集系统、微型控制器、存储器、显示器、键盘、时钟、通信、控制和信号等部分组成。

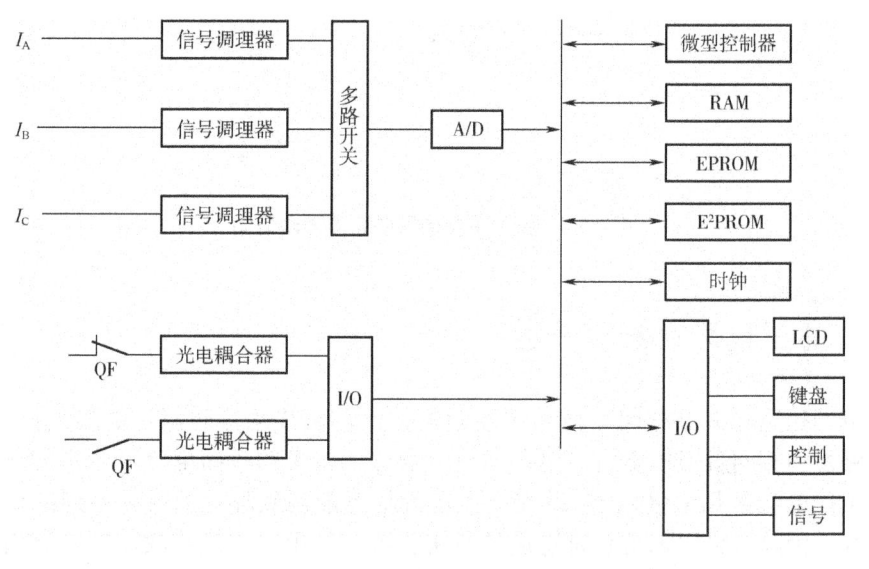

图2－5 配电系统微机保护装置结构框图

2.1.4.3 微机保护装置的软件系统

配电系统微机保护装置的软件系统一般包括设定程序、运行程序和中断微机保护功能程序三部分。程序原理框图如图2－6所示。

设定程序主要用于功能选择和保护定值设定。运行程序进行系统初始化，静态自检，开中断，不断重复动态自检，若自检出错，转向有关程序处理。自检包括存储器自检、数据采集系统自检、显示器自检等。中断打开后，每当采样周期到，向微型控制器申请中断，响应中断后，转入微机保护程序，微机保护程序主要由采样和数字滤波、保护算法、故障判断和故障处理等子程序组成。

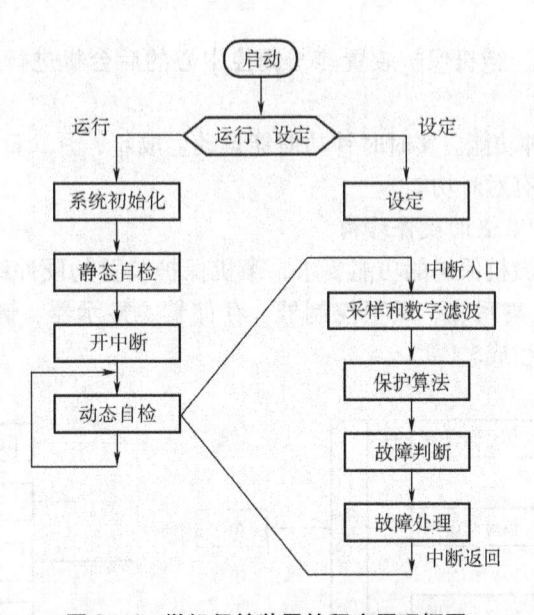

图 2 - 6　微机保护装置的程序原理框图

2.2　高压线路的继电保护

电网担负着由电源向负荷输送电能的任务，正常运行时流过的是负荷电流。当线路发生相间短路故障时，电源向故障点提供很大的短路电流（通常为正常运行时负荷电流的几十倍），使系统正常运行状态遭到破坏，造成一系列的严重后果。为了消除短路故障给系统造成的危害，可以利用线路短路故障时电流增大的特点，构成电网的电流保护，将故障切除，以保证电力系统非故障部分的正常运行。

电力线路的常见故障按性质可以分为三类：第一类是单相接地故障；第二类是相间短路故障；第三类是相间接地短路。

按 GB 50062—2008《电力装置的继电保护和自动装置设计规范》规定：对 3kV ~ 66kV 电力线路，应装设相间短路保护、单相接地保护和过负荷保护。

第一，作为线路的相间短路保护，主要采用瞬时动作的电流速断保护和带时限的过电流保护。如果过电流保护动作时限不大于 0.5s ~ 0.7s，可不装设电流速断保护。相间短路保护应动作于断路器的跳闸机构，使断路器跳闸，切除短路故障部分。

第二，作为线路的单相接地保护有两种方式：①绝缘监视装置，装设在变电站的高压母线上，动作于信号；②有选择性的单相接地保护（零序电流保护），也动作于信号，但是当单相接地故障危及人身和设备安全时，则应动作于跳闸。对可能经常过负荷的电缆线路，按 GB 50062 规定，应装设过负荷保护，动作于信号。

根据线路故障对主保护和后备保护的要求，线路相间短路的电流保护有无时限电流速断保护、限时电流速断保护、定时限过电流保护、阶段式电流保护和反时限过电流保护等。

对于单侧电源网络的相间短路保护一般采用三段式电流保护，即第一段为无时限电流速断保护，第二段为限时电流速断保护，第三段为定时限过电流保护。前两者构成主保护，第三段作为后备保护。

2.2.1　电流保护的接线方式

2.2.1.1　电流互感器

（1）电流互感器的极性和一二次电气量的正方向。为简化对继电保护的分析，继电保护用电流互感器的极性及一二次电气量正方向的规定如图 2-7 所示。互感器一次侧电流从正极性端子流入时，二次侧电流从正极性端子流出；当一次电流从反极性端子流入时，二次电流也从反极性端子流出，这时一二次侧电流同相位。

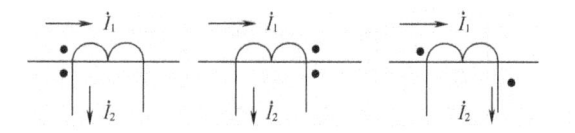

图 2-7　电流互感器的极性及一二次电气量正方向

（2）电流互感器的 10% 误差曲线。短路故障时通入电流互感器一次侧的电流远大于其额定值，因铁芯饱和电流互感器会产生较大误差。为了将误差控制在允许范围内（继电保护要求变比误差应不超过 10%，角度误差应不超过 7°），对接入电流互感器一次侧的电流及二次侧的负载阻抗有一定的限制。

2.2.1.2　电流保护的接线方式

用电流互感器将大电流成比例地变换成二次侧的小电流，再由串接在电流互感器二次侧的电流继电器反应被保护对象电流的变化，以决定保护是否动作。电流继电器与电流互感器二次侧的连接方式，称为电流保护的接线方式。流入电流继电器的电流与电流互感器二次绕组电流的比值称为接线系数，用 K_{con} 表示。由于电流保护接线方式的不同，当发生不同类型的短路故障时，流入电流继电器的电流与电流互感器二次绕组电流的比值也不尽相同。

下面介绍电流保护中常用的接线方式。

（1）三相完全星形接线。三相完全星形接线如图 2 – 8 所示。三相均装有电流互感器，各相电流互感器二次绕组和电流继电器的线圈串联，然后接成星形连接，通过中性线形成回路。这种接线方式的特点是，能反映三相短路、两相短路、单相接地短路等各种形式的短路故障。例如，A 相接地短路，A 相电流继电器 KA1 动作；AB 两相短路，KA1、KA2 动作等。由于三个电流继电器触点并联，任一个继电器动作，都可以起动整套保护装置。

由图 2 – 8 可知，在各种故障情况下，流入电流继电器的电流总是与电流互感器二次绕组电流相等，所以接线系数 $K_{con} = 1$。

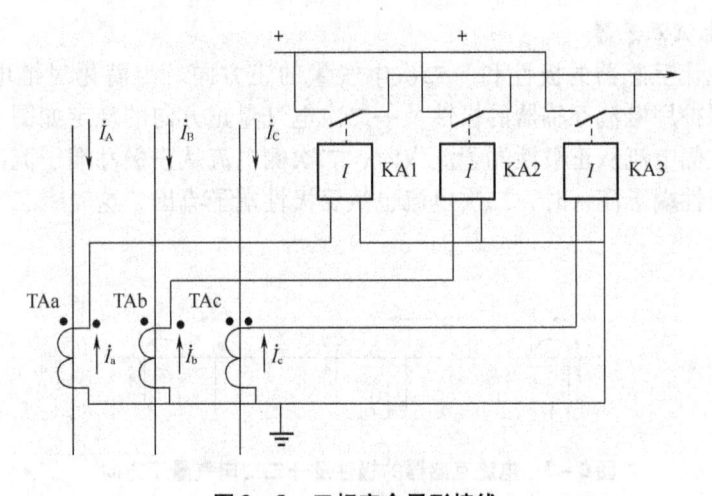

图 2 – 8　三相完全星形接线

（2）两相不完全星形接线。两相不完全星形接线如图 2 – 9 所示。电流互感器装在两相上，其二次绕组与各自的电流继电器线圈串联后，连接成不完全星形。采用不完全星形接线时，电网各处保护装置的电流互感器都应装设在同名的两相上，一般装设在 A 相和 C 相上。

两相不完全星形接线的特点是能反映各种相间故障。当线路上发生两相或三相短路时，至少有一个电流互感器流过短路电流，使继电器动作。但是，如果在没装设电流互感器的一相上发生单相接地故障时，保护装置将不动作。在各种故障情况下，流入继电器的电流和电流互感器的二次绕组电流相等，接线系数 $K_{con} = 1$。

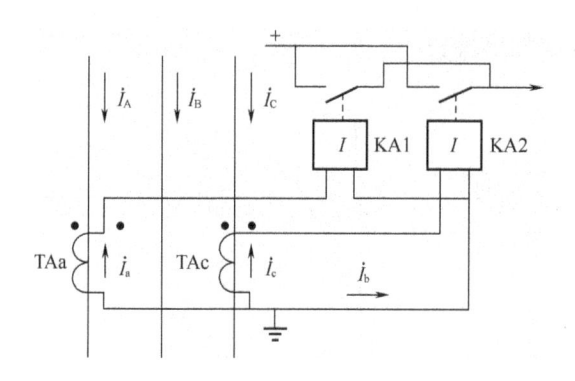

图 2 - 9　两相两继电器不完全星形接线

2.2.2　瞬时电流速断保护

为了电力系统的稳定和保证重要用户供电的可靠性，在简单、可靠和保证选择性的前提下，原则上保护装置动作切除故障的时间总是越短越好。因此，在各种电气元件上应装设力求快速动作的继电保护。对于仅反应电流增大而瞬时动作的电流保护，称为电流速断保护，又称为电流 I 段保护。

工作原理如下。

对于图 2 - 10 所示的单侧电源辐射形电网，为切除故障线路，需在每条线路的电源侧装设断路器和相应的保护装置，即瞬时电流速断保护，分别装设在线路 L1、L2 的电源侧（也称为线路的首端）。当线路上任一点发生三相短路时，通过被保护元件（即线路）的电流为

$$I_k^{(3)} = \frac{E_s}{Z_s + Z_l L_k} \qquad (2-3)$$

式中：E_s 最为系统等效电源的相电势，也可以是母线上的电压；Z_s 为保护安装处到系统电源之间的等效阻抗，即系统阻抗；Z_l 为线路单位长度的正序阻抗，单位为 Ω/km；L_k 为短路点至保护安装处之间的距离，单位为 km。

若 E_s 和 Z_s 为常数，则短路电流将随着 L_k 的减小而增大，经计算后可绘出其变化曲线，如图 2 - 10 所示。若 Z_s 变化，即当系统运行方式变化时，短路电流都将随着变化。

当系统阻抗最小时，流经被保护元件短路电流最大的运行方式称为最大运行方式。图 2 - 10 中曲线 1 表示系统在最大运行方式下短路点沿线路移动时三相短路电流的变化曲线。（短路时系统阻抗最小，流经被保护元件短路电流最大的运行方式，称为最大运行方式）在最小运行方式下，发生两相短路时通过被保护元件的

电流最小，即最小短路电流为：

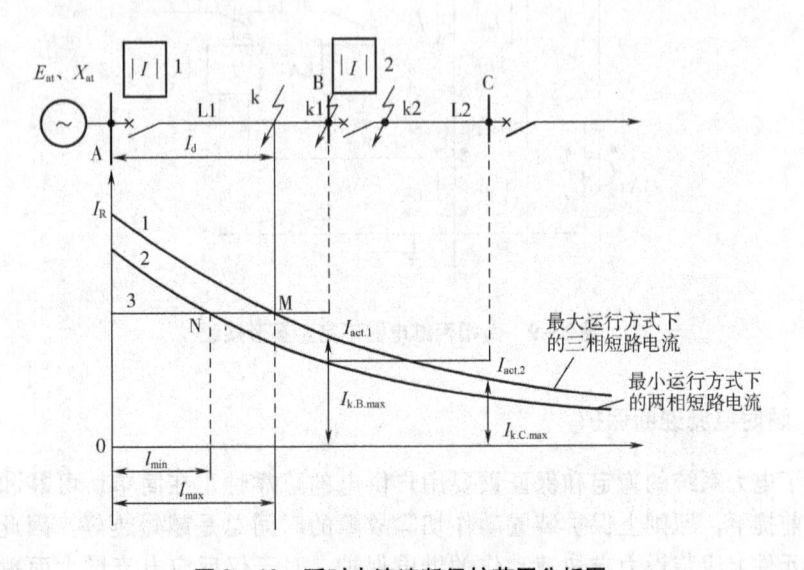

图 2－10　瞬时电流速断保护范围分析图

$$I_k^{(2)} = \frac{\sqrt{3}}{2} \frac{E_s}{Z_{s.\,max} + Z_l L_k} \tag{2－4}$$

式中：$Z_{s.\,max}$ 为最小运行方式下的系统阻抗；L_k 为短路点至保护安装处的距离。图 2－10 中曲线 2 表示系统在最小运行方式下短路点沿线路移动时最小短路电流的变化曲线。（短路时系统阻抗最大，流经被保护元件短路电流最小的运行方式，称为最小运行方式）

　　由于本线路末端 k1 点短路和下一线路始端的 k2 点短路时，其短路电流是相等的（因为 k1 离 k2 很近，两点间的阻抗约为零）。如果在被保护线路的末端发生短路时，要求保护装置能够动作，那么，在下一线路始端短路时，保护装置不可避免地也将动作，这样就不能保证应有的选择性。为了保证动作的选择性，将保护范围严格地限制在本线路以内，就应使保护的动作电流 $I_{op.1}$ 大于最大运行方式下线路末端三相短路时的短路电流 $I_{k.\,B.\,max}$，即：

$$I_{op.1} > I_{k.\,B.\,min}$$

$$I_{op.1} = K_{rel} I_{k.\,B.\,max} \tag{2－5}$$

式中：K_{rel} 为可靠系数，一般取 1.2～1.3。显然，保护的动作电流按躲过线路末端最大短路电流来整定，可保证在其他运行方式和短路类型下，其保护范围均不超出本线路的范围。但是，按式（2－5）整定的结果（如图 2－10 中的直线 3），保护范围就必然不能包括被保护线路的全长，因为只有当短路电流大于保护的动作电流时，保护才能动作。从图 2-10 中得出保护装置的保护范围。从图 2-10 可以看出，这种保护的缺点是不能保护线路的全长，而且在不同的运行方式及故障类型下，其保护范围也要随着变化。图中在最大运行方式下三相短路时，其保护范围为 L_{max}；而在最小运行方式下两相短路时，其保护范围则缩小至 L_{min}。瞬时电流速断保护的优点是：因为不反应下一线路的故障，所以动作时限将不受下一线路保护时限的牵制，可以瞬时动作。

瞬时电流速断保护的灵敏度可用其保护范围占线路全长的百分数来表示。通常在最大运行方式下，保护范围为线路全长的 50%，在最小运行方式下发生两相短路，能保护线路全长的 15%～20%，即可装设。所以，在线路始端一定范围内短路时，瞬时电流速断保护是可以做到快速地切除故障的。

瞬时电流速断保护的单相原理接线如图 2-11 所示。由于电流继电器触点的容量小，故必须装设中间继电器 KM，以便用 KM 的触点去接通跳闸回路。

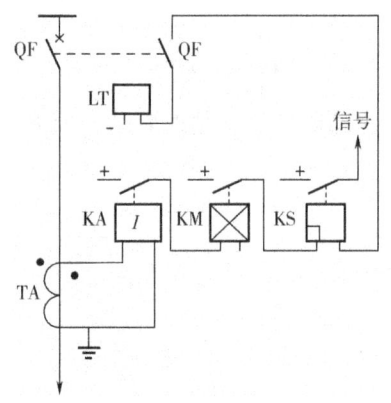

图 2-11　瞬时电流速断保护单相原理接线图

动作过程分析：当保护范围内发生短路故障时，电流互感器 TA 一次侧流过短路电流，其二次侧电流流过电流继电器 KA，当二次电流大于 KA 的动作值时使其动作，动合触点闭合，起动中间继电器 KM，KM 的动合触点闭合，起动信号继电器 KS（发出保护动作的信号）和断路器 QF 的跳闸线圈 LT，使断路器 QF 瞬时跳闸，切断短路电流，短路故障被瞬时切除。跳闸回路中串入断路器的常开辅助触点 QF 是为了保护 KM 的触点，因为当 QF 跳闸时触点 QF 也被断开，由 QF 切断了跳闸电流，而 KM 的动合触点断开时就不再切断电流了。

2.2.3 限时电流速断保护

瞬时电流速断保护（也称第Ⅰ段保护）虽能实现快速动作，但却不能保护线路的全长，因此必须装设第Ⅱ段保护即限时电流速断保护，用以反应瞬时速断保护区外的故障。对第Ⅱ段保护的要求是能保护线路的全长，还应有尽可能短的动作时限。

2.2.3.1 限时电流速断保护的保护范围分析

限时电流速断保护要保护线路的全长，那么保护区必然会延伸至下一线路，因为本线路末端短路时流过保护装置的短路电流与下一线路始端短路时的短路电流相等，再加上还有运行方式对短路电流的影响，如若较小运行方式下保护范围达到线路末端，则较大运行方式下保护范围必然延伸到下一线路。为尽量缩短保护的动作时限，通常要求限时电流速断保护延伸至下一线路的保护范围不致超出下一线路瞬时电流速断保护的保护区，因此线路 L1 限时电流速断保护的动作电流 $I_{op.1}^{\mathrm{II}}$ 应大于下一线路瞬时电流速断保护的动作电流 $I_{op.2}^{\mathrm{I}}$，即：

$$I_{op.1}^{\mathrm{II}} > I_{op.2}^{\mathrm{I}}$$

$$I_{op.1}^{\mathrm{II}} = K_{rel}I_{op.2}^{\mathrm{I}} \tag{2-6}$$

式中：K_{rel} 为可靠系数，考虑到非周期分量的衰减一般取 1.1 ~ 1.2。保护范围分析如图 2 - 12 所示。

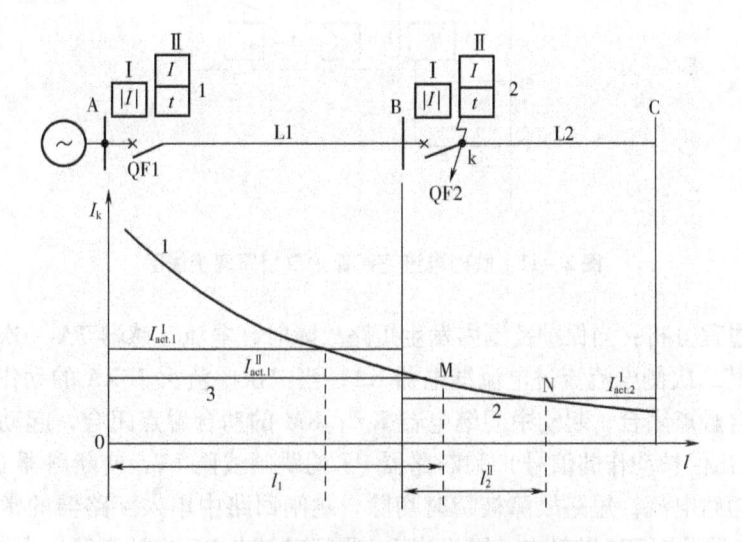

图 2 - 12 限时电流速断保护的保护范围分析

由图 2 - 12 可知，为获得动作的选择性，限时电流速断保护的动作时限需与下一线路的瞬时电流速断保护相配合，应比后者的时限大一个时限级差 Δt，即

$$t_1^{\mathrm{II}} = t_2^{\mathrm{I}} + \Delta t \qquad (2-7)$$

时限级差 Δt，从快速性的角度要求，应愈短愈好，但太短保证不了选择性。其时限配合如图 2 - 13 所示。当在下一线路首端 k 点发生短路故障时，本线路 L1 的限时电流速断保护和下一线路 L2 的瞬时电流速断保护同时起动，但本线路 L1 的限时电流速断保护需经过一定的延时才能跳闸，而下一线路 L2 的瞬时电流速断保护瞬时跳闸将故障切除，这样才能保证选择性。要做到这一点，Δt 应在 0.3s ~ 0.6s 间，一般取 $\Delta t = 0.5$s。

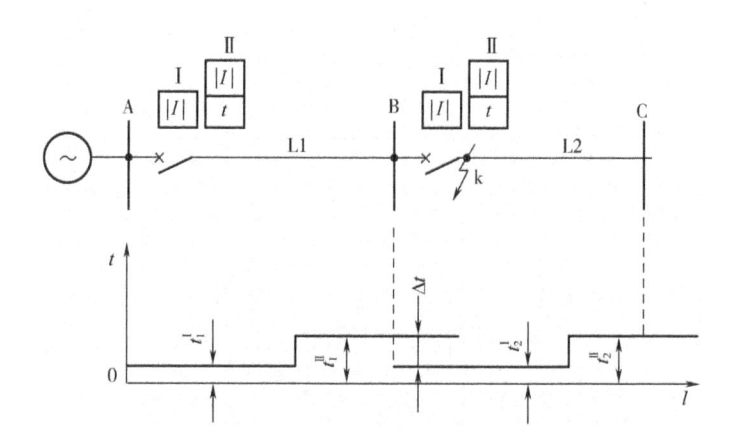

图 2 - 13　限时电流速断保护与瞬时电流速断保护的时限配合

2.2.3.2　灵敏度校验

为了使限时电流速断保护能够保护线路的全长，应以本线路的末端作为灵敏度的校验点，以最小运行方式下的两相短路作为计算条件，来校验保护的灵敏度。其灵敏度为：

$$K_{sen} = \frac{I_{k.B.\min}}{I_{op}^{\mathrm{II}}} \qquad (2-8)$$

式中：$I_{k.B.\min}$——在线路 L1 末端短路时流过保护装置的最小短路电流；

I_{op}^{II}——线路 L1 限时电流速断保护的动作电流。

根据规程要求，此灵敏系应不小于 1.3。

如果保护的灵敏度不能满足要求，有时还采用降低动作电流的方法来提高其灵敏度。为此，应使线路 L1 上的限时电流速断保护范围与 L2 上的限时电流速断

保护相配合，即：

$$I_{op.1}^{\mathrm{II}} = K_{rel}I_{op.2}^{\mathrm{II}} \quad t_1^{\mathrm{II}} = t_2^{\mathrm{II}} + \Delta t \tag{2-9}$$

式中：$I_{op.2}^{\mathrm{II}}$ ——L2 上的限时电流速断保护的动作电流；

$\quad\quad t_2^{\mathrm{II}}$ ——L2 上的限时电流速断保护的动作时间。

动作时限有所增加，灵敏度却提高了，而且仍保证了动作的选择性。

2.2.3.3　原理接线图

限时电流速断保护的原理接线如图 2 - 14 所示。电流继电器 KA 作为保护的起动元件，保护范围内短路故障时动作，其动合触点闭合，起动时间继电器 KT（为保证动作的选择性建立必要的延时），经整定延时，延时闭合的动合触点闭合，起动信号继电器 KS 发信号，起动断路器的跳闸线圈 LT，使断路器跳闸，将故障切除。

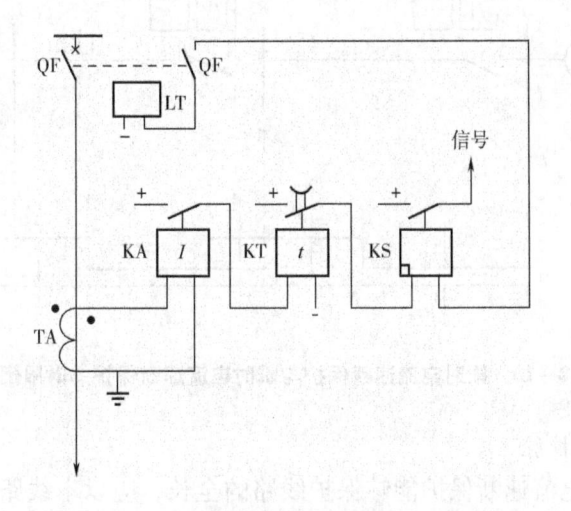

图 2 - 14　限时电流速断保护单相原理接线图

2.2.4　定时限过电流保护

瞬时电流速断保护和限时电流速断保护可作为线路主保护用。为防止本线路的主保护拒动（或断路器拒动）及下一线路的保护或断路器拒动，必须给线路装设后备保护，以作为本线路的近后备和下一线路的远后备。这种后备保护通常采用定时限过电流保护（又称为第Ⅲ段保护），其动作电流按躲过最大负荷电流整定，动作时限按保证选择性的阶梯时限特性整定。接线图同于限时电流速断保护。但由于保护范围和保护的作用不同，其动作电流和动作时限则不同。

2.2.4.1　定时限过电流保护的工作原理和动作电流

（1）过电流保护的工作原理。正常运行线路流过负荷电流时，保护不动。当线路发生短路故障时，保护起动，经过保证选择性的延时动作，将故障切除。

定时限过电流保护装置的原理电路如图 2-15 所示。其中图（a）为集中表示的原理电路图，通常称为接线图；图（b）为分开表示的原理电路图，通常称为展开图。从原理分析的角度来说，展开图更简明清晰，因此在二次回路图（包括继电保护电路图）中应用最为普遍。

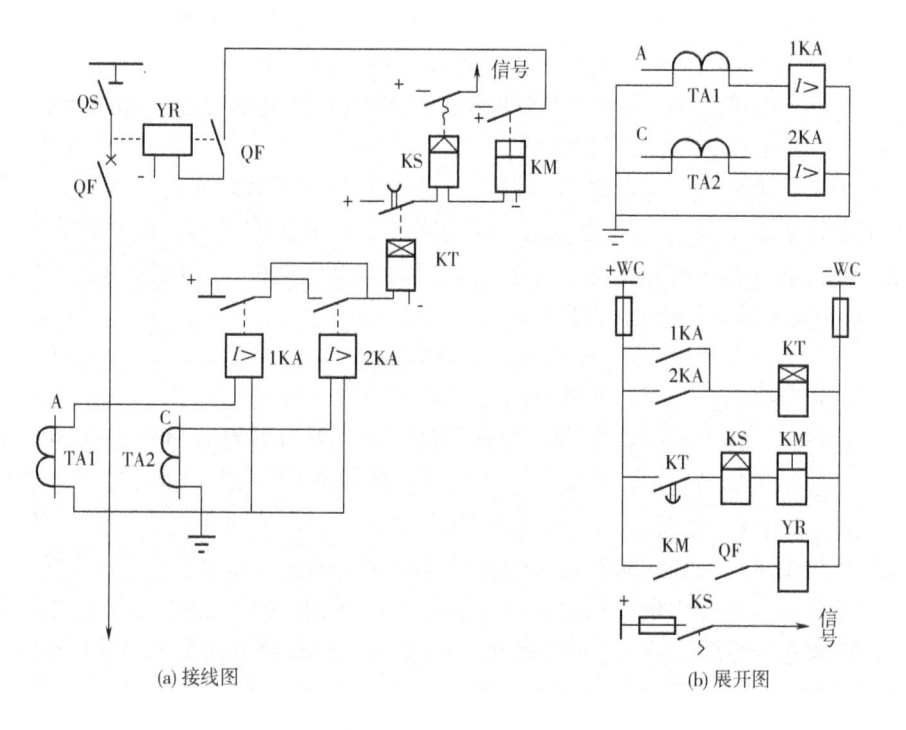

(a) 接线图　　　　　　　　　　　　　　(b) 展开图

图 2-15　定时限过电流保护的原理电路图

QF—断路器；KA—DL 型电流继电器；KT—DS 型时间继电器；

KS—DX 型信号继电器；KM—DZ 型中间继电器；YR—跳闸线圈

下面分析图 2-15 所示定时限过电流保护的工作原理。当一次电路发生相间短路时，电流继电器 KA 瞬时动作，闭合其触点，使时间继电器 KT 动作。KT 经过整定的时限后，其延时触点闭合，使串联的信号继电器 KS（电流型）和中间继电器 KM 动作。KS 动作后，其指示牌掉下，同时接通信号回路，给出灯光信号和音响信号。KM 动作后，接通跳闸线圈 YR 回路，使断路器 QF 跳闸，切除短路故障。

QF 跳闸后，其辅助触点 QF1 - 2 随之切断跳闸回路，以减轻 KM 触点的工作。在短路故障被切除后，继电保护装置除 KS 外的其他所有继电器均自动返回起始状态，而 KS 可手动复位。

（2）过电流保护动作电流。过电流保护动作电流的整定，要考虑可靠性原则，即只有在线路存在短路故障的情况下，才允许保护装置动作。

应按躲过最大的负荷电流计算保护的动作电流，根据可靠性的要求，过电流保护的动作电流必须满足以下两个条件。

①在被保护线路通过最大负荷电流 $I_{L\,\max}$ 的情况下，保护装置不应该动作，即

$$I_{op} > I_{L\,\max} \tag{2-10}$$

式中：I_{op}——保护的动作电流（保护装置动作时所对应的电流互感器一次电流值）；

$I_{L\,\max}$——被保护线路的最大负荷电流。

最大负荷电流要考虑电动机自起动时的电流。由于短路时电压下降，变电站母线上所接负荷中的电动机被制动，在故障切除后电压恢复时，电动机有一个自起动过程，电动机自起动电流大于正常运行时的额定电流，则线路的最大负荷电流 $I_{L\,\max}$ 也大于其正常值 I_R，即：

$$I_{L\,\max} = K_{ast}I_R \tag{2-11}$$

式中：K_{ast}——自起动系数，一般取 1.5 ~ 3。

②对于已经起动的保护装置，故障切除后，在被保护线路通过最大负荷电流的情况下应能可靠地返回。如图 2-16 所示，在线路 L1、L2 分别装有过电流保护 1 和保护 2，当在 k 点短路时，短路电流流过保护 1 也流过保护 2，它们都起动。按选择性的要求，应该由保护 2 动作将断路器 QF2 跳开切除故障。但由于变电站 B 仍有其他负荷，并且因电动机自起动，线路 L1 可能出现最大负荷电流，为使保护 1 的电流继电器可靠返回，它的返回电流 I_r，应大于故障切除后线路 L1 的最大负荷电流，即

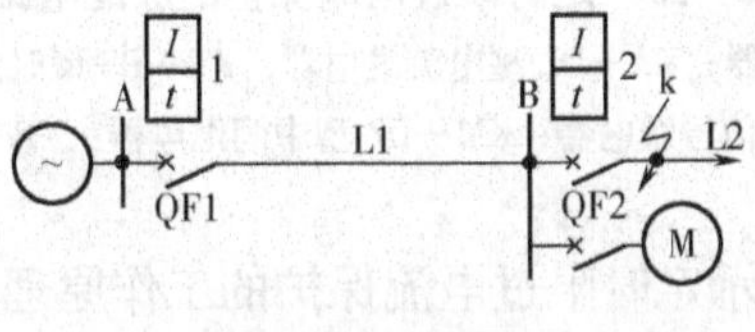

图 2-16 过电流保护动作电流

$$I_r > K_{ast}I_R \quad I_r = K_{rel}K_{ast}I_R \tag{2-12}$$

式中：I_r——保护 1 的返回电流（保护装置返回时所对应的电流互感器一次电流值）。

$$K_r = \frac{I_r}{I_{op}} \qquad I_{op} = \frac{K_{rel}}{K_r} K_{ast} I_R \qquad (2-13)$$

式中：K_{rel}——可靠系数，取 1.2~1.25；

$\quad\quad K_r$——电流继电器的返回系数，取 0.85~0.95。

将按式（2-13）计算得到的动作电流，除以电流互感器的变比再乘以接线系数，即可得到电流继电器的动作电流。

2.2.4.2　动作时限的整定

定时限过电流保护的动作时限，应根据选择性的要求加以确定。例如，在图 2-17 所示的辐射形电网中，线路 L1 上装设有过电流保护 1，线路 L2 和线路 L3 上也都分别装设有过电流保护 2 和 3。那么当线路 L3 上的 k2 点发生短路故障时，短路电流将从电源经线路 L1、线路 L2 和线路 L3 而流向短路点。这样，过电流保护 1、2 及 3 均起动。但是，根据选择性的要求，应该只由保护 3 动作使断路器 QF3 跳闸。

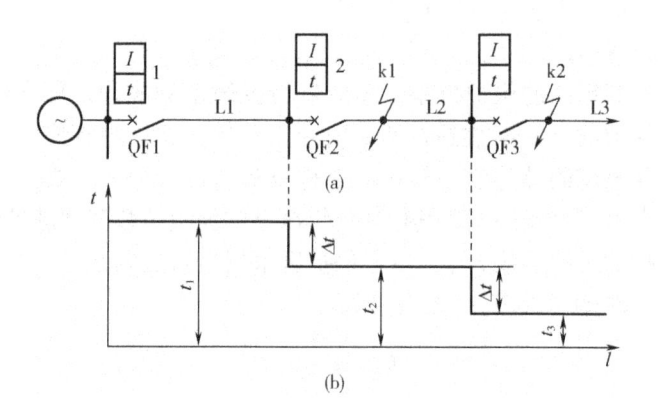

图 2-17　定时限过电流保护的动作时限

（a）单电源辐射网络；（b）时限特性

为此，应使保护 2 的动作时限 t_2 大于保护 3 的动作时限 t_3。又如在线路 L2 的 k1 点短路，保护 1 和保护 2 都起动，根据选择性的要求，只能由保护 2 动作将 QF2 跳开。要求保护 1 的延时 t_1 要大于保护 2 的延时 t_2。由此可见，装于辐射形电网中的各定时限过电流保护装置，其动作时限必须按选择性的要求互相配合。配合的原则是，离电源较近的上一级保护的动作时限，应比相邻的、离电源较远的下一级保护的动作时限要长（注意：是过电流保护之间的配合）。在图 2-17 中有：

$$t_n = t_{n-1} + \Delta t \qquad (2-14)$$

显示图 2-17（b）各级保护的整定时限特性，图中好似一个阶梯，这就是通常所说的阶梯形时限特性。若线路 L3 有几条并行的出线，那么保护 2 的时限应与其中最大的时限配合。由此可见，每条输电线路过电流保护的动作时限，不能脱离整个电网保护配置的实际情况及时限的配合要求，不能孤立地加以整定。处于电网终端的保护，其动作时限可以是瞬时的或只带一个很短的时限，因为它没有下一级保护需要配合。在这种情况下，过电流保护常可作为主保护，而无须再装设瞬时动作的其他保护。

按照时限配合的要求，保护装设地点离电源愈近，其动作时限将愈长，而故障点离电源愈近，短路电流却愈大，对系统的影响也愈严重。所以，定时限过电流保护虽可满足选择性的要求，却不能满足快速性的要求。故障点离电源近，其动作时间反而长，这是它的缺点。正因为如此，定时限过电流保护在电网中一般用作其他快速保护的后备保护。

这种过电流保护的动作时限是由时间继电器建立的，整定后其定值与短路电流的大小无关，故称为定时限过电流保护。

2.2.4.3　灵敏度校验

为了保证达到预期的保护效果，还应进行灵敏度的校验，即在保护区内发生短路时，验算保护的灵敏系数是否满足要求。显然，这种验算应针对最不利的条件，亦即在短路电流的计算值为最小的条件下进行。因为只有当这种情况下的灵敏系数满足要求时，才能保证在其他任何情况下的灵敏系数都能满足要求。

过电流保护的灵敏系数 K_{sen}，等于保护区末端金属性短路时，短路电流的最小计算值 $I_{k.\,min}$ 与保护动作电流 I_{op} 之比，即

$$K_{sen} = \frac{I_{k.\,min}}{I_{op}} \qquad\qquad (2-15)$$

作为本线路近后备保护时，$I_{k.\,min}$ 为本线路末端短路时流过保护的最小短路电流，要求 $K_{sen} \geqslant 1.3 \sim 1.5$；作为下一线路远后备保护时，$I_{k.\,min}$ 为下一线路末端短路时流过保护的最小短路电流，要求 $K_{sen} \geqslant 1.2$。

2.2.4.4　提高过电流保护灵敏度的措施——低电压闭锁

如图 2-18 所示，在线路过电流保护的电流继电器 KA 的常开触点回路中，串入低电压继电器 KV 的常闭触点，而 KV 经过电压互感器 TV 接至被保护线路的母线上。当供电系统正常运行时，母线电压接近于额定电压，因此电压继电器 KV 的常闭触点是断开的。这时的电流继电器 KA 即使由于过负荷而误动作，使其触点闭合，断路器 QF 也不会误跳闸。正因为如此，凡装有低电压闭锁的过电流保护动作电流和返回电流不必按躲过线路的最大负荷电流 $I_{L\,max}$ 来整定，而只需按躲过线路的计算电流 I_{30} 来整定，即

$$I_{op} = \frac{K_{rel}K_w}{K_{re}K_i}I_{30} \qquad (2-16)$$

由于其I_{op}值的减小，能有效地提高过电流保护的灵敏度。

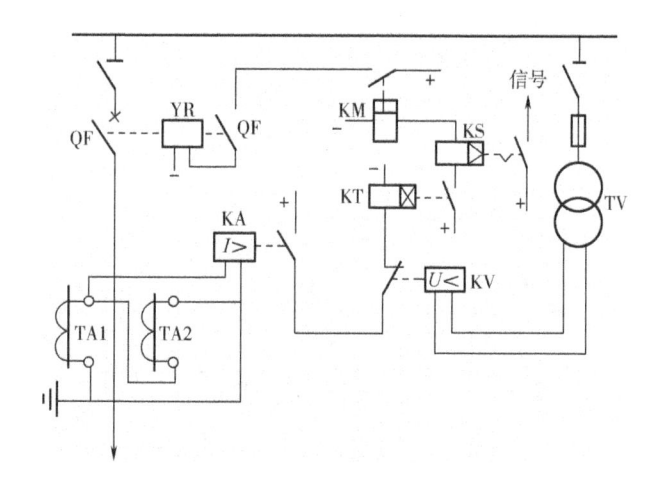

图 2 – 18 低电压闭锁的过电流保护

QF—断路器；TA—电流互感器；TV—电压互感器；KA—电流继电器；

KT—时间继电器；KS—信号继电器；KM—中间继电器；KV—电压继电器

2.2.5 线路相间短路的三段式电流保护装置

由瞬时电流速断保护、限时电流速断保护、定时限过电流保护组合构成三段式电流保护装置。这三部分保护分别叫作Ⅰ、Ⅱ、Ⅲ段，其中Ⅰ段瞬时电流速断保护、Ⅱ段限时电流速断保护是主保护，Ⅲ段定时限过电流保护是后备保护。

2.2.5.1 三段式电流保护各段保护范围及时限的配合

如图 2 – 19 所示，当在 L1 线路首端短路时，保护Ⅰ的Ⅰ、Ⅱ、Ⅲ段均起动，由Ⅰ段将故障瞬时切除，Ⅱ段和Ⅲ段返回；在线路末端短路时，保护Ⅱ段和Ⅲ段起动，Ⅱ段以 0.5s 时限切除故障，Ⅲ段返回。若Ⅰ、Ⅱ段拒动，则过电流保护以较长时限将断路器 QF1 跳开，此为过电流保护的近后备作用。当在线路 L2 上发生故障时，应由保护 2 动作跳开断路器 QF2，但若 QF2 拒动，则由保护 1 的过电流保护动作将 QF1 跳开，这是过电流保护的远后备作用。

2.2.5.2 三段式电流保护整定计算举例

图 2 – 20 所示单侧电源辐射形网络，线路 L1 和 L2 均装设三段式电流保护。已

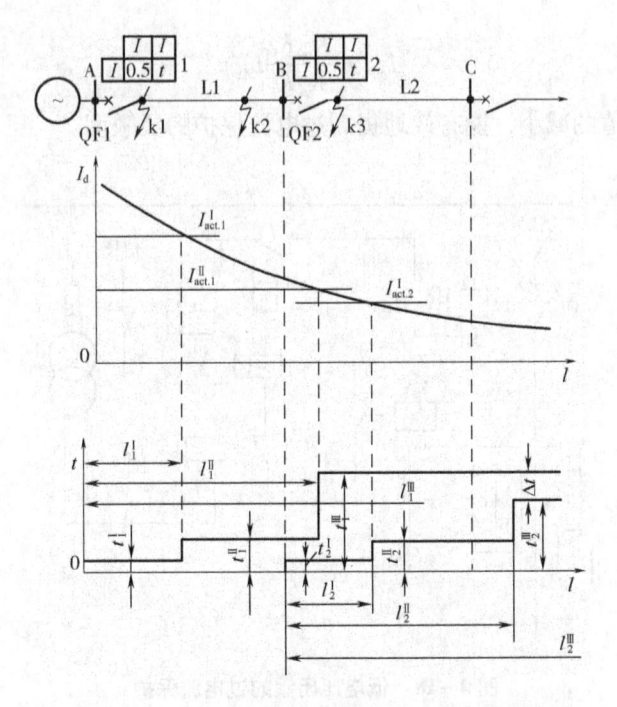

图 2 – 19　三段式电流保护各段保护范围及时限的配合

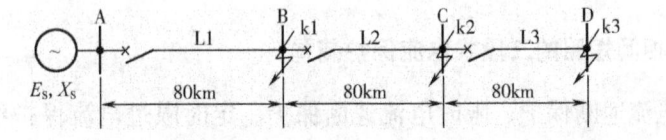

图 2 – 20　三段式电流保护整定计算

知 $E_s = 115/\sqrt{3}\text{kV}$，最大运行方式下系统的等值阻抗 $X_{s.\min} = 13\Omega$，最小运行方式下系统的等值阻抗 $X_{s.\max} = 14\Omega$，线路单位长度正序电抗 $X_1 = 0.4\Omega/\text{km}$，L1 正常运行时最大负荷电流为 120A，线路 L2 的过电流保护的动作时限为 2.0s。计算线路 L1 的三段式电流保护的动作电流、动作时限并校验保护的灵敏系数。

为计算动作电流，应计算最大运行方式下的三相短路电流。为校验灵敏度要计算最小运行方式下两相短路电流。

（1）短路电流计算。k1 点的最大短路电流为：

$$I_{k.\,B.\,\max}^{(3)} = \frac{E_s}{X_{s.\,\min} + X_l L_{AB}} = \frac{115/\sqrt{3}}{13 + 0.4 \times 80} = 1.475\ (\text{kA})$$

k1 点的最小短路电流为：

$$I_{k.B.min}^{(2)} = \frac{\sqrt{3}}{2} \times \frac{E_s}{X_{s.max} + X_l L_{AB}} = \frac{\sqrt{3}}{2} \times \frac{115/\sqrt{3}}{14 + 0.4 \times 80} = 1.250 \text{（kA）}$$

同理得：

k2 点的最大短路电流为 $I_{k.C.max}^{(3)} = 0.862$（kA）

k2 点的最小短路电流为 $I_{k.C.min}^{(2)} = 0.737$（kA）

k3 点的最大短路电流为 $I_{k.D.max}^{(3)} = 0.609$（kA）

（2）整定计算。

①瞬时电流速断保护（第Ⅰ段）。动作电流的整定值根据式（2-5）计算，即躲过本段路末端 B 母线短路（k1 点）的最大短路电流：

$$I_{op.1}^{I} = K_{rel} I_{k.B.max}^{(3)} = 1.2 \times 1.475 = 1.77 \text{（kA）}$$

可靠系数 K_{rel} 取 1.2。

灵敏度的校验可以用图解法求出电流速断保护的保护范围，即做出短路电流曲线从而确定出最小保护范围。另一方法是用解析法，通过计算求出电流速断的最小保护范围。本例从略。

②限时电流速断保护（第Ⅱ段）。

a）计算动作电流的整定值。根据式（2-6），线路 L1 限时电流速断保护的动作电流，应和线路 L2 瞬时电流速断保护的动作电流相配合。首先计算线路 L2 的瞬时速断保护的动作电流 $I_{op.2}^{I}$，它应按躲过本线路末端 C 母线（k2 点）最大短路电流来整定，即：

$$I_{op.2}^{I} = K_{rel} I_{k.C.max}^{(3)} = 1.2 \times 0.862 = 1.034 \text{（kA）}$$

线路 L1 限时电流速断的动作电流为：

$$I_{op.1}^{II} = K_{rel} I_{op.2}^{I} = 1.1 \times 1.034 = 1.138 \text{（kA）}$$

可靠系数 K_{rel} 取 1.1。

b）灵敏系数校验。限时电流速断保护灵敏系数按式（2-8）计算，本线路末端最小短路电流（k1 点）$I_{k.B.min}^{(2)} = 1.250$（kA），则：

$$K_{sen} = \frac{I_{k.B.min}^{(2)}}{I_{op.1}^{II}} = \frac{1.250}{1.138} = 1.10 < 1.3$$

可见，线路 L1 限时速断与下一线路第Ⅰ段配合不能满足灵敏系数要求，故应考虑与 L2 线路第Ⅱ段配合。因此要先算出 L2 线路的限时电流速断的动作电流，它应与 L3 线路第Ⅰ段配合，即：

$$I_{op.2}^{II} = K_{rel} I_{op.3}^{I} = 1.1 \times 1.2 \times I_{k.D.max}^{(3)} = 1.1 \times 1.2 \times 0.609 = 0.803 \text{（kA）}$$

根据式（1-8），L1 线路的第 II 段动作电流为：

$$I_{op.1}^{II} = K_{rel}I_{op.2}^{II} = 1.1 \times 0.803 = 0.883 \, (\text{kA})$$

$$K_{sen} = \frac{I_{k.B.min}^{(2)}}{I_{op.1}^{II}} = \frac{1.250}{0.883} = 1.416 > 1.3$$

灵敏系数满足要求。

c）动作时限的整定值。保护的动作时间 t_1^{II} 应与 L2 线路的 t_2^{II} 配合，根据式（2-7）计算，即：

$$t_1^{II} = t_2^{II} + \Delta t$$

因为 $t_2^{II} = t_3^{I} + \Delta t = 0.5(\text{s})$，所以：

$$t_1^{II} = 0.5 + 0.5 = 1(\text{s})$$

式中：t_1^{II}——线路 L1 保护第 II 段动作时间；

t_2^{II}——线路 L2 保护第 II 段动作时间；

t_3^{I}——线路 L3 保护第 I 段动作时间。

③定时限过电流保护（第 III 段）。

a）动作电流。动作电流根据式（2-13）计算，即：

$$I_{op.1}^{III} = \frac{K_{rel}K_{ast}}{K_r} \, I_{R.max} = \frac{1.2 \times 2.2}{0.85} \times 0.12 = 0.373 \, (\text{kA})$$

式中：K_{rel}——可靠系数，取 1.2；

K_{ast}——电动机自动起系数，取 2.2；

K_r——返回系数，取 0.85；

$I_{R.max}$——最大负荷电流，已知为 120A。

b）灵敏系数校验。保护作为近后备时，校验本线路末端 k1 点短路时，在最小短路电流下的灵敏系数，根据式（2-8）有：

$$K_{sen} = \frac{I_{k.B.min}^{(2)}}{I_{op.1}^{III}} = \frac{1.25}{0.373} = 3.351 > 1.5$$

灵敏系数满足要求。

作为一条线路 L2 的远后备时，校验下一线路末端 k2 点短路时，在最小短路电流下的灵敏系数：

$$K_{sen} = \frac{I_{k.C.min}^{(2)}}{I_{op.1}^{III}} = \frac{0.737}{0.373} = 1.976 > 1.2$$

灵敏系数满足要求。

c）动作时限的整定值。过电流保护动作时限，按阶梯原则整定，即：

$$t_1^{\text{III}} = t_2^{\text{III}} + \Delta t = 2.0 + 0.5 = 2.5(\text{s})$$

式中：t_1^{III}、t_2^{III}——分别为线路 L1 及 L2 的第Ⅲ段动作时限。

2.2.6 单相接地保护

我国电力系统的中性点运行方式通常有中性点直接接地、中性点不接地和中性点经消弧线圈接地三种方式。一般 66kV 及以下电压等级的电网采用中性点不接地或经消弧线圈接地方式，这类电网称为中性点非直接接地系统。本节主要讨论中性点非直接接地电网的单相接地保护。

在中性点非直接接地电网中，单相接地故障发生的概率占所有故障的 90% 左右。若发生单相接地故障，只有很小的接地电容电流，而且三相的相间电压仍然保持对称，对负荷的供电没有影响，因此，保护装置不需要立即作用于断路器跳闸，允许带一个接地点继续运行 2h。但是，这毕竟是一种故障，在发生单相接地之后，非故障相对地电压升高为正常运行时的 $\sqrt{3}$ 倍，因此这对线路及设备的绝缘是一种威胁。

如果又发生另一相接地，则形成两相接地短路。为了防止故障的扩大，保护装置应及时发出信号，以便运行值班人员及时发现并排除故障。只是在某些特殊的情况下，对人身和设备的安全构成威胁时，才装设有选择性动作于跳闸的接地保护。

2.2.6.1 绝缘监视装置

绝缘监视装置是利用单相接地时出现零序电压的特点构成的，其原理接线如图 2-21 所示。电压互感器的二次侧有两组绕组，其中一组接成星形，接三只电压表用以测量各相对地电压；另一组接成开口三角形，以取得零序电压。过电压继电器接在开口三角形的开口处，用来反应系统的零序电压，并接通信号回路。

正常运行时，系统三相电压对称，无零序电压，过电压继电器不动作，三块电压表读数相等，分别指示各自的相电压。当发生单相接地时，系统各处都会出现零序电压，因此开口三角处产生近 100V 的零序电压输出，使过电压继电器 KV 动作并起动信号继

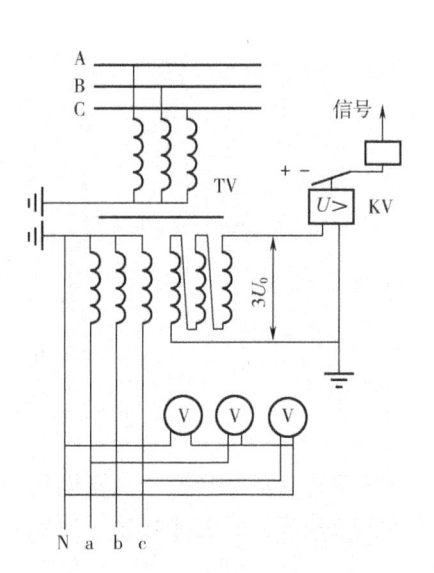

图 2-21 绝缘监视装置原理接线图

电器发信号。为了知道哪一相发生了接地故障，可以通过电压表读数来判别，接地相对地电压为零，非故障相电压升高到线电压。

根据这种装置的动作，可以知道系统发生了接地故障和故障的相别，但不知道接地故障发生在哪条线路上，因此，绝缘监视装置是无选择性的。为查找故障线路，需要由值班人员采用瞬时拉路法，依次短时拉合各条线路。当断开某条线路时零序电压消失，三只电压表读数相同，即说明该线路发生了接地故障。

电网正常运行时，由于电压互感器本身有误差，以及高次谐波电压的存在，开口三角形处有不平衡电压输出。因此，过电压继电器的动作电压按躲过正常运行时电压互感器三角形开口处输出的最大不平衡电压来整定。

2.2.6.2 零序电流保护

（1）零序电流保护的接线和工作原理。单相接地保护的接线如图 2－22 所示。架空线路用三只电流互感器构成零序电流互感器，电缆线路用一只零序电流互感器。单相接地保护利用线路单相接地时的零序电流较系统其他线路单相接地时的零序电流大的特点，实现有选择性的单相接地保护，又称零序电流保护。该保护一般用于变电站出线较多或不允许停电的系统中。当线路发生单相接地故障时，该线路的电流继电器动作，发出信号，以便及时处理。

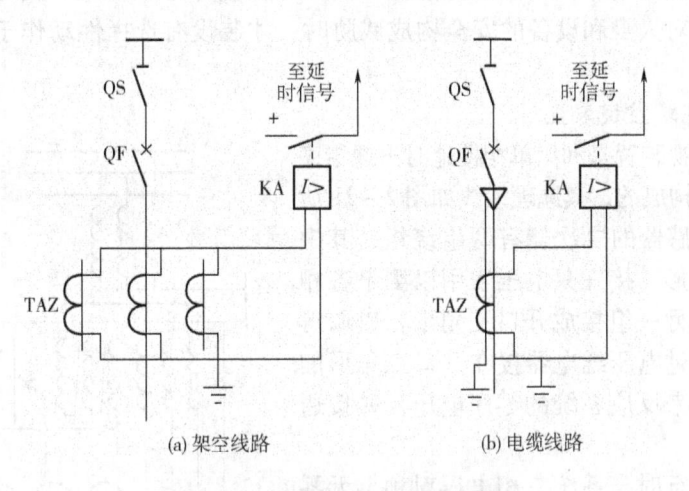

图 2－22　单相接地保护原理接线图

零序电流互感器的一次绕组就是被保护的三相导线，二次绕组绕在包围着三相导线的铁芯上。正常及相间短路时，二次绕组输出的是不平衡电流，其数值很小，保护装置不动作。当电网发生单相接地时，三相电流之和 $I_A + I_B + I_C \neq 0$，铁芯中出现零序磁通，该磁通在二次绕组中感应电势，产生电流。当电流大于电流继电器 KA 的动作电流时，电流继电器动作，发出单相接地信号。

需要指出的是，正常运行时，电缆导电外皮也可能流过杂散电流。在这种情况下，为了避免非故障电缆线路上的零序电流保护误动作，可将电缆头与支架绝缘，将电缆头的接地线穿过零序电流互感器的铁芯。这样，流过非故障电缆外皮的电流与接地线中的电流相互抵消，不会反应到零序电流互感器的二次侧。

（2）动作电流整定。系统中其他线路发生单相接地，被保护线路流过接地电容电流 I_c 时，单相接地保护不应动作，即：

$$I_{op.\,KA} = \frac{K_{rel}}{K_i} I_C \qquad (2-17)$$

式中：K_{rel} 为可靠系数，保护不带时限时，取 $4 \sim 5$；保护带时限时，取 $1.5 \sim 2$；K_i 为零序电流互感器的变比。

（3）灵敏度校验。被保护线路发生单相接地，流过接地点的电容电流 $I_E = I_{C\Sigma} - I_C$，单相接地保护应可靠动作，用此电流计算保护的灵敏度。

$$K_S = \frac{I_{C\Sigma} - I_C}{I_{op1}} \geq 1.5 （架空线路） \qquad (2-18)$$

$$K_S = \frac{I_{C\Sigma} - I_C}{I_{op1}} \geq 1.25 （电缆线路）$$

2.2.7 过负荷保护

线路一般不装设过负荷保护。只有经常可能发生过负荷的电缆线路才考虑装设过负荷保护，其原理接线图如图 2-23 所示。由于过负荷电流对称，故过负荷保护采用单相式接线，并和相间保护共用电流互感器。

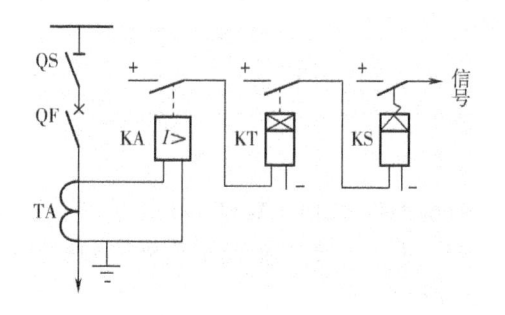

图 2-23 线路过负荷保护原理接线图

过负荷保护的动作电流按线路的计算电流 I_C 整定，即：

$$I_{op.KA} = \frac{I_{rel}}{K_i}I_C \qquad\qquad (2-19)$$

式中：K_{rel} 为可靠系数，取 $1.2\sim1.3$；K_i 为电流互感器的变比。

动作时间一般整定为 $10s\sim15s$。

2.2.8 线路微机保护

本书以许继公司的 WXH-820 系列微机线路保护测控装置实现中低压线路的保护和测控功能，该保护主要用于 66kV 及以下各级电压等级的线路及馈出线。

2.2.8.1 功能配置

线路保护功能配置如表 2-1 所示。

表 2-1 线路保护功能配置

	功能名称	WXH-821	WXH-822
保护功能	二段过流保护	√	
	三段经电压闭锁的方向过流保护		√
	零序过流保护/网络小电流接地选线	√	√
	三相一次重合闸	√	√
	过负荷保护	√	√
	低频减载保护	√	√
	TV 断线告警	√	√
	控制回路异常告警	√	√
测控功能	8 路遥信开入采集、装置遥信变位、事故遥信	√	√
	正常断路器遥控分合、小电流接地探测遥控分合	√	√
	P、Q、I_A、I_C、Uab、Ubc、Uca、f 等模拟量的遥测	√	√
	开关事故分合次数统计及事件 SOE 等	√	√
	故障录波	√	√
	4 路脉冲输入	√	√

2.2.8.2 保护原理

（1）二段过流保护（WXH-821）。WXH-821 装置设二段过流保护，各段电流及时间定值可独立整定，通过分别设置保护压板控制这两段保护的投退。过流保护原理框图如图 2-24 所示。

（2）三段电流电压方向保护（WXH-822）。WXH-822 装置设三段电流电压方向过流保护，每一段保护的电压闭锁元件及方向元件均可单独投退，通过分别设置保护压板控制这三段保护的投退。原理框图如图 2-25 所示。

过流n段投/退
I_A≥过流定值
I_B≥过流定值
I_C≥过流定值
≥1
&
T_n
跳闸
过流n段动作
显示、远传
保护动作
中央信号

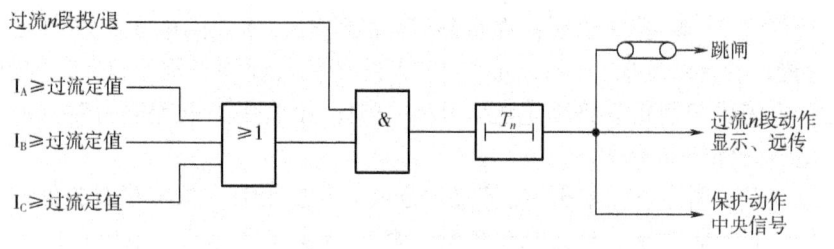

图 2－24　二段过流保护原理框图

T_n—过流 n 段时限（n＝1、2）

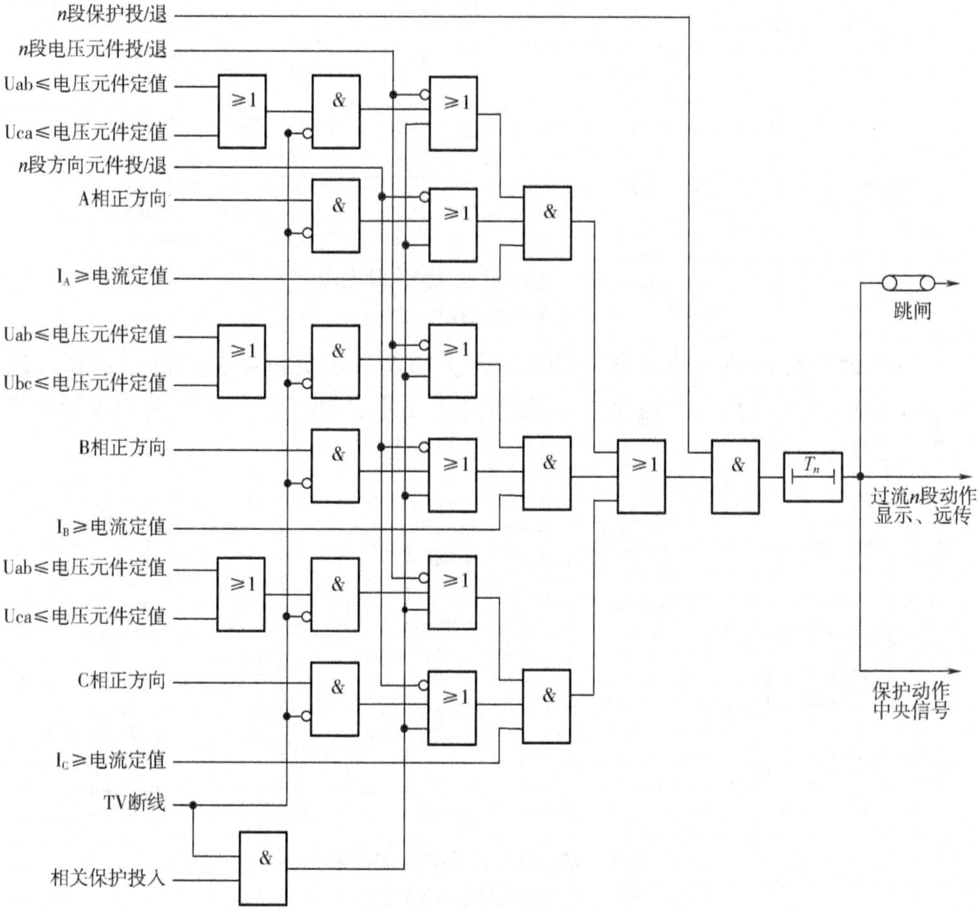

n段保护投/退
n段电压元件投/退
Uab≤电压元件定值
Uca≤电压元件定值
n段方向元件投/退
A相正方向
I_A≥电流定值
Uab≤电压元件定值
Ubc≤电压元件定值
B相正方向
I_B≥电流定值
Uab≤电压元件定值
Uca≤电压元件定值
C相正方向
I_C≥电流定值
TV断线
相关保护投入
≥1
&
T_n
跳闸
过流n段动作
显示、远传
保护动作
中央信号

图 2－25　三段电流电压方向保护原理框图

T_n—n 段过流保护时限（n＝1、2、3）

关于母线 TV 断线的说明：在母线 TV 断线时，相应的电压、方向元件退出（程序内置，没有软压板）；如果母线 TV 断线的相关保护设置为投入，则母线 TV 断线时，电流保护逻辑只判断电流大小；否则，相关保护设置退出时，则退出带方向、电压元件的保护段。

（3）零序过流保护/网络小电流接地选线。装置设有一段零序过流保护，通过设置保护压板控制投退；通过通信网络，将本装置零序电流、电压信息传递给监控装置，由监控装置综合判断接地线路。零序过流保护原理框图如图 2-26 所示。

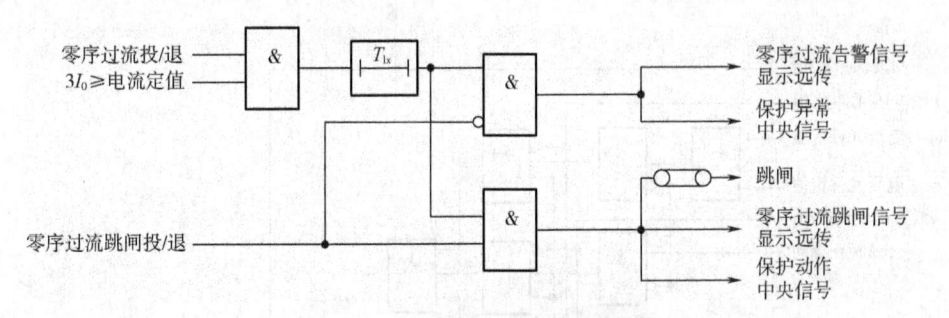

图 2-26　零序过流保护原理框图

T_{lx}—零序过流保护延时

（4）过负荷保护。装置设有过负荷保护功能。过负荷可通过控制字定值选择动作于跳闸或告警。投跳闸时，跳闸后闭锁重合闸。过负荷保护原理框图如图 2-27 所示。

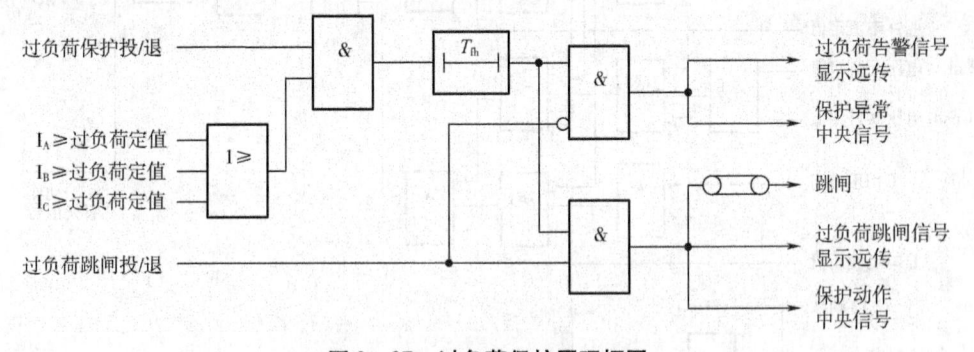

图 2-27　过负荷保护原理框图

T_{fh}—过负荷保护延时

（5）低频减载保护。低频减载设有电压闭锁、低电流闭锁、滑差闭锁，低频减载原理框图如图 2-28 所示。

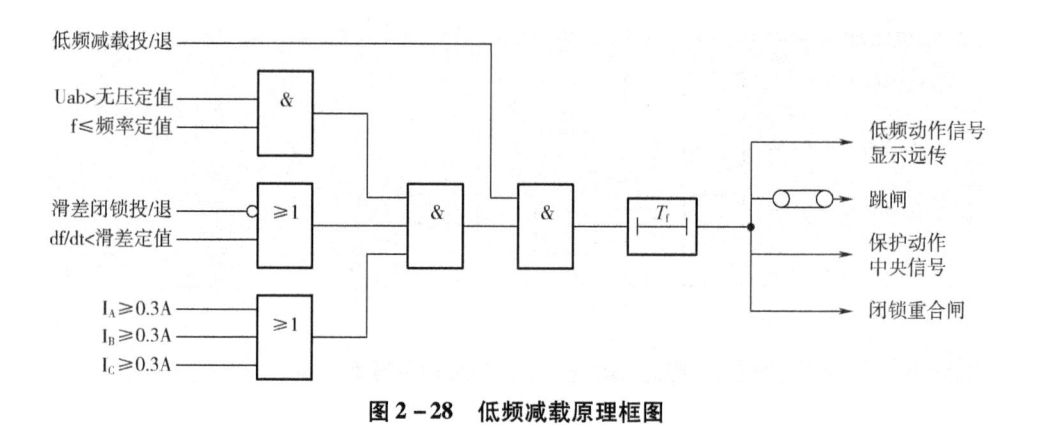

图 2 - 28　低频减载原理框图

T_f—低频减载动作时限

（6）TV 断线告警。

①母线 TV 断线告警。母线 TV 断线后，将告警。待电压恢复正常后（线电压大于 80V）保护返回。母线 TV 断线原理框图如图 2 - 29 所示。

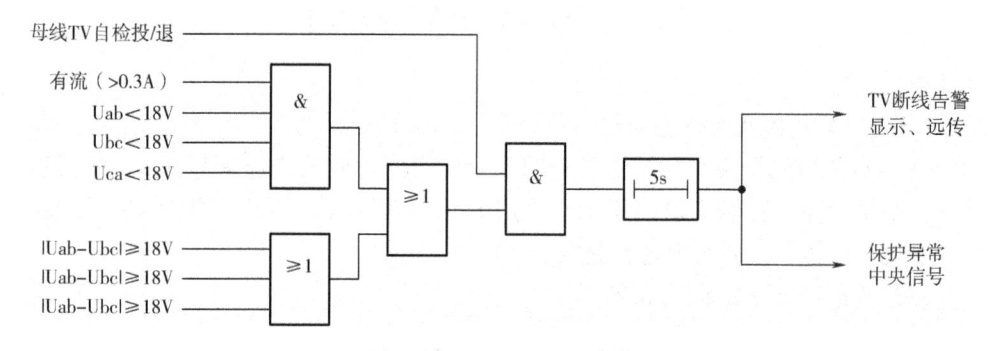

图 2 - 29　母线 TV 断线原理框图

②线路 TV 断线告警。对于含检无压或检同期要求的线路，装置在断路器处于合位时，检查线路抽取电压幅值大于无压值（30V），否则报线路 TV 断线告警。线路 TV 断线原理框图如图 2 - 30 所示。

（7）控制回路异常。装置采集断路器的跳位和合位，当控制电源正常、断路器位置辅助接点正常时，必有且只有一个跳位或合位，否则，经 3s 延时报控制回路异常告警信号，同时重合闸放电，但不闭锁保护。控制回路异常原理框图如图 2 - 31 所示。

（8）装置故障告警。保护装置的硬件发生故障（包括定值出错，定值区号出错，开出回路出错），装置的 LCD 可以显示故障信息，并闭锁保护的开出回路，同

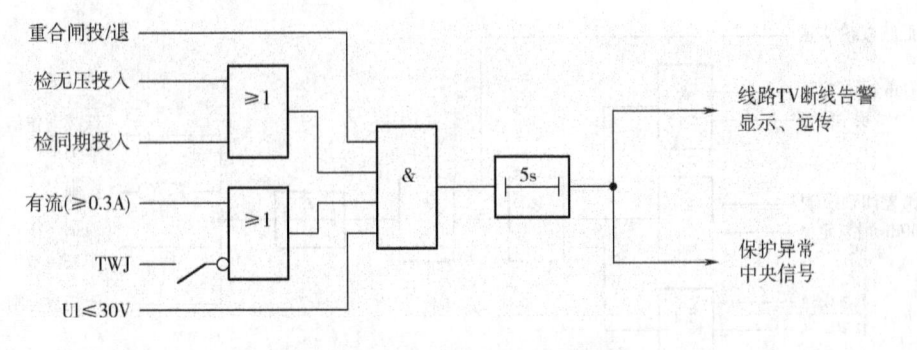

图 2 – 30　线路 TV 断线原理框图

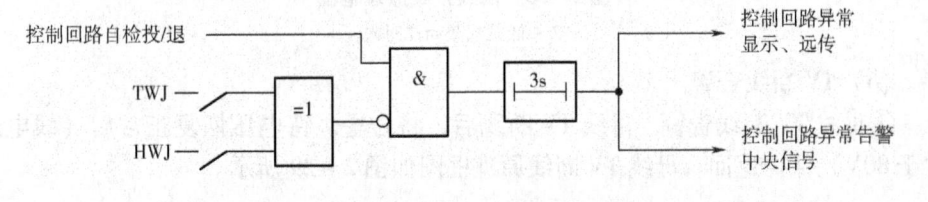

图 2 – 31　控制回路异常告警原理框图

时发中央信号。

2.2.8.3　定值范围及动作告警信息

（1）定值范围及说明。装置可存储 8 套定值，对应的定值区号为 0 ~ 7。整定时，未使用的保护功能应退出压板，使用的保护功能投入压板，并对相关的控制字、电流、电压及时限定值进行整定。

（2）WXH – 821 定值见表 2 – 2。

表 2 – 2　WXH – 821 定值

定值种类	定值项目（符号）	整定范围及步长
1 电流 I 段保护	电流 I 段定值（I1zd）	0.1In ~ 20In，0.01A
	电流 I 段时限（T1）	0s ~ 100s，0.01s
2 电流 II 段保护	电流 II 段定值（I2zd）	0.1In ~ 20In，0.01A
	电流 II 段时限（T2）	0s ~ 100s，0.01s
3 电流 III 段保护	电流 III 段定值（I3zd）	0.1In ~ 20In，0.01A
	电流 III 段时限（T3）	0s ~ 100s，0.01s
4 零序过流保护	零序过流定值（I0zd）	0.02A ~ 12A，0.01A
	零序过流时限（T0）	0s ~ 100s，0.01s
	零序跳闸压板（L0t）	1（投入）/0（退出）

续表

定值种类	定值项目（符号）	整定范围及步长
5 加速（前加速或后加速）	加速电流定值（Ijs）	0.1In ~ 20In，0.01A
	加速电流时限（Tjs）	0s ~ 100s，0.01s
	加速类型（mjs）	0（后加速）/1（前加速）
6 三相一次重合闸	重合闸时限（Tch）	0.3s ~ 10s，0.01s
	重合闸方式（Mch）	0（无检定）/1（检无压）/2（检同期）
	抽取电压相别（Uch）	0（Ua）/1（Ub）/2（Uc）/3（Uab）/4（Ubc）/5（Uca）
	检同期角度（Ach）	5° ~ 50°，0.01°
	检无压定值（TUx）	2V ~ 100V，0.01V
7 低频减载	低频减载定值（Fset）	45Hz ~ 49.5Hz，0.01Hz
	低频减载时限（Tf）	0s ~ 100s，0.01s
	低频低电压闭锁定值（Uf）	10V ~ 90V，0.01V
	滑差闭锁压板（DMJP）	1（投入）/0（退出）
	滑差定值（DF）	0.3Hz/s ~ 10Hz/s，0.01Hz/s
8 过负荷保护	过负荷定值（Igfh）	0.1In ~ 20In，0.01A
	过负荷时限（Tgfh）	0s ~ 600s，0.01s
	过负荷跳闸压板（Gfht）	1（投入）/0（退出）
9 TV 断线自检	TV 断线自检压板（TV）	1（投入）/0（退出）
	TV 断线时相关保护（BH）	1（投入）/0（退出）

（3）WXH - 821 压板见表 2 - 3。

表 2 - 3　WXH - 821 压板

压板名称（符号）	控制字	压板名称（符号）	控制字
电流 I 段压板（DL1）	投入/退出	低频减载压板（DPJZ）	投入/退出
电流 II 段压板（DL2）	投入/退出	零序过流压板（LX）	投入/退出
加速压板（JS）	投入/退出	过负荷压板（GFH）	投入/退出
重合闸压板（CHZ）	投入/退出		

（4）WXH - 822 定值见表 2 - 4。

表 2-4　WXH-822 定值

定值种类	定值项目（符号）	整定范围及步长
1 电流Ⅰ段保护	电流Ⅰ段定值（I1zd）	0.1In～20In，0.01A
	电流Ⅰ段时限（T1）	0s～100s，0.01s
	电流Ⅰ段方向压板（U1zd）	1（投入）/0（退出）
	电流Ⅰ段灵敏角模式（Agl）	1（30°）/0（45°）
	电流Ⅰ段电压闭锁压板（UBL1）	1（投入）/0（退出）
	电流Ⅰ段电压闭锁定值（FBL1）	2.0V～100V，0.01V
2 电流Ⅱ段保护	电流Ⅱ段定值（I2zd）	0.1In～20In，0.01A
	电流Ⅱ段时限（T2）	0s～100s，0.01s
	电流Ⅱ段方向压板（U2zd）	1（投入）/0（退出）
	电流Ⅱ段灵敏角模式（Agl）	1（30°）/0（45°）
	电流Ⅱ段电压闭锁压板（UBL2）	1（投入）/0（退出）
	电流Ⅱ段电压闭锁定值（FBL2）	2.0V～100V，0.01V
3 电流Ⅲ段保护	电流Ⅲ段定值（I3zd）	0.1In～20In，0.01A
	电流Ⅲ段时限（T3）	0s～100s，0.01s
	电流Ⅲ段方向压板（U3zd）	1（投入）/0（退出）
	电流Ⅱ段灵敏角模式（Agl）	1（30°）/0（45°）
	电流Ⅲ段电压闭锁压板（UBL3）	1（投入）/0（退出）
	电流Ⅲ段电压闭锁定值（FBL3）	2.0V～100V，0.01V
4 Ⅰ段零序过流保护	零序Ⅰ段定值（I0zd）	0.02A～12A，0.01A
	零序Ⅰ段时限（T0）	0s～100s，0.01s
	零序跳闸压板（L0t）	1（投入）/0（退出）
5 加速（前加速或后加速）	加速电流定值（Ijs）	0.1In～20In，0.01A
	加速电流时限（Tjs）	0s～100s，0.01s
	加速类型（Mjs）	0（后加速）/1（前加速）
6 三相一次重合闸	重合闸时限（Tch）	0.3s～10s，0.01s
	重合闸方式（Mch）	0（无检定）/1（检无压）/2（检同期）
	抽取电压相别（Uch）	0（Ua）/1（Ub）/2（Uc）/3（Uab）/4（Ubc）/5（Uca）
	检同期角度（Ach）	5°～50°，0.01°
	检无压定值（TUx）	2V～100V，0.01V

续表

定值种类	定值项目（符号）	整定范围及步长
7 低频减载	低频减载定值（Fset）	45Hz～49.5Hz，0.01Hz
	低频减载时限（Tf）	0s～100s，0.01s
	低电压闭锁定值（Uf）	10V～90V，0.01V
	滑差闭锁压板（DFJP）	1（投入）/0（退出）
	滑差定值（DF）	0.3Hz/s～10Hz/s，0.01Hz/s
8 过负荷保护	过负荷定值（Igfh）	0.1In～20In，0.01A
	过负荷时限（Tgfh）	0s～600s，0.01s
	过负荷跳闸压板（Gfht）	1（投入）/0（退出）
9 TV 断线自检	TV 断线自检压板（TV）	1（投入）/0（退出）
	TV 断线时相关保护投退（BH）	1（投入）/0（退出）

（4）WXH-822 压板见表 2-5。

表 2-5　WXH-822 压板

压板名称（符号）	控制字	压板名称（符号）	控制字
电流 I 段压板（DL1）	投入/退出	重合闸压板（CHZ）	投入/退出
电流 II 段压板（DL2）	投入/退出	低频减载压板（DPJZ）	投入/退出
电流 III 段压板（DL3）	投入/退出	零序过流压板（LX）	投入/退出
加速压板（JS）	投入/退出	过负荷压板（GFH）	投入/退出

（5）动作告警信息及说明。保护运行中发生动作或告警时，自动开启液晶背光，将动作信息（见表 2-6）显示于 LCD，同时上传到保护管理机或当地监控。如多项保护动作，动作信息将交替显示于 LCD。开入等遥信量报告不弹出显示，但可在"报告"菜单下查阅。装置面板有复归按钮，也可以用通信命令复归；保护动作后如不复归，信息将不停止显示，信息自动存入事件存贮区。运行中可在"检查"菜单下查阅所有动作信息，包括动作时间、动作值。动作信息掉电保持，在"报告"菜单下，可清除所有事件信息。

表 2 - 6　保护动作及告警信息

显示内容	动作	意义
电流 I 段跳闸	跳闸、跳闸信号	电流 I 段保护跳闸出口
电流 II 段跳闸	跳闸、跳闸信号	电流 II 段保护跳闸出口
电流 III 段跳闸	跳闸、跳闸信号	电流 III 段保护跳闸出口
零序电流跳闸	跳闸、跳闸信号	零序过流保护跳闸出口
零序电流告警	告警信号	零序过流保护告警信号
过流加速跳闸	跳闸、跳闸信号	过流加速保护跳闸出口
过负荷保护跳闸	跳闸、跳闸信号	过负荷保护跳闸出口
过负荷保护告警	告警信号	过负荷保护告警信号
重合闸动作	合闸、重合闸信号	重合闸保护合闸出口
低频减载跳闸	跳闸、跳闸信号	低频减载保护跳闸出口
控制回路异常	告警信号	控制回路异常告警信号
母线 PT 断线	告警信号	母线 PT 断线
线路 PT 断线	告警信号	线路 PT 断线
定值出错	告警信号	各种保护退出
定值区号出错	告警信号	各种保护退出
EEPROM 故障	告警信号	EEPROM 出错，退出运行
A/D 出错	告警信号	装置的数据采集回路故障，保护功能全部退出
开出回路异常	告警信号	装置的继电器驱动回路故障，保护功能全部退出

继电保护装置是电网安全运行的保障，也是电网安全稳定"三道防线"中的第一道防线，所以说确保继电保护定值的正确性及保护装置的可靠性是电网安全的重要任务。作为一名电网调度员（用户运行值班人员）在本电网运行操作管理中无疑要求对本电网内继电保护装置的运行情况相当了解，除了要熟知本电网继电保护装置的配备及运行情况外，还要会看懂本电网继电保护定值通知单，了解现场设备保护压板执行情况，并且在电网事故开关跳闸时还要学会进行基本的保护动作行为的分析与动作正确性的判断等。

2.2.8.4　控制字的介绍

控制字表示一个四位十六进制数。每一位由四个二进制位组成，一个控制字共有十六个二进制位，相当于十六个软件选择开关，决定各保护功能的投退与跳闸方式。二进制数和十六进制数的对照关系如表 2 - 7 所示。

表 2 - 7　二进制与十六进制数对应表

二进制数	十六进制数	二进制数	十六进制数
0000	0	1000	8
0001	1	1001	9
0010	2	1010	A（10）
0011	3	1011	B（11）
0100	4	1100	C（12）
0101	5	1101	D（13）
0110	6	1110	E（14）
0111	7	1111	F（15）

一个控制字的十六个二进制位的排列顺序为：

D15，D14，D13，D12，D11，D10，D9，D8，D7，D6，D5，D4，D3，D2，D1，D0。

其中，任一位有两种状态"1"或"0"。D15 ~ D12、D11 ~ D8、D7 ~ D4、D3 ~ D0 的二进制数各对应控制字的一个十六进制位，通常按 8421 码将二进制数转换为十六进制数。

例如：DF - 3230 差动保护控制字定义见表 2 - 8。

表 2 - 8　DF - 3230 差动保护控制字定义

位	控制功能
D0	CT 断线检测投入（1）/退出（0）
D1	差动电流速断保护投入（1）/退出（0）
D2	比率差动循环闭锁（1）/退出（0）
D3	比率差动保护投入（1）/退出（0）
D4	二次谐波制动投入（1）/退出（0）
D5	CT 断线闭锁出口（1）/退出（0）
D6 ~ D15	备用

KG1 = 003F，表示上表中的 D0 ~ D5 为"1"，D6 ~ D15 为"0"。

控制字的整定和识读是需要对照装置说明书，光看定值单是看不出什么的。运行人员应该了解当电网运行中需要投、退某种保护时，有两种方式：直接投入、退出保护出口压板；在装置内部修改控制字。

以东方电子公司35kV线路保护装置为例，定值单如表2-9所示。

表2-9 35kV某线路保护定值单

变电站名			通知单编号		
接跳开关			保护型号		DF3222A
线路名称			CT变比		200/5
最大负荷电流		200A	定值下发时间		2014-10-20
序号	代号	定值名称		原定值	新定值
0	T_QD	电流保护和距离保护的突变量电流定值		1.5A	1.5A
1	I1	Ⅰ段保护的电流整定值		35.6A	42.7A
2	VB1	电流保护Ⅰ段低电压整定值		100V	100V
3	I2	Ⅱ段保护的电流整定值		6.58A	100A
4	T2	Ⅱ段保护的时间整定值		1.5s	10s
5	VB2	电流保护Ⅱ段低电压整定值		100V	100V
6	I3	Ⅲ段保护的电流整定值		6.58A	6.6A
7	T3	Ⅲ段保护的时间整定值		1.5s	2.1s
8	VB3	电流保护Ⅲ段低电压整定值		100V	100V
9	RDZ	距离保护电阻整定值		0.3Ω	0.3Ω
10	X1	距离保护Ⅰ段的电抗整定值		0.3Ω	0.3Ω
11	X2	距离保护Ⅱ段的电抗整定值		0.3Ω	0.3Ω
12	X3	距离保护Ⅲ段的电抗整定值		0.3Ω	0.3Ω
13	Tj12	距离保护Ⅱ段的延时整定值		10s	10s
14	Tj13	距离保护Ⅲ段的延时整定值		10s	10s
15	Gfh1	过负荷告警电流定值		5.53A	5.5A
16	Tfh1	过负荷告警时间定值		9s	9s
17	Gfh2	过负荷跳闸电流定值		100A	100A
18	Tfh2	过负荷跳闸时间定值		999s	999s
19	Tzch	重合闸的时间整定值		10s	10s
20	VWY	重合闸检无压的整定值		100V	100V

续表

21	VTQ	重合闸检同期的电压整定值	100V	100V
22	Fszd	低频保护的动作值	45Hz	45Hz
23	T_1f	低频保护的动作延时值	10s	10s
24	I_1f	低频保护的低电流闭锁整定值	0.5A	0.5A
25	U_1f	低频保护的低电压闭锁整定值	60V	60V
26	FDzd	低频保护的滑差闭锁整定值	10Hz/s	10Hz/s
27	KG1	控制字1	41B3	41A3
28	KG2	控制字2	0003	0003
29	KG3	控制字3	0009	0004

注：1. 采用不经电压闭锁的方向电流保护，方向指向35kV线路				回执：
2. 停用距离保护、电流Ⅱ段、低周减载，将低周减载压板退出，过负荷发信号				
3. 重合闸停用				
4. 原35 2007-04 号通知单作废				
整定人	审核人	批准人	执行人	执行时间

（1）保护定值通知单的识读如下。

第0项，电流保护和距离保护的突变量电流定值，保护装置配置了两个起动元件：突变量起动元件和模起动。突变量起动值是IQD（经验值），模起动定值为三段电流保护定值中最小值的0.98倍，两个条件满足其中一个，保护进入故障处理程序中，开放出口24V正电源。

第1~2项，Ⅰ段保护的电流整定值及电流保护Ⅰ段低电压整定值，现在微机保护装置Ⅰ段保护就是速断保护，在灵敏度足够时一般不用低电压保护，不用低电压保护时将定值放在最大100V，并在控制字中将相对应项设为"0"退出。

第3~5项，Ⅱ段保护的电流、时间整定值及电流保护Ⅱ段低电压整定值。同前。

第6~8项，Ⅲ段保护的电流、时间整定值及电流保护Ⅲ段低电压整定值。同前。

第9~14项，距离保护Ⅰ、Ⅱ、Ⅲ段整定值。距离保护在小电流接地系统不用，阻抗整定值设置为最小0.3Ω，时间整定值设置为最大10s，同时在控制字中将相对应项设为"0"退出。

第15、16项，过负荷告警电流定值、时间定值。线路按最大负荷电流整定时达到负荷电流,延时9s发告警信号。

第17～18项,过负荷跳闸电流定值、时间定值。线路过负荷保护均发信号,不直接作用于跳闸。整定值设置为最大(100A/10s)。

第19～21项,重合闸的时间整定值、检无压整定、检同期整定。

第22～26项,低频保护的整定。

按照低频减载方案要求整定动作值及动作时间,本线路低频减载装置是要求退出的。

第27项,控制字KG1。其用于保护功能控制。识读方法同前。

第28项,控制字KG2。其用于后加速、低频减载控制。

第29项,控制字KG3。其用于ZCH控制。

(2)备注栏说明如下。

注1:说明方向保护启用(方向保护的启用在控制字KG1内整定),采用不经电压闭锁的方向电流保护,方向指向35kV线路。

注2:说明保护启停用情况(停用距离保护、电流Ⅱ段、低周减载,将低周减载压板退出,过负荷发信号)。

注3:重点交代重合闸停用。

(3)表2-10中其他项目与35kV所述内容相同。在此着重对通知单8～12项内容说明。

表2-10　10 kV某线路定值单

变电站名		通知单编号		
接跳开关		保护型号		DF3223
线路名称		保护版本		V1.0
最大电流	300A	CT变比		300/5
序号	代号	定值名称	原定值	新定值
0	T_QD	电流保护和距离保护的突变量电流定值		0.5A
1	I1	Ⅰ段保护的电流整定值		67.4A
2	I2	Ⅱ段保护的电流整定值		100A
3	T2	Ⅱ段保护的时间整定值		10s
4	I3	Ⅲ段保护的电流整定值		8.8A
5	T3	Ⅲ段保护的时间整定值		1.0s
6	VBI	电流保护低电压整定值		100V

续表

序号	代号	定值名称		原定值	新定值
7	Tzch	重合闸的时间整定值			0.8s
8	Fszd	低频保护的动作值			45Hz
9	T_ 1f	低频保护的动作延时值			0.15s
10	I_ 1f	低频保护的低电流闭锁整定值			0.5A
11	U_ 1f	低频保护的低电压闭锁整定值			65V
12	FDzd	低频保护的滑差闭锁整定值			3Hz/s
13	KG	控制字			0A81
注：1. 采用不经方向、不经电压闭锁的电流保护，投入重合闸后加速电流Ⅲ段 2. 停用电流Ⅱ段，低周减载停用				回执：	
整定人	审核人		批准人	执行人	执行时间

第8项，低频保护的动作值。电网频率降到该值后装置动作。

第9项，低频保护的动作延时值。电网频率降到起动值后，经过该时间出口。

第10项，低频保护的低电流闭锁整定值。低于该电流值起动保护。

第11项，低频保护的低电压闭锁整定值。低于该电压值起动保护。

第12项，低频保护的滑差闭锁整定值。达到该滑差值起动保护。

每年地区调度都要下达年度电网低频减载方案，它是确保电网安全稳定的重要措施，低频减载保护应按规定要求使用。

2.3 电力变压器的保护

2.3.1 电力变压器的常见故障和保护配置

电力变压器是电力系统中十分重要的电气设备，实际运行中可能发生各种类型的故障和不正常运行状态，对供电的可靠性和电力系统的正常运行会带来严重的影响，因此，应对变压器装设性能良好、工作可靠的继电保护装置。

2.3.1.1 常见故障及不正常运行状态

变压器的故障分为油箱内部和油箱外部两种故障。油箱内部故障主要包括绕组的相间短路、匝间短路、单相接地故障以及铁芯的烧损等。对变压器而言，内部发生故障是非常危险的，不仅会烧毁变压器，而且由于绝缘物和油在电弧作用下急剧变化，容易导致变压器油箱爆炸，因此这些故障应该尽快切除。变压器油箱外部的故障主要是绝缘套管和引出线上发生相间短路和接地故障等。这类故障有可能引起变压器绝缘套管爆炸，从而影响电力系统的正常运行。

变压器的不正常运行状态主要有：漏油造成的油面降低；变压器外部相间短路引起的过电流和外部接地短路引起的过电流；负荷超过额定容量引起的过负荷使变压器绕组过热，加速绕组绝缘老化，甚至引起内部故障。因此，通常对这类不正常运行状态也要装设相应的继电保护装置。

2.3.1.2 变压器继电保护的配置

（1）瓦斯保护。瓦斯保护用来反应变压器油箱内部的故障，当变压器油箱内部发生故障伴随变压器油分解产生气体或当变压器油面严重降低时，瓦斯保护动作。其中，轻瓦斯保护动作于信号，重瓦斯保护动作于跳开变压器各侧的断路器。容量在800kVA及以上的油浸式变压器和容量在400kVA及以上的车间内油浸式变压器一般都应装设瓦斯保护。

（2）纵联差动保护或电流速断保护。对于变压器油箱内部的绕组、引出线及套管处的相间短路故障，根据容量的不同，应装设纵联差动保护或电流速断保护，保护动作跳开变压器各侧的断路器。容量在10 000kVA以下单台运行的变压器和容量在6 300kVA以下并列运行的变压器，一般应装设电流速断保护。容量在10 000kVA及以上单台运行的变压器和容量在6 300kVA及以上并列运行的变压器，都要装设纵联差动保护。当电流速断保护灵敏系数不满足要求时，也要装设纵联差动保护。

（3）过电流保护。过电流保护用来反应变压器内部和外部故障，作为瓦斯保护、纵联差动保护或电流速断保护的后备保护。灵敏度不满足要求的可采用复合电压起动的过电流保护。

（4）过负荷保护。过负荷保护用来反应变压器的对称过负荷。对于容量在400kVA及以上的变压器，当数台并列运行的变压器或单台运行的变压器作为其他负荷的备用电源时，应根据可能过负荷的情况装设过负荷保护。保护装置只接于某一相电流上，并延时作用于信号。

（5）过励磁保护。高压侧电压为500kV及以上的变压器，频率降低或电压升高而引起的变压器励磁电流的升高，应装设过励磁保护。

（6）其他保护。对于变压器温度及变压器油箱内压力升高和冷却系统故障，应按规程规定，装设可作用于信号或动作于跳闸的保护。

2.3.2 电力变压器的瓦斯保护

瓦斯保护是保护油浸式电力变压器内部故障的一种主要保护装置。按 GB 50062—2008 的规定，800kVA 及以上的油浸式变压器和 400kVA 及以上的车间内油浸式变压器均应装瓦斯保护（气体保护）。

瓦斯保护装置主要由瓦斯继电器构成。当变压器油箱内部故障时，电弧的高温使变压器油分解为大量的油气体。瓦斯保护就是利用这种气体来实现保护的装置。

2.3.2.1 瓦斯继电器的结构和工作原理

目前，国内采用的瓦斯继电器有浮筒挡板式和开口杯挡板式两种类型。图 2-32 所示为 FJ3-80 型开口杯挡板式瓦斯继电器的结构。

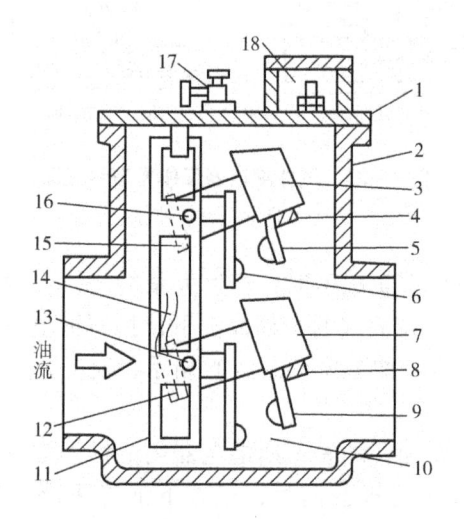

图 2-32　FJ3-80 型开口杯挡板式气体继电器的结构图

1—盖；2—容器；3—上油杯；4，8—永久磁铁；5，6—上触头；7—下油杯；9，10—下触头

变压器正常运行时，瓦斯继电器容器内充满油，上、下油杯产生的力矩小于平衡锤产生的力矩，开口杯处于上升位置，如图 2-33（a）所示，上、下两对干簧触点处于断开位置。

变压器油箱内部发生轻微故障时，产生的气体较少，气体缓慢上升，聚集在瓦斯继电器容器的上部，使继电器内油面下降，上油杯露出油面，上油杯因其产生的力矩大于平衡锤的力矩而处于下降位置，上干簧触点闭合，如图 2-33（b）所示，发出报警信号，称为轻瓦斯动作。

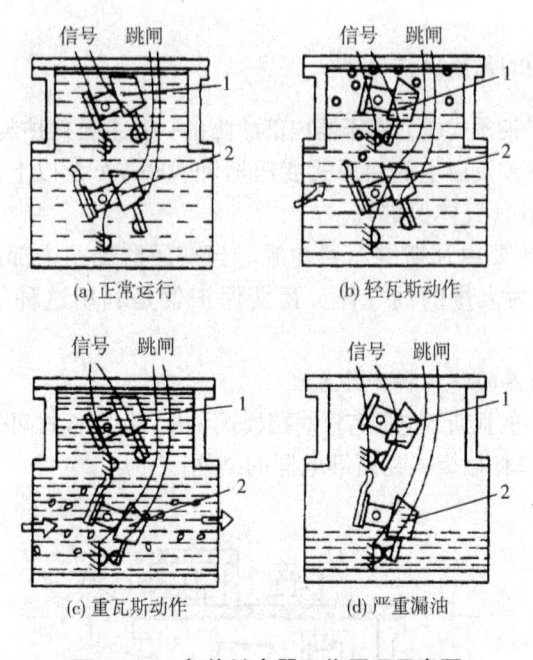

图 2 – 33　气体继电器工作原理示意图
1—上油杯；2—下油杯

变压器油箱内部发生严重故障时，产生大量的气体，油气混合物迅猛地从油箱通过联通管冲向油枕。在油气混合物冲击下，瓦斯继电器挡板被掀起，使下油杯下降，下干簧触点闭合，如图 2 – 33（c）所示，发出跳闸信号，使断路器跳闸，称为重瓦斯动作。

若变压器油箱严重漏油，随着瓦斯继电器内的油面逐渐下降，首先上油杯下降，从而上触点闭合，发出报警信号，接着下油杯下降，从而下触点闭合，如图 2 – 23（d）所示，发出跳闸信号，使断路器跳闸。

2.3.2.2　瓦斯保护的接线

图 2 – 34 所示为瓦斯保护的原理接线图。当变压器内部轻微故障时，瓦斯继电器 KG 动作，上触点闭合，发出轻瓦斯动作预告信号。当变压器内部发生严重故障时，瓦斯继电器 KG 下触点闭合，起动中间继电器 KM，使断路器跳闸线圈 YR 动作，断路器跳闸，同时信号继电器 KS 发出重瓦斯跳闸信号。为了避免重瓦斯动作时瓦斯继电器因油气混合物冲击引起下触点"抖动"，利用中间继电器触点 1、2进行"自保持"，以保证断路器可靠跳闸。变压器在运行中进行滤油、加油、换硅胶时，必须将重瓦斯压板改接信号，防止重瓦斯误动作，断路器跳闸。

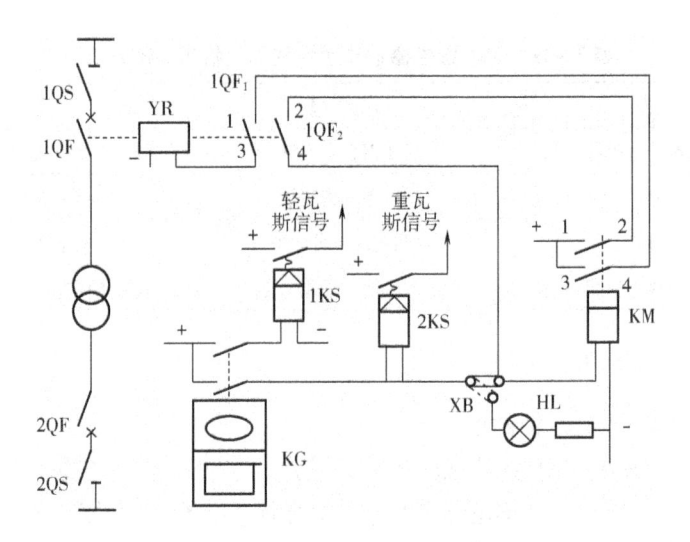

图 2 - 34　瓦斯保护的原理接线图

2.3.2.3　瓦斯保护的安装和运行

瓦斯继电器安装在变压器的油箱与之间的连通管上，如图 2 - 35 所示。为了变压器内部故障时产生的气体能通畅地通过瓦斯继电器排往油枕，要求变压器安装时应有 1% ~1.5% 的倾斜度；变压器在制造时，连通管对油箱上盖也应有 2% ~4% 的倾斜度。

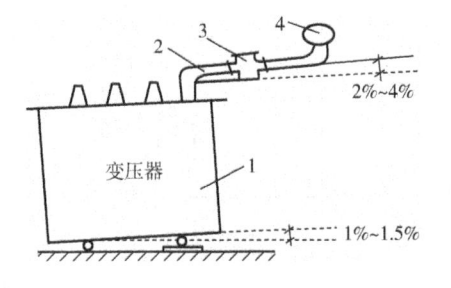

图 2 - 35　瓦斯继电器的安装
1—变压器油箱；2—油箱与油枕连接管；3—瓦斯继电器；4—油枕

变压器瓦斯保护动作后，运行人员即对变压器进行检查，查明原因，可在瓦斯继电器顶部打开放气阀，用干净的玻璃瓶收集蓄积的气体（注意：人体不得靠近带电部分），通过分析气体性质可判断故障的原因和处理要求，如表 2 - 11 所示。

表 2 - 11   瓦斯继电器动作后的气体分析和处理要求

气体性质	故障原因	处理要求
无色、无臭、不可燃	变压器含有空气	允许继续运行
灰白色、有剧臭、可燃	纸质绝缘物烧毁	应立即停电检修
黄色、难燃	木质绝缘部分烧毁	应停电检修
深灰色或黑色、易燃	油内闪络、油质炭化	分析油样，必要时停电检修

2.3.3   变压器的差动保护

2.3.3.1   差动保护的工作原理

变压器的差动保护原理接线如图 2 - 36 所示。在变压器两侧安装电流互感器，其二次绕组串联成环路，电流继电器 KA（或差动继电器 KD）并接在环路上，流入继电器的电流等于变压器两侧电流互感器的二次绕组电流之差，即 $I_{KA} = I_1 - I_2 = I_{ub}$，$I_{ub}$ 为变压器一二次侧的不平衡电流。

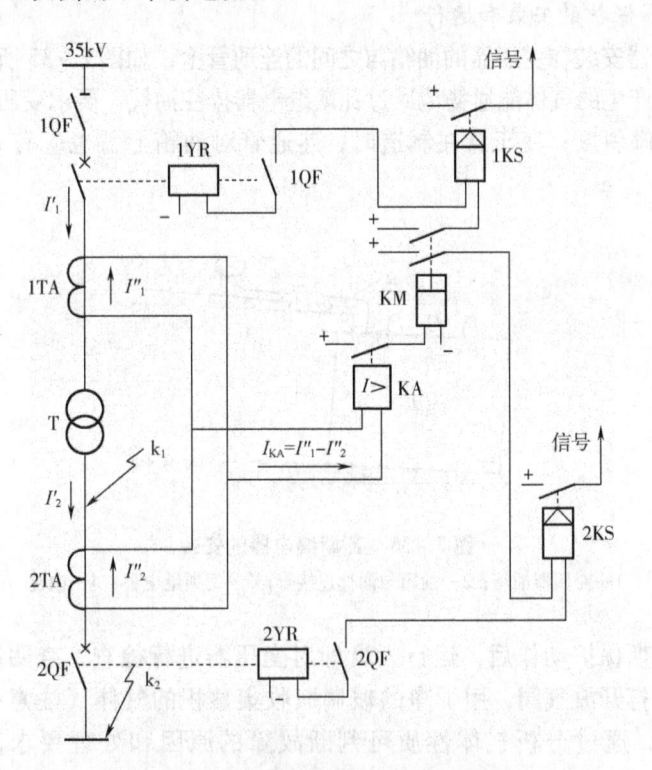

图 2 - 36   变压器的差动保护原理接线图

变压器正常运行或差动保护的保护区外短路时，流入差动继电器的不平衡电流小于继电器的动作电流，保护不动作。在保护区内短路时，对于单端电源供电的变压器，$I'_1 = 0$，$I_{KA} = I'_1$，远大于继电器的动作电流，继电器 KA 瞬时动作，通过中间继电器 KM 使变压器两侧断路器跳闸，切除故障。

变压器差动保护的保护范围是变压器两侧电流互感器安装地点之间的区域。它可以保护变压器内部及两侧绝缘套管和引出线上的相间短路，保护反应灵敏，动作无限时。

2.3.3.2 不平衡电流产生的原因和减小措施

为了提高差动保护的灵敏度，在变压器正常运行或保护区外部短路时，希望流入继电器的不平衡电流尽可能小，甚至为零，但由于变压器的连接组和电流互感器的变比等原因，不平衡电流不可能为零。因此，必须分析不平衡电流产生的原因和减小措施。

（1）变压器连接组引起的不平衡电流。降压变电站的变压器通常接成 Y，d11 连接组，变压器两侧线电流之间就有 30° 的相位差。因此，即使变压器两侧电流互感器二次电流的大小相等，保护的差动回路中仍出现由相位差引起的不平衡电流。为了消除这一不平衡电流，必须消除上述相位差的影响。为此，将变压器星形接线侧的电流互感器接成三角形接线，变压器三角形接线侧的电流互感器接成星形接线，如图 2 - 37 所示，这样变压器两侧电流互感器的二次侧电流相位相同，消除了由变压器连接组引起的不平衡电流。

（2）电流互感器变比引起的不平衡电流。为了使变压器两侧电流互感器的二次侧电流相等，需要选择合适的电流互感器的变比，但电流互感器的变比是按标准分成若干等级的，而实际需要的变比与产品的标准变比往往不同，不可能使差动保护两侧的电流相等，从而产生不平衡电流。可利用差动继电器中的平衡线圈或自耦电流互感器消除由电流互感器变比引起的不平衡电流。

（3）变压器励磁涌流引起的不平衡电流。在变压器空载投入或外部故障切除后电压恢复的过程中，由于变压器铁芯中的磁通不能突变，在变压器一次绕组中产生很大的励磁涌流。涌流中含有数值很大的非周期分量，涌流可达变压器额定电流的 6 ~ 8 倍，励磁涌流不反映到二次绕组，因此，在差动回路中产生很大的不平衡电流通过差动继电器。可利用速饱和电流互感器或差动继电器的速饱和铁芯减小励磁涌流引起的不平衡电流。

此外，变压器两侧电流互感器的型号不同，有载调压变压器分接头电压的改变也会在差动回路中产生不平衡电流。综上所述，产生不平衡电流的原因很多，可以采取措施最大限度地减小不平衡电流，但不能完全消除。

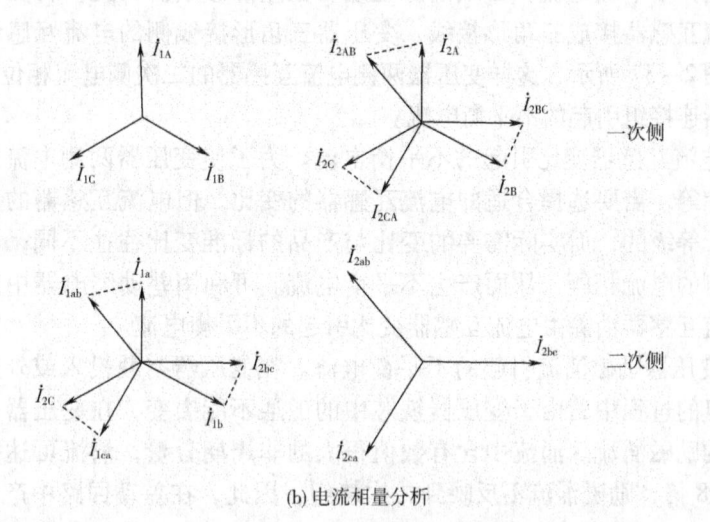

(a) 两侧电流互感器的接线

(b) 电流相量分析

图 2 – 37　Y，d11 连接组变压器的差动保护原理接线图

2.3.3.3　变压器纵联差动保护的整定计算原则

在正常运行情况下，传统的变压器纵联差动保护中为防止电流互感器二次回路断线引起差动保护误动作，保护装置的起动电流应大于变压器的最大负荷电流

$I_{L\,max}$（当负荷不能确定时，可采用变压器的额定电流 $I_{1N.T}$ 引入可靠系数）。在微型计算机变压器纵联保护中，由于有互感器断线闭锁功能，可不按该原则整定，因为按 $I_{L\,max}$ 整定会大大降联差动保护灵敏度。

（1）避开保护范围外部短路时的最大不平衡电流，此时继电器的起动电流为：

$$I_{op} \geqslant K_{rel}I_{dsq.\,max} \qquad (2-20)$$

式中：K_{rel} 为可靠系数，采用 1.3；$I_{dsq.\,max}$ 为保护外部短路时的最大不平衡电流。

（2）按上述原则考虑变压器纵联差动保护的起动电流，应能避开变压器励磁涌流影响。当变压器纵联差动保护采用波形鉴别或二次谐波制动的原理构成时，它本身就具有避开励磁涌流的性能，一般无须另作考虑。而当采用具有速饱和铁芯的差动继电器时，虽然可以利用励磁涌流中的非周期分量使铁芯饱和来避开励磁涌流的影响，但根据运行经验，差动继电器的起动电流仍需整定为 $I_{op} \geqslant 1.3 \dfrac{I_{1N.T}}{n_{TA}}$ 时，才能避开励磁涌流的影响。对各种原理的差动保护，其避开励磁涌流影响的性能，最后还应经过现场空载合闸试验进行检验。

2.3.3.4 纵联差动保护灵敏系数的校验

变压器纵联差动保护的灵敏系数按下式校验：

$$K_{sen} = \frac{I_{K.\,min}}{I_{op}} \qquad (2-21)$$

式中：$I_{K.\,min}$ 应采用保护范围内部故障时的流过继电器的最小短路电流，即采用在单侧电源供电时，系统在最小运行方式下，变压器发生短路时的最小短路电流。按照要求，灵敏系数一般不应低于 2。当不能满足要求时，需要采用具有制动特性的差动继电器。

2.3.4 变压器的电流保护

2.3.4.1 变压器的过电流保护

变压器过电流保护装置的接线、工作原理和线路过电流保护的接线、工作原理完全相同，这里不再叙述。过电流保护的整定和线路过电流保护的整定类似。

变压器过电流保护继电器的动作电流为

$$I_{op.\,KA} = \frac{K_{rel}K_w}{K_{re}K_i}(1.5 \sim 3)I_{1N} \qquad (2-22)$$

式中：I_{1N} 为变压器一次侧额定电流；K_{rel} 为可靠系数、K_w 为接线系数、K_{re} 为返回系数、K_i 为电流互感器的变比。

变压器过电流保护动作时间的整定同线路过电流保护，按级差原则整定。变压器过电流保护动作时限应比二次侧出线过电流保护的最大动作时限大一个 Δt。车间变电站的变压器过电流保护动作时限一般取 $0.5s \sim 0.7s$。

变压器过电流保护的灵敏度按下式校验：

$$K_S = \frac{I'^{(2)}_{k.\min}}{I_{op.1}} \geqslant 1.5 \qquad (2-23)$$

式中：$I'^{(2)}_{k.\min}$ 为变压器二次侧在系统最小运行方式下发生两相短路时一次侧的穿越电流。

2.3.4.2 电流速断保护

变压器的电流速断保护的接线、工作原理也与线路的电流速断保护相同。图 2-38 所示为变压器的定时限过电流保护和电流速断保护接线。定时限过电流保护和电流速断保护均为两相两继电器式接线。

变压器电流速断保护的动作电流，与线路的电流速断保护相似，应躲过变压器二次侧母线三相短路时的最大穿越电流，即：

$$I_{op.KA} = \frac{K_{rel}K_w}{K_i}I'^{(3)}_{k.\max} \qquad (2-24)$$

式中：$I'^{(3)}_{k.\max}$ 为变压器二次侧母线在系统最大运行方式下三相短路时一次侧的穿越电流；K_{rel} 为可靠系数，与线路的电流速断保护的相同。

变压器的电流速断保护与线路的电流速断保护一样，也有保护"死区"，只能保护变压器的一次绕组和部分二次绕组，甚至部分一次绕组。

变压器电流速断保护的灵敏度校验与线路速断保护灵敏度校验一样，以变压器一次侧最小两相短路电流 $I^{(2)}_{k.\min}$ 进行校验，即：

$$K_S = \frac{I^{(2)}_{k.\min}}{I_{op.1}} \geqslant 2 \qquad (2-25)$$

若电流速断保护灵敏度不满足要求，应装设差动保护。

2.3.4.3 变压器的零序电流保护

Y，yn0 连接的变压器二次侧单相短路时，若变压器过电流保护的灵敏度不满足要求，则可在变压器二次侧零线上装设零序电流保护，其接线如图 2-39 所示。

零序电流保护的动作电流按躲过变压器二次侧最大不平衡电流整定，最大不平衡电流取变压器二次侧额定电流的 25%，即

$$I_{op.KA} = \frac{K_{rel}}{K_i} \times 0.25I_{2N} \qquad (2-26)$$

式中：K_{rel} 为可靠系数，取 1.2；K_i 为零序电流互感器的变比；I_{2N} 为变压器二次侧的

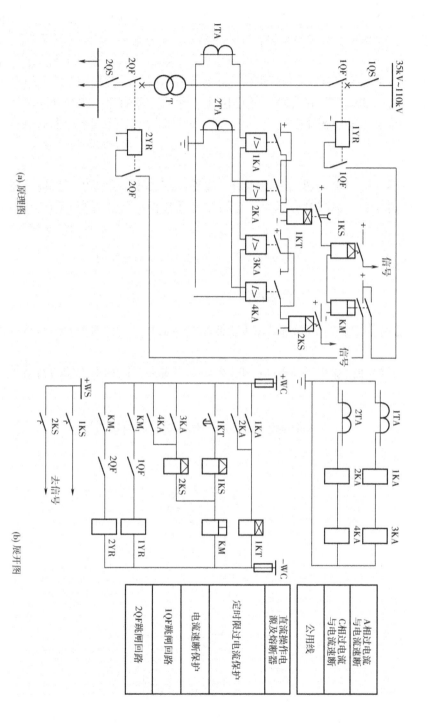

(a) 原理图

(b) 展开图

图 2-38 变压器的定时限过电流保护和电流速断保护接线图

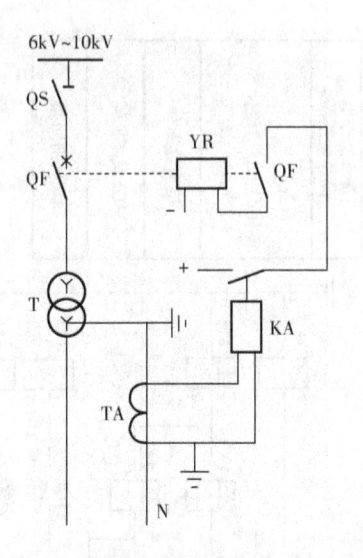

图 2 - 39　变压器的零序电流保护原理接线图

额定电流。

零序电流保护的动作时间一般取 $0.5s \sim 0.7s$，以躲过变压器瞬时最大不平衡电流。

保护灵敏度校验按变压器二次侧干线末端最小单相短路电流了 $I_{k.\,min}^{(1)}$ 校验。

$$K_s = \frac{I_{k.\,min}^{(1)}}{I_{op.\,1}} \geqslant 1.5 \qquad （架空线路）$$

$$K_s = \frac{I_{k.\,min}^{(1)}}{I_{op.\,1}} \geqslant 1.25 \qquad （电缆线路） \qquad (2-27)$$

2.3.4.4　变压器的过负荷保护

运行中可能出现过负荷的变压器应装设过负荷保护，其接线、工作原理与线路过负荷保护相同，动作电流整定按变压器一次侧额定电流整定，动作时间一般整定 $10s \sim 15s$。

2.3.4.5　变压器的过电流保护

为了反映外部短路引起的变压器过电流和作为变压器主保护的后备保护，变压器需装设过电流保护。根据变压器容量不同和系统短路电流水平的不同，可采用的保护方式有：过电流保护、低电压起动的过电流保护、复合电压起动的过电流保护及负序过电流保护等。本书着重介绍后面两种。

（1）复合电压起动的过电流保护。复合电压起动的过电流保护一般用于升压变压器或过电流保护灵敏度达不到要求的降压变压器上，适用于大多数中、小型变压器。保护接线如图 2 - 40 所示。其电压起动元件由一个负序电压继电器 KVN 和一个低电压继电器 KV 组成，负序电压继电器由负序电压滤过器和过电压继电器组成。

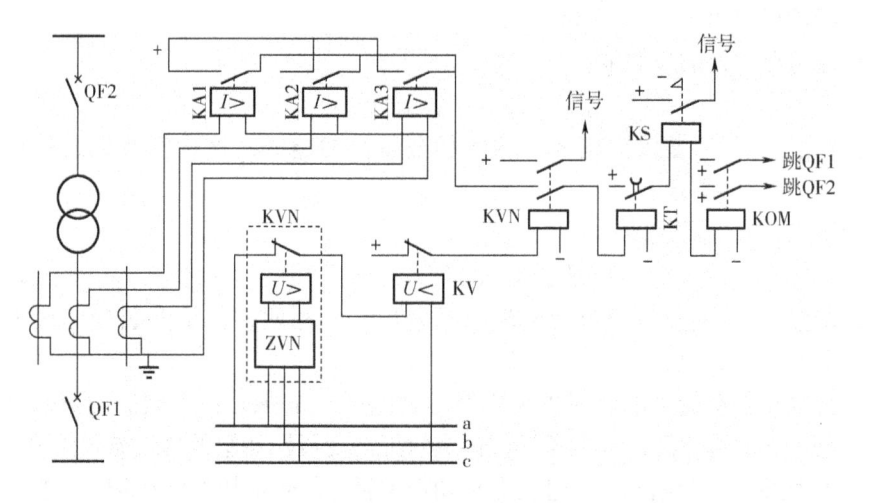

图 2 - 40　复合电压起动的过电流保护原理接线图

（2）复合电压过流保护的工作原理及整定计算。发生对称故障时，过电流继电器动作，同时由于三相电压降低，低电压继电器动作，其动断触点闭合，整套保护动作，经时间继电器的延时后，接通跳闸回路，跳两侧断路器。当发生不对称故障时，由于负序电压的出现，负序电压继电器动作（动断触点打开），低电压继电器动作（动断触点闭合），同时故障相电流继电器动作，经延时接通跳闸回路。

普通的过电流保护的动作值是按躲过变压器可能出现的最大负荷电流整定的，因此保护的灵敏度不够。复合电压起动的过电流保护由于采用了复合电压起动元件，要电流元件和起动元件都动作时，才能起动时间继电器，经延时去跳闸。因此过电流继电器的动作电流只需按躲过变压器的额定电流整定，即：

$$I_{op} = (K_{rel}/K_r)I_{TN} \qquad (2-28)$$

式中：I_{TN}——变压器的额定电流，K_r 取 0.85，K_{rel} 取 1.2 ~ 1.3。

因此电流元件的灵敏度比过电流保护要高，电流元件灵敏度的校验与过电流保护相同。

低电压元件的动作值应小于正常情况下母线上可能出现的最低工作电压，还要保证在外部故障切除后电动机自起动时低电压元件能可靠返回，根据运行经验通常取：

$$U_{op} = (0.5 ~ 0.6)U_N \qquad (2-29)$$

式中：U_N——额定相间电压。

负序电压继电器的起动电压 $U_{op.2}$ 按躲过正常运行时的不平衡电压来整定，根据运行经验可取为 $U_{op.2} = 0.06U_N$。

负序电压元件的灵敏度：

$$K_{sen} = U_{K.min2}/U_{op.2} \qquad (2-30)$$

式中：$U_{K.min2}$——后备保护范围末端两相金属性短路时，保护安装处的最小负序
　　　　　　　电压。

低电压元件的灵敏度：

$$K_{sen} = U_{op}/U_{K.max1} \geqslant 1.25 \qquad (2-31)$$

式中：$U_{K.max1}$——后备保护范围末端三相金属性短路时，保护安装处的最大相间
　　　　　　　电压。

复合电压起动的过电流保护在不对称短路时，电压元件有较高的灵敏度，且在变压器后不对称短路时，电压元件的灵敏度与变压器绕组的接线方式无关。

（3）变压器复合电压闭锁过流保护动作逻辑。复合电压过流保护，由复合电压元件、过电流元件及时间元件构成，作为被保护设备及相邻设备相间短路故障的后备保护。保护的接入电流为变压器本侧 TA 二次三相电流，接入电压为变压器本侧或其他侧 TV 二次三相电压。对于微机型保护，可以通过软件方法将本侧电压提供给其他侧使用，这样就保证了变压器任意某侧 TV 有检修时，仍能使用复合电压过流保护。

由图 2-41 可以看出：当变压器发生故障，故障侧电压低于整定值或负序电压大于整定值且 a 相或 b 相或 c 相电流大于整定值时，保护动作，延时 t 秒切除变压器各侧断路器。

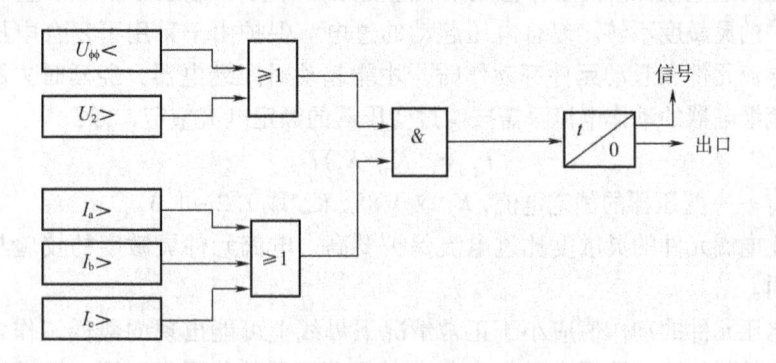

图 2-41　复合电压过电流保护逻辑框图

$U_{\phi\phi} <$——相间低电压元件；$U_2 >$——负序过电压元件；

$I_a >$、$I_b >$、$I_c >$——a、b、c 相过电流元件

对于复压闭锁方向过流保护，在复压闭锁过流保护的基础上增加了方向元件，方向可根据需要指向变压器或母线。保护的接入电流为变压器本侧 TA 二次三相电流，接入电压为变压器本侧 TV 二次三相电压。对于微机型主变压器保护而言，当某侧 TV 检修时，复压闭锁方向过流保护的方向元件将退出，保护装置根据保护整定自动转换为复压闭锁过流保护或者过流保护。

2.3.5 变压器微机保护

本节以北京四方公司数字式变压器差动保护装置原理为例，进行分析。该成套保护装置具有如下功能：反应保护区内故障的差动速断保护；反应保护区内故障经二次谐波制动的比率差动保护；CT 断线功能；差流越限告警功能；三段复合电压闭锁过流保护，其中低电压闭锁和负序电压闭锁对每一段过流均可单独投退，复合电压闭锁可通过控制字决定使用本侧电压或者对侧电压；起动风扇功能；闭锁调压功能；过负荷告警；独立的操作回路及故障录波等。

2.3.5.1 保护元件

（1）差动速断元件。当任一相差动电流大于差动速断整定值时，动作于出口。用于在变压器差动区发生严重故障情况下快速切除变压器。差动速断定值应能躲过外部故障的最大不平衡电流和空投变压器时的励磁涌流，一般取 6 ~ 12 倍的额定电流。原理框图如图 2 – 42 所示。

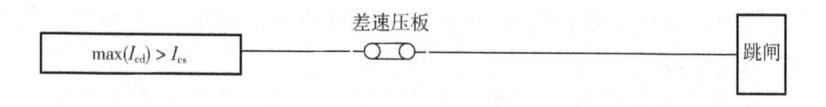

图 2 – 42　差动速断原理框图

（2）比率差动元件。为了保证内部故障时差动保护灵敏动作，同时防止外部故障时及差动各侧 CT 特性不一致时暂态不平衡电流引起的误动，本装置采用三段式比率差动原理。比率差动整定原理如图 2 – 43 所示，其动作方程如下：

$$I_d > I_{cd} \quad I_r < I_{r1}$$
$$I_d > K_1(I_r - I_{r1}) + I_{cd} \quad I_{r1} \le I_r \le I_{r2} \tag{2 – 32}$$
$$I_d > K_2(I_r - I_{r2}) + K_1(I_{r2} - I_{r1}) + I_{cd} \quad I_r > I_{r2}$$

式中：I_{cd} 为差动保护的起动电流定值，I_d 为差动电流，I_r 为制动电流。I_{r1} 为可整定的第一拐点电流，I_{r2} 为第二拐点电流（内部固定取为 $2I_e$，I_e 为变压器高压侧额定电流），K_1 为可整定制动曲线斜率，K_2 为内部固定的系数（取为 0.7）。

$$I_d = |\dot{I}_1 + \dot{I}_2|, \quad I_r = \frac{1}{2}|\dot{I}_1 - \dot{I}_2| \qquad (2-33)$$

式中：$\dot{I}_1$ 和 $\dot{I}_2$ 分别为变压器两侧的电流，均以流入变压器为正方向。变压器两侧的电流互感器以指向变压器为同极性。

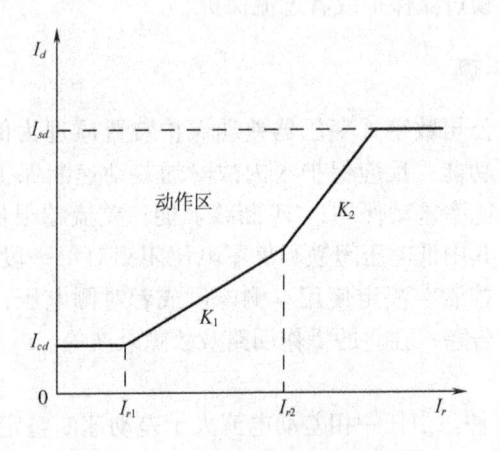

图 2-43 比率差动整定原理图

I_{cd} 一般整定为 $(0.2 \sim 1.2) I_e$，I_{r1} 一般整定为 $(0.8 \sim 1.2) I_e$，K_1 一般整定为 $0.2 \sim 0.7$，I_{r2} 取为 $2 I_e$，K_2 取 0.7。

在本装置内，变压器各侧电流的相位差由软件自动校正，变压器各侧的电流互感器均采用星形接线。

（3）二次谐波制动元件。利用三相差动电流中的二次谐波作为励磁涌流闭锁的判据。动作方程如下：

$$I_{d2} > K_{xb}I_d \qquad (2-34)$$

式中：I_{d2} 为三相差动电流中的二次谐波，I_d 为对应的三相差动电流，K_{xb} 为二次谐波制动系数。三相差动电流中只要任一相满足上述条件，均闭锁三相比率差动保护。K_{xb} 一般取为 $10\% \sim 30\%$ 之间。

（4）CT 断线。比率差动起动后，需经过瞬时 CT 断线的检测，保证差流不是由于断线引起的。判别为 CT 断线后，发出告警信号，报告 CT 断线，通过调整控制字可以决定是否闭锁差动保护。

瞬时 CT 断线判别在满足下列任何一个条件时，将不进行 CT 断线判别。

①起动前某侧最大相电流小于该侧额定电流的 20%，则不判该侧。

②起动后相电流最大值大于该侧额定电流的 120%。

③起动后任一侧电流比起动前增加。

在上述三个条件均不满足的情况下，如某一侧同时满足以下条件，则判为 CT 断线。

①有一相电流为零。

②其余两相电流于起动前电流相等。

瞬时 CT 断线是否闭锁差动保护可以通过控制字选择投退。

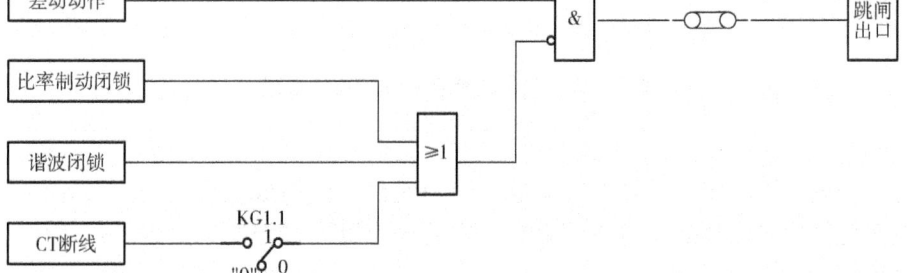

图 2 - 44   差动保护原理框图

（5）差流越限告警。如差流大于 15% 的高压侧额定电流，经判别超过 10s 后，发出差流越限告警信号，但不闭锁差动保护。这一功能兼起保护装置交流采样回路的监视功能。

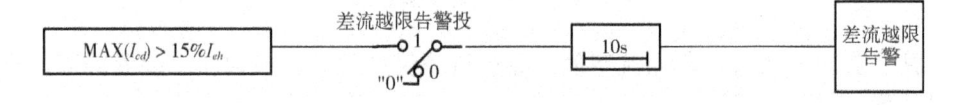

图 2 - 45   差流越限原理框图

（6）过电流保护。装置实时计算并进行三段过流判别，每段均为一个时限，各段电流及时间定值可独立整定，可通过控制字分别控制各段电流保护的投退。

装置在执行三段过流判别时，各段判别逻辑一致，复压过流保护动作逻辑框图如图 2 - 46 所示。

本后备保护中跳闸出口逻辑可以通过控制字整定，参见控制字部分。

（7）低电压闭锁。在三个线电压中的任意一个低于低电压定值时动作，开放被闭锁保护元件。通过控制字可分别决定三段电流保护是否经过低电压闭锁。

（8）负序电压闭锁。由三个线电压计算得到，当负序电压大于负序过电压定

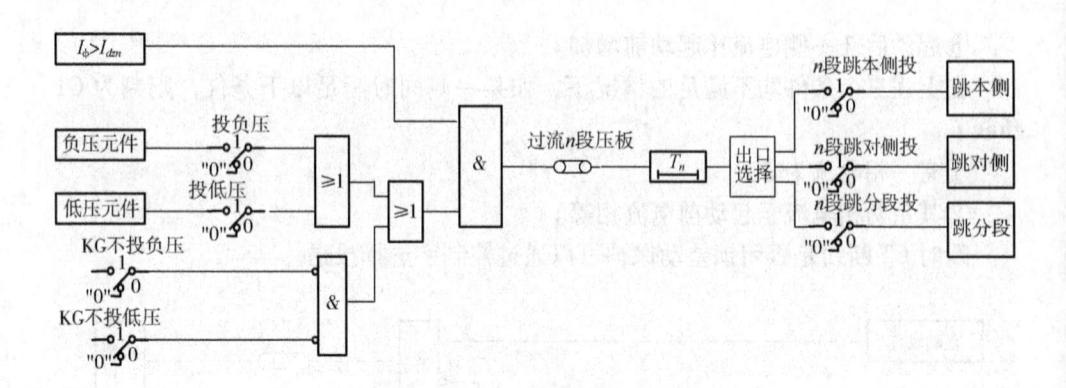

图 2－46　复压过流保护动作逻辑框图

I_ϕ—相电流；I_{dzn}—n 段电流定值；T_n—n 段延时定值

值时，开放被闭锁保护。可以同低电压闭锁元件共同构成复合电压闭锁元件，与过电流元件构成复合电压过电流保护。本元件也可通过控制字决定闭锁任何一段电流保护元件。

（9）过负荷保护。过负荷元件监视三相保护电流，其动作条件为：

$$\max\ (I_\phi)\ >I_{fh}$$

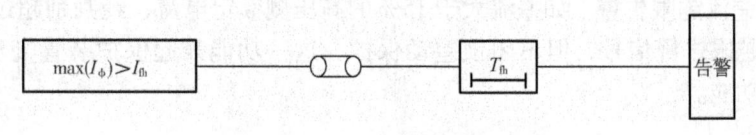

图 2－47　过负荷保护原理框图

注：其中 I_{fh} 为过负荷电流定值，经过负荷保护延时定值动作于装置告警，输出"告警"接点。

（10）闭锁调压功能。

装置监视三相保护电流的任何一相，满足条件：

$$\mathrm{MAX}\ (I_\phi)\ >I_{ty}$$

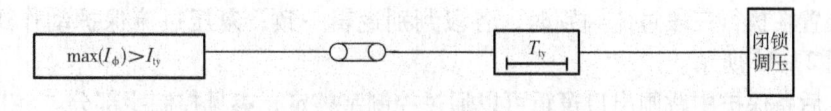

图 2－48　闭锁调压功能原理框图

式中 I_{ty} 为调压闭锁电流定值。经调压闭锁延时定值，动作于专用输出端子。

（11）起动风扇功能。监视三相保护电流的任何一相，满足条件：

$$\max\left(I_\phi\right)>I_{fs}$$

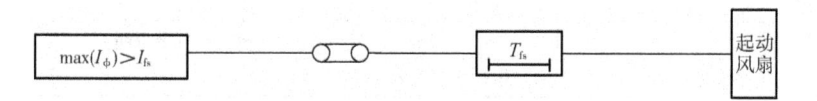

图 2 - 49　起动风扇功能原理框图

式中 I_{fs} 为起动风扇电流定值，经起动风扇延时定值，动作于输出接点端子 X6 - 17 ~ X6 - 18。

（12）PT 断线检测。PT 断线判据同线路保护。装置在检测到 PT 断线后，退出电压元件。PT 断线检测功能可以通过"模拟量自检"控制字投退。

2.3.5.2　变压器定值及整定说明

（1）软压板清单。需要的功能必须将软压板投入，不采用的功能将相应软压板退出即可。

表 2 - 12　变压器主保护软压板

压板名称	对应功能	压板名称	对应功能
差速	差动速断保护功能投退	冷却故障	遥信记录功能投退
差动	差动保护功能投退	压力释放	遥信记录功能投退
CT 断线	CT 断线功能投退	轻瓦斯	遥信记录功能投退
重瓦斯	遥信记录功能投退	调压轻瓦斯	遥信记录功能投退
调压重瓦斯	遥信记录功能投退	油温高	遥信记录功能投退

表 2 - 13　变压器后备保护软压板

压板名称	对应功能	压板名称	对应功能
电流 I 段	电流 I 段保护功能投退	闭锁调压	闭锁调压功能投退
电流 II 段	电流 II 段保护功能投退	重合闸	重合功能投退
电流 III 段	电流 III 段保护功能投退	加速	加速功能投退
过负荷	过负荷功能投退	备用 1	备用 1 功能投退
起动通风	起动通风功能投退	备用 2	备用 2 功能投退

（2）定值清单。

表 2-14 主变保护定值清单

序号	定值名称	整定范围	单位	备注
1	控制字一	$0000 \sim FFFF$	无	参见控制字说明
2	控制字二	$0000 \sim FFFF$	无	参见控制字说明
3	过流Ⅰ段电流	$(0.05 \sim 20) I_n$	A	
4	过流Ⅰ段时间	$0.0 \sim 32.00$	s	
5	过流Ⅱ段电流	$(0.05 \sim 20) I_n$	A	
6	过流Ⅱ段时间	$0.1 \sim 32.00$	s	
7	过流Ⅲ段电流	$(0.05 \sim 20) I_n$	A	
8	过电流Ⅲ段时间	$0.1 \sim 32.00$	s	
9	低电压闭锁定值	$1.0 \sim 100.0$	V	线电压
10	负序电压闭锁定值	$1.0 \sim 120.0$	V	
11	过负荷电流	$(0.05 \sim 20) I_n$	A	
12	过负荷时间	$0.2 \sim 200.00$	s	
13	起动风冷电流	$(0.05 \sim 20) I_n$	A	
14	起动风冷时间	$0.1 \sim 200.00$	s	
15	闭锁调压电流	$(0.05 \sim 20) I_n$	A	
16	闭锁调压时间	$0.1 \sim 200.00$	s	
17	重合闸时间	$0.2 \sim 32.00$	s	
18	加速段电流	$(0.05 \sim 20) I_n$	A	
19	电流加速段时间	$0.0 \sim 3.00$	s	
20	测量CT变比（kA/A）	$0.001 \sim 10.0$	无	一次电流/（二次电流×1 000）
21	PT变比（kV/V）	$0.01 \sim 10.0$	无	一次电压/（二次电压×1 000）

表 2-15 主变保护定值清单

序号	定值名称	参考范围	单位	备注
1	控制字一	$0000 \sim FFFF$	无	参见控制字说明
2	控制字二	$0000 \sim FFFF$	无	备用
3	额定电流 I_e	$0.2 \sim 10$	A	高压侧二次值
4	差动速断电流	$3I_e \sim 12I_e$	A	
5	差动起动电流 I_{cd}	$0.2I_e \sim 1.2I_e$	A	
6	拐点电流 I_{r1}	$0.8 \sim 1.2 I_e$	A	
7	比率制动系数 K_1	$0.2 \sim 0.7$	无	
8	二次谐波制动系数	$0.10 \sim 0.30$	无	
9	低压侧平衡系数	$0.1 \sim 10$	无	

（3）控制字 1 定义。

表 2-16　控制字 1 定义

位	置 0 含义	置 1 含义
D15	模拟量自检退出	模拟量自检投入
D14	CT 额定电流为 5A	CT 额定电流为 1A
D9~D13	备用	备用
D8	开关偷跳不重合	开关偷跳重合
D7	备用	备用
D6 *	闭锁电压取对侧电压 $U2$	闭锁电压取本侧电压 $U1$
D5	过流保护 Ⅰ 段经低压闭锁退出	过流保护 Ⅰ 段经低压闭锁投入
D4	过流保护 Ⅱ 段经低压闭锁退出	过流保护 Ⅱ 段经低压闭锁投入
D3	过流保护 Ⅲ 段经低压闭锁退出	过流保护 Ⅲ 段经低压闭锁投入
D2	过流保护 Ⅰ 段经负序过压闭锁退出	过流保护 Ⅰ 段经负序过压闭锁投入
D1	过流保护 Ⅱ 段经负序过压闭锁退出	过流保护 Ⅱ 段经负序过压闭锁投入
D0	过流保护 Ⅲ 段经负序过压闭锁退出	过流保护 Ⅲ 段经负序过压闭锁投入

注：$U1$ 指由端子 X3：1~X3：4 输入的本侧电压，$U2$ 指由端子 X1：1~X1：4 输入的对侧电压。

表 2-17　控制字定义

位	置 0 含义	置 1 含义
D15	CT 额定电流 5A	CT 额定电流 1A
D7~14	备用	备用
D6		
D5	变压器接线方式	
D4		
D3	备用	备用
D2	二次谐波制动退出	二次谐波制动投入
D1	CT 断线不闭锁差动保护	CT 断线闭锁差动保护
D0	备用	备用

表 2 –18   变压器接线方式选择说明

位6	位5	位4	变压器接线方式
0	0	0	变压器为 Y/Y – 12 接线方式
0	0	1	变压器为 Y/△ – 11 接线方式
0	1	0	变压器为 Y/△ – 1 接线方式
0	1	1	变压器为 △/Y – 1 接线方式
1	0	0	变压器为 △/Y – 11 接线方式
1	0	1	备用接线方式
1	1	0	无此选择
1	1	1	无此选择

2.3.5.3   定值整定计算方法

变压器各侧 CT 二次电流相位由软件自校正，对 Y 侧进行相位校正。对于 Y/△ –11的接线，其校正方法如下。

Y 侧：

$$\dot{I}'_A = (\dot{I}_A - \dot{I}_B)/\sqrt{3}$$

$$\dot{I}'_B = (\dot{I}_B - \dot{I}_C)/\sqrt{3}$$

$$\dot{I}'_C = (\dot{I}_C - \dot{I}_A)/\sqrt{3}$$

△侧：

$$\dot{I}'_a = \dot{I}_a$$

$$\dot{I}'_b = \dot{I}_b$$

$$\dot{I}'_c = \dot{I}_c$$

式中：$\dot{I}_A$、$\dot{I}_B$、$\dot{I}_C$ 为 Y 侧 CT 二次电流，$\dot{I}'_A$、$\dot{I}'_B$、$\dot{I}'_C$ 为 Y 侧校正后的各相电流；$\dot{I}_a$、$\dot{I}_b$、$\dot{I}_c$ 为 △侧 CT 二次电流，$\dot{I}'_a$、$\dot{I}'_b$、$\dot{I}'_c$ 为 △侧校正后的各相电流。其他接线方式可以类推。装置中可通过变压器接线方式整定控制字选择正确的接线方式。

差动电流与制动电流的相关计算，都是在电流相位校正和平衡补偿后的基础上进行。

（1）变压器额定电流。

$$I_e = \frac{S_n}{\sqrt{3}U_{1n} \cdot n_{TA}} \tag{2-35}$$

式中：S_n 为变压器额定容量，U_{1n} 为变压器高压侧额定电压（应以运行的实际电压为准），n_{TA} 为变压器高压侧 CT 变比。

（2）低压侧平衡系数的计算。以高压侧为基准，计算变压器低压侧平衡系数

$$K_{phL} = \frac{U_{1nL}}{U_{1nH}} \cdot \frac{n_{TAL}}{n_{TAH}} \qquad (2-36)$$

式中：U_{1nH} 为变压器高压侧额定电压，U_{1nL} 为变压器低压侧额定电压，n_{TAL} 为低压侧 CT 变比，n_{TAH} 为高压侧 CT 变比。

（3）其他整定说明。

①比率差动元件的起动值一般取"高压侧额定电流"定值的 30% ~ 50%。

②比率差动拐点电流一般取 0.8 ~ 1.2 倍的"高压侧额定电流"定值。

③比率制动系数一般取 0.3 ~ 0.7。

④二次谐波制动系数一般可取 0.1 ~ 0.3。

⑤差动速断元件按考虑躲过变压器的励磁涌流，最严重外部故障时的不平衡电流等情况整定。

已知变压器参数为：额定容量 S_n = 20MVA，各侧额定电压 66 ±4 × 2.5%/10.5kV，接线方式为 Y/△ -11，高压侧 CT 变比为 600/5，低压侧为 1 200/5。

则变压器高压侧额定电流二次值为：

$$I_e = \frac{S_n}{\sqrt{3}U_{1nH} \cdot n_{TAH}} = \frac{20\ 000 \cdot 5}{\sqrt{3} \cdot 66 \cdot 600} = 1.458A$$

低压侧平衡系数：

$$K_{phL} = \frac{U_{1nL}}{U_{1nH}} \cdot \frac{n_{TAL}}{n_{TAH}} = \frac{10.5}{66} \cdot \frac{1\ 200/5}{600/5} = 0.32$$

以 A 相为例，A 相差流即为：

$$\dot{I}_{dA} = \frac{1}{\sqrt{3}}(\dot{I}_{AH} - \dot{I}_{BH}) + K_{phL}\dot{I}_{AL}$$

2.4 自动重合闸装置

2.4.1 自动重合闸的作用及分类

2.4.1.1 自动重合闸装置的作用

在电力系统中，输电线路、特别是架空线路最容易发生故障，因此必须设法提高输电线路供电的可靠性，而装设自动重合闸装置正是提高输电线路供电可靠

性的有力措施。

输电线路的故障按其性质可分为瞬时性故障和永久性故障两种。瞬时性故障主要是由雷电引起的绝缘子表面闪络、线路对树枝放电、大风引起的短时碰线、通过鸟类身体的放电等原因引起的短路。这类故障由继电保护动作断开电源后，故障点的电弧自行熄灭，绝缘强度重新恢复，故障自行消除。此时，若重新合上线路断路器，就能恢复正常供电。而永久性故障，如倒杆、断线、绝缘子击穿或损坏等，在故障线路电源被断开之后，故障点的绝缘强度不能恢复，故障仍然存在，即使重新合上断路器，又要被继电保护装置再次断开。

运行经验表明，输电线路的故障大多是瞬时性故障，约占总故障次数的80% ~ 90%以上。因此，若线路因故障被断开之后再进行一次合闸，其成功恢复供电的可能性是相当大的。而自动重合闸就是将被切除的线路断路器重新自动投入的一种自动装置。

采用自动重合闸后，如果线路发生瞬时性故障时，保护动作切除故障后，重合闸动作，能够恢复线路的供电；如果线路发生永久性故障时，重合闸动作后，继电保护再次动作，使断路器跳闸，重合不成功。根据多年来运行资料的统计，输电线路重合闸的动作成功率（重合闸成功的次数/总的重合次数）一般可达80%左右。可见采用自动重合闸装置来提高供电可靠性的效果是很明显的。

输电线路上采用自动重合闸装置的作用可归纳如下。

第一，提高输电线路供电可靠性，减少因瞬时性故障停电造成的损失。

第二，对于双端供电的高压输电线路，可提高系统并列运行的稳定性，从而提高线路的输送容量。

第三，可以纠正由于断路器本身机构不良或继电保护误动作而引起的误跳闸。

由于自动重合闸带来的效益可观，而且本身结构简单，工作可靠，因此，在电力系统中得到了广泛的应用。规程规定，高压架空线路和电缆与架空混合线路，在具有断路器的条件下，应装设自动重合闸。但是，采用重合闸后，对系统也会带来不利影响，当重合于永久性故障时，系统再次受到短路电流的冲击，可能引起系统振荡。同时，断路器在短时间内连续两次切断短路电流，使断路器的工作条件恶化，因此自动重合闸的使用有时受系统和设备条件的制约。

2.4.1.2　对自动重合闸的基本要求

（1）自动重合闸动作应迅速。为了尽量减少对用户停电造成的损失，要求重合闸动作时间愈短愈好。但重合闸动作时间必须考虑保护装置的复归、故障点去游离后绝缘强度的恢复、断路器操动机构的复归及其准备好再次合闸的时间。

（2）手动跳闸时不应重合。当运行人员手动操作控制开关或通过遥控装置使断路器跳闸时，属于正常运行操作，自动重合闸不应动作。

（3）手动合闸于故障线路时，继电保护动作使断路器跳闸后，不应重合，因为在手动合闸前，线路上还没有电压，如果合闸到已存在故障的线路，则多为永久性故障，即使重合也不会成功。

（4）自动重合闸宜采用控制开关位置与断路器位置不对应的原理起动，即当控制开关在合闸位置而断路器实际上处在断开位置的情况下起动重合闸。这样，可以保证无论什么原因使断路器跳闸以后，都可以进行自动重合闸。当由保护起动时，分相跳闸继电器相应的动合触点闭合，起动重合闸起动继电器，通过重合闸起动继电器的动合触点起动重合闸（ARC）。

（5）只允许自动重合闸动作一次。在任何情况下（包括装置本身的元件损坏以及继电器触点粘住或拒动），均不应使断路器重合多次。因为，当自动重合闸多次重合于永久性故障后，系统遭受多次冲击，断路器可能损坏，并扩大事故。

（6）自动重合闸动作后，应自动复归，准备好再次动作。这对于雷击机会较多的线路是非常必要的。

（7）自动重合闸应能在重合闸动作后或重合闸动作前，加速继电保护的动作。自动重合闸与继电保护相互配合，可加速切除故障。自动重合闸还应具有手动合于故障线路时加速继电保护动作的功能。

（8）自动重合闸可自动闭锁。当断路器处于不正常状态（如气压或液压降低）不能实现自动重合闸时，或某些保护动作不允许自动合闸时，应将自动重合闸闭锁。

2.4.1.3　自动重合闸的分类

自动重合闸的类型很多，根据不同特征，通常可分为如下几类。

（1）按作用于断路器的方式，可以分为三相自动重合闸、单相自动重合闸和综合自动重合闸三种。

（2）按运用的线路结构可分为单侧电源线路自动重合闸、双侧电源线路自动重合闸。双侧电源线路自动重合闸又可分为快速自动重合闸、非同期自动重合闸、检定无压和检定同期的自动重合闸等。

2.4.2　单侧电源线路的三相一次自动重合闸

单侧电源线路只有一侧电源供电，不存在非同步重合的问题，自动重合闸装于线路的送电侧。本书重点介绍单侧电源线路的三相一次自动重合闸。

在我国的电力系统中，单侧电源线路广泛采用三相一次重合闸方式。所谓三相一次重合闸方式，是指不论在输电线路上发生相间短路还是单相接地短路，继电保护装置动作将线路三相断路器同时断开，然后重合闸装置动作，将三相断路器重新合上的重合闸方式。当故障为瞬时性时，重合成功；当故障为永久性时，则继电保护再次将三相断路器同时断开，不再重合。其工作流程可用图2-50的流程图表示。

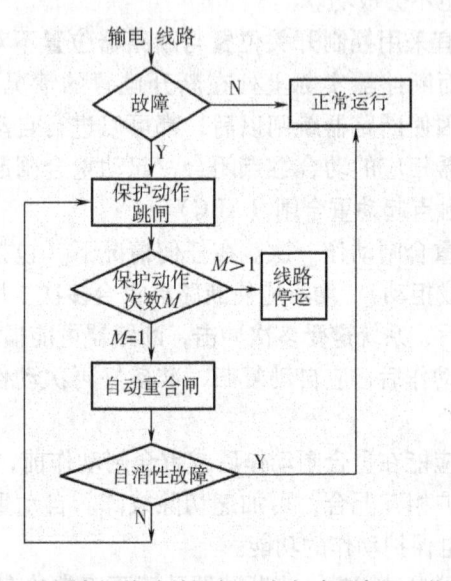

图2-50 单侧电源线路的三相一次自动重合闸工作流程图

2.4.2.1 三相一次自动重合闸的构成

三相一次自动重合闸由起动回路、时间元件、一次合闸脉冲元件及执行元件四部分组成。重合闸起动回路是用以起动重合闸时间元件的回路，一般按控制开关与断路器位置不对应原理起动；重合闸时间元件是用来保证断路器断开之后，故障点有足够的去游离时间和断路器操动机构复归所需的时间，以使重合闸成功；一次合闸脉冲元件用以保证重合闸装置只重合一次，通常利用电容放电来获得重合闸脉冲；执行元件用来将重合闸动作信号送至合闸回路和信号回路，使断路器重合及发出重合闸动作信号。

2.4.2.2 三相一次自动重合闸装置

（1）装置接线。图2-51（a）示出了三相一次自动重合闸装置接线图。它是按不对应原理起动的、具有后加速保护动作性能的三相一次自动重合闸装置。图中虚框内为DH-2A型重合闸继电器内部接线，其内部由时间继电器KT、中间继电器KM、电容C、充电电阻R_4、放电电阻R_6及信号灯HL组成。

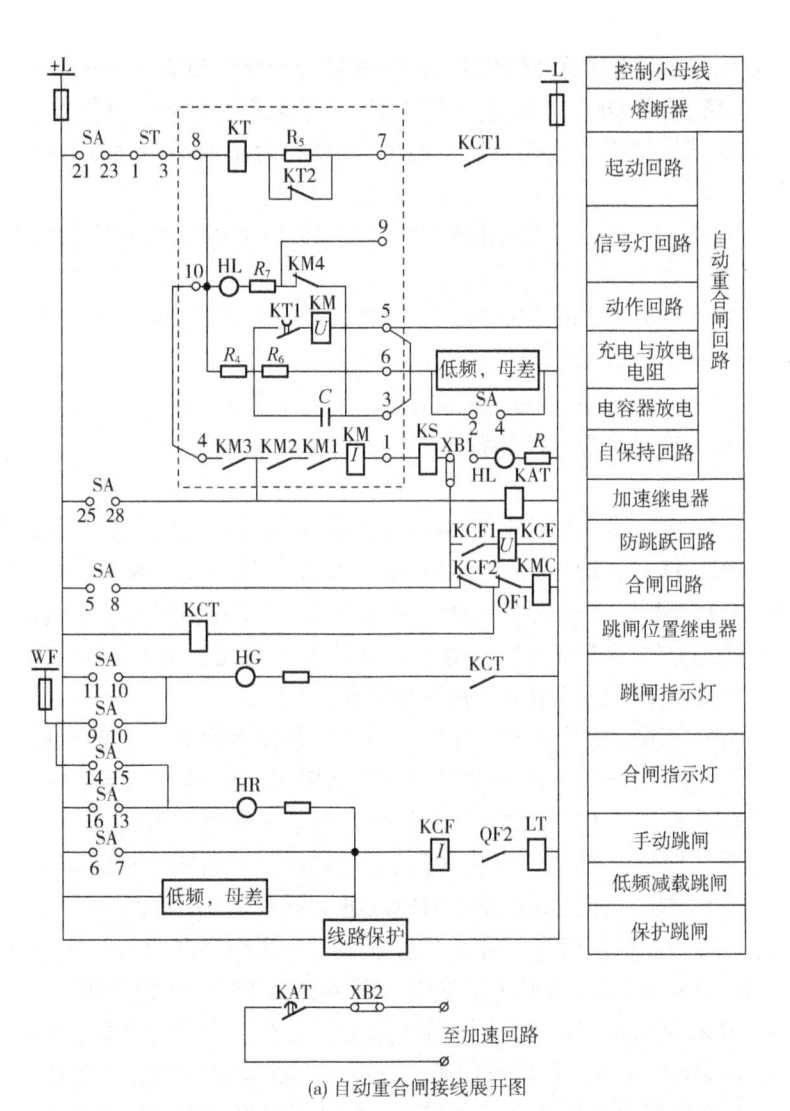

(a) 自动重合闸接线展开图

操作状态		手动合闸	合闸后	手动跳闸	跳闸后
SA触点号	2–4	–	–	–	×
	5–8	×	–	–	–
	6–7	–	–	×	–
	21–23	×	×	–	–
	25–28	×	×	–	–

(b) SA控制开关触点通、断情况
×号表示接通

图 2–51 三相一次自动重合闸装置接线展开图

KCT 是断路器跳闸位置继电器，当断路器处于断开位置时，KCT 的线圈通过断路器辅助动断触点 QF1 及合闸接触器 KMC 的线圈而励磁，KCT 的动合触点闭合。由于 KCT 线圈电阻的限流作用，流过 KMC 中电流很小，此时 KMC 不会动作去合断路器。

KCF 是防跳继电器，用于防止因 KM 的触点粘住时引起断路器多次重合于永久性故障线路。

KAT 是加速保护动作的中间继电器，它具有瞬时动作，延时返回的特点。

KS 是表示重合闸动作的信号继电器。

SA 是手动操作的控制开关，触点的通断情况如图 2－51（b）所示。

ST 用来投入或退出重合闸装置。

（2）工作原理。

①线路正常运行时。控制开关 SA 和断路器都处在对应的合闸位置，断路器辅助动断触点 QF1 打开，动合触点 QF2 闭合，KCT 线圈失电，KCT1 触点打开。SA 触点 9、8 接通，ST 置"投入"位置，其触点 1、3 接通。电容 C 经电阻 R_4 充满电，电容器两端电压等于直流电源电压，自动重合闸处于准备动作状态。用来监视继电器 KM 触点及电压线圈是否完好的信号灯 HL 亮。

②当线路发生瞬时故障或由于其他原因使断路器跳闸时。控制开关 SA 和断路器位置处于不对应状态。因断路器跳闸，所以其辅助触点 QF1 闭合，QF2 打开，跳闸位置继电器 KCT 动作，KCT1 触点闭合，起动重合闸时间继电器 KT，其瞬动触点 KT2 断开，串进电阻 R_5，保证 KT 线圈的热稳定。时间继电器 KT 的延时触点 KT1 经整定时间闭合，接通电容器 C 对中间继电器 KM 电压线圈的放电回路，从而使 KM 动作，其动合触点闭合，接通了断路器的合闸接触器回路（ ＋→SA9、8→ST1、3→KM3→KM2→KM1→KM 电流线圈→KS 线圈→XB1→KCF2→QF1→KMC→ － ），KMC 励磁，使断路器重新合上。同时 KS 励磁、动作，发出重合闸动作信号。

KM 电流线圈在这里起自保持作用，只要 KM 被电压线圈短时起动一下，便可通过电流自保持线圈使 KM 在合闸过程中一直处于动作状态，从而使断路器可靠合闸；连接片 XB1 用以投切自动重合闸或试验。

断路器重合成功后，其辅助触点 QF1 断开，继电器 KCT、KT、KM 均返回，整个装置自动复归。电容器 C 重新充电，经 15s～25s 后电容器 C 充满电，准备好下次动作。

③线路上发生永久性故障时。自动重合闸的动作过程与上述相同。但在断路器重合后，因故障并未消除，继电保护将再次动作使断路器第二次跳闸，重合闸装置再次起动，KT 励磁，KT1 经延时闭合接通电容 C 对 KM 的放电回路，但因电

容器 C 充电时间（保护第二次动作时间 + 断路器跳闸时间 + KT 延时时间）短，小于 $15s \sim 25s$，电容器 C 来不及充电到 KM 的动作电压，故不能使 KM 动作，因此断路器不能再次重合。这时电容器 C 也不能继续充电，因为 C 与 KM 电压线圈并联。KM 电压线圈两端的电压由电阻 R_4（约几兆欧）和 KM 电压线圈（电阻值为几千欧）串联电路的分压比决定，其值远小于 KM 的动作电压。保证了自动重合闸只动作一次的要求。

④用控制开关 SA 手动跳闸时。控制开关 SA 和断路器均处于断开对应位置，自动重合闸不会动作。当控制开关 SA 在手动跳闸位置时，其触点 9、8 断开，切断了自动重合闸的正电源。跳闸后 SA2、4 接通了电容器 C 对 R_6 的放电回路，因 R_6 电阻值只有几百欧，故放电很快，使电容器 C 两端电压接近于零，所以 ARC 不会使断路器合闸。

⑤用控制开关 SA 手动合闸于故障线路时。线路断路器合闸之时，因 ARC 是退出的，故电容器 C 没有充电。在操作 SA 手动合闸时，SA9、8 接通，SA2、4 断开，电容器 C 才开始充电，但同时 SA5、8 接通，使加速继电器 KAT 动作。如线路在合闸前已存在故障，则当手动合上断路器后，保护装置立即动作，经加速继电器 KAT 的动合触点使断路器加速跳闸。这时由于电容器 C 充电时间很短，来不及充电到 KM 的动作电压，所以断路器不会重合。

⑥重合闸闭锁回路。在某些情况下，断路器跳闸后不允许自动重合。例如，低频减负荷装置动作或母线保护动作时，重合闸装置不应动作。在这种情况下，应将自动重合闸装置闭锁。为此，可将母线保护动作触点、低频减负荷装置的出口辅助触点与 SA2、4 触点并联。当母线保护或自动按频率减负荷装置动作时，相应的辅助触点闭合，接通电容器 C 对 R_6 的放电回路，从而保证了重合闸装置在这些情况不会动作，达到闭锁重合闸的目的。

⑦防止断路器多次重合于永久性故障的措施。如果线路发生永久性故障，并且第一次重合时出现了 KM3、KM2、KM1 触点粘住而不能返回现象时，当继电保护第二次动作使断路器跳闸后，由于断路器辅助触点 QF1 又闭合，若无防跳继电器，则被粘住的 KM 触点会立即起动合闸接触器 KMC，使断路器第二次重合。因为是永久性故障，保护将再次动作跳闸。这样，断路器跳闸一合闸不断反复，形成"跳跃"现象，这是不允许的，为此装设了防跳继电器 KCF。KCF 在其电流线圈通电流时动作，电压线圈有电压时保持。当断路器第一次跳闸时，虽然串在跳闸线圈回路中的 KCF 电流线圈使 KCF 动作，但因 KCF 电压线圈没有自保持电压，当断路器跳闸后，KCF 自动返回。当断路器第二次跳闸时，KCF 又动作，如果这时 KM 触点粘住而不能返回，则 KCF 电

压线圈得到自保持电压，因而处于自保持状态，其动断触点 KCF2 一直断开，切断了 KMC 的合闸回路，防止了断路器第二次合闸。同时 KM 动合触点粘住后，KM 的动断触点 KM4 断开、信号灯 HL 熄灭，给出重合闸故障信号，以便运行人员及时处理。

当手动合闸于故障线路时，防跳继电器 KCF 同样能防止因合闸脉冲过长而引起的断路器多次重合。

（3）接线特点。

①采用控制开关 SA 与断路器位置不对应的起动方式，其优点是断路器因任何意外原因跳闸时，都能进行自动重合，即使误碰引起的跳闸也能自动重合，所以这种起动方式很可靠。

②利用电容器 C 放电来获得重合闸脉冲。电容器 C 的充放电回路具有充电慢、放电快的特点。因而，这种方式既能保证自动重合闸动作后自动复归，也能有效地保证自动重合闸在规定时间内只发一次重合闸脉冲，而且接通电容器 C 的放电回路就可闭锁重合闸，故利用电容充放电原理构成的重合闸具有工作可靠、控制容易、接线简单的优点，因而应用很普遍。

③断路器合闸可靠。因在断路器合闸回路中设 KM 电流自保持线圈，所以只有当断路器可靠合上，辅助动断触点 QF1 断开后，KM 才返回，合闸脉冲才消失，故断路器能可靠合闸。

④装置中设有加速继电器 KAT，保证了手动合闸于故障线路或重合于故障线路时，快速切除故障。

（4）参数整定。为保证自动重合闸装置功能的实现，应正确整定其参数。

①重合闸动作时限值的整定。对图 2－51 所示自动重合闸装置，重合闸动作时限是指时间继电器 KT 的整定时限。在整定该时限时必须考虑如下两个方面的要求：

必须考虑故障点有足够的断电时间，以使故障点绝缘强度恢复。否则即使在瞬时性故障下，重合也不能成功。在考虑绝缘强度恢复时，还必须计及负荷电动机向故障点反馈电流使得绝缘强度恢复变慢的影响。再者，对于单电源环状网络和平行线路来说，由于线路两侧继电保护可能以不同时限切除故障，因而断电时间应从后跳闸的一侧断路器断开时算起。所以在整定本侧重合闸时限时，应考虑本侧保护以最小动作时限跳闸，对侧以最大动作时限跳闸后有足够的断电时间来整定。

必须考虑当重合闸动作时，继电保护装置一定要返回、断路器的操动机构等已恢复到正常状态，才允许合闸的时间。

运行经验表明，单电源线路的三相重合闸动作时限取 0.8s ~ 1s 较为合适。

②重合闸复归时间的整定。重合闸复归时间就是电容器 C 上两端电压从零值充电到能使中间继电器 KM 动作的时间。整定复归时间时，一方面必须保证断路器重合到永久性故障时，由最长时限的保护切除故障，重合闸不会再动作去重合断路器；另一方面，必须保证断路器切断能力的恢复，当重合闸动作成功后，复归时间不小于断路器恢复到再次动作所需时间。综合两方面的要求，重合闸复归时间一般取 15s ~ 25s。

2.4.3 自动重合闸与继电保护的配合

在电力系统中，自动重合闸与继电保护的关系密切。如何使自动重合闸与继电保护更好地配合工作，加速切除故障，提高供电的可靠性，是本课题要讨论的问题。

自动重合闸与继电保护配合的方式，有自动重合闸前加速保护和自动重合闸后加速保护两种。

2.4.3.1 自动重合闸前加速保护

自动重合闸前加速保护，又简称为"前加速"。一般用于具有几段串联的辐射形线路中，自动重合闸装置仅装在靠近电源的一段线路上。当线路上发生故障时，靠近电源侧的保护首先无选择性地瞬时动作跳闸，而后借助自动重合闸来纠正这种非选择性动作。

如图 2-52（a）所示的单电源供电的辐射形网络中，线路 L1、L2、L3 上各装有一套定时限过电流保护，其动作时限按阶梯形原则整定。这样，线路 L1 上定时限过电流保护动作时限最长。为了加速故障的切除，在线路 L1 靠近电源侧的断路器处另装有一套能保护到线路 L3 的无选择性电流速断保护和三相自动重合闸装置。

当线路 L1、L2、L3 上任意一点发生故障时，电流速断保护因不带延时，故总是首先动作瞬时跳开电源侧断路器，然后起动重合闸装置，将该断路器重新合上，并同时将无选择性的电流速断保护闭锁。若故障是瞬时性的，则重合成功，恢复正常供电；若故障是永久性的，则依靠各段线路定时限过电流保护有选择性地切除故障。可见，重合闸前加速既能加速切除瞬时故障，又能在重合闸动作后，有选择性地切除永久性故障。

实现自动重合闸前加速保护动作的方法，是将重合闸装置中加速继电器 KAT 的动断触点串联接于电流速断保护出口回路，如图 2-52（b）所示。图中，KA1 是电流速断保护继电器，KA2 是过电流保护继电器。当线路发生故障时，

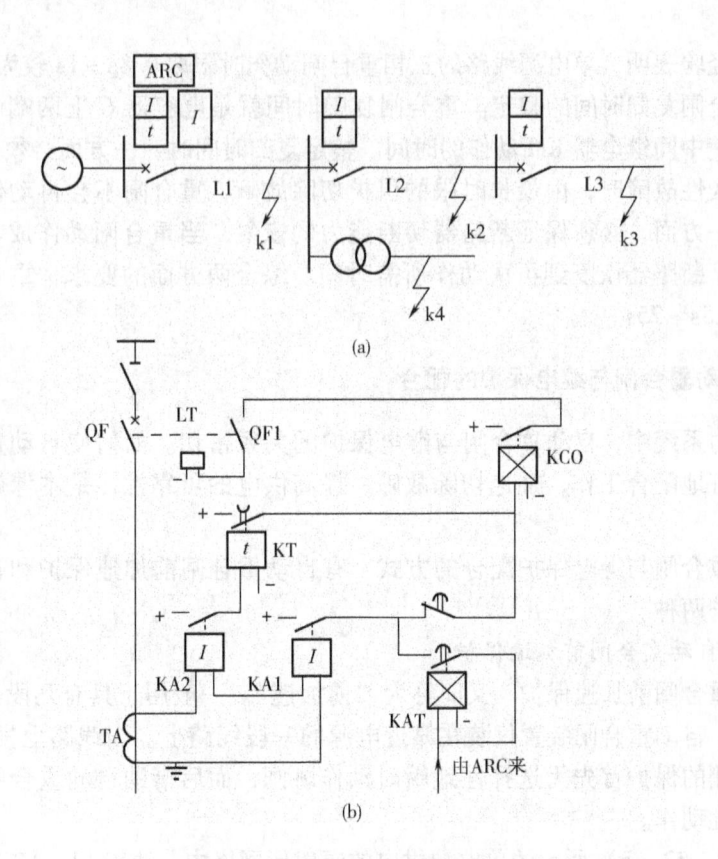

图 2-52 自动重合闸前加速保护

(a) 原理说明图　(b) 原理接线图

　　因加速继电器 KAT 未动作，电流速断保护的 KA1 动作后，经加速继电器 KAT 的动断触点起动保护出口中间继电器 KCO，使电源侧断路器瞬时跳闸。随即重合闸起动，发合闸脉冲，同时起动加速继电器 KAT，使 KAT 的动断触点打开，动合触点闭合。如果重合于永久性故障，则 KA1 触点再闭合，使 KAT 自保持，电流速断保护不能经 KAT 的触点去瞬时跳闸。只有等过电流保护时间继电器 KT 的延时触点闭合后，才能去跳闸。这样，重合闸动作后，保护有选择性地切除永久性故障。

　　采用重合闸前加速的优点是能快速切除瞬时故障，而且设备少，只需一套重合闸装置，接线简单，易于实现。其缺点是切除永久性故障时间长；装有重合闸装置的断路器动作次数较多，且一旦此断路器或重合闸装置拒动，则使停电范围扩大。因此，重合闸前加速主要适用于 35 kV 以下的发电厂变电站引出的直配线上，以便能快速切除故障。

2.4.3.2 自动重合闸后加速保护

自动重合闸后加速保护一般又简称"后加速"。采用重合闸后加速时，必须在各线路上都装设有选择性的保护和自动重合闸装置，如图 2 - 53（a）所示。当任一线路上发生故障时，首先由故障线路的保护有选择性动作，将故障切除，然后由故障线路的自动重合闸装置进行重合。如果是瞬时故障，则重合成功，线路恢复正常供电；如果是永久性故障，则加速切除故障的线路保护装置，使其不带延时地将故障再次切除。这样，就在重合闸动作后加速了保护动作，使永久性故障尽快地切除。

实现重合闸后加速的方法是，将加速继电器 KAT 的动合触点与过电流保护的电流继电器 KA 的动合触点串联，如图 2 - 53（b）所示。

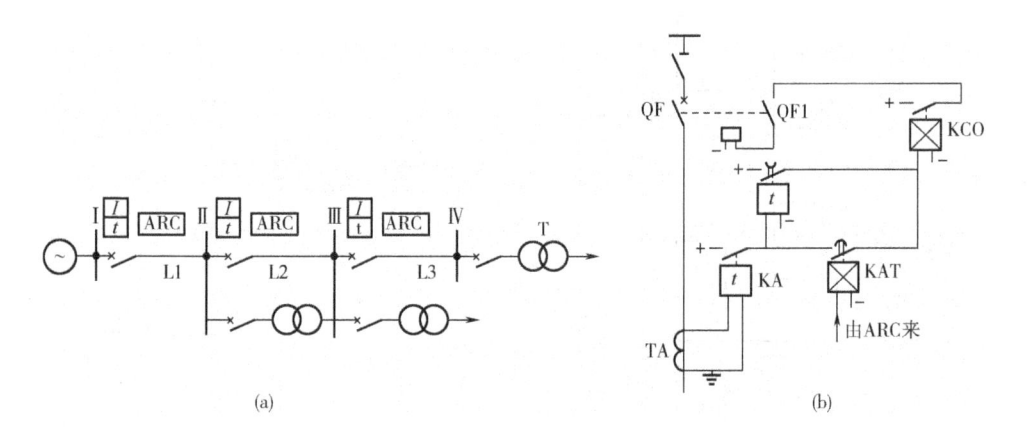

图 2 - 53　自动重合闸后加速保护
（a）原理说明图　　（b）原理接线图

当线路发生故障时，KA 动作，加速继电器 KAT 未动，其动合触点打开。只有当按选择性原则动作的延时触点 KT 闭合后，才起动出口中间继电器 KCO，跳开断路器。随后自动重合闸动作，重新合上断路器，同时也起动加速继电器 KAT，KAT 动作后，其动合触点闭合。这时若重合于永久性故障上，则 KA 再次动作，KAT 动合触点瞬时起动 KCO，使断路器再次跳闸。这样实现了重合闸后加速保护动作的目的。

采用重合闸后加速的优点是第一次保护装置动作跳闸是有选择性的，不会扩大停电范围。特别是在重要的高压电网中，一般不允许保护无选择地动作，故应用这种重合闸后加速方式较合适；其次，这种方式使再次断开永久性故障的时间加快，有利于系统并联运行的稳定性。其缺点是第一次切除故障带延时，因而影响了重合闸的动作效果。

自动重合闸后加速保护广泛用于 10kV 及以上的电网中，应用范围不受电网结构的限制。

2.4.4 重合闸的微机保护

2.4.4.1 三相一次重合闸原理框图

装置设有三相一次重合闸功能，通过设置重合闸压板控制投退。重合闸当开关位于合位时充电，充电时间为 15s，当开关由合位变为跳位时起动。当跳位起动后，若 10s 内不满足重合闸条件则放电。三相一次重合闸原理框图如图 2-54。

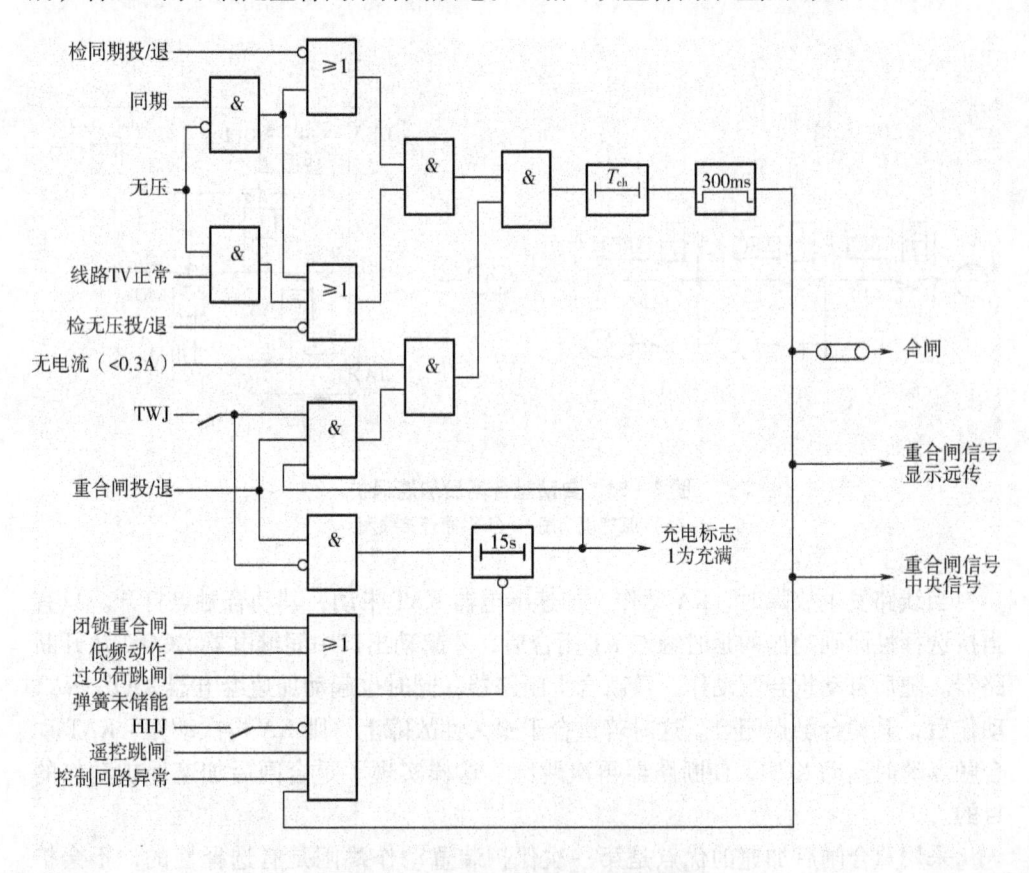

图 2-54 三相一次重合闸原理框图

T_{ch}—重合闸时限

（1）重合闸的起动：由断路器位置接点变位起动。

（2）重合闸的闭锁条件有：①HHJ 返回；②过负荷跳闸；③低频减载装置动作；④控制回路异常；⑤弹簧未储能；⑥闭锁重合闸；⑦遥控跳闸。

2.4.4.2　前/后加速保护

装置设置了独立的加速保护段，可选择前加速或后加速。

装置的手合加速回路不需由外部手动合闸把手的触点来起动，此举主要是考虑到目前许多变电站采用综合自动化系统后，已取消了控制屏，在现场不再安装手动操作把手，或仅安装简易的操作把手。

装置设置了独立的过流加速段电流定值及相应的时间定值，与传统的保护相比，使保护的配置更加灵活。

前/后加速保护原理框图如图 2 - 55 所示。

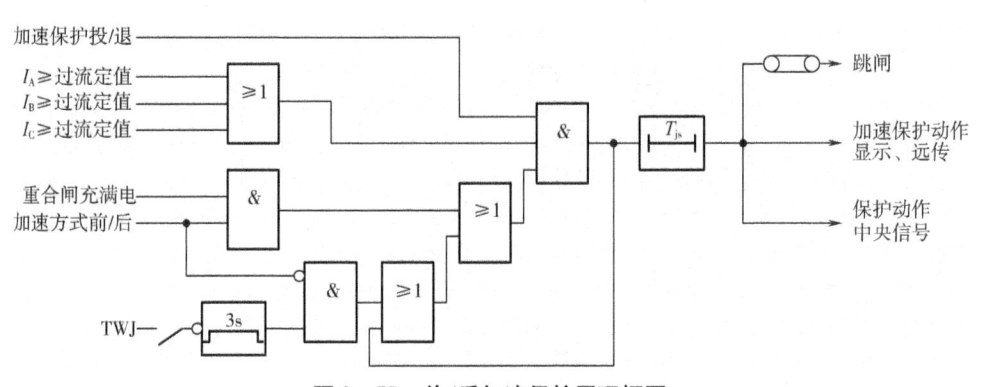

图 2 - 55　前/后加速保护原理框图

T_{js}—加速保护时限

2.5　备用电源自动投入装置

2.5.1　备用电源自动投入装置的作用及基本要求

2.5.1.1　概述

当工作电源因故障被断开以后，能自动而迅速地将备用电源投入工作的装置称为备用电源自动投入装置，简称备自投装置。

在《继电保护和安全自动装置技术规程》（GB/T14285—2006）中，规定以下情况应装设备用电源自动投入装置。

（1）装有备用电源的发电厂厂用电源和变电站站用电源。

（2）由双电源供电，其中一个电源经常断开作为备用的电源。

（3）降压变电站内有备用变压器或有互为备用的电源。

（4）有备用机组的某些重要辅机。

2.5.1.2　典型备自投的一次接线

备自投装置根据备用方式，可以分为明备用和暗备用两种。明备用是指正常情况下有专用的备用变压器或备用线路。如图 2－56 所示，图（a）中正常运行时4QF、5QF 在断开状态，变压器 2T 作为 1T、3T 的备用；图（b）中正常运行时4QF 在断开状态，变压器 2T 作为 1T 的备用；图（c）中备用线路作为工作线路的备用；图（d）中备用线路作为两条工作线路的备用。

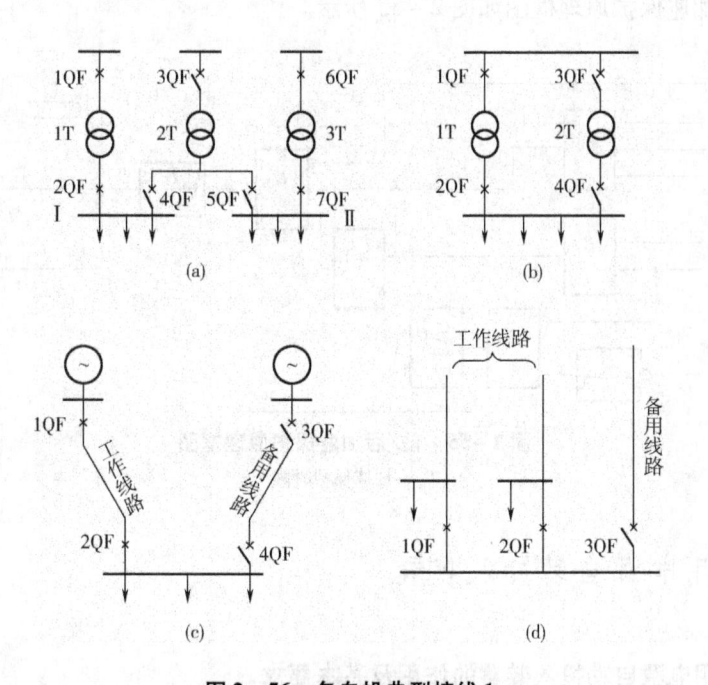

图 2－56　备自投典型接线 1

暗备用是指正常情况下没有专用的备用电源或备用线路，而是在正常运行时负荷分别接于分段母线上，利用分段断路器取得相互备用，如图 2－57 所示，图（a）、（b）中正常运行时，5QF 在断开状态，Ⅰ、Ⅱ段母线分别通过各自的线路或变压器供电，当任一母线由于线路或变压器故障跳开而失电时，5QF 自动合闸，从而实现线路或变压器互为备用。在暗备用方式中，每个工作电源的容量应根据两个分段母线的总负荷来考虑，否则在备自投动作前后，要适当切除相应负荷。对于负荷比较稳定的可采用备投前切负荷，对变化较大的负荷可采用备投后切负荷。

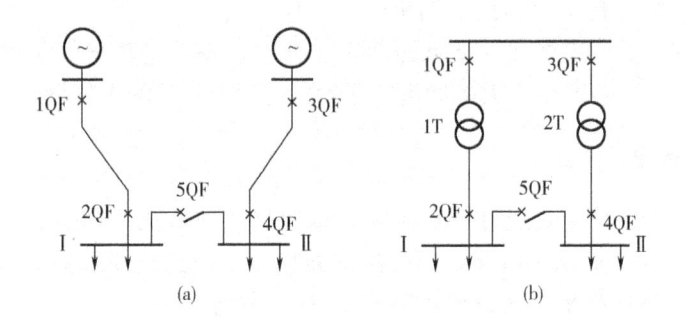

图 2 −57　备自投典型接线 2

以上分析可见，采用备自投装置后有以下优点。

第一，提高供电可靠性，节省建设投资。

第二，简化继电保护。

第三，限制短路电流，提高母线残压。

由于备自投具有上述优点，而且结构简单，投资少，且可靠性高，因此在电力系统得到广泛的应用。

2.5.1.3　对备自投装置的要求

（1）应保证在工作电源和设备断开后，备自投装置才能动作，因此备自投装置的合闸部分应由供电元件受电侧断路器的辅助动断触点起动。

（2）工作母线上电压消失时，备自投装置应起动，因此备自投装置应有独立的低电压起动部分。

（3）备自投装置应保证只动作一次因此必须控制备自投装置发出的合闸脉冲时间。

（4）若电力系统内部故障使工作电源和备用电源同时消失时，备自投装置不应动作。因此，备自投装置设有备用母线电压监视，当备用电源消失时，闭锁备自投装置。

（5）当一个备用电源作为几个工作电源备用时，如备用电源已代替一个工作电源后，另一个工作电源又断开，备自投装置应起动。但要核定备用电源容量能满足。

（6）应校验备用电源自动投入时过负荷以及电动机自起动的情况，如过负荷超过允许限度，或不能保证自起动时，备自投装置动作于自动减负荷。

（7）当备自投装置动作时，如备用电源投于永久故障，应使其保护加速动作。

（8）备自投装置的动作时间以使负荷的停电时间尽可能短为原则。所谓备自投装置动作时间，即指从工作母线受电侧断路器断开到备用电源投入之间的时间。当工作母线上装有高压大容量电动机时，工作母线停电后因电动机反送电，若备自投动作时间太短，工作母线上残压较高，此时若备用电源电压和电动机残压之间的相位差较大，会产生较大的冲击电流和冲击力矩，损坏电气设备。

2.5.2　典型备自投方式

微机型备自投装置是通过逻辑判断来实现只动作一次要求的，为了便于理解装置采用电容器"充放电"概念来模拟这种功能。备自投装置满足起动的逻辑条件为"充电"条件满足；延时起动的时间为"充电"时间，"充电"时间结束，备自投装置准备就绪；当备自投装置动作后或任一闭锁满足时，立即瞬时"放电"，"放电"后备自投装置被闭锁。这种"充放电"与重合闸中电容器"充放电"的概念相同。

备自投装置动作逻辑的控制条件可分为三类：充电条件，闭锁条件，起动条件。即在所有充电条件均满足、无闭锁条件时，经过一固定延时（如10s）完成充电，一旦出现起动条件即动作出口。取一定的充电时间主要考虑到：①等待故障造成的系统扰动充分平息，认为系统已经恢复到故障前的稳定状态；②躲过对侧相邻保护最后一段的延时和重合闸最长动作周期以免合闸在故障上造成开关跳跃和扩大事故。

通过图2-58可以看出，备投装置的每一个动作逻辑由三部分组成：允许条件、闭锁条件、充放电逻辑。充放电部分对备投装置的每一个动作逻辑来说都是相同的，其构成条件完全遵守前述关于"充电"及"放电"条件的规定，无须在使用时再行配置。

因此，用户只需确定允许条件、闭锁条件，并对相关的定值进行整定，则相应的备投功能配置即告结束。在确定允许条件、闭锁条件时，其构成元素中的模拟量输入部分，每一路可分别设置为过值或欠值动作，对开关量输入，每一路可以分别设置为高电平或低电平有效。

理论上讲，允许条件和闭锁条件是可以按逻辑"非"的关系相互转换的，此点从上面的示例图中不难看出。但由于备投逻辑中"充电"及"放电"回路的设置，使得闭锁条件的确定必须遵守如下的原则：当备投装置执行预定逻辑的过程中，前一个动作逻辑执行的结果不应造成对后续动作逻辑"放电"。假定备投装置中包括了甲、乙两个动作逻辑，当甲逻辑执行后，其执行结果满足乙逻辑动作条件。当正常运行时，应保证甲逻辑的闭锁条件不动作，即不对本逻辑的计数器

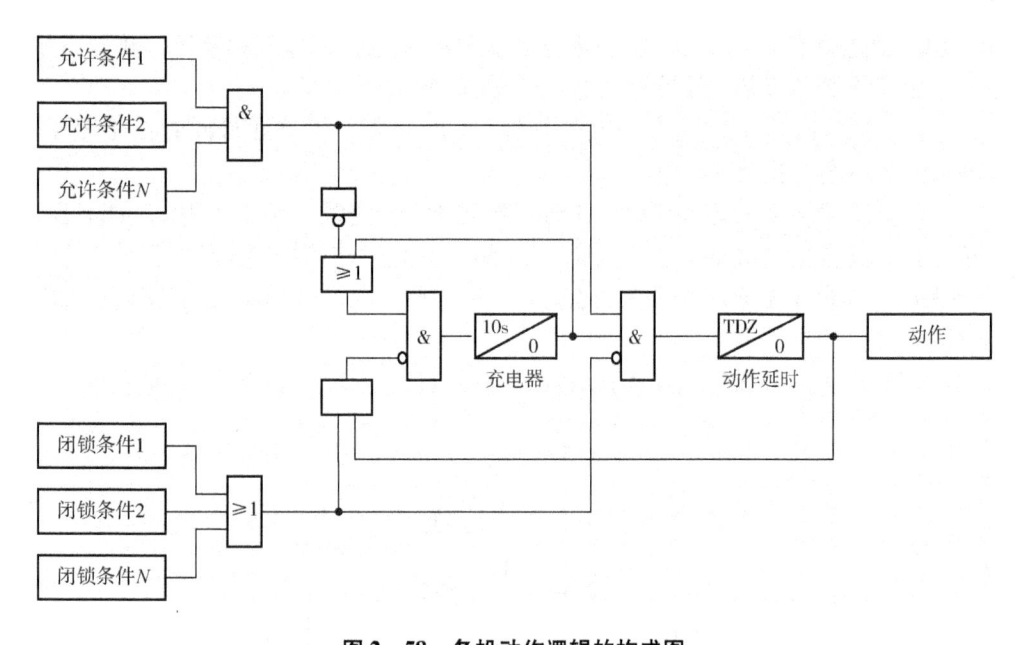

图 2 – 58 备投动作逻辑的构成图

"放电"。同样，在甲逻辑动作前后，均不应有构成乙逻辑"放电"的条件。

2.5.2.1 内桥断路器备自投

内桥（分段）断路器备自投的主接线如图 2 – 59 所示。正常运行时，内桥（分段）断路器 3QF 在断开状态，Ⅰ、Ⅱ 段母线分别通过各自的供电设备或线路供电，1QF、2QF 在合位，L1 和 L2 互为备用电源（暗备用），当某一段母线因供电设备或线路故障跳开或偷跳时，此时若另一母线有电，则 3QF 自动合闸，从而实现互为备用。

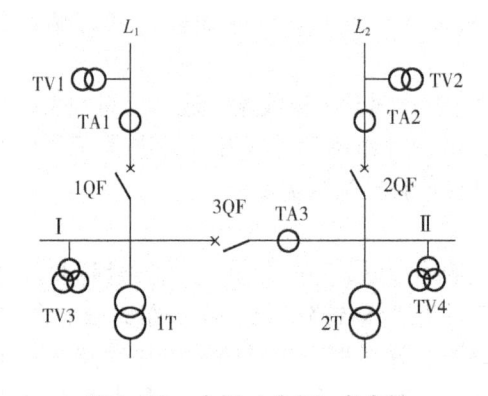

图 2 – 59 内桥（分段）备自投

（1）充电条件：1QF 合位，2QF 合位，3QF 分位，Ⅰ母三相有压，Ⅱ母三相有压。满足全部条件备自投装置充电，经设定时间充电结束。

（2）放电条件：1QF 分位，2QF 分位，3QF 合位，Ⅰ母Ⅱ母同时三相无压。出现任一条件备自投装置放电。

（3）起动条件：Ⅰ母失压时，Ⅰ母三相无压，检进线Ⅰ无流，Ⅱ母三相有压，2QF 合位，备自投起动经延时跳 1QF，合 3QF，并发动作信号；Ⅱ母失压时，Ⅱ母三相无压，进线Ⅱ无流，Ⅰ母三相有压，1QF 合位，备自投起动后经延时跳 2QF，合 3QF，并发动作信号。

把以上内桥（分段）断路器备自投过程用逻辑框图表示，如图 2-60 所示。

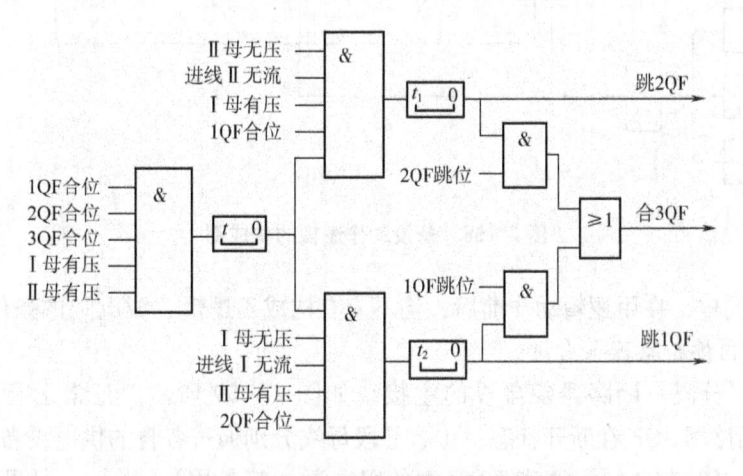

图 2-60　内桥（分段）备自投逻辑框图

在这种内桥（分段）暗备用方式中，每个工作电源的容量应根据总负荷来考虑，否则备投要考虑减去相应负荷。动作逻辑可考虑两轮的 L1、L2 线过负荷联切。

为防止 TV 断线时备自投误动，取线路电流作为母线失压的闭锁判据。如果变压器或母线发生故障，保护动作跳开进线开关，进线开关将处于跳闸位置，此时备自投被闭锁。手跳进线断路器情况类似。

2.5.2.2　进线备自投

进线备自投的一次接线如图 2-61 所示。工作线路同时带两段母线运行，另一条进线处于明备用状态。当工作线路失电，其断路器处于合位，在备用线路有压、桥开关合位的情况下跳开工作线路，经延时合备用线路。若工作电源断路器偷跳即合备用电源。为防止 TV 断线时备自投误动，取线路电流作为线路失压的闭锁判据。

以进线 L1 为工作电源，进线 L2 备用为例，备自投过程为如下。

（1）充电条件：1QF 合位，2QF 分位，3QF 合位，Ⅰ母三相有压，Ⅱ母三相有压，进线Ⅰ三相有压。满足以上全部条件，备自投装置充电，经设定时间充电结束。

（2）放电条件：1QF 分位，2QF 合位，3QF 分位，进线Ⅰ三相无压。出现以上任一条件，备自投装置放电。

（3）起动条件：Ⅰ母三相无压，Ⅱ母三相无压，进线Ⅰ无流，进线Ⅱ三相有压，备自投起动，经延时跳开1QF，合上2QF。

把以上进线备自投过程用逻辑框图表示，如图 2-61 所示。

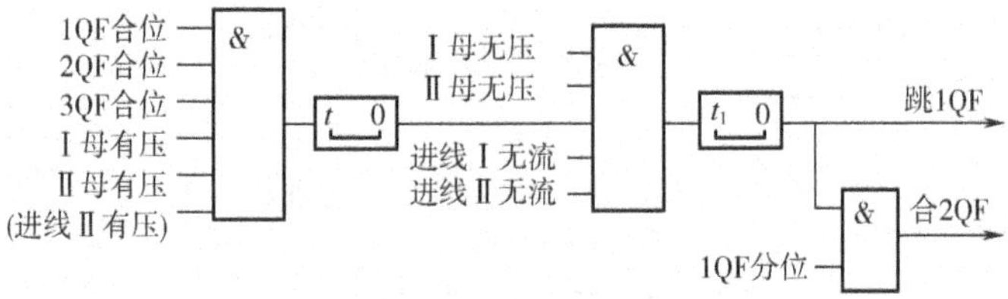

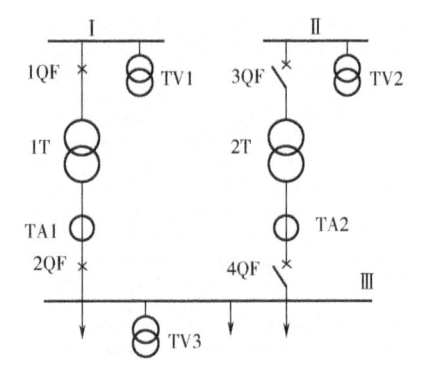

图 2-61　进线备自投逻辑框图

2.5.2.3　变压器备自投

变压器备自投一次接线如图 2-62 所示。变压器备自投分热备用和冷备用两种。热备用：主变压器低压侧断路器处于合位，母线失电，在备用变压器高压侧有压情况下跳开工作变压器低压侧断路器，合备用变压器低压侧断路器；为防止 TV 断线时备自投误动，取主变压器低压侧电流作为母线失压的闭锁判据。冷备用：母线失压，同时跳开工作变压器高、低压侧断路器，合备用变压器高、低压侧断路器。

图 2-62　变压器备自投

以变压器热备用为例说明备自投动作过程。

（1）充电条件：1QF 合位，2QF 合位，母线Ⅲ三相有压，Ⅱ主变压器高压侧三相有压。满足以上全部条件，备自投装置充电，经设定时间充电结束。

（2）放电条件：1QF 分位，2QF 分位，Ⅱ主变压器高压侧三相无压。出现以上任一条件，备自投装置放电。

（3）起动条件：母线Ⅲ三相失压，Ⅱ主变压器高压侧三相有压，4QF 分位；备自投起动后，经延时跳开 2QF，合上 4QF。

把以上变压器热备用备自投过程用逻辑框图表示，如图 2 - 63 所示。

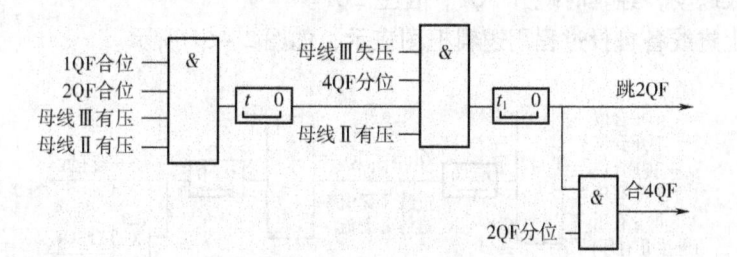

图 2 - 63　变压器备自投逻辑框图

3 二次回路

①了解二次回路的基本概念和常见回路。②掌握二次回路图识读方法。③熟悉电气测量与绝缘监察装置。④理解实际典型二次回路工作原理。

3.1 二次回路概述

电力系统中的电气设备通常分为一次设备和二次设备，其接线可分为一次接线和二次接线。

一次设备是指直接用于生产、输送、分配和使用电能的高电压、大电流的设备，又称主设备，包括发电机、变压器、断路器、隔离开关、输电线、母线、电流互感器、电压互感器、避雷器等。一次接线又称主接线，是将一次设备互相连接而成的电路。

二次设备是指对一次设备进行控制、测量、指示、调整和保护的低压设备，又称辅助设备，它包括控制、信号、测量、监察、同期、继电保护装置、自动装置和操作电源等设备。

二次接线又称二次回路，是将二次设备互相连接而成的电路，是指用来控制、指示、监测和保护一次电路运行的电路，也称二次系统。它包括控制系统、信号系统、监测系统及继电保护和自动化系统等，包括电气设备的控制操作回路、测量回路、信号回路、保护回路、同期回路等。二次回路总是附属于某一次接线或一次设备的，它是对一次设备进行控制操作、测量监察和保护的有效手段，变电站的运行管理、检修维护均离不开二次回路。例如发电机、变压器的正常运行，查找、分析有关电气故障和事故，电气设备的定期调试和检测等都要用二次回路。

二次回路按其电源性质分，有直流回路和交流回路。交流回路又分交流电流回路和交流电压回路。交流电流回路由电流互感器供电，交流电压回路由电压互感器供电。

二次回路按其用途分，有断路器控制（操作）回路、信号回路、测量和监视回路、继电保护和自动装置回路等。

二次回路在供电系统中虽然是一次回路的辅助系统，但是它对一次回路的安全、可靠、优质、经济地运行有着十分重要的作用，因此必须予以充分的重视。

3.1.1 直流操作电源

二次回路的操作电源是供高压断路器分、合闸回路和继电保护装置、信号回路、监测系统及其他二次回路所需的电源，因此对操作电源的可靠性要求很高，容量要求足够大，且要求尽可能不受供电系统运行的影响。

二次回路的操作电源分直流和交流两大类。直流操作电源有由蓄电池组供电的电源和由整流装置供电的电源两种。交流操作电源有由所（站）用变压器供电的和通过电流、电压互感器供电的两种。

3.1.1.1 操作电源的作用和要求

操作电源的主要作用如下：①在变电站正常运行时，对断路器的控制回路、信号设备、自动装置等设备供电；②在一次电路故障时，给继电保护、信号设备、断路器的控制回路供电，以保证它们能可靠地动作；③在交流厂用电源中断时，给事故照明、直流油泵及交流不停电电源等负荷供电，以保证事故保安负荷的工作，操作电源十分重要，必须保证不间断地供电。

操作电源应满足下列要求：①保证供电高度可靠，应尽可能保持对交流电网的独立性，避免因交流电网故障时影响操作电源的正常供电；②减小设备投资，减小布置场地的面积；③使用寿命长，维护工作量小；④改善运行条件，减小噪声干扰。

3.1.1.2 由蓄电池组供电的直流操作电源

蓄电池主要有铅酸蓄电池和镉镍蓄电池两种。蓄电池组直流系统是一种与电力系统运行方式无关的独立电源系统，它是由相当数量的蓄电池串联成蓄电池组供电的。其优点是在变电站故障甚至交流电源消失的情况下仍能可靠工作，具有很高的供电可靠性。此外，蓄电池电压平稳，容量较大，因此可供断路器合闸时所需要的短时冲击电流，并可作为事故保安负荷的备用电源，是目前普遍采用的操作电源。

3.1.1.3　直流电源工作原理与接线图

（1）直流电源系统工作原理。直流电源系统主要由交流配电、充电模块、监控模块、母线调压（降压硅链）、直流馈电（包括合闸回路、控制回路）、绝缘监测、蓄电池组等几大部分组成。不同的接线方式有不同的特点，但基本原理是一致的，基本组成形式如图 3－1 所示。

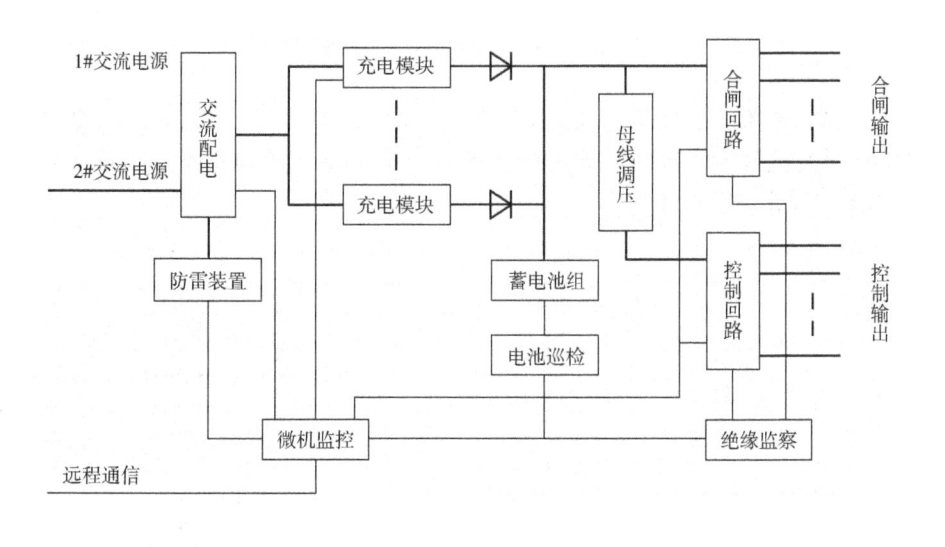

图 3－1　直流电源系统基本组成

（2）智能高频开关直流电源系统的基本工作原理。系统交流输入正常时，两路交流输入经过交流自动切换控制选择其中一路输入，并通过交流配电给各个充电模块供电。充电模块将输入三相交流电转换为 220V 或 110V 的直流，经隔离二极管隔离后输出，一方面给电池充电，另一方面给负载供电。此外，合闸母线还通过降压硅链装置为控制母线提供电源。系统中的监控部分对系统进行管理和控制，信号通过采集处理后，再由监控模块统一管理，在显示屏上提供人机操作界面，并可以接入到远程监控系统。系统还可以配置绝缘监测仪或绝缘监测继电器，监测母线绝缘情况。

交流输入停电或异常时，充电模块停止工作，由电池向负载供电。监控模块监测电池电压、电流和放电时间，当电池放电到一定程度时，监控模块告警。交流输入恢复正常以后，监控模块根据电池放电情况自动选择充电方式，控制充电模块对电池进行充电。系统工作时的能量流如图 3－2 所示。

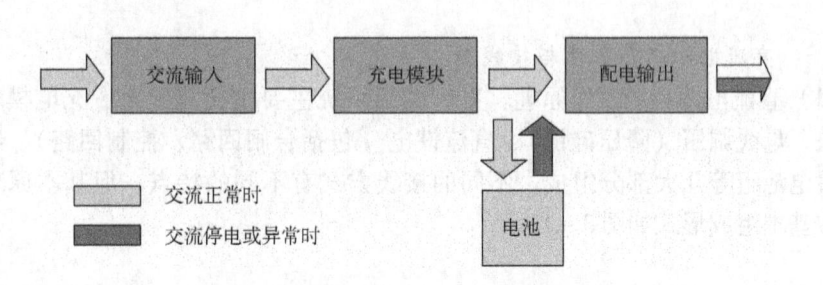

图 3 - 2　直流系统工作时的能量流

（3）直流系统的型号及含义。GZDW34 - 200 ／ 220 - M 含义是：电力用微机控制高频开关直流屏，接线方式为母线分段、蓄电池容量 200Ah、直流输出电压 220V 的阀控式铅酸蓄电池。

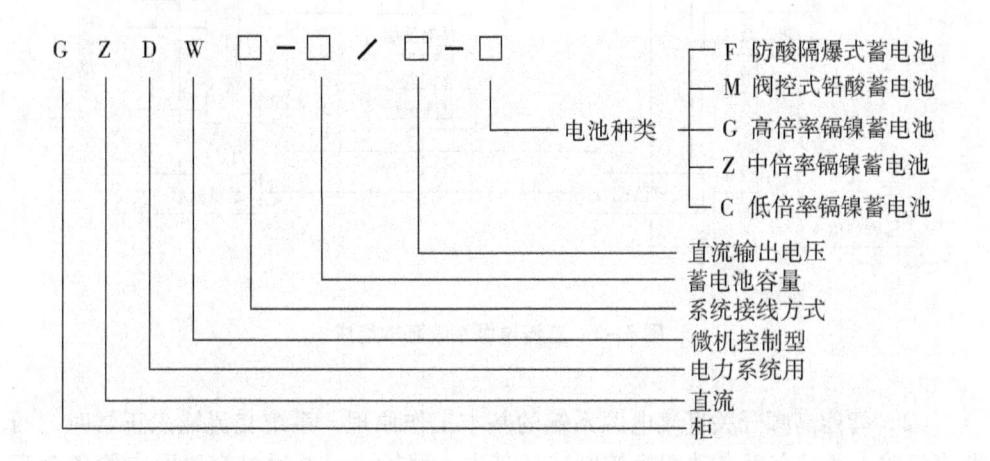

（4）直流电源系统接线图。直流电源系统接线见如 3 - 3 所示。

3.1.2　交流操作电源

对采用交流操作的断路器，应采用交流操作电源。相应地，所有保护继电器、控制设备、信号装置及其他二次元件均应采用交流形式。

交流操作电源可分电流源和电压源两种。电流源取自电流互感器，主要给继电保护和跳闸回路供电。电压源取自变电站的站用变压器或电压互感器，通常站用变压器作为正常工作电源；而电压互感器容量小，一般只作为保护油浸式变压器内部故障的瓦斯保护的交流操作电源。

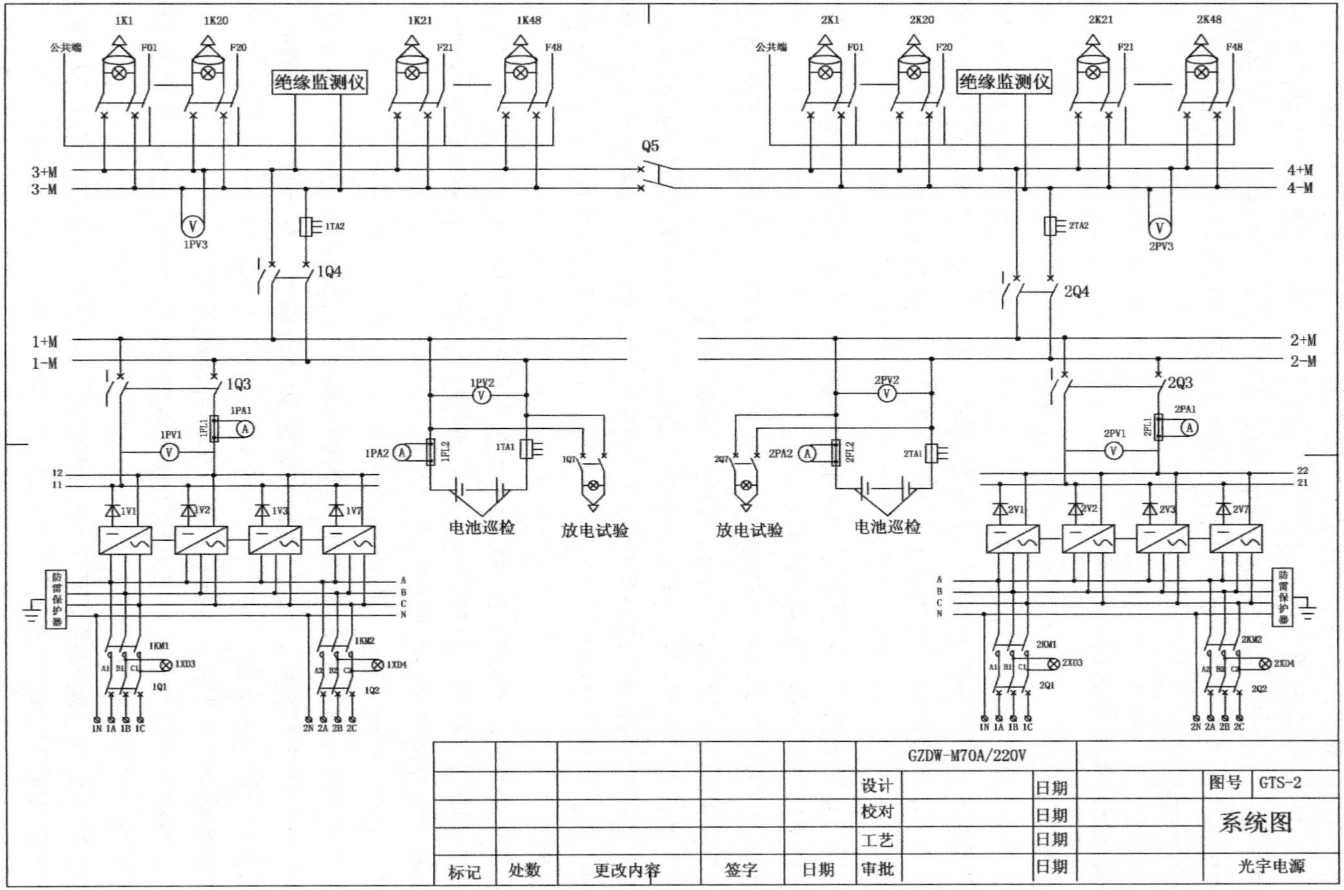

图 3-3 直流电源系统接线

标记	处数	更改内容	签字	日期					
					设计		日期	GZDW-M70A/220V	系统图
					校对		日期	图号	GTS-2
					工艺		日期		
					审批		日期	光字电源	

根据高压断路器跳闸线圈的供电方式，交流操作又可分直接动作式和去分流跳闸式。采用交流操作电源可使二次回路大大简化，投资大大减少，而且工作可靠，维护方便，但是它不适于比较复杂的继电保护、自动装置及其他二次回路。交流操作电源广泛应用于中小型工厂变电站中采用手动操作或弹簧储能操作及继电保护采用交流操作的场合。

3.1.3　高压断路器控制回路

在常规敞开式开关设备、气体绝缘金属封闭开关设备（GIS）、500kV（330kV）组合电器（HGIS）中的关键部件都是高压断路器，高压断路器的控制回路就是控制断路器分、合闸的回路。操动机构有手动式、液压式和弹簧储能式等几种。手动式操动机构和弹簧储能式操动机构可交、直流两用，但一般采用交流操作电源。

信号回路是用来指示一次系统设备运行状态的二次回路。信号按用途分，有断路器位置信号、事故信号和预告信号等。

断路器位置信号用来显示断路器正常工作的位置状态，一般是红灯亮，表示断路器处在合闸位置；绿灯亮，表示断路器处在分闸位置。

预告信号是在一次系统出现不正常工作状态时或在故障初期发出的报警信号。例如变压器过负荷或者轻瓦斯动作时，就发出区别于上述事故音响信号的另一种预告音响信号，同时光字牌亮，指示出故障的性质和地点，值班员可根据预告信号及时处理。

事故信号用来显示断路器在一次系统事故情况下的工作状态，一般是红灯闪光，表示断路器自动合闸；绿灯闪光，表示断路器自动跳闸。此外，还有事故音响信号和光字牌等用于指示信号。

对断路器控制回路的要求主要有以下几点。

第一，操作机构的合闸线圈和跳闸线圈都是按短时通过电流设计的，在手动（或自动）跳、合闸操作完成后，应立即自动解除命令脉冲，断开跳、合闸回路，避免线圈长时间带电而烧毁。

第二，断路器应具有防止多次合、跳闸的闭锁措施。

第三，断路器可以用控制开关进行手动跳闸与合闸，也可以由继电保护装置和自动装置进行自动跳闸与合闸。

第四，断路器的控制回路应有短路保护和过负荷保护，同时应具有监视控制回路及操作电源是否完好的措施。

第五，断路器的跳、合闸回路应有灯光监视和音响监视，应能指示断路器正常合闸和分闸的位置状态，并在自动合闸和自动跳闸时有明显的指示信号。通常用红、绿灯的平光指示断路器正常合闸和分闸的位置状态，而用红、绿灯的闪光指示断路器自动合闸和跳闸。

第六，断路器的事故跳闸信号回路应按"不对应原理"接线。当断路器采用手动操作机构时，利用操作机构的辅助触头与断路器的辅助触头构成"不对应"关系，即操作机构手柄在合闸位置而断路器已经跳闸时，发出事故跳闸信号。当断路器采用电磁操作机构或弹簧操作机构时，则利用控制开关的触头与断路器的辅助触头构成"不对应"关系，即控制开关手柄在合闸位置而断路器已经跳闸时，发出事故跳闸信号。

第七，对于采用气压、液压和弹簧操动机构的断路器，应有压力是否正常、弹簧是否拉紧到位的监视和闭锁回路。

3.1.3.1 手动式操作的断路器控制回路

图 3-4 所示为手动式操作的断路器的控制回路和信号回路原理图。

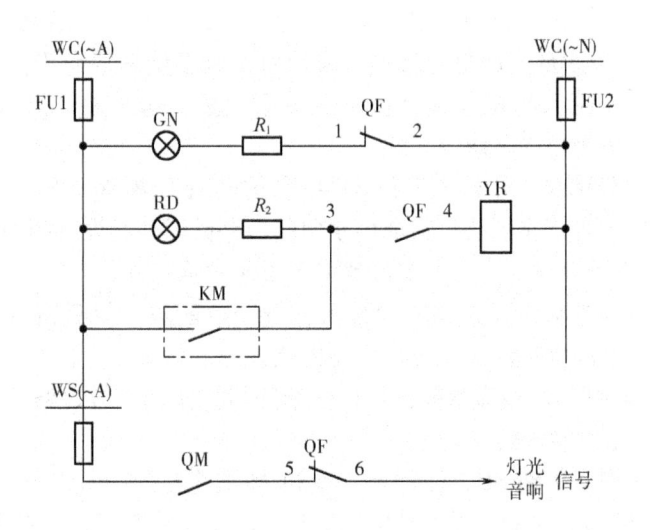

图 3-4 手动式操作的断路器的控制回路和信号回路原理图

WC—控制小母线；WS—信号小母线；

R_1、R_2 限流电阻；QM—手动式操动机构辅助触点

合闸时，推上操动机构手柄使断路器合闸。这时断路器的辅助触点 QF3-4 闭合，红灯 RD 亮，指示断路器已经合闸。由于该回路有限流电阻 R_2，跳闸线圈 YR 虽有电流通过，但电流很小，不会动作。红灯 RD 亮，还表明跳闸回路及控

制回路的熔断器 FU1、FU2 是完好的，即红灯 RD 同时起着监视跳闸回路完好性的作用。

分闸时，扳下操动机构的操作手柄使断路器分闸。断路器的辅助触点 QF3－4 断开，切断跳闸回路，同时辅助触点 QF1－2 闭合，绿灯 GN 亮，指示断路器已经分闸。绿灯 GN 亮，还表明控制回路的熔断器 FU1、FU2 是完好的，即绿灯 GN 同时起着监视控制回路完好性的作用。

在正常操作断路器分、合闸时，由于操动机构辅助触点 QM 与断路器辅助触点 QF5－6 是同时切换的，所以事故信号回路（信号小母线 WS 所供的回路）总是断路的，不会错误地发出灯光、音响信号。

当一次电路发生短路故障时，继电保护装置动作，其出口继电器触点 KM 闭合，接通跳闸回路（QF3－4 原已闭合），使断路器跳闸。随后 QF3－4 断开，红灯 RD 灭，并切断 YR 的电源；同时，QF1－2 闭合，绿灯 GN 亮。这时操动机构的操作手柄虽然在合闸位置，但其黄色指示牌掉下，表示断路器自动跳闸。在信号回路中，由于操作手柄仍在合闸位置，其辅助触点 QM 闭合，而断路器已事故跳闸，QF5－6 返回闭合，因此事故信号接通，发出灯光和音响信号。当值班员得知事故跳闸信号后，可将断路器操作手柄扳下至分闸位置，这时黄色指示牌随之返回，事故灯光、音响信号也随之解除。

控制回路中分别与指示灯 GN 和 RD 串联的电阻 R_1 和 R_2，除了具有限流作用外，还有防止指示灯灯座短路时造成控制回路短路或断路时误跳闸的作用。

3.1.3.2 采用弹簧操作机构的断路器控制和信号回路

弹簧操作机构是利用预先储能的合闸弹簧释放能量，使断路器合闸。合闸弹簧由交直流两用电动机带动，也可以手动储能。

图 3－5 是采用 CT7 型弹簧操作机构的断路器控制和信号回路，其控制开关采用 LW2 或 LW5 型万能转换开关。

合闸时，先按下按钮 SB，使储能电动机 M 通电运转（位置开关 SQ2 原已闭合），从而使合闸弹簧储能。弹簧储能完成后，SQ2 自动断开，切断电动机 M 的回路，同时位置开关 SQ1 闭合，为合闸做好准备。然后将控制开关 SA 手柄扳向合闸（ON）位置，其触头 SA3－4 接通，合闸线圈 YO 通电，使弹簧释放，通过传动机构使断路器 QF 合闸。合闸后，其辅助触头 QF1－2 断开，绿灯 GN 灭，并切断合闸回路。同时 QF3－4 闭合，红灯 RD 亮，指示断路器在合闸位置，并监视跳闸回路的完好性。

分闸时，将控制开关 SA 手柄扳向分闸（OFF）位置，其触头 SA1－2 接通，跳闸线圈 YR 通电（回路中触头 QF3－4 原已闭合），使断路器 QF 分闸。分闸后，

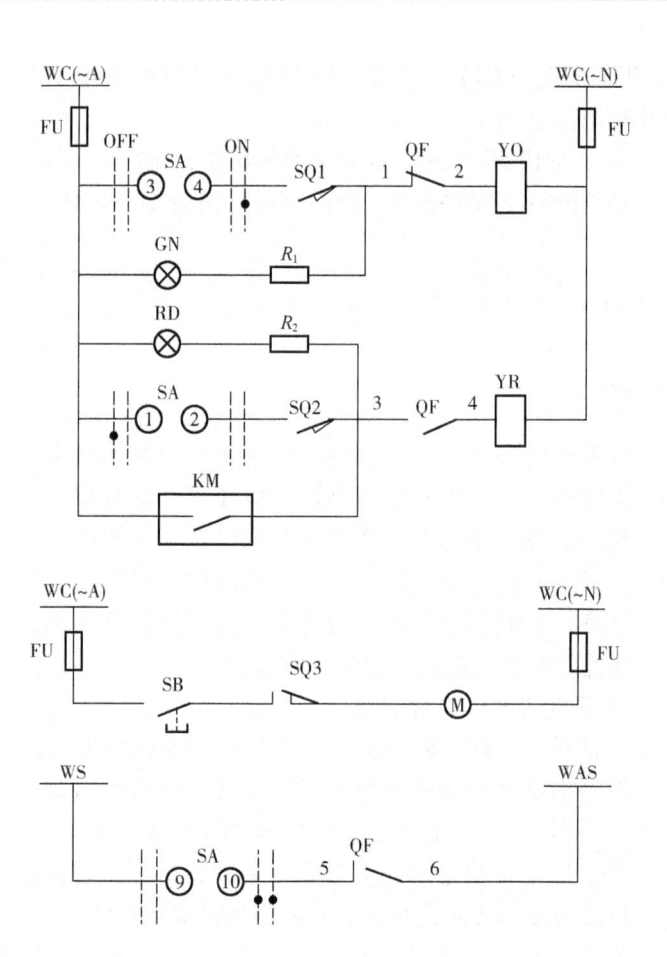

图3-5　采用弹簧操作机构的断路器控制和信号回路

WC—控制小母线；WS—信号小母线；WAS—事故音响信号小母线；SA—控制开关；SB—按钮；
SQ—储能位置开关；YO—电磁合闸线圈；YR—跳闸线圈；QF1~6—断路器辅助触点；M—储能电动机
GN—绿色指示灯；RD—红色指示灯；KM—继电保护出口继电器触点

其辅助触头 QF3-4 断开，红灯 RD 灭，并切断跳闸回路。同时 QF1-2 闭合，绿灯 GN 亮，指示断路器在分闸位置，并监视合闸回路的完好性。

当一次电路发生短路故障时，保护装置动作，其出口继电器 KM 触点闭合，接通跳闸线圈 YR 回路（回路中触头 QF3-4 原已闭合），使断路器 QF 跳闸。随后 QF3-4 断开，红灯 RD 灭，并切断跳闸回路。由于断路器是自动跳闸，SA 手柄仍在合闸位置，其触头 SA9-10 闭合，而断路器 QF 已经跳闸，QF5-6 闭合，因此事故音响信号回路接通，发出事故跳闸音响信号。值班员得知此信号后，可将控制开关 SA 手柄扳向分闸（OFF）位置，使 SA 触头与 QF 的辅助触头恢复对应关系，从而使事故跳闸信号解除。

储能电动机 M 由按钮 SB 控制，从而保证断路器合在发生短路故障的一次电路上时，断路器自动跳闸后不致重合闸，因而不需另设电气"防跳"装置。

3.2 二次回路图识读方法

3.2.1 电气图概述

电气图是电气工程语言，每一位变电运行人员都必须熟悉电气图，即能熟练地应用电气图，又能熟练地读懂相关电气图，以便更好地开展相关技术工作。电气图分为原理图和安装图。原理图是表示一二次回路工作原理的图，它可表明设备的数量和作用、设备间的连接方式等。二次电路中原理图又分为归总式原理图和分开式原理接线图。安装接线图表示设备安装位置及相互间连接的图，用于设备的安装施工，也是运行中的试验、检修、查线用图。

3.2.1.1 电气元件图形符号、文字符号

在电气图中，各元件、器件和设备等一般是采用图形符号、文字符号来表示。图形符号、文字符号是电气工程语言中的词汇。阅读电气图，首先要了解和熟悉这些符号的形式、内容、含义，以及它们之间的相互联系。

（1）图形符号。图形符号是指以图形为主要特征，用以传递某种信息的视觉符号。图形符号可以形象地表示设备、元件和组件的类型和特点。

在标准电气图中，元件、器件和设备用图形符号来表示，并按它们的"正常状态"画出。"正常状态"是指元件、器件和设备所处的电路无电压存在或无任何外力作用的状态。例如继电器和接触器线圈不带电（或通过的电压没有达到动作值）的状态，隔离开关和断路器在断开位置，按钮、行程开关在搁置位置，等等。

在电气制图标准中，有些类型的设备或元件可能有两种或两种以上的图形符号。在选用图形符号时，在同一图号的图中只能选用同一种图形形式，在能表达清楚的情况下，尽量选用简单的图形符号。常用的二次设备图形符号如表 3－1 所示。

（2）文字符号。在电气图中，除了用图形符号来表示各种设备、元件外，还在图形符号旁标注相应的文字符号，以区分不同的设备、元件。

表 3 - 1　常用的二次设备图形符号

序号	元件名称	图形	序号	元件名称	图形
1	操作器件和继电器线圈的一般符号	□或 □	17	延时闭合的动断触点	
2	两个绕组的操作元件		18	延时断开的动断触点	
3	缓慢释放继电器的线圈		19	指示仪表	
4	缓慢吸合继电器的线圈		20	记录仪表	
5	机械保持继电器的线圈		21	计算仪表	
6	过电流继电器		22	按钮开关（动合）	
7	欠电流继电器		23	按钮开关	
8	气体继电器		24	自动复归常开按钮	
9	动合（常开）触点		25	指示灯	
10	动断（常闭）触点		26	电铃	
11	延时闭合的动合触点		27	蜂鸣器	
12	延时断开的动合触点		28	电喇叭	
13	位置开关动合触点		29	非电量动合触点	
14	位置开关动断触点		30	非电量动断触点	
15	接通的连接片		31	切换片	
16	断开的连接片		32	熔断器	

文字符号的组合形成一般为：数学序号 + 基本符号 + 辅助符号 + 附加文字符号。例如：$1TV_V$、$3TA_U$。

其中"1""3"为数学序号，表示该设备在同类设备中的序号；"T"为基本文字符号，表示该设备属于变压器（含互感器）类；"V""A"为辅助文字符号，表示该设备具体为何种互感器下标，"V""U"为附加文字符号，表示该设备属于V相或U相。

①数学序号表示同类设备的序号，用于区分属于同一电气图单元中同类设备或元件的顺序编号。例如1TV中，TV为电压互感器文字符号，1表示同种设备的序号。当同一电气图单元中含有两个或两个以上相同设备或元件时，就要在基本文字符号前面添加数字序号加以区分。

②基本文字符号。基本文字符号是文字符号组成中的必须项，用于表示设备或元件的种类。基本文字符号分为单字母符号和双字母符号。单字母符号是用拉丁字母将各种电气设备、装置和元器件划分为23大类，每大类用一个专用字母符号表示。表示种类的单字母符号见表3-2。由于"1"和"0"易与"I""O"混淆，因此不把它们作为单独的文字符号使用。当单字母符号不能满足要求，需要将大类进一步划分时，才用双字母符号。双字母符号的组合形式是单字母符号在前，另一字母在后的次序列出。

③辅助文字符号。辅助文字符号是用以表示电气设备、装置和元器件以及线路的功能、状态和主要特征的，通常是由英文单词的前一两个字母构成。辅助文字符号一般放在基本文字符号的后边，构成组合文字符号。辅助文字符号不可单独使用，必须与基本文字符号组合在一起才能构成一个完整的文字符号。例如，TV、TA中V、A都是辅助文字符号，分别表示电压和电流。二次接线图中常见的文字符号见表3-3。

④附加文字符号。附加文字符号用于表示电气设备或元件的从属关系等附加特征。附加文字符号通常采用下标的形式标注在整个文字符号的末尾。例如1TV$_V$中，下标V就是附加文字符号，表示该电压互感器装设在V项。当电气图中需要表明某一设备或元件的从属关系等附加特征时，就要标注附加文字符号。

表3-2　表示种类的单字母基本文字符号

字母符号	项目种类	举例
A	组件 部件	分立元件放大器、磁放大器、激光器、微波激射器、印刷电路板，本表其他地方未提及的组件、部件
B	变换器 （从非电量到电量或相反）	热电传感器、热电池、光电池、测功计、晶体换能器、送话器、拾音器、扬声器、耳机、自整角机、旋转变压器
C	电容器	

续表

字母符号	项目种类	举例
D	二进制单元 延迟器 存储器件	数字集成电路和器件、延迟线、双稳态元件、单稳态元件、磁芯存储器、寄存器、磁带记录机、盘式记录机
E	杂项	光器件、热器件、本表其他地方未提及的元件
F	保护器件	熔断器、过电压放电器件、避雷器
G	发电机 电源	旋转发电机、旋转变频机、电池、振荡器、石英晶体振荡器
H	信号器件	光指示器、声指示器
J	用于软件	程序单元、程序、模块
K	继电器	
L	电感器 电抗器	感应线圈、线路限波器电抗器（并联和串联）
M	电动机	
N	模拟集成电路	
P	测量设备	测量设备、指示器件、记录器件
Q	电力电路的开关	断路器、隔离开关
R	电阻器	可变电阻器、电位器、变组器、分流器、热敏电阻
S	控制电路的开关选择器	控制开关、按钮、限制开关、选择开关
T	变压器	变压器、电压互感器、电流互感器
U	调制器 变换器	鉴频器、解调器、变频器、编码器、逆变器、整流器、电报译码器、无功补偿器
V	电真空器件 半导体器件	电子管、晶体管、晶闸管、二极管、三极管、半导体器件
W	传输通道 波导、天线	导线、电缆、母线、波导、波导定向耦合器、偶极天线、抛物面天线
X	端子 插头 插座	插头和插座、测试塞孔、端子板、焊接端子片、连接片、电缆封端和触点
Y	电气操作的机械装置	制动器、离合器、气阀、操作线圈
Z	终端设备 混合变压器 滤波器、均衡器 限幅器	电缆平衡网络 压缩扩展器 晶体滤波器 衰减器、阻波器

表3-3　二次接线图中常见的文字符号

序号	元件名称	新符号	序号	元件名称	新符号
1	继电器	K	1.28	阻抗继电器	KI
1.1	电流继电器（负序、零序）	KA（N，Z）	1.29	功率方向继电器	KW
1.2	电压继电器（负序、零序）	KV（N，Z）	1.30	差动继电器	KD
1.3	时间继电器	KT	1.31	接触器	KM
1.4	中间（控制）继电器	KC	2	合闸接触器	KMC
1.5	信号继电器	KS	3	电抗器、线圈、永磁铁	L
1.6	温度继电器	KT	4	操作线圈、闭锁线圈	Y
1.7	气体继电器	KG	4.1	合闸线圈	YC
1.8	保护出口继电器	KCO	4.2	跳闸线圈	YT
1.9	自动重合闸继电器	KRC	4.3	电磁锁	YA
1.10	极化继电器	KP	5	控制回路开关	S
1.11	防跳继电器	KCF	5.1	控制开关（手动）	SA
1.12	跳闸位置继电器	KCT	5.2	按钮开关	SB
1.13	合闸位置继电器	KCC	5.3	复归按钮	SR
1.14	事故信号中间继电器	KCA	5.4	音响信号解除按钮	SB
1.15	预告信号中间继电器	KCR	5.5	试验按钮	SB
1.16	同期中间继电器	KCS	5.6	测量转换开关	SM
1.17	重动继电器	KCE	5.7	手动准同期开关	SSMI
1.18	脉冲继电器	KAI	5.8	同期开关	SS
1.19	绝缘监察继电器	KVI	5.9	自动准同期开关	SSA1
1.20	电源监视继电器	KVS	5.10	自同期开关	SSA2
1.21	压力监视继电器	KVE	6	变压器、调压器	T
1.22	闭锁继电器	KCB	6.1	控制回路电源用变压器	TC
1.23	切换继电器	KCW	6.2	电流互感器	TA
1.24	收信继电器	KSR	6.3	电压互感器	TV
1.25	停信继电器	KSS	6.4	转角变压器	TR
1.26	频率继电器	KF	7	信号器件、声光指示器	H
1.27	接地继电器	KE	7.1	警铃	HAB

续表

序号	元件名称	新符号	序号	元件名称	新符号
7.2	蜂鸣器	HAU	9.1	电流表	PA
7.3	红灯	HR	9.2	电压表	PV
7.4	绿灯	HG	9.3	电能表（无功电能表）	PJ（PR）
7.5	光字牌	HL	9.4	有功功率表	PPA
7.6	一般信号灯	HL	9.5	无功功率表	PPR
8	电力回路开关器件	Q	9.6	记录仪器	PS
8.1	接地刀闸	QSE	9.7	时钟	PT
8.2	刀开关	QK	9.8	频率表	PF
8.3	自动开关	QA	10	端子、接线柱、插头（座）	X
8.4	灭磁开关	QFB	10.1	连接片	XB
8.5	断路器及其辅助触点	QF	10.2	切换片	XBC
8.6	隔离开关及其辅助触点	QS	10.3	端子排	XT
9	指示器件、测量设备、记录器件、信号发生器	P	10.4	插头	XP

3.2.1.2 电气图的基本表示方法

（1）电气图中连接线表示法。在电气图中，连接线可采用多线表示法、单线表示法和混合表示法。

①多线表示法。多线表示法是指现场中的每根连接线或导线在电气图中各用一根对应的图线来表示。这种接线主要适用于各相或各线内容不对称的情况下。

②单线表示法。单线表示法是指现场中的两根或两根以上的连接线或导线在图上只用一根图线来表示。这种表示方法主要应用于三相或多线对称的情况下。

③混合表示法。混合表示法是指在同一图中，一部分采用单线表示法，另一部分采用多线表示法，如图 3-6 所示。这种表示方法兼有单线表示法简洁精练的优点，又有多线表示法对描述对象精确、充分的优点。这种接线在实际中应用较多。

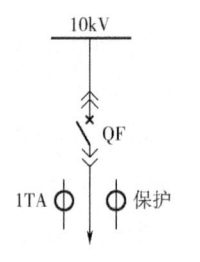

10kV

QF

1TA   保护

图 3-6　混合表示法

如图3-6所示，由于只在U、W相配置了电流互感器，为了真实地表示三相所接设备的情况，电流互感器的配置采用了三线图，其他部分三相所接设备完全相同，采用了单线图。

（2）连接线去向和连线关系的表示方法。表示连接线去向和连线关系的方法有连续表示法和中断表示法。连续表示法是将连接线头、尾用导线连通的方法。中断表示法是将连接线在中间中断，在中断处用符号表明导线的去向。

中断表示法的适用条件如下。

①当穿越图面的导线较长或穿越连线稠密区域时，允许将连接线中断，在中断处标明导线的去向。

②去向相同的线组也可用中断法表示，在中断处加标记。

③一条图线需要连接到另外的图上去，则必须采用中断线表示，且在中断处注明图号、张次、图幅分区代号等标记。

在中断线表示法中，为了便于识别导线的去向，需要对导线进行标记。在电气工程图中，导线标记一般采用相对标记法（也称相对标号法）。

所谓相对标记法是在本端的端子处标明远端所连接的端子的编号。如甲、乙两设备相连，用连续法表示时如图3-7（a）所示，其相应端子用导线接起来。用相对标记法表示时，将连线中断，在甲设备端子旁标上与其相连的乙设备端子的号，在乙设备端子旁标上与其相连的甲设备端子的号，如图3-7（b）所示。简单说来，就是"甲编乙的号，乙编甲的号"。这样，在接线和维修时就可以根据图纸很容易地找到每个设备的各个端子所连接的对象。没有标号的端子说明该端子是空着的。如果端子旁有两个标号，说明该端子有两个连接对象。

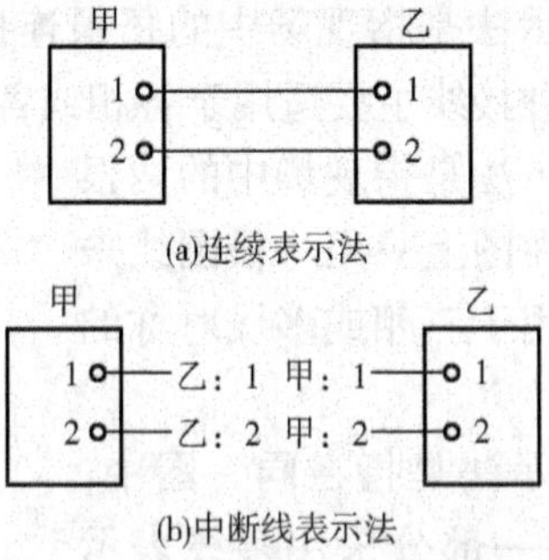

(a)连续表示法

(b)中断线表示法

图3-7　连接导线的表示方法

（3）电气元件的表示法。电气元件在电气图中，可根据需要，分别采用集中表示法、半集中表示法和分散表示法。见表3-4。

表 3－4　集中表示法、半集中表示法和分散表示法

序号	集中表示法	半集中表示法	分散表示法
1	K1 A1 A2 1 2 7 8	K1 A1 A2 1 2 7 8	K1 1 2 K1 7 8 K1 A1 A2
2	K2 A1 A2 13 14 23 24	K2 A1 A2 13 14 23 24	K2 A1 A2 K2 13 14 K2 23 23
3	K3 A1 A2 13 14 21 22 31 32	K3 A1 A2 21 22 13 14 31 32	K3 A1 A2 K3 31 32 K3 13 14 K3 21 22

①集中表示法。集中表示法是把一个元件各组成部分的图形符号绘制在一起的方法。在集中表示法中，各组成部分用机械连线（虚线）互相连接起来，且连接线必须是一条直线。

②半集中表示法。半集中表示法是把一个元件某些组成部分的图形符号在简图上分开布置，并用机械连线表示它们之间关系的方法，其目的是得到清晰的电路布局。在半集中表示法中，机械连接线可以弯折、分支和交叉。

在集中表示法和半集中表示法中，将文字符号标注在元件的线圈旁。

③分开表示法。分开表示法是把一个元件各组成部分的图形符号在简图上分开布置，为表明它们为同一个元件，必须用相同的文字符号表示，其目的是得到清晰的电路布局。

3.2.2　二次回路原理图

二次原理图反映二次回路工作原理，是所有电气二次图的核心。它以清晰、明显的形式表示出仪表、继电器、控制开关、辅助触点等二次设备和电源装置之

间的电气连接及其相互动作的顺序和工作原理。二次原理接线图可分为以下两种：集中式二次回路原理图（习惯上称为归总式原理接线图）和分开式二次原理图（习惯上称为展开式原理接线图，简称展开图）。

图 3-8 为某 10kV 线路的过电流保护原理图。图 3-9 所示为图 3-8 所示 10kV 线路过电流保护的分开式二次回路原理图，它是由交流电流回路、直流操作回路和信号回路三部分组成。工程中常采用分开式二次原理图。

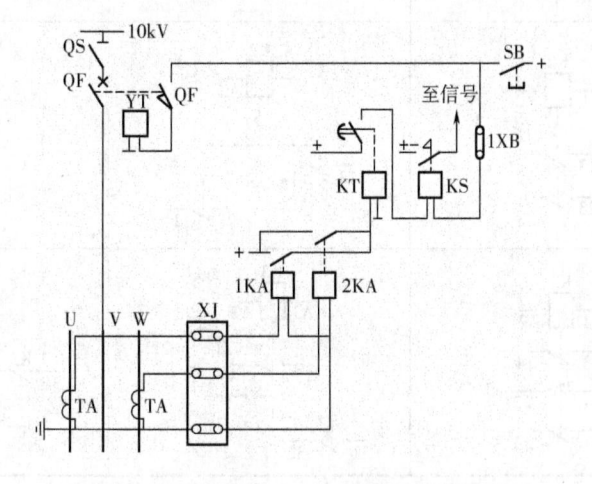

图 3-8 10kV 线路的过电流保护原理接线图

1KA、2KA—电流继电器；KT—时间继电器；KS—信号继电器；
QF—断路器；YT—断路器的跳闸线圈；XJ—测试插空；
1XB—连接片；SB—断路器跳闸试验按钮

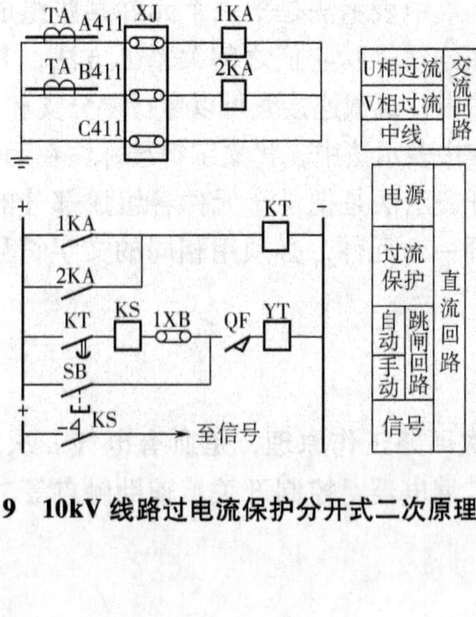

图 3-9 10kV 线路过电流保护分开式二次原理接线图

3.2.2.1 分开式二次原理图的绘制

（1）二次回路按供电电源不同分解为若干部分，分别按交流电流、交流电压、直流操作和直流信号回路绘出。

（2）每一部分又分为若干行（或列），交流按 U、V、W、N 自上而下排成行（或自左而右排成列），直流按元件动作的顺序从左到右，从上到下顺序排列。

（3）所有元件用国标规定的图形符号和文字符号表示，同一元件的不同部件可能画在不同的回路中，但应采用相同的文字符号。

（4）所有开关电器和继电器的触点都按照正常状态画出。

（5）每一回路右侧（或上部）加文字说明，说明回路的作用。

3.2.2.2 分开式原理接线图的阅读

根据分开式原理接线图绘制的方法，可以得出阅读分开式原理接线图的要领是：先交流、后直流，交流看电源、直流找线圈，抓住触点不放松、一个一个全查清。"先交流、后直流"是指先看交流回路，根据交流回路的电气量以及在系统中发生故障时这些电气量的变化特点，向直流逻辑回路推断，再看直流回路。"交流看电源、直流找线圈"是指交流回路要从电源入手。交流回路又分为交流电流和交流电压回路两部分，先找出电源来自哪组电流互感器或电压互感器，在两种互感器中传输的电气量起什么作用，与直流回路有何关系，这些电气量是由哪些继电器反映出来的，找出它们的符号和相应的触点回路，看它们用在什么回路，与什么回路有关系，形成一个基本的轮廓。"抓住触点不放松、一个一个全查清"是指继电器线圈找到后，再找出与之相应的触点。根据触点的闭合或开断引起回路的变化情况，再进一步分析，直至查清整个逻辑回路的动作过程。在整个读图过程中，读图的顺序应是由上往下看，由左往右看（水平绘制）；或由左往右看，由上往下看（垂直绘制）。

3.2.3 安装接线图

二次安装接线图表示二次设备具体布置位置及二次设备之间、二次设备与端子之间相互连接的图，它是制造、安装和运行中查线用图。二次安装接线图包括屏面布置图和二次接线图。

3.2.3.1 屏面布置图

屏面布置图是一种采用简化外形符号，表示屏面设备布置的位置简图，它是屏的一种正面视图。屏面布置图是根据二次回路分开式原理接线图，选好二次设备的型号后进行绘制的，屏面布置图是厂家加工屏、柜壳体以及在屏面开孔安装二次设备的依据，也是厂家设计屏背面接线图的依据之一。因此屏面布置图中二次设备尺寸及设备间距离都要按比例画出。

3.2.3.2 二次接线图

二次接线图是以电路图和屏（台）面布置图为原始资料绘制的屏背面接线图，它反映了各个项目（元件、器件、组件、设备、装置等）之间的连接关系、缆线种类和敷设路径等。它是制造厂配线的依据，也是施工、运行和维修不可缺少的重要技术文件。

3.2.3.3 二次接线图实例

现以图 3-10 所示 10kV 线路过电流保护分开式原理接线图为例，具体说明采用设备标注符的屏后接线图的表示方法和"相对编号法"的应用。图中采用的简化的图形符号（方框符号或一般符号）表示具体的设备，不必考虑图形符号与实物的大小比例。为简化此例，略去了原图中的试验按钮、测试插孔和连接片等环节，形成分开式原理接线图如图 3-10（a）所示；屏后接线图如图 3-10（b）和图 3-10（c）所示。

其中图 3-10（b）为端子排图，它为屏后接线图的一个组成部分。图 3-10（b）表明该端子排的左列端子与屏顶的小母线、屏外的电流互感器和该线路的控制屏相连，右列端子与屏内设备相连，在该保护屏中有关该线路的所有二次设备构成安装单位"I"。

图中的第 1、2、3 为试验端子，接电流互感器回路，5、6、7、8 号端子的左侧与控制屏的断路器控制电源正、负极相连。第 9 号端子的左侧与控制屏的断路器辅助触点 QF 相连。第 11、12 号端子接屏顶的辅助小母线 703L 和"掉牌未复归"光字牌母线 716L。

为了避免混淆，屏上的所有设备均被编号，参阅图 3-10（c）中各二次设备顶部圆圈中的内容，本例中有四个设备安装于保护屏，它们都属于安装单位 I，序列号分别为 1、2、3、4。

在图 3-10（c）中，各设备的端子号旁均标有相应连接设备的编号及所接端子号，如电流继电器 1KA 的驱动线圈的 2 号端子旁标有 I：1，表示它与端子排 I 的 1 号端子相连；8 号端子旁标有 I2：8，表示它与 2KA（I2）的 8 号端子相连。2KA 的 8 号端子旁标有 I1：8 和 I1：3，表示它既与 1KA（I1）的 8 号端子相连，又与端子排 I 的 3 号端子相接，从而实现了 I：3 与 I1：8 的连接。同时，端子排 I 的第 3 号端子的内侧标有 I2：8，表示它与 2KA（I2）相连。这就体现出了"相对编号"的原理。另外，1KA 的第 5、7 号端子旁无标记，说明该触点未使用。

应当指出，分开式原理接线图中一般并无图 3-10（a）虚框中所标出的端子序号（必要时可以标出），但交流回路一般标有回路号（如图中的 U411、V411、N411）。另外，微机保护控制屏中的二次设备大为减少，且制造厂商一般为整屏供

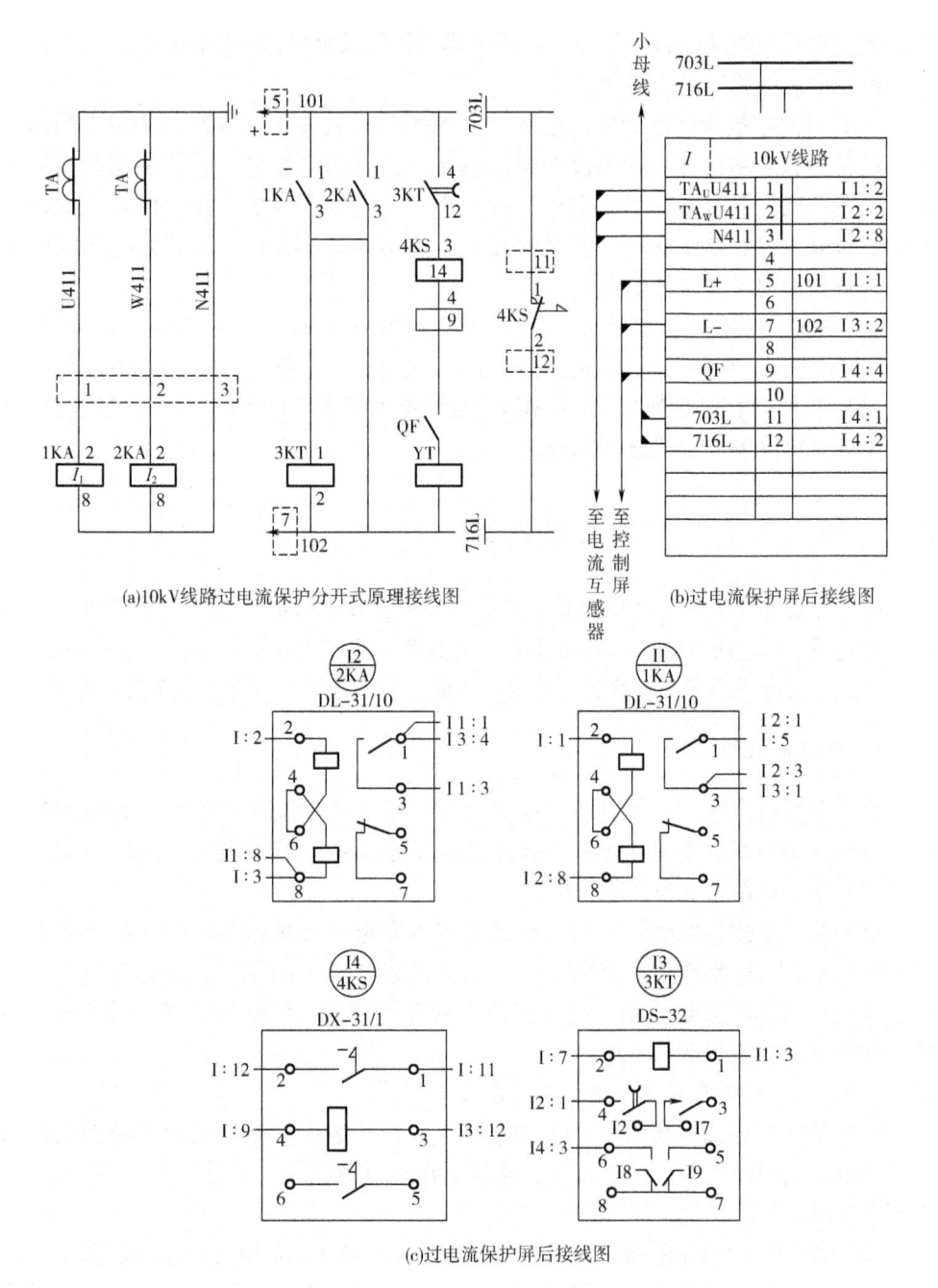

(a)10kV线路过电流保护分开式原理接线图

(b)过电流保护屏后接线图

(c)过电流保护屏后接线图

图3-10 采用设备标注符的相对编号法的应用实例

货，故通常只提供端子排接线图，而不向用户提供其他屏后接线图。

绘制屏后接线图的步骤如下。

（1）首先根据屏面布置图，按在屏上的实际安装位置把各设备的背视图画出来。设备形状应尽量与实际情况相符。不要求按比例尺绘制，但要保证设备间的相对位置正确。各设备的引出端子，应按实际排列顺序画出。设备的内部接线简单的，像电流表、电压表等，不必画出，而复杂的则应画出。屏背面接线图中在各个设备图形的上方应加以标号。

（2）将端子排图布置在屏的一侧或两侧，给端子加以编号，并根据订货单位提供的小母线布置图，在端子排的上部，标出屏顶的小母线，并标出每根小母线的名称。

（3）采用"相对编号法"，根据展开接线图对屏上各设备之间的连接线及屏上设备至端子排间的连接线进行标号。

3.3　电气测量与绝缘监察装置

电气测量的目的一是计费测量；二是对供电系统中运行状态、技术经济分析所进行的测量，如电压、电流、有功功率、无功功率及有功电能、无功电能等的测量；三是对交、直流系统的安全状况（如绝缘电阻、三相电压）是否平衡等进行监测。

3.3.1　电测量仪表

为了监视电力系统一次设备（电力装置）的运行状态和计量电力系统消耗的电能，保证电力系统安全、可靠、优质和经济合理地运行，电力系统的电力装置中必须装设一定数量的电测量仪表。

电测量仪表按其用途可分为常用测量仪表和电能计量仪表两类。前者是对一次回路的电力运行参数进行经常测量、选择测量和记录的仪表，后者是对电力系统进行技术经济考核分析和对电力用户电量进行测量、计量的仪表，即各种类型的电能表（又称电度表）。

3.3.1.1　变、配电装置中测量仪表的配置

（1）在工厂电力系统每一条电源进线上，必须装设计费用的有功电能表和无功电能表及反映电流大小的电流表。通常采用标准计量柜，计量柜内有专用电流、电压互感器。

（2）在变、配电站的每一段母线上（3kV～10kV），必须装设电压表四只，其中一只测量线电压，其他三只测量相电压。中性点非直接接地的系统中，各段母线上还应装设绝缘监视装置，绝缘监视装置所用的电压互感器与避雷器放在一个

柜内（简称 PT 柜）。

（3）35/（6～10）kV 变压器应在高压侧或低压侧装设电流表、有功功率表、无功功率表、有功电能表和无功电能表各一只，（6～10）kV/0.4 kV 的配电变压器，应在高压侧或低压侧装设一只电流表和一只有功电能表，如为单独经济核算的单位，变压器还应装设一只无功电能表。

（4）3kV～10kV 配电线路，应装设电流表、有功电能表、无功电能表各一只，如不是单独经济核算单位时，无功电能表可不装设。当线路负荷大于 5 000kVA 及以上时，还应装设一只有功功率表。

（5）低压动力线路上应装一只电流表。照明和动力混合供电的线路上照明负荷占总负荷 15%～20% 以上时，应在每相上装一只电流表。如需电能计量，一般应装设一只三相四线有功电能表。

（6）并联电容器总回路上，每相应装设一只电流表，并应装设一只无功电能表。

6kV～10kV 高压线路电测量仪表电路图和 220/380V 照明线路电测量仪表电路图分别如图 3-11 和图 3-12 所示。

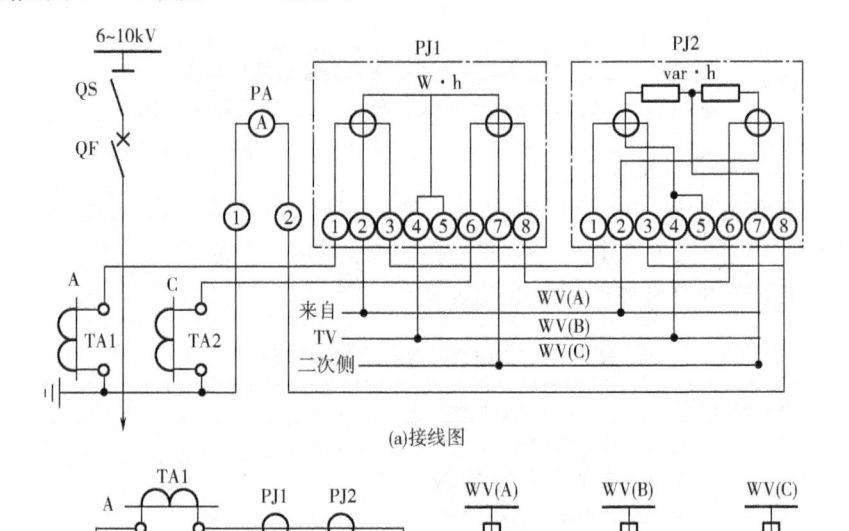

(a)接线图

(b)展开图

图 3-11　6kV～10kV 高压线路电测量仪表电路图

TA1、TA2—电流互感器；TV—电压互感器；PA—电流表

PJ1—三相有功电能表；PJ2—三相无功电能表；WV—电压小母线

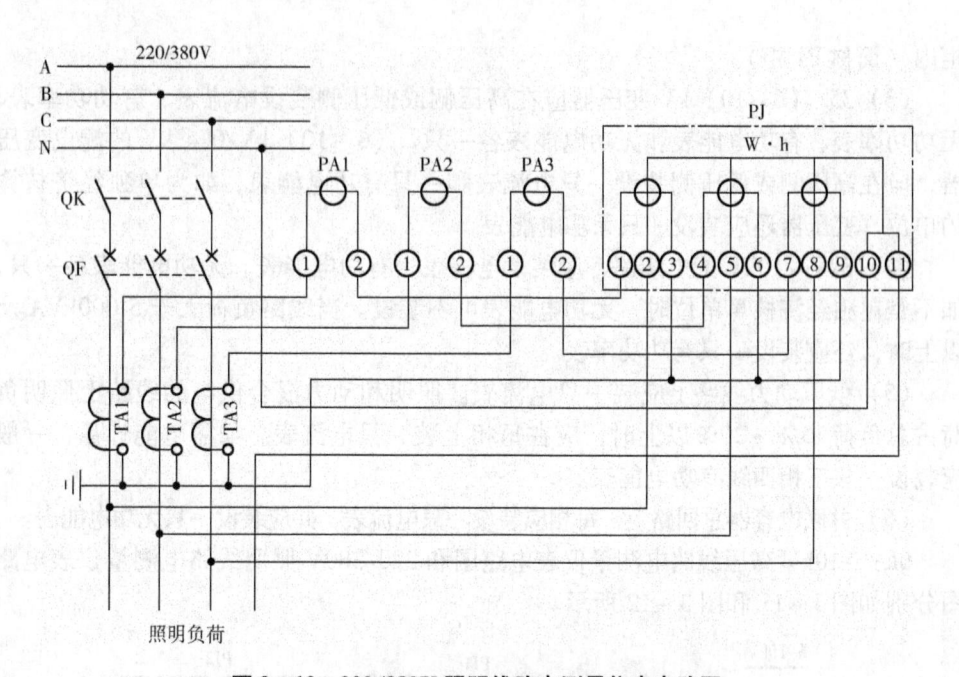

照明负荷

图3-12 220/380V 照明线路电测量仪表电路图
TA1～TA3—电流互感器；PA—电流表；PJ—三相四线有功电能表

3.3.1.2 仪表的准确度要求

（1）交流电路中的电流表、电压表、功率表可选用1.5～2.5级的；直流电路中的电流表、电压表可选用1.5级的，频率表选用0.5级的。

（2）电能表及互感器准确度配置如表3-5所示。

表3-5 电能表及互感器准确度配置

测量要求	互感器准确度	电能表准确度	配置说明
计费计量	0.2级	0.5级有功电能表 0.5级专用电能计量仪表	月平均电量在 10^8 kW·h 及以上
	0.5级	1.0级有功电能表 1.0级专用电能计量仪表 2.0级无功电能表	①月平均电量在 10^8 kW·h 及以上； ②315kV·A 以上变压侧计量
计费计量及 一般计量	1.0级	2.0级有功电能表 3.0级无功电能表	①315kV·A 以下变压器低压侧计量点； ②75kW 及以上电动机电能计量； ③企业内部技术经济考核（不计费）
一般测量	1.0级	1.5级和0.5级测量仪表	
	3.0级	2.5级测量仪表	非重要回路

（3）仪表的测量范围和电流互感器变流比的选择，宜满足当电力装置回路以额定值运行时，仪表的指示在标度尺的2/3处。对有可能过负荷的电力装置回路，仪表的测量范围，宜留有适当的过负荷裕度。对重载起动的电动机和运行中有可能出现短时冲击电流的电力装置回路，宜采用具有过负荷标度尺的电流表。对有可能双向运行的电力装置回路，应采用具有双向标度尺的仪表。

3.3.1.3 电能计量仪表

电能计量装置包括各种类型电能表，计量用电压、电流互感器及其二次回路，电能计量柜（箱）等。

中华人民共和国电力行业标准《电能计量装置技术管理规程》（DL448—2000）将运行中的电能计量装置按其所计量电能量的多少和计量对象的重要程度分为以下五类。

（1） Ⅰ类电能计量装置。月平均用电量500万千瓦时及以上或变压器容量为10 000kVA及以上的高压计费用户、200MW及以上发电机、发电企业上网电量、电网经营企业之间的电量交换点、省级电网经营企业与其供电企业的供电关口计量点的电能计量装置。

（2） Ⅱ类电能计量装置。月平均用电量100万千瓦时及以上或变压器容量为2 000kVA及以上的高压计费用户、100MW及以上发电机、供电企业之间的电量交换点的电能计量装置。

（3） Ⅲ类电能计量装置。月平均用电量10万千瓦时及以上或变压器容量为315kVA及以上的计费用户、100MW以下发电机、发电企业厂（站）用电量、供电企业内部用于承包考核的计量点、考核有功电量平衡的100kVA及以上的送电线路电能计量装置。

（4） Ⅳ类电能计量装置。负荷容量为315kVA以下的计费用户、发供电企业内部经济技术指标分析、考核用的电能计量装置。

（5） Ⅴ类电能计量装置。单相供电的电力用户计费用电能计量装置。

3.3.1.4 电能计量装置的技术要求

（1）电能计量装置的接线方式。

①接入中性点绝缘系统的电能计量装置，应采用三相三线有功电能表、无功电能表。接入非中性点绝缘系统的电能计量装置，应采用三相四线有功电能表、无功电能表或三只感应式无止逆单相电能表。

②接入中性点绝缘系统的三台电压互感器，35kV及以上的宜采用Y/y方式接线；35kV以下的宜采用V/V方式接线。接入非中性点绝缘系统的三台电压互感器，宜采用Y_0/y_0方式接线。其一次侧接地方式和系统接地方式相一致。

③低压供电，负荷电流为 50A 及以下时，宜采用直接接入式电能表；负荷电流为 50A 以上时，宜采用经电流互感器接入式的接线方式。

④对三相三线制接线的电能计量装置，其两台电流互感器二次绕组与电能表之间宜采用四线连接。对三相四线制连接的电能计量装置，其三台电流互感器二次绕组与电能表之间宜采用六线连接。

（2）准确度等级。各类电能计量装置应配置的电能表、互感器的准确度等级不应低于表 3-6 所示值。

表 3-6　电能计量装置准确度等级

电能计量装置类别	准确度等级			
	有功电能表	无功电能表	电压互感器	电流互感器
Ⅰ	0.2S 或 0.5S	2.0	0.2	0.2S 或 0.2 *
Ⅱ	0.5S 或 0.5	2.0	0.2	0.2S 或 0.2 *
Ⅲ	1.0	2.0	0.5	0.5S
Ⅳ	2.0	3.0	0.5	0.5S
Ⅴ	2.0			0.5S

Ⅰ、Ⅱ类用于贸易结算的电能计量装置中电压互感器二次回路电压降应不大于其额定二次电压的 0.2%；其他电能计量装置中电压互感器二次回路电压降应不大于其额定二次电压的 0.5%。

（3）电能计量装置的配置原则。

①贸易结算用的电能计量装置原则上应设置在供用电设施产权分界处；在发电企业上网线路、电网经营企业间的联络线路和专线供电线路的另一端应设置考核用电能计量装置。

②Ⅰ、Ⅱ、Ⅲ类贸易结算用电能计量装置应按计量点配置计量专用电压、电流互感器或者专用二次绕组。电能计量专用电压、电流互感器或专用二次绕组及其二次回路不得接入与电能计量无关的设备。

③计量单机容量在 100MW 及以上发电机组上网贸易结算电量的电能计量装置和电网经营企业之间购销电量的电能计量装置，宜配置准确度等级相同的主、副两套有功电能表。

④35kV 以上贸易结算用电能计量装置中电压互感器二次回路，应不装设隔离开关辅助触点，但可装设熔断器；35kV 及以下贸易结算用电能计量装置中电压互感器二次回路，应不装设隔离开关辅助触点和熔断器。

⑤安装在用户处的贸易结算用电能计量装置，35kV 及以下电压供电的用户，应配置全国统一标准的电能计量柜或电能计量箱。

⑥贸易结算用高压电能计量装置应装设电压失压计时器。未配置计量柜（箱）的，其互感器二次回路的所有接线端子、试验端子应能实施铅封。

⑦互感器二次回路的连接导线应采用铜质单芯绝缘线。对于电流二次回路，连接导线截面积应按电流互感器的额定二次负荷计算确定，至少应不小于 4mm²。对于电压二次回路，连接导线截面积应按允许的电压降计算确定，至少应不小于 2.5mm²。

⑧互感器实际二次负荷应在 25% ~ 100% 额定二次负荷范围内；电流互感器额定二次负荷的功率因数应为 0.8 ~ 1.0；电压互感器额定二次功率因数应与实际二次负荷的功率因数接近。

⑨电流互感器额定一次电流的确定，应保证其在正常运行中的实际负荷电流达到额定值的 60% 左右，至少应不小于 30%，否则应选用高动、热稳定电流互感器以减小变比。

⑩为提高低负荷计量的准确性，应选用过载 4 倍及以上的电能表，如一般民用单相电能表（5/20）。

⑪经电流互感器接入的电能表，其标定电流宜不超过电流互感器额定二次电流的 30%，其额定最大电流应为电流互感器额定二次电流的 120% 左右。直接接入式电能表的标定电流应按正常运行负荷电流的 30% 左右进行选择。

⑫执行功率因数调整电费的用户，应安装能计量有功电量、感性和容性无功电量的电能计量装置；按最大需量计收基本电费的用户应装设具有最大需量计量功能的电能表；实行分时电价的用户应装设复费率电能表或多功能电能表。

⑬带有数据通信接口的电能表，其通信规约应符合 DL/T645 的要求。

⑭具有正、反向送电的计量点应装设计量正向和反向有功电量及四象限无功电量的电能表。

3.3.2 直流绝缘监视回路

3.3.2.1 两点接地的危害

在直流系统中，正、负母线对地是悬空的，当发生一点接地时，并不会引起任何危害，但必须及时消除，否则当另一点接地时，会引起信号回路、控制回路、继电保护回路和自动装置回路的误动作，如图 3 - 13 所示，A、B 两点接地会造成误跳闸情况。

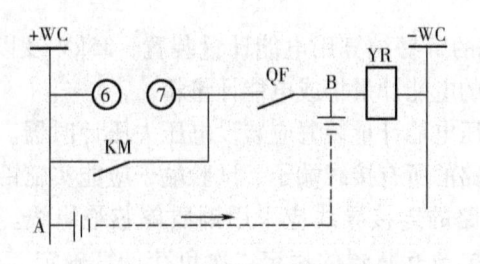

图 3 – 13　两点接地的危害

KM—保护出口继电器；QF—断路器辅助触点；YR—跳闸线圈

3.3.2.2　直流绝缘监视装置回路

直流绝缘监视装置是利用电桥原理进行监测的，整个装置可分为信号部分和测量部分。

当绝缘电阻下降到一定值时，流过继电器 KSE 线圈中的电流增大，继电器 KSE 动作，其常开触点闭合，发出预告信号，光字牌亮，同时发出音响信号。利用转换开关 ST 和电压表 V_2，可判别哪一极接地。利用转换开关 1SL 和电压表 V_1，读取直流系统总的绝缘电阻，计算每极对地绝缘电阻，如图 3 – 14 所示。

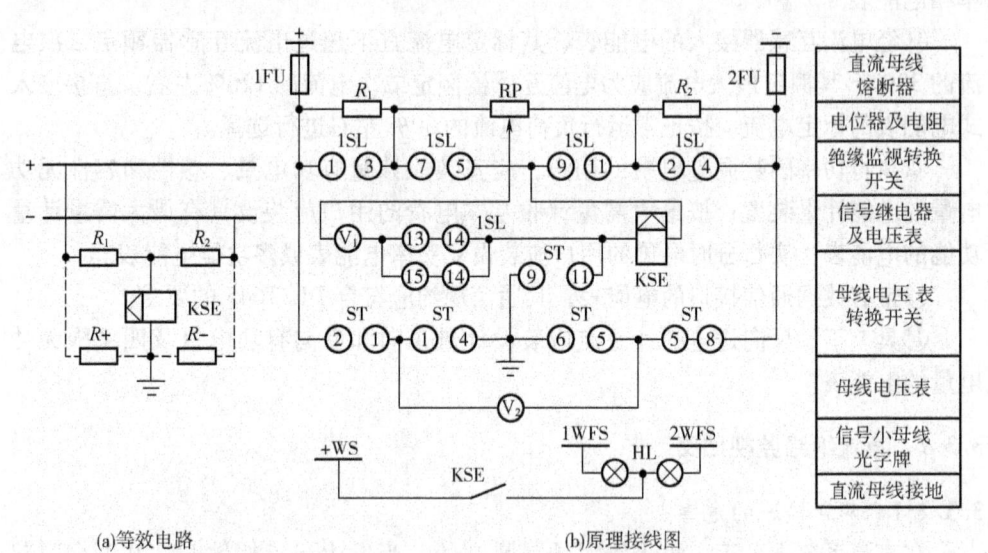

(a)等效电路　　　　　(b)原理接线图

图 3 – 14　直流绝缘监视装置回路等效电路及原理接线

KSE—接地信号继电器；1SL—绝缘监视转换开关；ST—母线电压表转换开关；

$R+$、$R-$—母线绝缘电阻；R_1、R_2—平衡电阻；RP—电位器

3.3.2.3 小接地电流系统的绝缘监视装置

绝缘监视装置置于小接地电流的系统中，以便及时发现单相接地故障，设法处理，以免故障发展为两相接地短路，造成停电事故。

绝缘监视装置可采用三个单相双绕组电压互感器和三只电压表，也可采用三个单相三绕组电压互感器或一个三相五芯柱三绕组电压互感器，如图3－15所示。接成 Y_0 的二次绕组，其中三只电压表均接各相的相电压。当一次电路的某一相发生接地故障时，电压互感器二次侧的对应相的电压表指零，而其他两相的电压表读数则升高到线电压。由指零的电压表所在相即可得知该相发生了单相接地故障，但不能判断是哪一条线路发生了故障，因此这种绝缘监视装置是无选择性的，只适用于高压出线路数不多的系统，或作为有选择性的单相接地保护的一种辅助装置。该线路适合于允许短时停电的供电系统中。

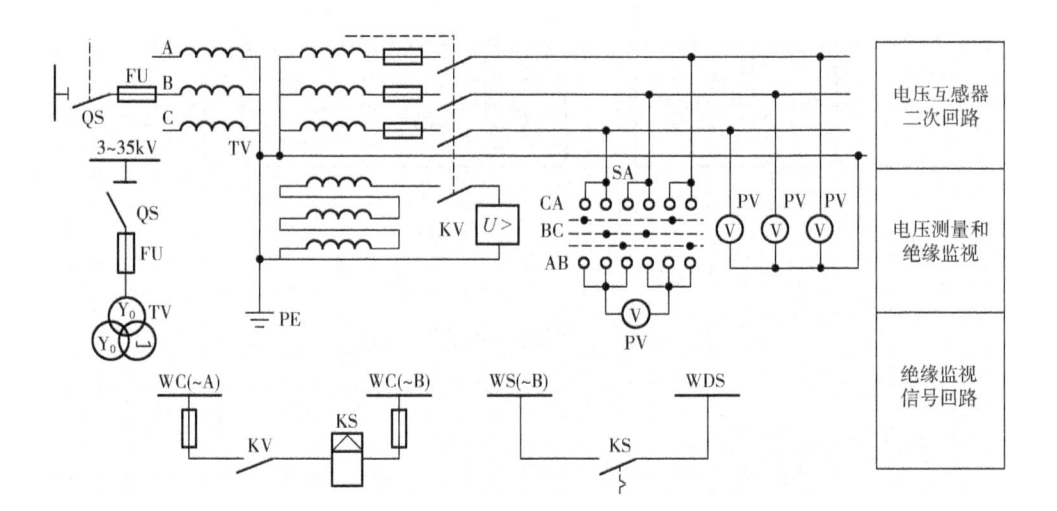

图3－15 6kV～66kV 小电流接地系统的绝缘监视回路
TV—电压互感器 QS—高压隔离开关及其辅助触点 SA—电压转换开关
PV—电压表 KV—电压继电器 KS—信号继电器 WC—控制小母线
WS—信号小母线 WFS—预告信号小母线

电压互感器接成开口三角形的辅助二次绕组，构成零序电压过滤器，供电给一个过压继电器。在系统正常运行时，开口三角形的开口处电压接近于零，继电器不会动作。但当一次电路发生单相接地故障时，开口三角形的开口处将出现近100V的零序电压，使电压继电器动作，发出报警的灯光信号和音响信号。

作为绝缘监视用的三相电压互感器不能是三芯柱的，而必须是五芯柱的，这是由于单相接地而在电压互感器铁芯中引起的三相零序磁通是同相的，不可能在三芯柱的铁芯内形成闭合回路，零序磁通只能经铁芯附近的气隙闭合，如图3-16（a）所示。零序磁通也就不可能与互感器的二次绕组及辅助二次绕组交链，因此在二次绕组及辅助二次绕组内不会感生零序电压，从而无法反应一次侧的单相接地故障。而五芯柱的电压互感器，由于单相接地而在其铁芯中引起的三相零序磁通，可通过互感器的两边柱形成闭合回路，如图3-16（b）所示。因此可在互感器二次绕组内感生零序电压，使电压继电器KV动作，从而实现一次系统的绝缘监视。目前，微机小电流接地监测、选线装置也已广泛应用于电力系统。

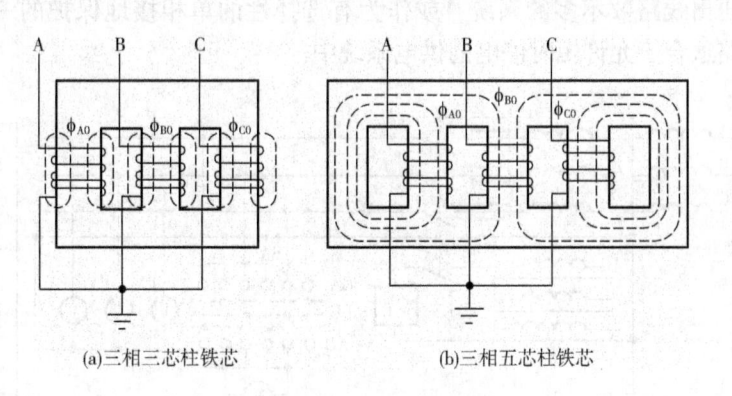

(a)三相三芯柱铁芯　　　　　　　　(b)三相五芯柱铁芯

图3-16　电压互感器中的零序磁通

3.4　典型二次回路

3.4.1　互感器回路

3.4.1.1　电流互感器回路

（1）电流互感器配置。10kV～35kV的小电流接地系统中，线路的电流互感器按规定采用两相式布置，即在U、W相装设，如图3-17所示。电流互感器二次绕组一般用三组。一组供保护用，准确度级别为保护专用的5P20级；一组供测量用，准确度级别为0.5级；一组供电能表计量用，准确度级别为0.2级；10kV～35kV线路还装设一只套管式零序电流互感器作为小电流接地选线用。

110kV的大电流接地系统和主变压器回路中，线路和变压器回路电流互感器按规定采用三相式布置，电流互感器二次绕组一般用四组，两组供保护用，准确度

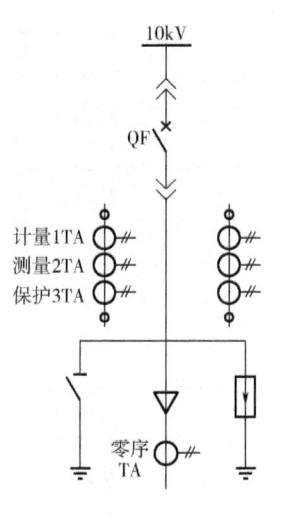

图 3 − 17 线路开关柜一次接线及电流互感器配置示意图

级别为保护专用的 5P20 级；一组供测量用，准确度级别为 0.5 级；一组供电能表计量用，准确度级别为 0.2 级，每组电流互感器有两个变比抽头，根据需要选用。

主变压器中性点接有零序电流互感器，供零序过流和间隙零序过流保护用。

（2）交流电流回路。10kV ~ 35kV 线路开关柜保护和测控装置为一体，交流电流回路如图 3 − 18 所示。测量的电流回路都采用两相不完全星形接线，这种接线方式适合于小电流接地系统，可以反映各种相间故障。保护测控装置具有小电流接地选线功能，一般变电站装设的消弧线圈自动消谐装置也具有接地选线功能，在运行中可以并行使用。它们采集的零序电流来自专用的套管式零序电流互感器。

图 3 − 19 是 10kV ~ 35kV 线路电能表的电流电压回路接线图。电能表采用两相式接线，接入 U 相、W 相电流，UV、VW 电压。为保证电能计量的精度，电流回路接在专用的 0.2 级电流互感器绕组上，电压回路接计量专用的一组电压小母线630 或 640，其绕组准确度级别为 0.2 级。

110kV 线路和主变压器回路，交流电流回路按保护、测量、计量分别引入装置。

3.4.1.2 电压互感器回路

（1）电压互感器的配置。110kV 变电站，10kV ~ 35kV 母线一般采用单母线分段的接线方式，在每段母线上接一组电压互感器，10kV 母线电压互感器一般采用三相式，35kV 母线电压互感器采用单相电压互感器组成三相电压互感器，用来测量该段母线的电压。电压互感器的二次有三个绕组，一组为保护和测量共用的，

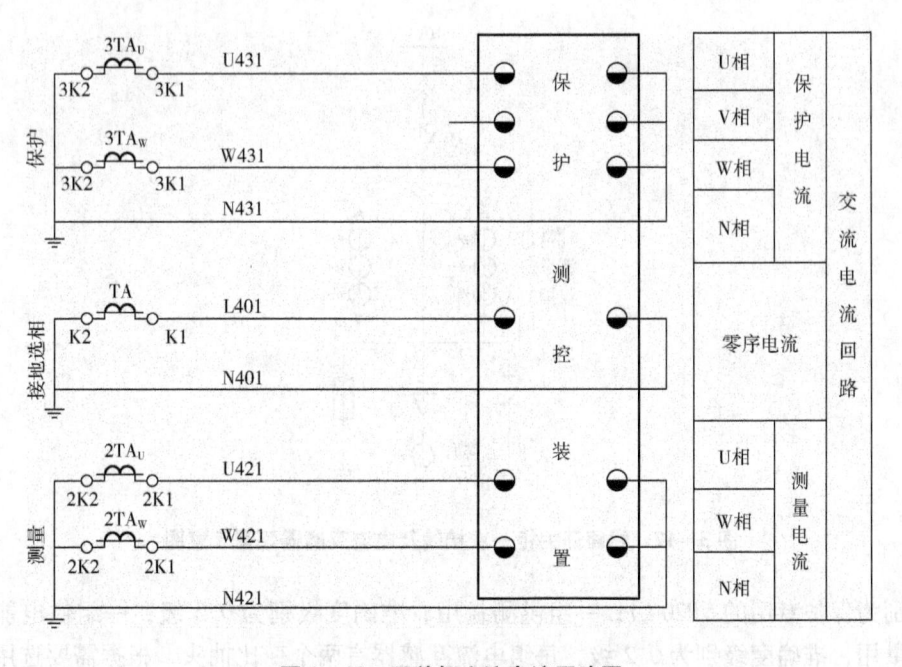

图 3-18   开关柜交流电流回路图

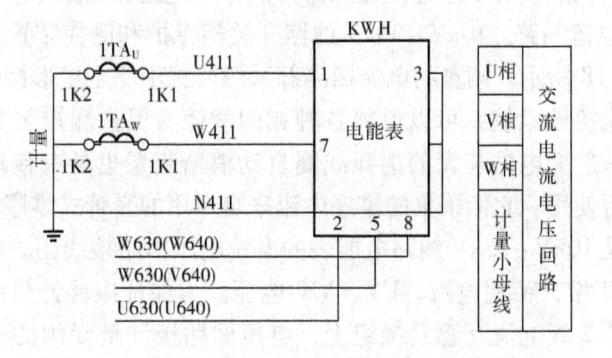

图 3-19   10kV~35kV 线路电能表电流电压回路接线图

准确度级为 0.5 级，其每相电压 57V，线电压 100V；一组为计量专用的，准确度级为 0.2 级，其每相电压 57V，线电压 100V；另一绕组头尾相连组成零序电压滤过器，提供保护所需的零序电压，其每相电压为 33V，当系统发生单相接地时，它提供的 $3U_0 = 100V$。每段母线的电压互感器装在一个开关柜中。对老变电站电压互感器的二次一般为两个绕组，一组为保护、测量和计量共用，另一绕组头尾相连组成零序电压滤过器，提供保护所需的零序电压。

110kV 母线电压互感器由三个单相互感器组成，绕组有四组。一次绕组为星形接线，每相电压为 $110/\sqrt{3}kV$。二次绕组有三组，供计量回路用的有一组，接线为星形接线，每相电压为 $0.1/\sqrt{3}kV$，准确度级为 0.2；供测量和保护回路用的有一组，接线为星形接线，每相电压为 $0.1/\sqrt{3}kV$，准确度级为 0.5；供保护专用的有一组，接线为开口三角形接线，输出电压为 0.1 kV，准确度级为 3P。

35kV ~ 110kV 输电线路，当线路对侧有电源时，在线路侧装设一单相电压互感器，用于安全自动装置检测电压。

（2）交流电压回路。图 3 - 20 是 10kV 电压互感器一二次接线图。高压熔断器与电压互感器置于小车中，小车的插接主触头相当于隔离开关的作用，在电压互感器检修时可以将小车拉出。电压互感器的二次回路从二次绕组的接线柱上引出，经小车开关二次线插头和 U、V、W 各相空气断路器再接到端子排构成电压回路小母线。这里的二次线插头相当于隔离开关的辅助触点，是为了防止电压互感器二次的反供电，空气断路器对交流电压回路作为控制和保护用，当发生交流电压回路接地或短路时，空气断路器能可靠跳闸。

图 3 - 20 中，回路编号 U630J、V630J、W630J 是 Ⅰ 段计量回路电压小母线，供电能表专用。回路编号 U630、V630、W630、L630、N600 是 Ⅰ 段保护测量回路电压小母线。当用于第 Ⅱ 段电压小母线时，相应的 630 改为 640 即可。

在开关柜上装设有电压表，作为就地观察母线电压用。通过电压指示转换开关 BK 的切换，可以分别测量各线电压 U_{UV}、U_{VW}、U_{WU}，和各相电压 U_U、U_V、U_W。表 3 -7 所示为 BK 电压指示转换开关触点状态表。

表 3 -7　BK 电压指标转换开关触点状态表

测量电压 状态 触点 位置	U_U 135°	U_V 90°	U_W 45°	0°	U_{UV} 45°	U_{VW} 90°	U_{WU} 135°
1 - 2		×			×		×
3 - 4		×				×	
5 - 6	×						
7 - 8	×	×	×				
9 - 10					×		
11 - 12						×	×

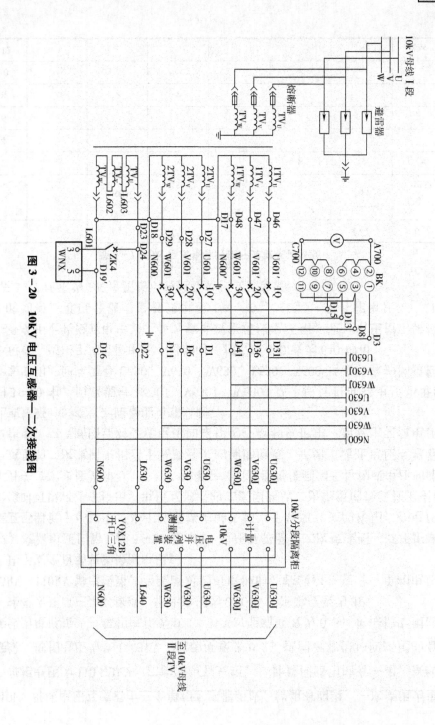

图 3 - 20 10kV 电压互感器二次接线图

图 3-20 中，在开口三角绕组上接有消谐器 WNX，由投入开关 ZK4 控制。消谐器的作用是，当系统发生单相接地时，系统的对地电容的容抗总和等于所接各种线圈产生的感抗总和时，即 $\sum X_C = \sum X_L$，将会发生铁磁谐振，对电器设备造成损坏。加入消谐器后，使其等式不成立，谐振被消除。

35kV 电压互感器一二次接线图与图 3-20 区别为电压互感器为三个单相电压互感器构成三相电压互感器。110kV 电压互感器一二次接线图上电压互感器有三个单相电压互感器组成，一次绕组由隔离开关控制，无熔断器，为了防止停电检修，二次加电压向一次反送电，在二次输出回路接入隔离开关的辅助触点，在隔离开关断开电压互感器一次绕组的同时，也将电压互感器的二次回路断开。

在单母线分段的接线方式下，交流电压并列装置受分段断路器的控制。在分层就地布置的方式下，交流电压并列装置一般装设在分段开关柜上。也有将交流电压并列装置与 10kV 备自投装置共同组屏，放置在主控制室。

3.4.2 控制回路

3.4.2.1 断路器控制回路

断路器控制回路可用方框图简单表示，如图 3-21 所示。断路器机构箱和测控柜上设有远方/就地切换开关及分、合闸按钮，可进行就地操作；断路器远方控制由监控后台或调度中心利用综合自动化网络下达命令。

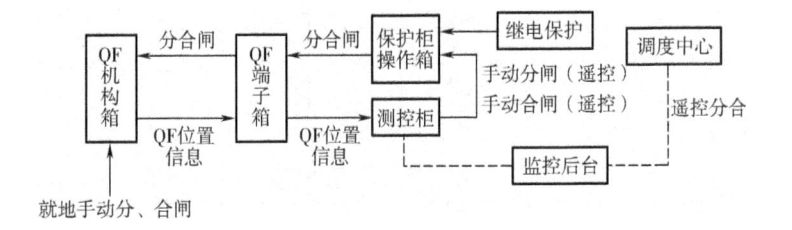

图 3-21 断路器控制信号回路示意图

某 110kV 变电站二次系统采用综合自动化，系统配置有保护测控二合一装置 IAP、重动装置 2AP 等。高压侧断路器采用 LW2-110 型 SF_6 断路器，配有液压操动机构，实现三相操作。该断路器的控制回路如图 3-22 所示。

（1）合闸控制。合闸控制有以下三种形式。

①手动就地控制。将切换开关 1SA 置于 "1" 位置（2-1 投合），按下手动合闸按钮 2SA，手动合闸继电器 1KC 起动，其动合触点闭合，起动重动装置 2AP 的合闸重动继电器 3K。

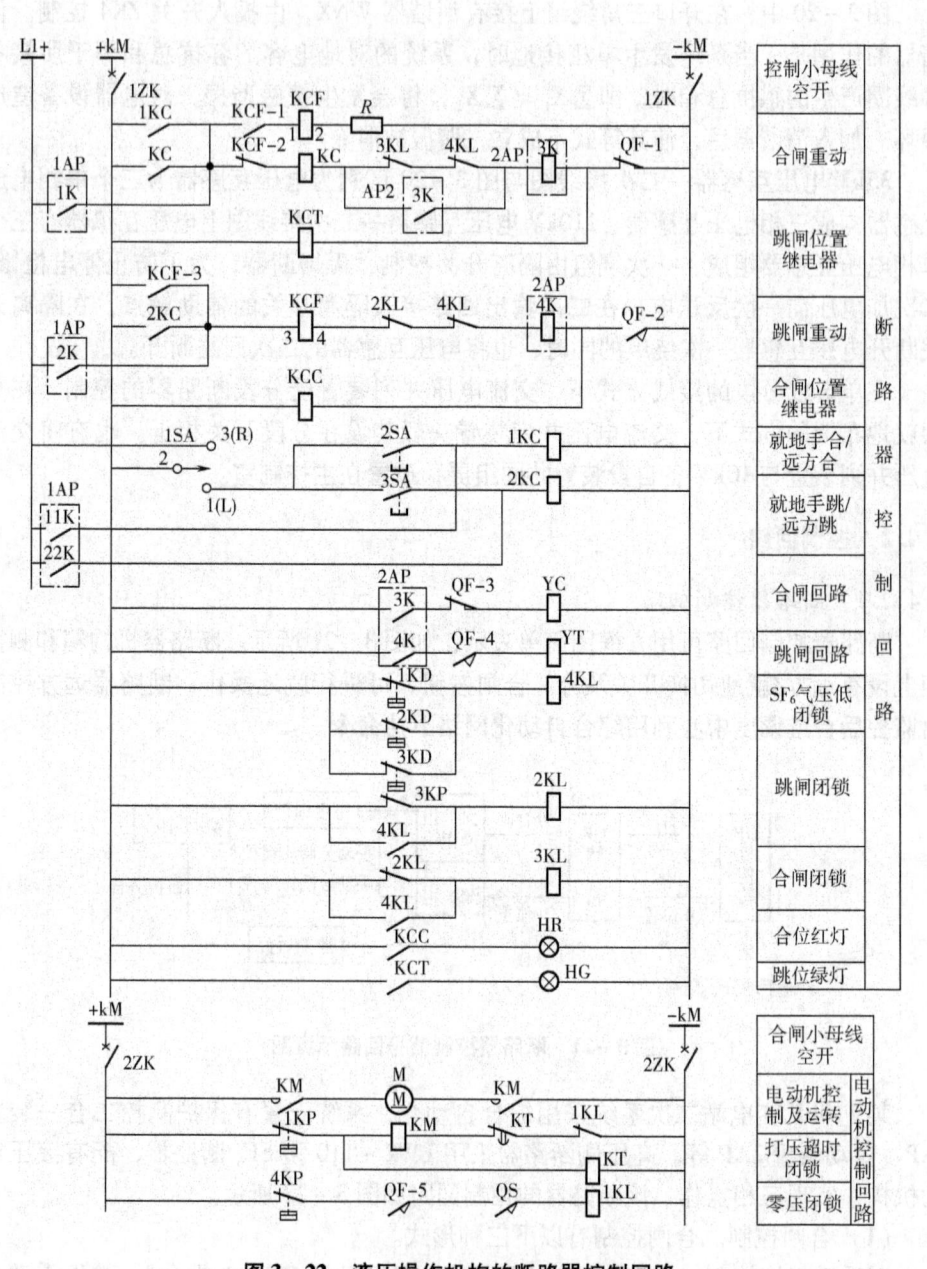

图 3-22 液压操作机构的断路器控制回路

②远方控制。将切换开关 1SA 置于"3"位置（2-3 投合），遥控小母线 L1+带正电，保护测控装置 1AP 发出手动合闸脉冲，中间继电器 11K 动合触点闭合，起动手动合闸继电器 1KC，其动合触点闭合，起动合闸重动继电器 3K。

③自动合闸。将切换开关 1SA 置于"3"位置（2-3 投合）时，保护测控装置 1AP 的重合闸动作，其保护出口继电器 1K 动合触点闭合，起动合闸重动继电器 3K。

上述三种形式均起动合闸重动继电器 3K，其动合触点闭合，接通 QF 的合闸线圈 YC，断路器合闸。断路器合闸过程中，合闸保持继电器 KC 经自保持回路接通，合闸重动继电器 3K 一直带电，直到合闸完毕，保证断路器合闸到位。

（2）跳闸控制。跳闸控制有以下三种形式。

①手动就地控制。将切换开关 1SA 置于"1"位置（2-1 投合），按下手动跳闸按钮 3SA，手动跳闸继电器 2KC 起动，其动合触点闭合，起动重动装置 2AP 的跳闸重动继电器 4K。

②手动远方控制。将切换开关 1SA 置于"3"位置（2-3 投合），遥控小母线 L1+带正电，保护测控装置 1AP 发出手动跳闸脉冲，中间继电器 22K 动合触点闭合，起动 2KC，其动合触点闭合，起动跳闸重动继电器 4K。

③保护动作跳闸。将切换开关 1SA 置于"3"位置（2-3 投合）时，当一次系统故障时，相应继电保护（包括后备保护）动作，起动保护出口继电器 2K，保护出口继电器 2K 动合触点闭合，起动跳闸重动继电器 4K。

上述三种形式均起动跳闸重动继电器 4K，其动合触点闭合，接通断路器 QF 的跳闸线圈 YT，断路器 QF 跳闸。

（3）电气防跳及灯光监视。电气防跳是利用防跳继电器电流线圈 KCF3-4 起动，电压线圈 KCF1-2 自保持，从而使常闭触点 KCF-2 保持在断开位置，切断合闸回路，进而起到防跳的作用。

当断路器处于合闸状态时，合闸位置继电器 KCC 起动，其常开触点 KCC 闭合，红灯 HR 点亮；当断路器处于跳闸状态时，跳闸位置继电器 KCT 起动，其常开触点 KCT 闭合，绿灯 HG 点亮。

（4）压力监视。压力监视回路用以控制油泵的运行以及监视 SF$_6$ 气体和氮气的上升或下降情况。

①油泵电动机的控制。为保护断路器 QF 可靠工作，操动机构的正常油压为 31.6MPa~32.6MPa，当由于漏油或其他原因造成油压低于 31.6MPa 或电动机打压储能时，油泵电动机起停控制开关 1KP 闭合，起动直流接触器 KM，其两对动合触点闭合起动油泵电动机，并点亮光字牌（图中未画）。当油压升高至正常值

32.6MPa 时，油泵电动机起停控制开关 1KP 断开，切断油泵电动机起动回路，电动机停转，从而保证油泵电动机起停在一定的油压范围内。油泵电动机起停控制开关 1KP 闭合的同时，起动油泵电动机打压超时时间继电器 KT。一旦油泵电动机打压超过规定时间（3min～5min），时间继电器 KT 延时断开的动断触点断开，切断油泵电动机起动回路，实现电动机运转超时闭锁，并点亮光字牌。当断路器 QF 在合闸状态下（断路器 QF 及相应回路隔离开关 QS 辅助动合触点闭合）油压降低至 18.0MPa 以下时，油泵电动机闭锁开关 4KP 闭合，起动零压闭锁继电器 1KL，其动断触点断开，切断油泵电动机起动回路，实现电动机零压闭锁，同时点亮光字牌。

②氮气压力或油压的控制。当氮气泄漏使其压力降低时，A、B、C 三相储压筒漏氮指示器 1KG、2KG、3KG 动作，点亮光字牌（图中未画）。当由于漏氮或漏油造成油压继续下降至 27.8MPa，超出油泵电动机的动作范围，合闸闭锁开关 2KP 闭合，起动合闸闭锁继电器 3KL，实现断路器合闸闭锁；当油压下降至 25.8MPa 时，跳闸闭锁开关 3KP 闭合，起动跳闸闭锁继电器 2KL 实现断路器跳闸闭锁，此时相应光字牌也被点亮。

③SF_6 气体监视。当断路器 QF 中的 SF_6 气体由于泄漏造成压力降至第一报警值（0.52MPa）时，A、B、C 三相的密度继电器 4KD、5KD、6KD 动作（闭合），点亮光字牌（图中未画）；当 SF_6 气体压力在合闸时降至第二报警值（0.50MPa）时，U、V、W 三相密度继电器 1KD、2KD、3KD 动作（闭合），起动 SF_6 气体低压闭锁继电器 4KL，其动断触点断开，切断合闸重动继电器 K3 的充电回路以及跳闸重动继电器 4K 的充电回路，实现断路器的合、跳闸闭锁。4KL 的两对动合触点闭合则起动跳闸闭锁继电器 2KL 和合闸闭锁继电器 3KL。跳闸闭锁继电器 2KL 和跳闸闭锁继电器 3KL 的动断触点（也分别串联在合闸重动继电器 3K 和跳闸重动继电器 4K 的充电回路中）断开，实现断路器的双重跳、合闸闭锁。此时，相应的合、跳闸闭锁以及 SF_6 低压力闭锁光字牌也应点亮。

在此需要特别说明的是，一旦断路器合闸脉冲发出后，合闸电流则经合闸重动继电器 3K 的自保持回路流通，与跳闸闭锁继电器 3KL、跳闸闭锁继电器 4KL 的动作情况无关。如果此时 SF_6 气体压力降低使跳闸闭锁继电器 2KL、跳闸闭锁继电器 3KL、跳闸闭锁继电器 4KL 动作，则经跳闸闭锁继电器 2KL、跳闸闭锁继电器 4KL 动断触点直接闭锁跳闸回路。

3.4.2.2 隔离开关控制回路

隔离开关的控制分为就地控制和远方控制两种控制方式，110kV 及以上倒闸操作用的隔离开关一般采用远方和就地操作；检修用的隔离开关、接地刀闸（隔离开关）和母线接地器为就地操作。目前国产隔离开关一般都配有气动或电动机构，35kV 以下的隔离开关，其控制按钮装设在操动机构箱上。

隔离开关控制回路的构成原则如下。

一是隔离开关控制回路必须受相应断路器的闭锁，以保证断路器在合闸状态下，不能操作隔离开关，即避免带电操作隔离开关。

二是隔离开关控制需受接地刀闸的闭锁，以保证接地刀闸在合闸状态下，不能操作隔离开关。

三是操作脉冲应是短时的，完成操作后，应能自动解除。

四是隔离开关应有所处状态的位置信号。

上述原则提出了隔离开关控制回路的闭锁要求，即需要与相应断路器、接地刀闸相互闭锁。

某变电站 110kV 线路隔离开关的控制回路，如图 3 - 23 所示。图中隔离开关以三相交流电动机作为操作动力，实现远方和就地控制。

该控制回路的工作原理如下。

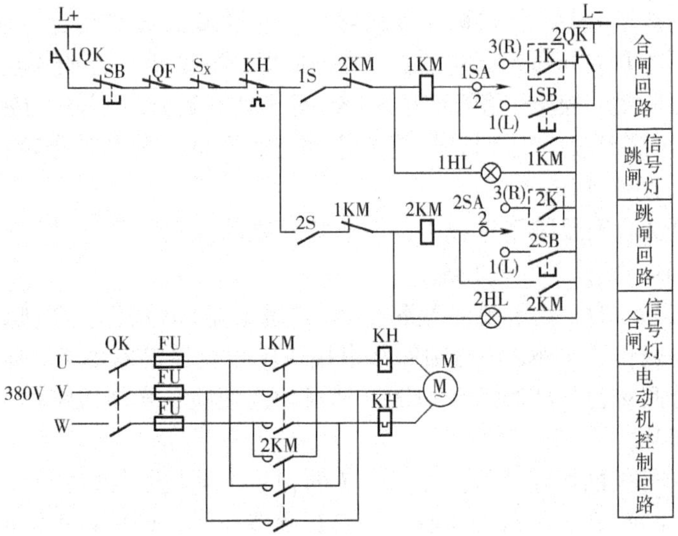

图 3 - 23　电动机操作机构的隔离开关控制回路

（1）合闸控制。

①"就地"合闸操作。在具备合闸条件下，即当断路器 QF 在跳闸状态（QF 辅助动断触点闭合），隔离开关 QS 在跳闸终端位置（行程开关 1S 闭合）并无跳闸

操作（跳闸接触器 2KM 未起动），并且电动机回路完好（即热继电器阻动断触点闭合）时，将切换开关 1SA 置于"就地"（L）位置，触点 1 - 2 接通，再按下就地合闸按钮 1SB，实现就地合闸操作。

②"远方"合闸操作。将切换开关 1SA 置于"远方"（R）位置，触点 2 - 3 接通，保护测控装置输出合闸脉冲，起动中间继电器 1K，使其动合触点闭合，实现"远方"合闸操作。

上述两种情况均可使合闸接触器 1KM 线圈带电，其三对动合触点闭合，接通交流电动机三相电源，使其正方向转动，实现隔离开关就地或远方合闸。此外，合闸接触器 1KM 还有一对动合触点与 1SB 等并联作为接触器自保持回路，直至隔离开关合闸到位、行程开关 1S 断开后方可解除自保持作用，从而使合闸指令无须持续到合闸过程才结束。

（2）跳闸控制。

①"就地"跳闸操作。在具备跳闸的条件下，即当断路器 QF 仍在跳闸状态，隔离开关在合闸终端位置（行程开关 2S 闭合）并无合闸操作（合闸接触器 1KM 未起动），电动机回路完好时，将 2SA 切换到"就地"（L）位置，触点 1 - 2 接通，再按跳闸按钮 2SB，起动跳闸接触器 2KM，2KM 的三对动合触点闭合，使电动机反转，隔离开关分闸。2KM 的自保持回路保证隔离开关跳闸到终位。

②"远方"跳闸操作。将切换开关 2SA 置于到"远方"（R）位置，触点 2 - 3 接通，保护测控装置发出跳闸脉冲；起动中间继电器 2K，使其动合触点闭合，从而实现"远方"跳闸操作。

在隔离开关合闸或跳闸过程中，由于某种原因要立即停止操作时，可按下紧急解除按钮 SB，切断合跳闸回路。

在电动机起动后，若电动机回路故障，热继电器 KH 动作，其动断触点断开控制回路，停止操作。此外，在合闸回路串接跳闸接触器动断触点 2KM，以及在跳闸回路串接合闸接触器动断触点 1KM，其目的是使跳、合闸回路相互闭锁，以避免操作程序混乱。

（3）隔离开关的位置信号。隔离开关的位置由就地信号灯指示，隔离开关处于跳闸状态，跳闸信号灯 1HL 点亮，进行合闸操作时，该灯被短接熄灭；隔离开关处于合闸状态，合闸信号灯 2HL 点亮，进行跳闸操作时，该灯被短接而熄灭。

（4）隔离开关的闭锁回路。为了保证安全，高压开关必须按一定的顺序进行操作，一旦违反这种操作顺序，就可能导致事故发生，造成设备的损坏或人身的死亡。为防止可能出现的误操作，必须在高压配电装置上采取技术措施，这就是所谓的"闭锁"。

"闭锁"装置实现的方式一般是强制性的，不采用提示性的。"闭锁"装置的五防功能如下。

①防止带负荷拉（合）隔离开关，即只有当与之串接的断路器处于断开位置时，隔离开关才能进行操作。

②防止带接地线合闸或防止在接地隔离开关未拉开时合断路器送电。

③防止在带电的情况下，合接地隔离开关（刀闸）或带电挂接地线。

④防止误分、误合断路器，例如手车高压开关柜的手车未进入工作位置或试验位置，断路器不得合闸。

⑤防止误入带电间隔，断路器、隔离开关未断开，该高压开关柜的门打不开。

3.4.3　变压器冷却器通风控制回路

在 110kV 电压等级中的变压器一般都属中小容量变压器。这类变压器一般只装设冷却风扇，不需要强迫油循环装置。变压器的风扇电机只需一路三相电源供电，变压器冷却器通风控制回路的接线如图 3－24 所示。变压器冷却器通风控制有手动和自动两种工作方式。

3.4.3.1　手动控制方式

变压器运行中需要手动控制冷却器通风时，将切换开关 SA 置于"手动投入"位置，其触点 3－4 接通，触点 1－2 断开，交流接触器 KM 动作，其动合触点接通风扇电动机的三相电源，起动各台风扇电动机。当 SA 置于停用位置时，触点 3－4 断开，交流接触器 KM 返回，风扇电动机停转。

3.4.3.2　自动控制方式

变压器运行中需要自动控制冷却器通风时，将切换开关 SA 置于"自动投入"位置，其触点 1－2 接通，触点 3－4 断开。自动控制方式有两种，一种是按变压器上层油面温度进行控制，一种是按变压器负荷电流进行控制。

（1）按变压器油温控制方式。一般要求当变压器油面温度达到 65℃时，起动冷却器进行通风，温度降到 55℃时，停止通风。从图 3－24 中可以看到，电路中设置了两个温度继电器 1KT、2KT 的触点，当油温升至 65℃以上时，两个温度继电器触点均接通，中间继电器 KZ 动作并自保持。KZ 动合触点 13－14 闭合，使交流接触器 KM 动作，其动合触点接通风扇电动机的三相电源，起动各台风扇电动机。当油温降至 55℃ ~65℃时，由于 KZ 处于自保持状态，风扇电动机继续运转。当油温降到 55℃时，切断 KZ 自保持回路，KZ 返回，交流接触器 KM 返回，风扇电动机停转。

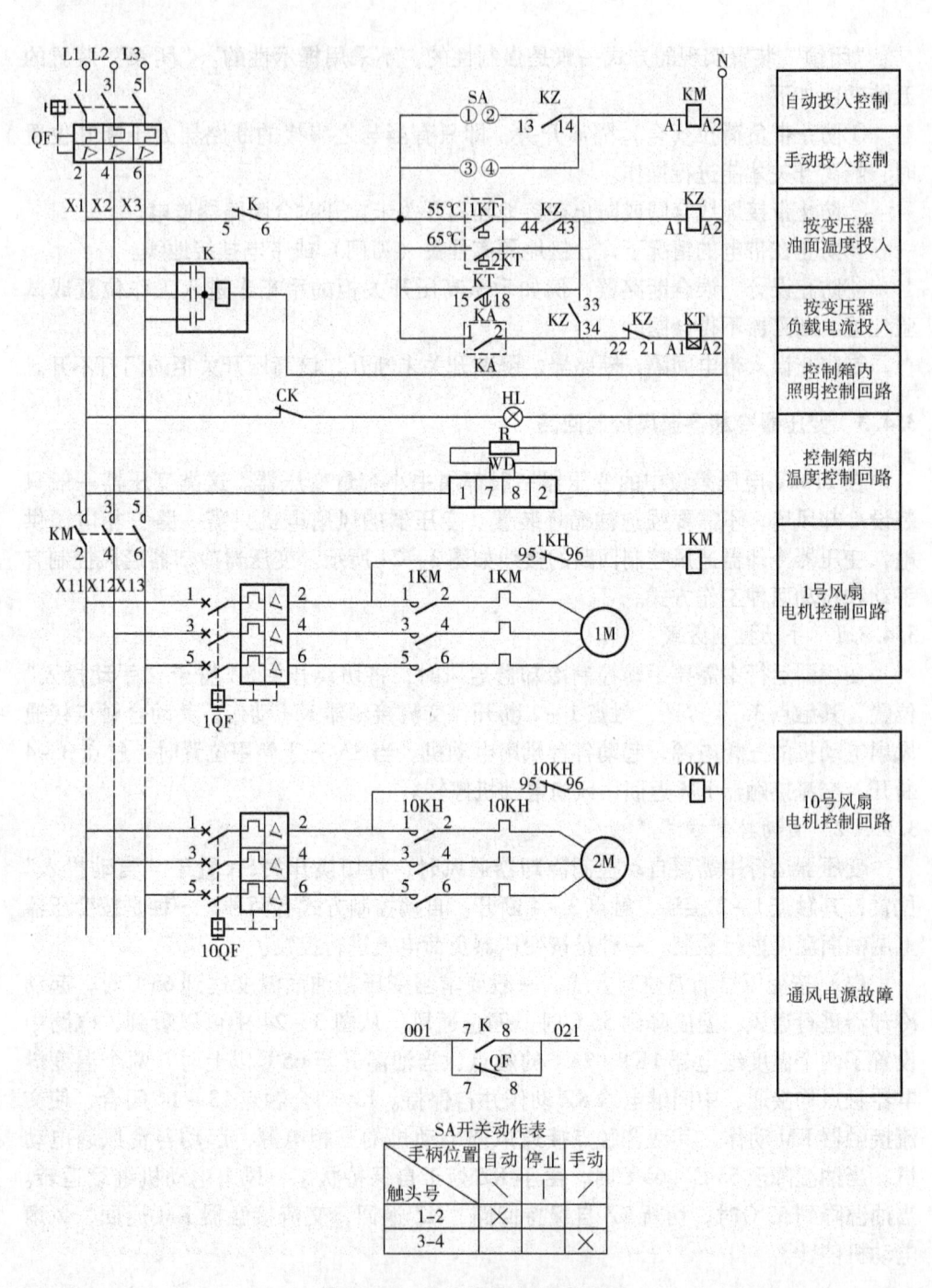

图 3-24 变压器风冷控制回路

　　（2）按变压器负荷电流控制方式。当变压器负荷电流达到过负荷起动通风的整定值时，电流继电器 KA 的触点闭合，起动时间继电器 KT，KT 的延时闭合的动合触点 15 - 18 接通，使 KZ 动作，KZ 的动合触点 33 - 34 闭合，动断触点 21 - 22 打开，使 KZ 自保持。同时，KZ 的动合触点 13 - 14 闭合，使交流接触器 KM 动作，起动通风。当变压器的负荷电流减小，使电流继电器 KA 返回时，KA 的触点断开，切断 KZ 自保持回路，KZ 返回，交流接触器 KM 返回，风扇电动机停转。

　　风扇电动机的断相闭锁保护，由分别接在三相上的电容器和接在中性线上的灵敏电流继电器组成的断相保护继电器 K 构成。当三相电源电压正常时，三只电容器的中性点电位为零，灵敏电流继电器线圈中无电流。当发生任一相失电时，电容器中性点电位偏移，线圈中流过电流并动作，K 的动断触点 5 - 6 断开，切断通风控制回路。同时 K 的动合触点 7 - 8 闭合，发出通风电源故障信号。当通风电源的空气断路器 QF 跳闸时，其动断触点 7 - 8 闭合，也发出通风电源故障信号。

4 倒闸操作

学习目标

①掌握变电站倒闸操作的基本要求，执行顺序。②掌握两票管理、设备管理、安全管理。③熟悉无人值班变电运行管理。④掌握倒闸操作的基本原则及注意事项。⑤熟悉倒闸操作的标准化程序。

4.1 倒闸操作的一般要求

倒闸操作是将电气设备由一种状态（一般分"运行""备用""检修""试验"四种）转为另一种状态。主要指操作高压设备，继电保护，拉、合开关及刀闸，检查开、合位置，负荷分配，验电，装、拆接地线，拉、合保护熔断器、投退压板、电压互感器二、三次开关或熔断器、电压把手、开关的操作、直流熔断器等。

倒闸操作必须根据值班调度员或运行值班负责人的指令，受令人复诵无误后执行。发布命令应准确、清晰、使用标准操作术语和设备双重名称，即设备名称和运行编号。发令人和受令人应先互报单位和姓名。

操作票的填写应按操作任务进行，内容要正确合理，不得擅自扩大或缩小操作任务，操作票应由操作人员填写，填写完毕自检无误后由操作监护人、值班负责人分别审核，发现问题及时修改。

监护人应带领操作人在操作前做好准备工作，监护人、操作人在操作前必须进行操作预演，有关保护等二次操作项还应在设备实际位置进行核对。模拟预演后，系统如发生变化，原操作票作废，重新编制操作票，重新模拟预演。模拟预演必须认真，监护人按照操作项目逐项唱票，操作人复诵，并进行预演操作。每预演完一项在该项前预演栏内打一蓝色"√"，全部预演完毕后进行复查。需要第二监护人的操作，第二监护人也应参加模拟预演。预演无误后，操作人、监护人、值班负责人按序分别在操作票上签名。

　　倒闸操作必须由二人执行，一人操作，一人监护。执行一个操作任务，中途严禁换人，操作中严禁穿插口头命令的操作项目。监护人应具有监护资格，操作人应具有操作资格。严禁疲劳操作。

　　操作中遇有事故或异常时，应停止操作，如因事故、异常影响原操作任务时，应报告调度，并根据调度令重新修改操作票。由于设备原因不能操作时，应停止操作，检查原因，不能处理时应报告调度和上级部门。禁止使用非正规方法强行操作设备。

　　倒闸操作一般应在天气良好的情况下进行，雷电时，一般不进行操作。雨天操作室外高压设备时，绝缘棒应有防雨罩，还应穿绝缘靴。倒闸操作必须按操作票填写的顺序进行，不得擅自跳项进行操作。操作时必须精神集中，不得从事与操作无关的事（包括打电话）。没有监护人的命令和监护，操作人不得擅自操作。操作中每执行一项应严格执行"四对照"，即对照设备名称、编号、位置和拉合方向。操作前监护人、操作人应首先核对设备位置，并对设备进行检查［操作隔离开关（刀闸）前检查瓷柱完好］。每操作完一项，监护人在操作票顺序栏左侧空格中打一个红色"√"，严禁操作完一起打"√"或提前打"√"。决不允许不按操作票而凭经验或记忆进行操作。操作中发生疑问时，应立即停止操作并向发令人报告，待发令人再行许可后，方可进行操作。不准擅自更改操作票，不准随意解除闭锁装置。

4.2　倒闸操作的执行顺序

　　（1）值班人员接受调度操作指令要记录齐全，向值班调度员复诵核对，无误后向值班负责人汇报。

　　（2）值班人员接受工作票任务后，认真审核工作票所列安全措施是否正确完备、是否符合现场条件及停电设备有无突然来电的危险。

　　（3）值班负责人根据调度员（或工作票）所发任务的要求，先核对模拟图和现场设备运行实际情况后，向操作人交代清楚。操作票由操作人填写。操作人填写后，先自己审票，再交监护人审票。

　　（4）审票人根据调度员所发的操作任务或工作票的任务，核对模拟图并逐项审核。

　　（5）审票时如发现错误，必要时可与有关调度员或工作票签发人联系核对。该票需注明作废，并写明作废原因由操作人签名后留存，再由操作人重新开票或由工作票签发人重新签发工作票。

（6）调度员发布操作任务和操作命令，接令值长（监护人）应按填写好的操作票中的任务向发令调度员复诵，经双方确认无误后，在操作票上记录调度发出的"发令时间和发令人"。没有接到操作命令，不得进行操作。

（7）监护人和操作人做好危险点分析，包括：误拉合断路器或隔离开关、误碰带电设备、操作中可能发生哪些现象、应注意的安全事项等。

（8）模拟操作，核对操作的正确性。操作前操作人、监护人应先在模拟图上按照操作票中所列操作项目顺序唱票、预演，并逐项对照模拟。模拟时切记要注意操作中是否有带负荷拉隔离开关等情况，决不能流于形式。

（9）核查准备的工具。操作人准备必要的安全用具、工具、钥匙，并检查绝缘手套、靴子、绝缘棒、验电器等均应良好。监护人应进行检查。

（10）进入操作现场。操作人在前，监护人在后，到达操作现场后，首先核对设备名称、编号和设备的实际状态；检查正确后，操作人员站在操作位置上，监护人核对操作人所站位置与设备名称，编号正确无误，监护人填写操作开始时间。

（11）监护人唱票，操作人操作，监护人按照操作票上所列操作顺序唱票，每次只准唱一项。操作人手指操作设备，核对设备名称、编号，运行状态正确，进行复诵，复诵完毕后，监护人发令执行。每操作一项后，均应现场检查操作的正确性，然后由监护人勾票。

（12）完成操作后，操作人与监护人对设备全面检查，监护人记录操作结束时间，操作人收执好操作用具等。监护人汇报调度员，并在操作票上加盖"已执行"印章，操作人填写好有关记录。

4.3 操作设备的规定

（1）停电操作，必须按照断路器（开关）、负荷侧隔离开关（刀闸）、母线侧隔离开关（刀闸）的顺序进行，送电与此相反。

（2）变压器停电操作，应先停低压侧，后停高压侧，送电与此相反。变压器停电装设接地线前，必须检查与变压器高、低压侧引线连接的隔离开关均在开位。

（3）设备检修后合闸送电前，应检查送电范围内接地刀闸（装置）已拉开，接地线已拆除。拉开接地刀闸、拆除接地线后，应检查接地刀闸确已拉开、接地线确已拆除。

（4）备用母线投入运行前，要检查该母线完好无异物，可以投入运行。

（5）电气设备操作后的位置检查应以设备实际位置为准，无法看到实际位置时，可通过设备机械位置指示、电气指示、带电显示装置、仪表及各种遥测、遥信等信号的变化来判断。判断时，应有两个及以上的指示，且所有指示均已同时发生对应变化，才能确认该设备已操作到位。

（6）手动操作隔离开关、接地刀闸时应注意站位，防止瓷柱断裂伤人。

（7）高压验电应使用相应电压等级、合格的接触式验电器，在装设接地线或合接地刀闸（装置）处对各相分别验电。验电前，应先在有电设备上进行试验，确证验电器良好，高压验电应戴绝缘手套。验电器的伸缩式绝缘棒长度应拉足，验电时手应握在手柄处不得超过护环，人体应与验电设备保持足够的安全距离。验电时避开验电盲区，确无电压后立即装设接地线。装设接地线先装接地端，后装导体端，且必须接触良好。防止误触带电部位。

4.4 两票的管理

4.4.1 变电第一种工作票的办理

凡是计划停电检修工作，检修、试验等单位必须提前一天将工作票送到（采用微机开工作票的可以通过网络传送）运维班，由当值值长或主值班员审核工作票无误后受理，然后在运行记录簿登记，填写收到工作票的时间等，当值人员应根据当日现场情况填写工作票，待计划工作当日，由运维班当值值长审核工作票无误后按计划时间安排人员提前到达现场进行操作，正确布置安全措施后，现场办理工作开工手续。

临时停电检修、试验工作，检修、试验人员应提前通知运维班当值人员，可在工作当日将工作票送到运维班，审查无误后到现场进行操作、布置安全措施和办理开工手续。

运维班值班长根据工作票的计划时间应提前派人到无人值班变电站办理工作票开工手续。如果当天的作业现场多，人员不足时，值班长向站长（班长）汇报，由站长（班长）召集人员，在当值值班长的指挥下分组到现场办理工作开工。

值班长应掌握工作票的计划工作时间，经常了解工作进度，根据工作到期情况提前分组到现场等候办理验收、结束手续，恢复送电。如果计划工期内任务无法完成，作业人员应事先通知值班人员，由值班人员负责汇报调度及单位领导，并做好有关记录。

连续停电检修工作并已办理工作许可手续的工作票，当工作票内的各项安全组织技术措施及停电不需任何变动时，每日开收工运维班值班人员不再到现场办理,每日开收工手续,由工作负责人每日开工前到作业现场检查作业范围的安全技术措施不变,用电话通知运维班值班人员得到许可后,双方人员分别将联系时间和双方姓名填入工作票每日开工栏内,运维班当值人员还应在运行记录簿中登记工作票开工时间及工作单位的负责人。收工时同样照此办理,每日收工,工作票双方各自保存好,并做好运行记录。

运维班运行值班人员到现场办理工作票时必须会同工作负责人现场交代安全措施、带电部位和注意事项,工作负责人对值班人员布置的安全措施确无疑义后,双方在工作票上签字。运行值班人员办理完工作许可手续后,可不留在现场,继续进行本站其他工作。检修、试验过程中的传动试验,由检修、试验单位负责至少提前2h通知运维班,由运维班派人到现场配合进行。

4.4.2 变电第二种工作票的办理

检修、继电保护、远动、仪表、直流、计量等专业的二种工作票,可提前一天以电话的形式通知运维班,工作时到现场办理许可手续。

临时检修、试验工作,由检修、试验单位告知运维班值班人员,由运维班当值值长安排人员到现场,办理工作许可手续。

检修工作中需中间验收,检修人员应至少提前2h通知运维班值班人员,待验收后,检修人员可继续工作。

运行人员办理完二种工作票许可手续后,可不留在现场,继续进行本站的其他工作,现场工作由作业负责人全面负责。多日工作的要在完工前一天通知当值人员,待值班人员到现场验收合格,并履行工作票终结手续后,检修人员方可撤离工作现场。

4.4.3 操作票管理

除《国家电网公司电力安全工作规程》规定的可以不填写操作票的操作外,其他任何倒闸操作都必须填写操作票,操作票术语及填写要求按照有关操作票的规定执行。

运维班的操作票应统一编号按顺序使用,操作任务栏内应注明操作内容及所属变电站名称。作废的操作票应注明"作废"字样,未执行的应注明"未执行"字样,已操作的应注明"已执行"字样。

每月月末由运维班技术员负责对本月内执行的操作票进行装订、审核和分析,并报有关主管部门。操作票至少应保存一年。

4.4.4 典型操作票管理

运维班应组织制订所管辖各变电站的典型操作票，典型操作票的编制程序与管理规定按照省公司下发的《有人值班变电站管理规范（试行）》的相关规定执行，由运维班站长（班长）、副站长（副班长）和技术员负责组织及站（班）内审核。

4.5 设备管理

4.5.1 设备定期维护工作

变电站设备除按有关专业规程的规定进行试验和检修外，还应进行必要的维护工作。

变电站内所有一次设备均应建立设备台帐，一次设备及保护、控制等二次设备的出厂说明书、交接及正常试验数据、图纸健全、有效，并与现场实物相符。变电站投产、改、扩建或设备检修后应进行验收并建立健全设备台帐，备齐各种技术资料。

变电站的二次线及端子箱应按本单位规定定期进行检查。开关的气动机构应定期进行放水工作，并检查空气压缩机润滑油的油位及计时器。设备导流接头应有温度监测手段和措施。避雷器全电流表应在每次巡视时检查一次，并在巡视卡上做好记录。

变电站设备室、地下变电站的通风设备、照明设备应运行良好。

蓄电池应定期进行检查、清扫和维护。

柴油发电机等备用电源设备应定期进行检查、维护和保养。

变电站落实《国家电网公司十八项电网重大反事故措施》等规定中有关变电站部分及省公司下达的各项反措要求无死角，无重大事故隐患和重大缺陷。变电站内年设备缺陷消除率：危急、严重缺陷100%，一般缺陷为80%以上。防误闭锁装置的管理执行《辽宁省电力有限公司防止电气误操作管理规定》。

变电站应有两个独立的站用电源，站内直流电源可靠。设备的防寒和温控装置应保证正常可靠运行。运行设备室内的空调损坏应立即处理。

充油充气设备及液压、气动机构渗漏率应不超过1%。

每月检查一次断路器计数器，核对累计开闸次数是否达到需要检修的次数，并记在运行记录簿中，如果需要检修应及时上报缺陷。记录内容为："检查所有断路器开闸次数均未达到需要检修次数"或"检查×××断路器开闸次数达到需要检修次数",已经上报缺陷,其余断路器开闸次数均未达到需要检修次数。

4.5.2 设备评价

各单位生产管理部门是设备评价工作的归口管理部门,具体负责设备评价工作的组织和实施。

各单位要加强评价工作组织领导,按照《国家电网公司输变电设备评价标准》和《国家电网公司关于开展输变电设备评价工作的指导意见》以及省公司有关设备评价相关文件和要求,做好设备评价工作。

各单位应建立检查和考核制度,加强各项责任制的落实,定期对设备评价工作执行情况进行检查和考核,及时发布考核结果,提出整改措施,不断提高设备评价工作水平。

运行人员应认真做好设备评价的相关工作。

4.5.3 设备检修、试验周期的管理

变电站设备检修、试验周期应按有关规程和规定执行。

检修、试验周期若不能按有关规定执行的,必须制订由本单位主管生产领导或总工程师批准的管理办法。

4.5.4 设备缺陷管理

运维班负责所辖变电站的设备缺陷上报、记录、统计和分析及督促缺陷消除工作。

设备缺陷处理流程如下:①调控中心值班员通过监控信息发现设备异常情况时,通知相应运维班,运维班值班员到现场检查设备实际情况,确属设备缺陷的,或运维班值班员巡视发现的设备缺陷,均由运维班值班员负责按规定进行记录和上报工作;②调控中心值班员通过监控系统发现的设备严重、危急缺陷,在通知运维班值班员后,应立即向值班调度员汇报;③运维班值班员现场检查后,向值班调度员汇报缺陷的详细情况并通知调控中心。

设备缺陷可分为3大类:①危急缺陷,设备或建筑物发生了直接威胁安全运行并需立即处理的缺陷,否则随时可能造成设备损坏、人身伤亡、大面积停电和火灾等事故;②严重缺陷,对人身或设备有严重威胁,暂时尚能坚持运行但需尽快处理的缺陷;③一般缺陷,上述危急、严重缺陷以外的设备缺陷,指性质一般,情况较轻,对安全运行影响不大、可列入计划进行处理的缺陷。

调控中心的监控系统发生故障，无人值班变电站失去监控时，调控中心值班员应立即通知相关负责单位，相关责任单位在接到通知后，1h内必须到达现场进行故障处理，原则上24h内必须处理完毕，否则对相关责任单位进行考核。

运维班班长或专工应每周检查一次各站设备缺陷及消除情况，对各站设备缺陷做到心中有数，对未消除的缺陷要加强巡视，并督促尽快处理。

加强缺陷管理，规范缺陷记录簿的填写，严格执行缺陷传递单制度，实行缺陷的闭环管理。

各单位生技部门负责设备缺陷的统一管理，其职责为：①督促各变电站贯彻执行本规范，并检查执行情况；②及时掌握设备危急和严重缺陷；③每年对本单位设备缺陷进行综合分析，根据缺陷产生的规律，提出年度反事故措施，报省公司有关部门。

运行管理单位及设备检修单位均设缺陷管理专责人，其职责为：①及时了解和掌握本单位管辖设备的全部缺陷和缺陷的处理情况；②建立必要的台帐、图表资料，对设备缺陷实行分类管理，做到对每个缺陷都有处理意见和措施。

4.5.5 设备标志的管理

运行设备必须具有标志牌。新建、更改工程原始标志由施工单位制作及安装，运行单位验收。运行设备标志参照《电力生产企业安全设施规范手册》及有关规定、标准，由运行单位确定，生产部批准。

运行中的所有一二次设备本身、分线箱、操作开关、仪表、按钮、指示灯、熔丝、开关、刀闸、端子排、电缆等均应有清楚、合格的标志牌，分相设备（开关、电流互感器、电压互感器、避雷器分相独立支架等）应分别按相装设标志牌，室外标志牌安装应采用固定支架，标志牌及支架宜采用白钢材质。相位标志应使用A、B、C表示。

室外母线构架至少在两端安装相位牌及标志牌（面向母线），各间隔的出线构架（面向场区内）安装相位牌和标志牌，主变间隔构架安装相位牌（一二次侧分别安装），变压器套管应有相位标志，主变冷却器、铁芯及夹件接地刀闸等附属设施应有标志。

一次运行设备标志应齐全、正确、清晰、规范，可操作设备必须使用双重名称。继电保护、自动装置控制屏前后屏楣均应标明屏的名称，屏面和屏内设备、控制开关和保护压板等采用统一的专用或打印的标签，室外二次设备标志采用专用标签（大小规格化、布设位置统一化），二次可操作设备标志必须详尽清晰，保证其唯一性。

同一变电站电缆牌、端子的样式、距地（底）面高度标准统一，端子护套、端子排一般应为打印标志并统一，电缆穿过墙、楼板前后应有标志牌。

保护屏、远动屏、交直流屏、电度表屏等屏面上操作把手、按钮、压板标志使用统一专用标志，不使用的压板由维护单位拆除保存。

已停运的继电保护及自动装置屏在前后屏楣贴上"已停运"标志，未投入运行的屏粘贴"未投运"标志。开关场闲置的设备应拆除运行标志。模拟图要与实际相符，模拟图上预留间隔、设备应有明显标志。

4.6 安全管理

4.6.1 防火管理

控制室、保护室、变压器室、开关室、电缆室、电容器室、蓄电池室等，以及其他室外生产场所等处，必须按有关规定配置消防设施，并经常保持完好状态。运维班值班员应掌握其使用方法，并每月全面检查、试验一次，保证其完好。

变电站的电缆隧道和夹层应有消防设施，控制盘、配电盘和开关场区的端子箱等电缆孔应用防火材料封堵。

变电站内动火时，必须严格执行动火管理制度。

严禁在变电站燎荒或堆烧杂草和燃放烟花爆竹等。

蓄电池室必须采用防爆电气设备，严禁使用普通照明设备。

变电站设备室或设备区不得存放易燃、易爆物品，因施工需要放在设备区的易燃、易爆物品，应加强管理，并按规定要求使用，施工后立即运走。

变电站必须装设火灾自动报警系统，正常时应保持在工作状态，遇有火情时，火灾自动报警系统应能自动通过监控系统向远方发出火灾报警信号，并符合上级有关规定。

4.6.2 防盗管理

变电站应装设完善的防盗装置，如电子围栏、红外报警、视频监控和防盗门、窗等技防措施。

变电站围墙的高度应符合规定，市区变电站因特殊规定不设围墙的，必须制定有效的防护措施，并报供电公司保卫部门审查备案。

变电站围墙不得随便拆除，因工作需要确需拆除的，必须事先与供电公司保卫部门联系，征得同意，制定出有效的防盗措施后方可拆改。

变电站大门，控制室、开关室等生产场所门窗应随开随关，工作结束后，离开变电站前，工作人员应检查门窗的关闭情况。

变电站防盗报警信号应传送至调控中心，必要时能传送至公安保卫部门。防盗报警系统应始终处于开启和监视状态，监控值班员一旦发现有可疑人员擅自闯入变电站，应立即通知运维班人员及公安、保卫部门。

变电站防盗报警系统损坏时，保卫部门应立即组织进行修复，防盗系统恢复前，保卫部门应派人负责变电站的保卫工作，直至防盗系统恢复。

遇有盗窃等情况发生时，在确保人身安全的情况下，应尽可能保护现场，及时报告上级领导、公安、保卫部门。

4.6.3 防小动物管理

变电站应有防小动物措施，每月由运维班对无人值班变电站的防小动物措施进行检查、维护，并按时更换、投放鼠药。

各设备室的门窗应完好严密，出入时随手将门关好。设备室通往室外的电缆沟、道应严密封堵，因施工拆动后，应由施工单位立即进行封堵，运维班负责验收。

各设备室不得存放粮食及其他食品，根据实际情况可安放鼠药或捕（驱）鼠器械。各开关柜、设备间隔、端子箱和机构箱等，应采取防止小动物进入的措施。10千伏及以下母线排宜进行绝缘塑封。

高压配电室、低压配电室、电缆层室、蓄电池室等出入门，应有防鼠挡板，并符合有关规定。

4.6.4 防破坏管理

无人值班变电站应根据所处位置和重要性，制定具体的、有针对性的防破坏措施。

重要节假日、活动、会议等保供电期间，要加强对无人值班变电站的巡视和保卫工作。

4.6.5 季节性预防工作

变电站应根据本地区的气候特点和设备实际，依据国家电网公司《防汛检查大纲》制订防汛预案和检查表；编制变电站设备防风、防寒、防高温、防雷、防污闪措施，并贯彻执行。

变电站内应根据需要配备适量的防汛设备和防汛物资，防汛设备在每年汛前要进行全面的检查、试验，处于完好状态；防汛物资要专门保管，并有专门的台帐。

定期检查断路器、瓦斯继电器等设备的防雨措施完好有效，端子箱、机构箱等室外设备箱门应关闭，密封良好。

雨季来临前对可能积水的地下室、电缆沟、电缆隧道及场区的排水设施进行全面检查和疏通，做好防进水和排水措施。

雨后对房屋渗漏、下水管排水情况、地下室、电缆沟、电缆隧道等积水情况检查，并及时排水，设备室潮气过大时做好通风。

刮大风时，应重点检查设备瓷柱、设备引流线驰度、阻波器、瓦斯继电器的防雨罩等是否存在异常。

定期检查和清理变电站设备区、围墙的漂浮物等，防止大风引起设备故障。

冬季气温较低时，应重点检查设备引流线驰度是否满足要求、开关机构箱内的加热器运行是否良好，发现问题及时处理，根据现场实际需要对机构箱要采取防寒保温措施，必要时对设备引线驰度进行调整。气温低于规定数值时申请将备用主变压器投入运行。

夏季高温季节前应重点检查充油、充气设备的油位、压力以及室内设备的通风设施等是否正常完好，对不符合要求的及时进行调整和处理。

变电站应有污秽等级资料，核实设备外绝缘爬距水平是否满足污秽等级要求，当所在地周边环境污染加重时，应及时上报，重新核对污秽等级，采取相应防污闪措施。

4.6.6　安全设施及交通标志的规范化管理

变电站内安全设施应符合安全生产有关规定的要求。

变压器和设备架构的爬梯上应悬挂"禁止攀登，高压危险"标示牌。

设备围（遮）栏悬挂"止步，高压危险"标示牌。

蓄电池室的门上应有"禁止烟火"标志。

停电工作使用的临时遮栏、围网、布幔和悬挂的各种标示牌应符合现场情况和安全规程的要求。

电缆沟的防火隔断应有标志。

变电站内道路的交通标志应清晰醒目，进出车辆应低速行驶。

户外 66kV 及以上高压配电装置场所的行车通道上，应根据安全规程的规定设置安全限高标志。

4.6.7 安全工器具及低压漏电保安器的管理

变电站应根据国家电网公司《电力安全工器具管理规定》配备足够数量有效的安全工器具，变电站人员应会正确使用和保管各类安全工器具。

各种安全工器具应有明显的编号，绝缘杆、验电器等绝缘工器具必须有电压等级、试验日期的标志，应有固定的存放处，存放在清洁干燥处，注意防潮、防结露。

安全工器具在使用前应认真检查，发现损坏者应停止使用，并尽快补充。

各种安全工器具均应按国网公司《电力安全工器具预防性试验规程》规定的周期进行试验，试验合格后方可使用，不得超期使用。

携带型地线必须符合安全规程要求，接地线的数量应能满足本站需要，截面满足装设系统短路容量的要求。导线应无断股、透明护套完好、接地线端部接触牢固、卡子应无损坏和松动，弹簧有效。存放地点和地线本体均有编号，存放要对号入座。

各种标示牌的规格应符合安全规程要求，并做到种类齐全、存放有序，数量能满足工作需要。

变电站内所有检修工作的电源应有专用电源箱（盘），变电站使用的各种与人体直接接触的低压电器，均应安装漏电保安器。

携带型的低压电器，漏电保安器应安装在移动的低压电源板上。

使用中的低压漏电保安器应保证完好。

4.6.8 危险品管理

凡是在变电站内可能危害人身安全及健康的用品统称为危险用品。变电站内各类危险用品应有专人负责，妥善保管，制定使用规定。专人负责监督使用。

各类可燃气体、油类应按产品存放规定的要求统一保管，定期检查，不得散存。

变电站内备用 SF_6 气体应妥善保管，特别对使用过的 SF_6 气体应严格收存，专人保管。

对变电站内蓄电池组使用的酸类物品应有专用库房，配置室内必须有自来水，以防人身伤害事故发生。

4.6.9 外来人员和车辆进入变电站施工作业安全管理

外来人员、车辆进入运行变电站应严格遵守《外来人员及车辆进入运行变电站管理规定》。

各级没有单独巡视权的领导、外来参观人员在运维班运行人员的带领下方可进入设备场区。

施工作业中使用变电站站用电源时，必须经运维班运行人员同意，并指定接引位置。

变电站作业人员不准动用工作票所列范围以外的电气设备。作业中发生疑问时，应先停止作业，立即报告运行人员。

工作票开工前变电站围栏门应封闭。到变电站办理工作票时只能由工作负责人到主控室办理工作票，其他人员应在非设备区或汽车内等待，不得进入主控室及设备区。

变电站改、扩建施工区域必须装设安全围栏，进行封闭施工。围栏高度不低于1.2m，围栏牢固，围栏上悬挂足够且规范的标示牌、安全警示牌。

4.7 无人值班变电运行管理

4.7.1 运行管理

无人值班变电站在下列等特殊情况下，为了保证变电站安全运行，经本单位主管生产领导或上级主管领导批准，可以临时恢复有人值班方式或加强巡视。

通信中断、短期内不能恢复，应临时恢复有人值班或加强巡视。

在遇有极特殊天气、自然灾害及重要节假日、活动等上级有明确要求时，相关无人值班变电站应临时恢复有人值班或加强巡视。

4.7.2 设备巡视

无人值班变电站设备巡视检查，分为正常巡视（按规定周期时间进行全面巡视，填写巡视卡）、夜间熄灯巡视和定期巡视。

巡视设备须按照运行规程规定的项目巡查，不得漏查设备。

正常情况下，220kV变电站每周至少巡视一次，66kV变电站每月至少巡视二次，其中一个月内应安排一次夜巡。运维班负责人应定期到现场检查设备运行情况，每月对巡视记录检查并签名一次。

当遇有下列情况时，应对变电站进行特殊巡视：①设备接近或达到满负荷以及负荷有显著增加时；②设备经过检修、改造或长期停运后重新投入系统运行，新安装的设备投入系统运行时；③设备缺陷近期有发展时；④恶劣气候、事故跳闸和设备运行中有可疑的现象时；⑤法定节、假日及上级通知有重要保供电任务期间。

巡视时，应对安全用具、生产工具、备品备件、钥匙、通信、遥视、防火、防盗等设施进行全面检查。

巡视时，应对已布置的安全措施进行检查，发现工作人员的违章行为应及时制止。

巡视过程中及巡视完毕后，必须及时做好有关记录并填写巡视卡。

4.7.3 变电站设备验收

运维班应根据变电站实际情况，依据《现场标准化作业指导书》，编制变电站设备验收卡，按照设备验收卡进行验收。

凡新建、扩建、改造、大小修、预试的一二次变电设备，必须经过验收合格，手续完备，方能投入系统运行。

设备大小修、预试后，运行人员应逐项验收，验收合格、运行、检修双方在验收卡上签字后方可投入运行，设备验收卡要存入设备档案。

运行中变电站有改造、新装设备时，在投运前，要对现场运行规程进行修订或补充，对现场运行规程的修改和补充要严格履行审查、审批手续。在设备验收时除填写验收卡外，还要对运行维护规定和有关规程、资料进行验收。

运行中的 220kV 及以上变电站的扩建、改建工程和投资 50 万元及以上的技改项目，在没有经过正式验收之前，严禁投入电网运行，各供电公司生产、运行部门要严格把关，在经过由供电公司主管生产的领导组织的验收合格后，并出具书面材料，报省公司履行相关的手续，方可投入系统运行，并报省公司有关部门备案。

66kV 变电站扩建、改建和技改项目，由各供电公司主管生产领导组织生产、运行等相关部门进行验收合格后，并由供电公司生产副总经理或总工程师批准后，方可投入电网运行，并报省公司有关部门备案。

设备的安装或检修，在施工过程中，中间验收需要运维班配合时，运维班班长应指定专人配合进行，其隐蔽部分，施工单位应做好记录。

检修、试验、调试等工作完成后，有关修试人员将检修试验项目、数据记入相应记录簿中，并注明是否可以投入运行，当班运行人员检查无疑后方可办理完工手续。每次检修后对防误装置的功能进行确认。

验收的设备个别项目未达到验收标准，而系统急需投入运行时，需经供电公司总工程师批准并备案。

4.7.4 设备定期试验轮换

应按规定的周期对变电站设备进行定期试验轮换，试验轮换时间和结果应做好记录。

设备定期试验周期：①纵联通道测试，正常天气下在每次正常巡视检查时进行，特殊天气情况下（下雨、下雪和大雾）应增加测试次数；②蓄电池电压测量，每月普测一次；③变电站事故照明，每月检查一次；④变压器铁芯接地电流、潜油泵工作电流每月测试一次；⑤变电站应按屏建立运行中的保护装置压板位置图，对照位置图，每月检查一次压板位置是否正确，做好记录，防止误投、漏投压板；⑥变压器冷却装置电源有两路以上，每季度对备用的电源进行启动试验，试验时严禁两电源并列；⑦不经常运行的通风装置，每半年运行一次，直流系统的备用充电机，每半年进行一次启动试验；⑧装有微机操作票系统的变电站，运行人员应对防误闭锁装置的闭锁关系、编码等正确性每半年进行一次全面的核对；⑨变电站内长期不调压或有一部分分接开关位置长期不用的有载分接开关，有停电机会时，应在最高和最低分接间操作几个循环，试验后将分接开关调整到原运行位置，每年入冬前，应对变电站取暖电热进行一次全面检查，当气温低于0℃时应复查电热装置是否正常；⑩每年雨季来临前，应对变电站驱潮电热进行一次全面检查。

4.7.5 设备定期轮换

一条母线上有多组无功补偿装置时，各组无功补偿装置的投切次数应尽量趋于平衡，以满足无功补偿装置的轮换运行要求。

因系统原因，长期不投入运行的无功补偿装置，每季应在保证电压合格的情况下，投入一定时间，对设备状况进行试验。电容器应在负荷高峰时间段投入，电抗器应在负荷低谷时间段投入。

对强油风冷的变压器冷却系统，各组冷却器的工作状态（即工作、辅助、备用状态），应每季进行轮换运行一次，将具体轮换方法，写入到变电站现场运行规程。

对GIS设备操作机构集中供气站的工作和备用气泵，应每季轮换运行一次，具体轮换方法，应写入到变电站现场运行规程中。

对变电站集中通风系统的备用风机与工作风机，应每季轮换运行一次，具体轮换方法，应写入到变电站现场运行规程中。

4.7.6　红外成像测温

结合日常巡视，每月应对变电站至少进行一次测温。

设备负荷有明显增大时，调控中心应及时通知运维班进行重点测温。

4.7.7　防误装置和钥匙管理

防误闭锁装置应齐全有效，并处于良好状态，安装率、投运率和完好率应为100%。解锁钥匙应按有关规定进行封存。其日常运行、维护应符合《防止电气误操作管理规定》要求。

运维班应建立完善的变电站大门钥匙管理规定，做好所辖变电站大门钥匙的保管和使用工作。

变电站内的各种钥匙宜存放在相应变电站，按有关规定保管和使用。

4.8　倒闸操作的基本原则及注意事项

4.8.1　高压断路器的操作基本原则及注意事项

（1）断路器投运前，应检查接地线是否全部拆除，防误闭锁装置是否正常。

（2）操作前应检查控制回路和辅助回路的电源，检查机构已储能。

（3）检查油断路器油位、油色正常；真空断路器灭弧室无异常；SF_6断路器气体压力在规定的范围内；各种信号正确、表计指示正常。

（4）长期停运超过6个月的断路器，在正式执行操作前应通过远方控制方式进行试操作2~3次，无异常后方能按操作票拟定的方式操作。

（5）操作前，检查相应隔离开关和断路器的位置；应确认继电保护已按规定投入。

（6）操作控制把手时，不能用力过猛，以防损坏控制开关；不能返回太快，以防时间短断路器来不及合闸。操作中应同时监视有关电压、电流、功率等标记的指示及红绿灯的变化。

（7）操作开关柜时，应严格按照规定的程序进行，防止由于程序错误造成闭锁、二次插头、隔离挡板和接地刀闸等元件损坏。

（8）断路器（分）合闸动作后，应到现场确认本体和机构（分）合闸指示器以及拐臂、传动杆位置，保证开关确已正确（分）合闸。同时检查断路器本体有、无异常。

（9）断路器合闸后检查：①红灯亮，机械指示应在合闸位置；②送电回路的电流表、功率表及计量表是否指示正确；③电磁机构电动合闸后，立即检查直流盘合闸电流表指示，若有电流指示，说明合闸线圈有电，应立即拉开合闸电源，检查断路器合闸接触是否卡涩，并迅速恢复合闸电源；④弹簧操动机构，在合闸后应检查弹簧是否储能。

（10）断路器分闸后的检查：①绿灯亮，机械指示应在分闸位置；②检查表计指示正确。

4.8.2　高压断路器异常操作的规定

（1）电磁机构严禁用手动杠杆或千斤顶带电进行合闸操作。

（2）无自由脱扣的机构，严禁就地操作。

（3）液压（气压）操动机构，如因压力异常导致断路器分、合闸闭锁时，不准擅自解除闭锁，进行操作。

（4）一般情况下，凡能够电动操作的断路器，不应就地手动操作。

4.8.3　高压断路器故障状态下操作规定

（1）断路器运行中，由于某种原因造成油断路器严重缺油，SF_6断路器气体压力异常，发出闭锁操作信号，应立即断开故障断路器的控制电源。断路器机构压力突然到零，应立即拉开打压及断路器的控制电源，并及时处理。

（2）真空断路器，如发现灭弧室内有异常，应立即汇报，禁止操作，按调度命令停用开关跳闸压板。

（3）油断路器由于系统容量增大，运行地点的短路电流达到断路器额定开断电流的80％时，应停用自动重合闸，在短路故障开断后禁止强送。

（4）断路器实际故障开断次数仅比允许故障开断次数少一次时，应停用该断路器的自动重合闸。

（5）分相操作的断路器发生非全相合闸时，应立即将已合上相拉开，重新操作合闸一次。如仍不正常，则应拉开合上相并切断该断路器的控制电源，查明原因。

（6）分相操作的断路器发生非全相分闸时，应立即切断该断路器的控制电源，手动操作将拒动相分闸，查明原因。

4.8.4　开关柜手车式断路器的操作

（1）手车式断路器允许停留在运行、试验、检修位置，不得停留在其他位置。检修后，应推至试验位置，进行传动试验，试验良好后方可投入运行。

（2）手车式断路器无论在工作位置还是在试验位置，均应用机械联锁把手车锁定。

（3）当手车式断路器推入柜内时，应保持垂直缓缓推进。处于试验位置时，必须将二次插头插入二次插座，断开合闸电源，释放弹簧储能。

4.8.5　SF₆开关设备的操作

（1）进入室内 SF₆ 开关设备区，需先通风 15min，并检测室内氧气密度正常（大于18%），SF₆ 气体密度小于 1 000mL/L。处理 SF₆ 设备泄漏故障时必须戴防毒面具，穿防护服。

（2）GIS 电气闭锁不得随意停用。

（3）正常运行时，组合电器汇控柜闭锁控制钥匙按规定使用。

4.8.6　隔离开关的操作基本原则及注意事项

（1）隔离开关操作前应检查断路器、相应接地刀闸确已拉开并分闸到位，确认送电范围内接地线已拆除。

（2）隔离开关电动操动机构操作电压应在额定电压的85% ~110% 之间。

（3）手动合隔离开关应迅速、果断，但合闸终了时不可用力过猛。合闸后应检查动、静触头是否合闸到位，接触是否良好。

（4）手动分隔离开关开始时，应慢而谨慎；当动触头刚离开静触头时，应迅速，拉开后检查动、静触头断开情况。

（5）隔离开关在操作过程中，如有卡滞、动触头不能插入静触头、合闸不到位等现象时，应停止操作，待缺陷消除后再继续进行。

（6）在操作隔离开关过程中，要特别注意若瓷瓶有断裂等异常时应迅速撤离现场，防止人身受伤。对 GW6、GW16 型等隔离开关，合闸操作完毕后，应仔细检查操动机构上、下拐臂是否均已越过死点位置。

（7）电动操作的隔离开关正常运行时，其操作电源应断开。

（8）操作带有闭锁装置的隔离开关时，应按闭锁装置的使用规定进行，不得随便动用解锁钥匙或破坏闭锁装置。

（9）严禁用隔离开关进行下列操作：①带负荷分、合操作；②配电线路的停送电操作；③雷电时，拉合避雷器；④系统有接地（中性点不接地系统）或电压互感器内部故障时，拉合电压互感器；⑤系统有接地时，拉合消弧线圈。

4.8.7　主变压器的操作基本原则及注意事项

（1）油循环的变压器在投运前应先启用其冷却装置；对强油循环水冷变压器，

应先投入油系统，再启用水系统。水冷却器冬季停用后应将水全部放尽。

（2）检查变压器冷却风机、油泵工作正常，无卡涩及轴承磨损等异常声响，接线盒已做防水防潮处理；油泵启动时油流继电器指针偏转至工作区且无抖动，信号指示正确；冷却器及片散组合冷却器能按照工作设置启停，冷却器电源实现互备自动投切，冷却器能按照设置的油面、绕组温度及负荷电流自动投入或切除，所有信号灯指示正确，且与远方信号一致。

（3）变压器中性点接地方式为经小电抗接地时，允许变压器在中性点经小电抗接地的情况下，进行变压器停、复役操作，在复役操作前应特别检查变压器中性点经小电抗可靠接地。

（4）变压器的充电，应当由装有保护装置的电源侧用断路器操作，停运时应先停负荷侧，后停电源侧。

（5）在110kV及以上中性点有效接地系统中，投运或停运变压器的操作，中性点必须先接地。投入后可按系统需要决定中性点是否断开。

（6）消弧线圈从一台变压器的中性点切换到另一台变压器的中性点时，必须先将消弧线圈断开后再切换。不得将两台变压器的中性点同时接到一台消弧线圈的中性母线上。

（7）充电前应仔细检查充电侧母线电压，保证充电后各侧电压不超过规定值。

（8）以上条件满足后，开始做投入操作，首先合好保护压板及操作电源开关。然后合两侧隔离开关，合电源侧断路器，检查变压器一切正常后，再合负荷侧次断路器。

（9）新投运的变压器应经五次全电压冲击合闸。进行过器身检修及改动的老变压器应经三次全电压冲击合闸无异常现象发生后投入运行。励磁涌流不应引起保护装置的误动作。

（10）变压器充电后，检查各仪表指示是否正常，所有开关位置指示牌及指示信号都应反映正常。合闸后仔细观察变压器运行情况，变压器各密封面及焊缝不应有渗漏油现象。投运后气体继电器内部可能出现积气，应及时收取气体继电器中的气体，并对收集的气体进行色谱分析。

4.8.8 有载分接开关的操作方法、程序及注意事项

（1）新装或吊罩后的有载调压变压器，投入电网完成冲击合闸试验后，空载情况下，在控制室进行远方操作一个循环（如空载分接变换有困难，可在电压允许偏差范围内进行几个分接的变换操作），各项指示应正确、极限位置电气闭锁应可靠，其三相切换电压变换范围和规律与产品出厂数据相比较应无明显差别，然

后调至所要求的分接位置带负荷运行，并应加强监视。

（2）有载分接开关及其自动控制装置，应经常保持良好运行状态。故障停用，应立即汇报，并及时处理。

（3）电力系统各级变压器运行分接位置应按保证发电厂、变电站及各用户受电端的电压偏差不超过允许值，并在充分发挥无功补偿设备的经济效益和降低线损的原则下，优化确定。

（4）正常情况下，一般使用远方电气控制。当远方电气回路故障和必要时，可使用就地电气控制或手动操作。当分接开关处于极限位置又须手动操作时，必须确认操作方向无误后方可进行。就地操作按钮应有防误操作措施。

（5）分接变换操作必须在一个分接变换完成后方可进行第二次分接变换。操作时应同时观察电压表和电流表指示，不允许出现回零、突跳、无变化等异常情况，分接位置指示器及计数器的指示等都应有相应变动当变动分接开关操作电源后，在未确证相序是否正确前，禁止在极限位置进行电气操作。

（6）由三台单相变压器构成的有载调压变压器组，在进行分接变换操作时，应采用三相同步远方或就地电气操作并必须具备失步保护，在实际操作中如果出现因一相开关机械故障导致三相位置不同时，应利用就地电气或手动将三相分接位置调齐，并报修，至修复期间不允许进行分接变换操作。

（7）原则上运行时不允许分相操作，只有在不带负荷的情况下，方可在分相电动机构箱内操作，同时应注意下列事项：①在三相分接开关依次完成一个分接变换后，方可进行第二次分接变换，不得在一相连续进行两次分接变换；②分接变换操作时，应与控制室保持联系，密切注意电压表与电流表的变动情况；③操作结束，应检查各相开关的分接位置指示是否一致。

（8）两台有载调压变压器并联运行时，允许在85%变压器额定负荷电流及以下的情况下进行分接变换操作，不得在单台变压器上连续进行两个分接变换操作，必须在一台变压器的分接变换完成后再进行另一台变压器的分接变换操作。每进行一次变换后，都要检查电压和电流的变化情况，防止误操作和过负荷。升压操作，应先操作负荷电流相对较少的一台，再操作负荷电流相对较大的一台，防止过大的环流。降压操作时与此相反。操作完毕，应再次检查并联的两台变压器的电流大小与分配情况。

（9）有载调压变压器与无励磁调压变压器并联运行时，应预先将有载调压变压器分接位置调整到无励磁调压变压器相应的分接位置，然后切断操作电源再并联运行。

（10）当有载调压变压器过载1.2倍运行时，禁止分接开关变换操作并闭锁。

（11）如有载调压变压器自动调压装置及电容器自动投切装置同时使用，应使按电压调整的自动投切电容器组的上下限整定值略高于有载调压变压器的整定值。

（12）运行中分接开关的油流控制继电器或气体继电器应有校验合格有效的测试报告。若使用气体继电器代替油流控制继电器，运行中多次分接变换后动作发信，应及时放气。若分接变换不频繁而发信频繁，应做好记录，及时汇报并暂停分接变换，查明原因。

（13）当有载调压变压器本体绝缘油的色谱分析数据出现异常或分接开关油位异常升高或降低，直至接近变压器储油柜油面，应及时汇报，暂停分接变换操作，进行追踪分析，查明原因，消除故障。

（14）分接开关检修超周期或累计分接变换次数达到所规定的限值时，报主管部门安排维修。

4.8.9 母线的操作基本原则及注意事项

（1）备用母线充电，在有母联断路器时应使用母联断路器向母线充电。母联断路器的充电保护应在投入状态，必要时将保护整定时间调整至0。这样，如果备用母线存在故障，可由母联断路器切除，防止扩大事故。严禁用500kV隔离开关对500kV母线充电。

（2）在母线倒闸操作中，母联断路器的操作电源应断开，防止母联断路器误跳闸，造成带负荷拉隔离开关事故（这是因为若倒母线过程中由于某种原因使母联断路器分闸，此时母线隔离开关的拉、合操作实际上就是对两条母线进行带负荷解列、并列操作，在这种情况下，因解、并列电流较大，隔离开关灭弧能力有限，会造成弧光短路）。

（3）一条母线的所有元件必须全部倒换至另一母线时，一般情况下是将一元件的隔离开关合于一母线后，随即断开另一母线隔离开关。另一种是将需要到母线的全部元件都合于运行母线之后，再将另一母线侧对应的所有隔离开关断开。采用哪种方法要根据操动机构布置和规程规定决定。

（4）由于设备到户安置另一母线或母线上电压互感器停电，继电保护和自动装置的电压回路需要转换由另一电压互感器供电时，应注意勿使继电保护及自动装置因失去电压而误动。避免因电压回路接触不良以及通过电压互感器二次向不带电母线反充电，而引起电压回路熔断器熔断，造成继电保护误动等情况出现。

（5）进行母线倒闸操作时应注意对母线保护的影响，要根据母差保护运行规程相应的变更。在倒母线操作过程中（无特殊情况下），母差保护应投入运行。

（6）带有电感式电压互感器的空母线充电时，为避免断路器触头间的并联电容与电压互感器感抗成串联谐振，应在母线停送电操作前将电压互感器隔离开关断开或在电压互感器的二次回路内并（串）联适当电阻。

（7）进行母线倒换操作前要做好事故预想，防止因操作中出现异常（如隔离开关支持绝缘子断裂等情况）而引起事故扩大。

4.8.10 互感器的操作基本原则及注意事项

（1）电压互感器送电时，先送一次再送二次（先合一次侧隔离开关，再合上二次小开关）。停电时，先停二次再停一次（先断开二次小开关，再断开一次侧隔离开关）。防止二次反送电。

（2）严禁用隔离开关或摘下熔断器的方法拉开有故障的电压互感器。

（3）停用电压互感器前应注意下列事项：①防止自动装置的影响，防止误动、拒动；②将二次回路主熔断器或自动开关断开，防止电压反送。

（4）新更换或检修后互感器投运前，应进行下列检查：①检查一二次接线相序、极性是否正确；②测量一二次线圈绝缘电阻；③测量熔断器、消谐装置是否良好。

（5）检查二次回路有无短路。

4.8.11 电容器的操作基本原则及注意事项

（1）当全站停电时，应先拉开电容器断路器，后拉开各出线断路器，送电时相反。事故情况下，全站无电后必须将电容器拉开。这是因为变电站无负荷后，母线电压可能较高，可能超过电容器允许电压，对绝缘不利。此外，无负荷空投电容器可能因电容器与变压器而产生参数谐振导致过流保护动作。

（2）电容器断路器跳闸或熔断器熔断后不可强送电，因为这可能是内部故障引起的，强送会引起事故扩大。

（3）电容器组切除三分钟后才可合闸。这是因为电容器再次切除后需要 1min 左右的放电时间，只有放电完了，电容器不带电荷合闸才会不引起过电压。

（4）电力电容器停用时应先拉开断路器，再拉开电容器侧刀闸，后拉开母线侧刀闸。投入时的操作顺序与此相反。

4.8.12 消弧线圈的操作基本原则及注意事项

（1）消弧线圈装置运行中从一台变压器的中性点切换到另一台时，必须先将消弧线圈断开后再切换。不得将两台变压器的中性点同时接到一台消弧线圈上。

（2）主变压器和消弧线圈装置一起停电时，应先拉开消弧线圈的隔离开关，再停主变压器，送电时相反。

（3）系统中发生单相接地时，禁止操作或手动调节该段母线上的消弧线圈，有人值守变电站应监视并记录下列数据：①接地变压器和消弧线圈运行情况；②阻尼电阻箱运行情况；③微机调谐器显示参数电容电流、残流、脱谐度、中性点电压和电流、分接开关档位和分接开关动作次数等；④单相接地开始时间和结束时间；⑤单相接地线路及单相接地原因；⑥天气状况。

（4）装置参数设定后应作记录，记录设定时间、设定值等，以便分析、查询。

（5）若巡视中发现下列情况之一时，应向调度和上级主管部门汇报：①消弧线圈在最高档位运行，过补偿情况下，而此时脱谐度大于5%（说明消弧线圈总容量裕度很小或没有裕度）；②中性点位移电压大于15%相电压；③消弧线圈、阻尼电阻箱、接地变压器有异常响声。

（6）手动调匝消弧线圈切换分接头的操作规定：①按当值调度员下达的分接头位置切换消弧线圈分接头；②切换分接头前，应确认系统中没有接地故障，再用隔离开关断开消弧线圈，装设好接地线后，才可切换分接头，并测量直流电阻；③切换分接头后，应检查消弧线圈导通情况，合格后方可将消弧线圈投入运行。

4.8.13 站用变的操作基本原则及注意事项

站用变操作时，必须先合高压断路器或隔离开关，后合低压开关，以防止引起站用变电站的反充电。

4.8.14 继电保护及自动装置的操作基本原则及注意事项

（1）继电保护及自动装置启、停用的一般原则：①设备正常运行时，应按有关规定启用其保护及自动装置；②在倒闸操作时，一次设备运行方式的改变对继电保护动作特性、保护范围有影响的，应将其继电保护运行方式、定值作相应调整；③继电保护、二次回路故障影响保护装置正确动作时，应将继电保护停用。

（2）启用继电保护时，先投保护装置电源，后加保护出口连接片；停用与此相反。其目的是防止投、退保护时保护误动。

（3）电气设备送电前，应将所有保护投入运行（受一次设备运行方式影响的除外）。电气设备停电后，应将有关保护停用，特别是在进行保护的维护和校验时，其失灵保护一定要停用。

（4）操作有关保护时的注意事项：①新投入或大修后的变压器、电抗器投入运行后，一般将其重瓦斯保护投入信号48h～72h后，再投跳闸；②母线充电时启用充电保护，充电后停用充电保护；③3/2断路器和角形接线方式中，线路停电断路器合环运行时，应将本侧远方跳闸装置停用，投入两断路器之间的短线保护；

④线路两端的纵联保护应同时投入或退出，不能只投一侧纵联保护，以免造成保护误动作，纵联保护投运前要检测纵联通道是否正常；⑤装有横差保护的平行线路，当平行线路之一停电，或平行线路之一处于充电状态，或平行线路断路器之一由旁路断路器代用，或平行线路两条母线分列运行时，应停用横差保护；⑥断路器检修时要停用三相不一致保护。

4.8.15　直流系统的操作基本原则及注意事项

（1）运行主管单位每年应对所辖运行直流电源系统进行检查评价，落实直流系统电源设备缺陷，综合分析直流电源系统存在问题，正确做出设备状态评估，提出技术改造和检修意见。

（2）现场运行规程中应有直流电源系统运行维护和事故处理等有关内容，并应符合本厂、站直流电源系统实际。

（3）运行单位应有直流系统维护管理制度。

（4）对直流系统进行定期维护工作应纳入年度、月度工作计划。

（5）运行人员对发现的直流系统缺陷，应按维护管理职责和权限及时处理或上报。

（6）具备两组蓄电池的直流系统应采用母线分段运行方式，每段母线应分别采用独立的蓄电池组供电，并在两段直流母线之间设联络开关或刀闸，正常运行时该联络开关或刀闸应处于断开位置。

（7）直流熔断器和空气断路器应采用质量合格的产品，其熔断体或定值应按有关规定分级配置和整定，并定期进行核对，防止因其不正确动作而扩大事故。

（8）直流电源系统同一条支路中熔断器与空气断路器不应混用，尤其不应在空气断路器的上级使用熔断器，防止在回路故障时失去动作选择性，严禁直流回路使用交流空气断路器。

4.9　倒闸操作的标准化程序

4.9.1　倒闸操作前的准备

（1）接受操作任务。操作任务通常由操作指挥人或操作领导人（调度员或值班长）下达，是进行倒闸操作准备的依据。有计划的复杂操作或重大操作应尽早通知有关单位准备。接受操作任务后，值班负责人（班长）要首先明确操作人及监护人。

（2）明确操作方案。根据当班设备的实际运行方式，按照规程规定，结合检修工作票的内容及地线位置，综合考虑后确定操作方案及操作步骤。

（3）填写操作票。操作票的内容及步骤，是操作任务、操作意图及操作方案的具体化，是正确执行操作的基础和关键。填写操作票务必严肃、认真、正确。要求：①操作票必须由操作人填写（综合自动化变电站在五防机上由计算机自动生成）；②填好的操作票要进行审查，达到正确无误；③特定的操作，按规程也可使用固定操作票。

（4）准备操作用具及安全用具，并进行检查。

此外，准备停电的设备如带有其他负荷，倒闸操作的准备工作还包括将这些负荷倒出的操作。例如：停电线路上变压器接有负荷时，应事先将其倒出；停主变前，倒换所用的变压器等。

4.9.2 倒闸操作的标准化程序

倒闸操作大致可分为以下几个步骤。

4.9.2.1 接受任务

在正式操作前，值班调度员预先用电话或传真将调度命令票（包括操作目的、项目等）下达给变电站值班人员。值班人员接受任务时，应将电话录音或传真妥善保管。

4.9.2.2 填写倒闸操作票

接受任务后，值班负责人应立即通知操作监护人、操作人。倒闸操作票由操作人填写。操作票要以调度命令票为依据，根据现场运行规程和设备实际运行状态进行填写，不准直接用调度命令票或现场典型操作票进行操作。填写操作票应注意以下几点。

（1）一张操作票只能填写一个操作任务，所谓"一个操作任务"系指同一个操作命令，且为了相同的操作目的而进行的一系列互相关联并依次进行倒闸操作的过程。因此，根据一个操作命令所进行的倒母线和倒换变压器等的操作，对几路出线依次进行停、送的操作，以及一台机组或变压器检修，有关几个用电部分的停送电的操作等，均可填用一张操作票。

（2）操作票应填写设备双重名称，即设备名称和编号。

（3）下列项目应填入倒闸操作票内：①操作任务；②应拉、合的断路器和隔离开关；③装拆接地线；④检查断路器和隔离开关实际位置（进行停、送电操作时，在拉、合隔离开关前应检查相应断路器确在断开位置，在进行倒换母线操作前，应检查母联断路器及两侧隔离开关确在合闸位置）；⑤检查送电范围内的接地线是否拆除和接地刀闸是否拉开；⑥检查负荷分配和电源运行情况；⑦装上（合上）、取下（断开）控制回路、信号回路、电压互感器回路的熔断器（小开关）；⑧保护装置、自动装置、稳定装置的启用和停用，以及定值的变更。

（4）操作票填写要使用正规的调度术语。

（5）操作票票面应整洁。

4.9.2.3 操作票审核

一张倒闸操作票填写好以后，必须进行三次审查。

（1）自审，由操作票填写人进行。

（2）初审，由操作监护人进行。

（3）复审，由值班负责人（值班长）进行，特别重要的倒闸操作应由变电站技术负责人审查。

审票人要认真检查操作票的填写是否有漏项，顺序是否正确，术语使用是否正确，内容是否简单明了，有无错漏字等。三审后的操作票经值班长签字生效，正式操作待调度下令后执行。

4.9.2.4 接受命令

正式操作，必须有调度发布的操作命令。值班调度员发布命令时，监护人、操作人同时受令，并由监护人按照填写的操作票向发令人复诵，经双方核对无误后，监护人在命令票上填写发令时间，并签名。一张操作票调度分段下令时，受令人要在命令票和倒闸操作票上做好记号，注明调度本次下令的项目，以防因疏忽而发生意外。

4.9.2.5 模拟操作（此项只对传统变电站，对综合自动化变电站不适用）

正式操作前，操作人、监护人应先在模拟屏上按操作票上所列内容和顺序进行模拟操作，再一次核对和检查操作票的正确性。模拟操作也要同正式操作一样，须认真执行监护、唱票、复诵制度。

4.9.2.6 执行操作

执行操作必须认真执行操作监护制度，即操作时实行一人操作、一人监护的制度。操作监护人一般由技术水平较高、经验丰富的值班员担任，值班人员的操作监护权在其岗位职责中要有明确规定。重要、复杂的操作，由业务熟练者操作，值班负责人监护。

操作时必须坚持执行唱票（即宣读操作票内容）、复诵制度。每进行一项操作，其程序是：唱票→对号→复诵→核对→下令→操作→复查→打执行符号"√"。

操作时，必须按调度命令顺序执行，不得无令操作，特别是具体命令票，调度员命令下达到哪一项，就只能操作到哪一项，不得漏项、越项操作。

操作中即使发生很小的疑问，也应立即停止操作，不准盲目改变操作顺序或操作方法，即使认为发令人下达的操作内容有问题，也不准擅自更改，应向发令人说明情况，由发令人重新下达正确的操作命令，再作操作。如属操作票错误，则必须重填。

在操作过程中，不得进行交接班，只有操作告一段落时，方可将操作票移交给下一个班组，交接值班人员要详细交代操作票执行情况和注意事项，接班值班员应重新审核，熟悉操作票。

4.9.2.7 检查

每操作一项，应检查一项，检查操作正确性，检查表计、机械指示（实时显示）等是否正确。

4.9.2.8 操作汇报

操作结束后，监护人应立即将操作情况汇报发令人。具体应每操作一项汇报一项，对于连续项连续操作的，可操作完后一起汇报。

4.9.2.9 复查、总结

一张倒闸操作票执行完后，操作人、监护人应全面复查一遍，并总结本次操作情况。

4.9.3 倒闸操作的注意事项

改变后的运行方式是否正确、合理及可靠。

在确定运行方式时，应优先采用运行规程中规定的各种运行方式，使电气设备及继电保护尽可能处在最佳状态运行。

制定临时运行方式时，应根据以下原则：①保证设备出力、满发满供，不窝出力、不过负荷；②保证运行的经济性、系统功率潮流合理，机组能较经济的分配负荷；③保证短路容量在电气设备的允许范围之内；④保证继电保护及自动装置正确运行及配合；⑤厂用电、站用电可靠；⑥运行方式灵活，操作简单，处理事故方便。

倒闸操作是否会影响继电保护及自动装置的运行。在倒闸操作过程中，如果预料有可能引起某些保护或自动装置误动或失去正确配合，要提前采取措施或将其停用。

要严格把关，防止误送电，避免发生设备事故及人身触电事故。为此，在倒闸操作前应遵守以下要求在送电的设备及系统上，不得有人工作，工作票应全部收回。同时设备要具备以下运行条件：①发电厂或变电站的设备送电，线路及用户的设备必须具备受电条件；②一次设备送电，相应的二次设备（控制、保护、信号、自动装置等）应处于备用状态；③电动机送电，所带机械必须具备转动条件，否则靠背轮应甩开；④防止下错令，将检修中的设备误接入系统送电；⑤设备预防性试验合格，绝缘电阻符合规程要求，无影响运行的重大缺陷；⑥严禁约时停送电、约时拆挂地线或约时检修设备；⑦新建电厂或变电站，在基建、安装、调试结束及工程验收后，设备正式投运前，应经本单位主管领导同意及电网调度所下令批准，方可投入运行，以免忙中出错。

制定倒闸操作中防止设备异常的各项安全技术措施，并进行必要的准备。

电网及变电站的重大操作，调度员及操作人员均应做好事故预想；发电厂内的重大电气操作，除值长及电气值班人员要做好事故预想外，汽机、锅炉等主要车间的值班人员也要做好事故预想。事故预想要从电气操作可能出现的最坏情况出发，结合本专业的实际，全面考虑，拟定的对策及应急措施要具体可行。

5 变电站设备巡视与异常处理

学习目标

①熟悉变电站各种设备的巡视内容及标准。②熟悉变电站各种设备异常、缺陷定性、处理原则、流程及方法等。

5.1 变电站设备巡视

5.1.1 变压器的巡视

5.1.1.1 变压器正常巡视的内容

（1）变压器储油柜的油位是否与温度相对应，各部位是否有渗、漏油。

储油柜采用玻璃管作油位计，储油柜上标有油位监视线，分别表示环境温度为 $-30℃$、$+20℃$、$+40℃$时变压器对应的油位。

油位标上 $+40℃$表示安装地点变压器在环境最高温度为 $+40℃$时满载运行中油位的最高限额线，油位不得超过此线；$+20℃$表示年平均温度为 $+20℃$时满载运行时的油位高度；$-30℃$表示环境为 $-30℃$时空载变压器的最低油位线，不得低于此线，若油位过低，应加油。

变压器不允许从底部补油，防止冲起变压器底部杂质，水分和气泡进入线圈绕组内，造成绝缘能力降低或过热。应从上部油枕补油。

变压器各部位无渗油漏油。应重点检查变压器油泵、压力释放阀、套管接线柱、各阀门、隔膜式储油柜等有无渗油、漏油。

（2）套管油位是否正常，套管是否清洁，有无裂纹、机械损伤、放电及烧伤痕迹。

（3）变压器声响是否正常。若变压器附近噪声较大，应利用探声器来检查。用木棒的一端放在变压器的油箱上，另一端放在耳边听声音，正常时应是连续的

"嗡嗡"声不变没有杂音，如果连续的"嗡嗡"声比平常加重，这时要检查电压和油温是否正常，若无异常可能是铁芯松动。当听到"吱吱"声时要检查套管是否有闪络现象，当听到"噼啪"声时则是内部绝缘击穿放电现象。

（4）各运行冷却器手感温度是否相近，风扇、油泵、油流继电器是否工作正常。

各冷却器手感温度应相近，冷却器组数应按规定启用，分布合理，风扇、油泵运转应正常，无其他金属碰撞声，接线盒已做防水防潮处理，运行中冷却器的油流继电器应指示在"流动位置"且无颤动。

检查工作以及辅助、备用冷却器运转和信号是否正常，是否按月切换冷却器，是否每月进行一次电源切换，冷却器能否按照设置的油面温度、绕组温度及负荷电流自动投入或切除。

①"辅助"：根据变压器的负荷和温度情况，自动投入"辅助"冷却器。

②"备用"：当工作的冷却器和运行的辅助冷却器因故退出时，自动投入"备用"冷却器。

（5）呼吸器是否完好。检查吸湿器，油封应正常，呼吸应畅通，硅胶潮解变色部分不应超过总量的2/3。运行中如果发现上部吸附剂发生变色，应注意检查吸湿器上部密封是否受潮。

（6）引线接头、电缆、母线是否有发热迹象，导线弛度是否适当。

引线接头可用示温蜡片检查，一般熔化温度黄色为60℃，绿色为70℃，红色为80℃，但现在一般广泛采用红外成像测温检查。

（7）压力释放阀或安全气道防爆膜是否完好无损。

（8）气体继电器内是否充满油和二次端子箱是否关严，有无受潮现象。

气体继电器内聚集空气的主要原因是变压器（含有载开关）注油时油中含气量较大，注入时将空气带入，真空脱气不够，空气未排净，部件密封不严密、潜油泵产生负压进气，有载开关动作频繁发热等。

新装、大修、事故抢修或换油后的变压器，在加电压前静止时间：66kV及以下为24h；220kV为48h。

（9）变压器箱体外壳有无异常发热现象。

（10）各部位的接地是否完好，必要时应测量铁芯接地电流。

铁芯接地电流每月测量1次，铁芯对地的电流一般不大于100mA（大于100mA为严重缺陷，或危机缺陷）。铁芯多点接地而接地电流较大时，应安排检修处理。在缺陷消除前，可采取措施将电流限制在100mA左右，并加强监视。

（11）各种标志是否齐全明显。

（12）各种保护装置是否齐全良好。

（13）消防设施是否齐全完好。

（14）储油池和排油设施是否保持良好状态。

（15）变压器各测温装置正常，强油循环变压器上层油温不超过85℃，自冷变压器上层油温不超过95℃。

变压器正常情况下上层油温升不超过55℃运行，上层油温不得超过85℃。绕组温升不超过65℃。铁芯温升不超过70℃。

我国电力变压器大部分采用 A 级绝缘，当周围空气温度最高为40℃时，绕组的极限温度为105℃。由于绕组的温度比油高10℃，同时为了防止油质劣化，所以规定变压器上层油温最高不超过95℃，在正常情况下，为使绝缘油不致过度氧化，上层油温不应超过85℃。

由于在油温在40℃左右时，油流的带电倾向性最大，因此变压器可通过控制油泵运行数量来尽量避免变压器绝缘油运行在35℃～45℃温度区域。

在40℃左右时，由于静电的作用，易形成杂质小桥，这样沿小桥形成电击穿，使绝缘强度降低。

5.1.1.2　在下列情况下应对变压器进行特殊巡视

（1）大风、雾天、冰雪、冰雹及雷雨后应进行巡视。

（2）设备变动后进行应巡视。

（3）设备新投入运行后应进行巡视。

（4）设备经过检修、改造或长期停运后重新投入运行应进行巡视。

（5）异常情况下应进行的巡视：主要是指过负荷或负荷剧增、超温、设备发热、系统冲击、跳闸、有接地故障情况等应加强巡视，必要时应派专人监视。

（6）设备缺陷近期有发展时、法定休假日、上级通知有重要供电任务时，应加强巡视。

5.1.2　高压断路器的巡视

高压断路器正常巡视的内容如下。

（1）分、合位置是否指示正确。弹簧储能正常。

（2）各部油位是否在正常范围内，油色是否正常。

油断路器的油面过高，会使开关桶内的缓冲空间相应的减少。当切断故障电流时，所产生的弧光将周围的绝缘油汽化，从而产生巨大的压力。如缓冲空间过小，就会发生喷油、开关桶变形，甚至有爆炸的危险。

油断路器油面过低，切断故障电流时，弧光可能冲出油面，游离气体混入空气中，产生爆炸。另外，严重缺油时，断路器的绝缘暴露任空气中，容易受潮。运行中油断路器如大量漏油，油面下降到看不见油时，为防止断路器严重损坏，不应用来切除负荷电流。

（3）各部有无渗、漏油现象，放油阀是否关闭紧密。

当油面看不到并有严重漏油情况时，应视为危急缺陷。这时禁止将其断开，同时应设法使断路器退出运行，如用旁路代或取下该断路器的操作熔丝，以防断路器突然跳闸。

开关运行中如发生油色异常，油位升高，有焦烟气味，可以判断为温度过高，此时应汇报调度，设法降低负荷，使温度下降。若温度不下降，发热现象继续恶化，或内部有声响，油位异常升高，油色变暗，应立即转移负荷，将故障开关停电。

（4）SF_6断路器气体压力是否正常，与温度曲线是否相符。

LW9开关内SF_6气体的额定压力为0.5MPa、报警压力为0.45MPa、闭锁压力0.4MPa。如运行中发现气压低接近报警时，应通知检修人员补充SF_6气体。补充SF_6气体的含水量要符合要求，不大于150PPM，年漏气量不大于1%。当出现SF_6气体压力低闭锁时，应按危急缺陷处理，应立即断开故障开关的操作直流，用侧路开关带送此开关。在用侧路带时要在两开关并列后，将侧路开关操作直流拉开，用拉环流的方法拉开故障开关的两侧刀闸，使其脱离系统。

（5）瓷套是否清洁，有无裂纹、机械损伤、放电及烧伤痕迹。

（6）各部引线接点是否接触良好，有无过热现象，导线弛度是否适当。

（7）各处接地是否完好。

（8）防雨帽是否齐全，有无鸟巢。

（9）机构箱门是否平整、开启灵活、关闭紧密。

（10）机构电源开关及熔丝是否完好。

（11）加热系统是否处于良好状态。

（12）各部压力是否正常，管道有无异常声响及异味。

（13）记录油气泵启动次数，考核启动是否正常。

5.1.3 隔离开关的巡视

5.1.3.1 隔离开关正常巡视的内容

（1）各部接点连接是否紧固，有无过热、松动、脱落现象，引线弛度是否适当。

（2）触头接触部分是否接触良好、插入深度是否适当，有无过热现象。

（3）支持瓷柱是否清洁，有无裂纹、机械损伤、放电及烧伤痕迹。

（4）各部接地是否完好。

（5）传动部分有无锈蚀、断裂现象，销针是否齐全。

（6）设备基础构架是否完好，有无倾斜、下沉、锈蚀、裂纹现象。

5.1.3.2　在下列情况下应对隔离开关进行特殊巡视

（1）设备负荷有显著增加时应进行巡视。

（2）设备经过检修、改造或长期停用后重新投入系统运行时应进行巡视。

（3）设备缺陷近期有发展时应进行巡视。

（4）恶劣气候、事故跳闸和设备运行中发现可疑现象时应进行巡视。

（5）法定节假日和上级通知有重要供电任务期间时应进行巡视。

5.1.4　GIS 组合电器的巡视

（1）检查装置外观无变形、无锈蚀、连接无松动，传动元件的轴、销齐全无脱落、无卡涩，箱门关闭严密；无异常声响、气味等。

（2）检查气室压力在正常范围内，并记录压力值。

（3）检查位置指示器与实际运行方式相符。

（4）检查套管完好、无裂纹、无损伤、无放电现象。

（5）检查避雷器在线监测仪指示正确，并记录泄漏电流值和动作次数。

（6）检查防护罩无异样，其释放出口无障碍物，防爆膜无破裂。

（7）检查汇控柜指示正常，无异常信号发出；操作切换把手与实际运行方式位置相符；控制、电源开关位置正常；连锁位指示正常；加热器及驱潮器正常。

（8）检查接地线、接地螺栓表面无锈蚀、压接牢固。

（9）检查设备基础无下沉、倾斜。

5.1.5　10kV 高压开关柜的巡视

（1）开关柜中各交直流熔丝（控制开关）是否投入正确。

（2）各"运行"指示灯是否指示正确，有关固化开关位置是否正确。

（3）标志是否齐全完好。

（4）柜上窗口显示是否正常。

（5）有无异声、异味。电缆孔洞封堵严密。

（6）柜体应整洁，柜门严密。

（7）接地刀闸位置、带电显示装置指示正确。

5.1.6 互感器的巡视

5.1.6.1 互感器正常巡视的内容

（1）各部接点是否连接紧固，接触良好，有无过热现象，引线弛度是否适当。

（2）各部接地是否完好。

（3）油位、油色是否正常，各部分有无渗漏现象。

（4）呼吸器、膨胀器是否正常，硅胶是否变色。

（5）瓷套是否清洁，有无裂纹、机械损伤、放电及烧伤痕迹。

（6）运行声音是否正常，有无异味、过热、冒烟现象。

（7）气体互感器压力是否正常。

5.1.6.2 在下列情况下应对互感器进行特殊巡视

（1）在高温、大负荷运行前。

（2）大风、雾天、冰雪、冰雹及雷雨后的巡视。

（3）设备变动后的巡视。

（4）设备新投入运行后的巡视。

（5）设备经过检修、改造或长期停运后重新投入运行后的巡视。

（6）异常情况下的巡视主要是指设备发热、系统冲击、内部有异常声音等。

（7）设备缺陷近期有发展时、法定节假日、上级通知有重要供电任务时。

5.1.7 消弧线圈的巡视

5.1.7.1 消弧线圈正常巡视的内容

（1）上层油温是否正常，套管是否清洁、有无破损和裂纹。

（2）油位及油色是否正常，有无渗油、漏油现象。

（3）呼吸器内吸潮剂有无变色，表计、分接头位置是否指示正确。

（4）各部分引线连接是否牢固，外壳接地及中性点接地是否良好。

（5）有无异常声响。

（6）气体继电器玻璃窗是否清洁，有无渗油现象。

5.1.7.2 发生单相接地时消弧线圈巡视的内容

（1）单相接地时须加强对消弧线圈的监视，接地运行时间不得超过规程规定或名牌规定（一般不超过2h）。

（2）每隔30min检查一下消弧线圈上层油温，上层油温不得超过制造厂规定的允许值（最高不得超过95℃）。

（3）接地运行时应检查、记录消弧线圈补偿电流在正常范围内。

（4）油色、油位应在规定的范围内。

（5）消弧线圈声音应正常。

5.1.8 避雷器的巡视

5.1.8.1 避雷器正常巡视的内容

（1）各部接点连接是否紧固，有无过热、松动、脱落现象，引线弛度是否适当。

（2）支持瓷柱是否清洁，有无裂纹、机械损伤、放电及烧伤痕迹。

（3）接地是否完好、内部是否存在异常声响。

（4）放电计数器指示是否正确，密封是否良好。

（5）监视泄漏电流在合格范围内，有无大的变化。

（6）设备基础构架是否完好，有无倾斜、下沉、锈蚀、裂纹现象。

（7）避雷器均压环是否发生歪斜。

5.1.8.2 在下列情况下应对避雷器进行特殊巡视

（1）出现缺陷时应进行巡视。

（2）阴雨天及雨后应进行巡视。

（3）大风及沙尘天气应进行巡视。

（4）每次雷电活动后或系统发生过电压等异常情况后应进行巡视。

（5）运行 15 年及以上的避雷器应加强巡视。

5.2 变电站异常与缺陷的处理

5.2.1 缺陷的定义与分类

5.2.1.1 缺陷的定义

运行设备含处于备用状态的设备，因自身或相关功能而影响设备或系统正常运行的异常现象称为设备缺陷。

5.2.1.2 缺陷的分类

（1）危急缺陷：设备或建筑物发生了直接威胁安全运行并需立即处理的缺陷，否则随时可能造成设备损坏、人身伤亡、大面积停电和火灾等事故。

（2）严重缺陷：对人身或设备有严重威胁，暂时尚能坚持运行但需尽快处理的缺陷。

（3）一般缺陷：上述危急、严重缺陷以外的设备缺陷，指性质一般、情况较轻、对安全运行影响不大、可列入计划进行处理的缺陷。

5.2.2 异常、缺陷处理原则、流程

变电站运行人员负责设备缺陷的上报、记录、统计和分析及督促缺陷消除工作。

运行人员发现设备异常或缺陷后应立即通知运维班班长、专工到现场检查设备实际情况，确属设备缺陷的，由运行值班人员负责按规定进行记录和上报工作。

运维班班长或专工应每周检查一次各站设备缺陷及消除情况，对各站设备缺陷做到心中有数，对未消除的缺陷要加强巡视，并督促尽快处理。

缺陷管理的程序：发现缺陷→记录缺陷→核定缺陷→汇报缺陷→处理缺陷→消除缺陷

5.2.3 变压器缺陷的定性及处理

5.2.3.1 变压器缺陷的定性

（1）危急缺陷：是指变压器发生了威胁安全运行并需立即处理的缺陷，否则，随时可能造成设备损坏、人身伤亡、大面积停电、火灾等事故。例如下列情况：接线端子严重发热，一二次套管裂痕，套管严重渗油，冷却器或控制回路故障，主变本体及附件严重漏油，变压器着火，变压器瓦斯保护动作，压力释放阀动作，油温异常升高，套管末屏放电、分接开关触头接触不良、过热。

（2）严重缺陷：是指对变压器有严重威胁，暂时尚能坚持运行但需尽快处理的缺陷。例如下列情况：接线端子发热，套管油位异常（看不见油位），套管污秽，潜油泵电流增大，变压器内异音，铁芯接地电流突增或超值。

（3）一般缺陷：是指上述危急、严重缺陷以外的设备缺陷，指性质一般，情况较轻，对安全运行影响不大的缺陷。例如下列情况等：本体及附件渗油，油枕油位异常、假油面，硅胶变色，冷却器表面污秽，变压器油色谱分析超过注意值。

5.2.3.2 变压器缺陷的处理

（1）变压器过热的处理。变压器绝缘损坏大多是由过热引起的，温度的升高降低了绝缘材料的耐压能力和机械强度。发现变压器油温异常升高，应进行检查，并及时处理。

若运行仪表指示变压器已过负荷，变压器及冷却装置无故障迹象，则表示温度升高是由过负荷引起的，应按过负荷处理。

若冷却装置未完全投入或有故障，应立即处理，排除故障；若故障不能立即排除，则必须降低变压器运行着的负荷，按相应冷却装置冷却性能的对应值运行。若远方测温装置发出温度告警信号，且指示温度值很高，而现场温度计指示并不

高，变压器又没有其他故障现象，可能是远方测温回路故障误告警，可在适当时候予以排除。如果三相变压器组中某一相油温升高，明显高于该相在过去同一负荷、同样冷却条件下的运行油温，而冷却装置、温度计均正常，则过热可能是变压器内部的某种故障引起，应通知专业人员立即取油样作色谱分析，进一步查明故障。若色谱分析表明变压器存在内部故障，或变压器在负荷及冷却条件不变的情况下，油温不断上升，则应按现场规程规定将变压器退出运行。

（2）变压器的紧急停运的处理。遇有以下情况时，应立即将变压器停止运行。若有备用变压器，应尽可能将备用变压器投入运行。

①变压器内部声响异常或声响明显增大并伴随有爆裂声；②在正常负荷和冷却条件下，变压器温度不正常并不断上升；③压力释放阀动作或向外喷油；④严重漏油使油面降低，并低于油位计的指示限度；⑤油色变化过大，油内出现大量杂质等；⑥套管有严重的破损和放电现象；⑦冷却系统故障，断水、断电、断油的时间超过了变压器的允许时间；⑧变压器冒烟、着火、喷油；⑨变压器已出现故障，而保护装置未动作。

（3）变压器着火时的处理。①变压器着火时，应立即断开各侧断路器和冷却装置电源，使各侧至少有一个明显的断开点，然后用灭火器进行扑救并投入水喷雾装置，同时立即通知消防队；②若油在变压器顶盖上着火时，则应打开下部油门放油至适当油位；③若变压器内部故障引起着火时，则不能放油，以防变压器发生严重爆炸；④消防队前来灭火，必须指定专人监护，并指明带电部分及注意事项。

（4）变压器出现强烈而不均匀的噪声且振动很大时的处理。变压器出现强烈而不均匀的噪声且振动加大，是由于铁芯的穿心螺丝夹得不紧，使铁芯松动造成硅钢片间产生振动。振动能破坏硅钢片间的绝缘层，并引起铁芯局部过热。如果有"吱吱"声，则是由于绕组或引出线对外壳闪络放电，或铁芯接地线断线造成铁芯对外壳感应而产生高电压，发生放电引起。放电的电弧可能会损坏变压器的绝缘，在这种情况下，运行人员应立即汇报，并采取措施。如保护不动作则立即手动停用变压器，若有备用变压器则先投入备用变压器，再停用此台变压器。

（5）变压器压力释放阀动作后的处理。

①压力释放阀动作原因：内部故障；变压器承受大的穿越性短路；压力释放阀二次信号回路故障；大修后变压器注油较满；负荷过大、温度过高；致使油位上升而向压力释放阀喷油。

②检查处理：检查压力释放阀是否喷油；检查保护动作情况、气体继电器主变压器油温和绕组温度、运行声音是否正常，有无喷油、冒烟、强烈噪音和振动；

是否是压力释放阀误动；在未查明原因前，主变压器不得试送；压力释放阀动作发出一个连续的报警信号，只能通过恢复指示器人工解除；若仅压力释放阀喷油但无压力释放阀动作信号，则可能是大修后变压器注油较满；以及负荷过大、温度过高，致使油位上升所致。

（6）变压器油枕或压力释放阀喷油时的处理。油枕或压力释放阀喷油，表明变压器内部已有严重损伤。喷油使油面降低到油位指示计最低限度时，有可能引起气体保护动作。如果气体保护不动作而油面已低于顶盖时，则会引起出线绝缘能力降低，造成变压器内部有"吱吱"的放电声，而且，顶盖下形成空气层，使油质劣化，因此，发现这种情况，应立即切断变压器电源，以防事故扩大。

（7）变压器气体继电器动作后的处理。立即投入备用变压器或备用电源，恢复供电，恢复系统之间的并列；经判断为内部故障，未经内部检查并试验合格，不得重新投入运行，防止扩大事故；若外部检查无任何异常，取气分析无色、无味、不可燃，气体纯净无杂质，同时变压器其他保护未动作，跳闸前气体继电器报警时，变压器声音、油温、油位、油色无异常，则可能进入空气太多、析出太快，应查明进气的部位并处理。无备用变压器时，根据调度和上级主管领导的命令，试送一次，严密监视运行情况，由检修人员处理密封不良问题；外部检查无任何故障迹象和异常，变压器其他保护未动作，取气分析，气体颜色很淡、无味、不可燃，即气体的性质不易鉴别，无可靠根据证明属误动作，且备用变压器和备用电源者，则根据调度和主管领导命令执行，拉开变压器的各侧隔离开关，遥测无问题，放出气体后试送一次，若不成功应做内部检查。有备用变压器者，由专业人员取样进行化验，试验合格后方能投运；外部检查无任何故障迹象和异常，气体继电器内无气体，证明确属误动跳闸。若其他线路上有保护动作信号掉牌，气体继电器动作掉牌信号能复归，属外部有穿越性短路引起的误动跳闸，故障线路隔离后，可以投入运行。若其他线路上无保护动作信号掉牌，气体继电器动作掉牌信号能复归，可能属振动过大原因误动跳闸，可以投入运行。

（8）变压器差动保护动作跳闸后的处理。检查故障明显可见，发现变压器本身有明显的异常和故障迹象，差动保护范围内一次设备上有故障现象，应停电检查处理故障，检修试验合格方能投运；未发现明显异常和故障迹象，但有气体继电器保护动作，即使只是气体继电器报警信号，属变压器内部故障的可能性极大，应经内部检查并试验合格后方能投入运行；未发现任何明显异常和故障迹象，变压器其他保护未动作。检查保护出口继电器接点打开位置，线圈两端无电压。检查差动保护范围外有接地、短路故障。可将外部故障隔离后，拉开变压器各侧隔离开关，测量变压器绝缘无问题，根据调度命令试送一次，试送成功后检查无接线错误；检查变压器及差动保护范围内一次设备，无发生故障的痕迹和异常。检查变压器气体保护未动作。检查其他设备和线路无保护动作信号掉牌。根据调度命令，拉开变压器各侧隔离开关，测量变压器绝缘无问题，可试送一次。

（9）变压器油温升高的检查处理。检查主变压器就地及远方温度计指示是否一致，用手触摸比较各相变压器油温有无明显差别；检查主变压器是否过负荷。若油温升高是长期过负荷引起，应向调度汇报，要求减轻负荷；检查冷却设备运行是否正常。若冷却器运行不正常，则应采取相应的措施；检查主变压器声音是否正常，油温是否正常，有无故障迹象；若在正常负荷、环境和冷却器正常运行方式下主变压器油温仍不断升高，则可能是变压器内部有故障，应及时向调度汇报，征得调度同意，申请变压器退出运行并做好记录；判断主变压器油温升高，应以现场指示、远方打印和模拟量告警为依据，并根据温度—负荷曲线进行分析。若仅有告警，而打印和现场指示正常，则可能是误发信号或测温装置本身有误。

（10）变压器过负荷的处理。①运行中的变压器负荷达到相应调压分接头的额定值电流90%及以上，应立即向调度汇报，并做好记录；②根据变压器允许过负荷情况，及时做好记录并派专人监视主变压器的负荷及上层油温和绕组温度；③按照变压器特殊巡视的要求及项目，对变压器进行特殊巡视；④过负荷期间变压器的冷却器应全部投入运行；⑤过负荷结束后应及时向调度汇报，并记录过负荷结束时间。

如变电站总负荷超过单台运行变压器额定容量的1.3倍时，变压器二次分列运行时，不投入母联备自投装置；若变压器二次并列运行，可将变压器过负荷保护改为过负荷解列保护运行。

两台同容量主变压器运行，其中一台变压器事故停运，如果变电站总负荷（视在功率）不超过变压器铭牌容量的1.3倍时，非事故变压器可允许短时间过负荷运行。若变压器二次分列运行，可以使用母联备自动装置，但必须在以下规定的运行时间内，迅速拉减负荷，使变压器负荷降低到变压器额定容量以下，并同时注意变压器顶层油温不超过温升规定。

变电站总负荷不超过额定容量的1.3倍时，允许运行30min；

变电站总负荷不超过额定容量的1.2倍时，允许运行60min；

变电站总负荷不超过额定容量的1.1倍时，允许运行120min。

（11）变压器冷却器失去交流电源全停时的处理。检查故障变压器的负荷情况，密切注意变压器绕组温度、上层油温情况。将情况向调度及有关部门汇报；

立即检查工作电源是否缺相，若冷却装置仍运行在缺相的电源中，则应断开连接；立即检查冷却控制箱内另一工作电源电压是否正常，若正常，则迅速切换至该工作电源；立即检查冷却控制箱各负荷开关、接触器、熔断器、热继电器等工作状态是否正常，若有问题，立即处理；发生冷却器全停时，随时与调度联系告知变电站变压器温度及处理情况，以便调度减负荷摆布运行方式，如在规定时间内不能消除缺陷联系调度将变压器停运。

当运行中变压器冷却器全停时，在额定负载下，允许变压器运行时间为20min。若20min不能恢复冷却器正常运行时，当上层油温尚未达到75℃时，允许上升到75℃。但冷却器全停后，变压器运行时间不得超过1h。

5.2.4 高压断路器缺陷的定性及处理

5.2.4.1 高压断路器缺陷的定性

（1）危急缺陷与严重缺陷分类见表5-1。

表5-1 开关设备缺陷分类标准

设备（部位）名称	危急缺陷	严重缺陷
1. 通则		
1.1 短路电流	安装地点的短路电流超过断路器的额定短路开断电流	安装地点的短路电流接近断路器的额定短路开断电流
1.2 操作次数和开断次数	断路器的累计故障开断电流超过额定允许的累计故障开断电流	断路器的累计故障开断电流接近额定允许的累计故障开断电流；操作次数接近断路器的机械寿命次数
1.3 导电回路	导电回路部件有严重过热或打火现象	导电回路部件温度超过设备允许的最高运行温度
1.4 瓷套或绝缘子	有开裂、放电声或严重电晕	严重积污
1.5 断口电容	有严重漏油现象、电容量或介损严重超标	有明显的渗油现象、电容量或介损超标
1.6 操动机构		
1）液压或气动机构	失压到零	频繁打压
	打压不停泵	
2）控制回路	控制回路断线、辅助开关接触不良或切换不到位	
	控制回路的电阻、电容等零件损坏	

续表

设备（部位）名称	危急缺陷	严重缺陷
3）分合闸线圈	线圈引线断线或线圈烧坏	最低动作电压超出标准和规程要求
1.7 接地线	接地引下线断开	接地引下线松动
1.8 开关的分合闸位置	分、合闸位置不正确，与当时的实际运行工况不相符	
2. SF₆开关设备		
2.1 SF₆气体	SF₆气室严重漏气，发出闭锁信号	SF₆气室严重漏气，发出报警信号
		SF₆气体湿度严重超标
2.2 设备本体	内部及管道有异常声音（漏气声、振动声、放电声等）	
	落地罐式断路器或 GIS 防爆膜变形或损坏	
2.3 操动机构	气动机构加热装置损坏，管路或阀体结冰	气动机构自动排污装置失灵
	气动机构压缩机故障	气动机构压缩机打压超时
	液压机构油压异常	液压机构压缩机打压超时
	液压机构严重漏油、漏氮	
	液压机构压缩机损坏	
	弹簧机构弹簧断裂或出现裂纹	
	弹簧机构储能电机损坏	
	绝缘拉杆松脱、断裂	
3. 油开关设备		
3.1 绝缘油	严重漏油，油位不可见	断路器油绝缘试验不合格或严重炭化
3.2 设备本体	多油断路器内部有爆裂声	
	少油断路器开断过程中喷油严重	
	少油断路器灭弧室冒烟或内部有异常响声	
3.3 操动机构	液压机构油压异常	液压机构压缩机打压超时
	液压机构严重漏油、漏氮	渗油引起压力下降
	液压机构压缩机损坏	
	绝缘拉杆松脱、断裂	

续表

设备（部位）名称	危急缺陷	严重缺陷
4. 高压开关柜和真空开关		
4.1 真空开关	真空灭弧室有裂纹	真空灭弧室外表面积污严重
	真空灭弧室内有放电声或因放电而发光	
	真空灭弧室耐压或真空度检测不合格	
4.2 开关柜及元部件	元部件表面严重积污或凝露	母线室柜与柜间封堵不严
	母线桥内有异常声音	电缆孔封堵不严
5. 高压隔离开关	绝缘子有裂纹，法兰开裂	传动或转动部件严重腐蚀

（2）一般缺陷。上述危急、严重缺陷以外的设备缺陷，指性质一般，情况较轻，对安全运行影响不大的缺陷。

高压开关设备发生下列情形之一者，应定为一般缺陷，应汇报调度，并记录在缺陷记录本内进行缺陷传递，在规定时间内安排处理：编号牌脱落；相色标志不全；金属部位锈蚀；机构箱密封不严等。

5.2.4.2 高压断路器缺陷的处理

（1）断路器合闸闭锁的处理。①如果是弹簧机构未储能，应检查其电源是否完好，若属于机构问题应通知检修人员处理；②如果灭弧介质压力降低至合闸闭锁值，应断开断路器的跳闸电源，由检修人员补气至正常值；③如保护动作引起合闸闭锁应查明原因，报告调度，检查处理；④如控制回路有问题应重点检查控制回路易出现故障的位置，如同期回路、控制开关、合闸线圈继电器等，对于二次回路问题，应通知专业人员进行处理；⑤如果是 SF_6 或机构压力至分闸闭锁，应断开断路器合闸电源开关，并应请示调度停电处理。⑥合闸电源不正常或未投入，应尽快恢复。

（2）断路器分闸闭锁的处理。①如果是弹簧机构未储能，应检查其电源是否完好，若属于机构问题应通知检修人员处理；②如果灭弧介质压力降低至合闸闭锁值，应断开断路器的跳闸电源，由检修人员补气至正常值；③如保护动作引起合闸闭锁应查明原因，报告调度，检查处理；④如控制回路存在故障点应重点检查分闸线圈、断路器控制把手，在确定故障后，通知专业人员进行处理；⑤如果是 SF_6 或机构压力至分闸闭锁，应断开断路器合闸电源开关，并应请示调度停电处理；⑥若是断路器辅助接点转换不良，应通知检修人员处理；⑦分闸电源不正常或未投入，应尽快恢复。

（3）断路器拒绝合闸的处理。①若合闸电源消失，更换合闸回路保险或空开；②试合控制箱内合闸电源开关；③断路器操作控制箱内"远方—就地"选择开关放至远方位置；④控制回路断线、同期回路断线、合闸线圈及合闸回路继电器烧坏、操作继电器故障、控制把手失灵应通知专业人员进行处理；⑤当故障照此断路器不能投入时，应按断路器合闸闭锁的方法进行处理。

（4）断路器拒绝分闸的处理。①若分闸电源消失，更换分闸回路保险或空开；②试合控制箱内分闸电源开关；③断路器操作控制箱内"远方—就地"选择开关放至远方位置；④控制回路断线、同期回路断线、合闸线圈及合闸回路继电器烧坏、操作继电器故障、控制把手失灵应通知专业人员进行处理；⑤当故障照此断路器不能投入时，应按断路器分闸闭锁的方法进行处理。

（5）断路器合闸直流电源消失的处理。当断路器合闸电源开关跳闸或断开时，将发出"合闸直流电源消失"信号，说明合闸回路由故障或合闸电源开关未合上。合闸直流电源消失的处理：①运行人员应检查合闸回路有无明显故障（如合闸继电器、合闸线圈等）或合闸电源开关未合上的原因；②如果未发现明显异常现象，运行人员可将合闸直流电源开关试合一次，如果试合成功，说明已正常；③如果再次跳闸说明直流回路确有问题，应申请调度停用该断路器的重合闸，并通知专业人员进行处理。

（6）断路器压力降低到零时的处理。①断开开关的操作电源；②利用断路器上的机械闭锁装置，将断路器锁紧在合闸位置上；③根据调度命令，改变运行方式，用隔离开关开环将断路器退出运行。拉开隔离开关时要短时断开已并列的旁路断路器的跳闸电源开关，申请紧急检修。

5.2.5 隔离开关缺陷的定性及处理

5.2.5.1 隔离开关缺陷的定性

（1）隔离开关缺陷的定性见表 5－2。

表 5－2　隔离开关缺陷定性

序号	设备状态	缺陷类别	处理方法
1	瓷瓶污秽	严重	加强监视，观察负荷、汇报、安排处理
2	瓷瓶裂痕	危急	汇报，立即退出运行
3	地线断裂	严重/危急	加强监视，观察负荷、汇报、安排处理/汇报，立即退出运行
4	地线生锈	一般	加强监视，观察负荷、汇报、安排处理
5	冒烟	危急	汇报，立即退出运行
6	冒蒸汽	危急	汇报，立即退出运行

（2）按接点过热定性。

危急缺陷。满足下列条件之一者为危急缺陷：已明显可见过热发红；相对温差≥95%，且接点绝对温度≥65℃；接点温度超过表5-3规定的最高允许温度10%及以上。

严重缺陷。相对温差≥80%，且不满足危急缺陷条件；接点温度达到表5-3规定的最高允许温度，但未超过最高允许温度10%，无须计算相对误差。

一般缺陷。相对温差≥35%，且＜80%。

（3）温度（温升）法。被测设备温度（温升）超过表5-3规定的数值时，根据超标的程度、负荷率的大小、设备的重要性和设备承受机械应力的大小确定缺陷的性质。

表5-3　电器中各零件材料的最高允许温度（温升）

接点类别	表面材料	最高允许温度（℃）（空气中）	最高允许温升（℃）（空气中）
触头	裸铜或裸铜合金	75	35
	镀锡	90	50
	镀银或镀镍	105	65
导体接合部分（包括端子及接线板）	裸铜或裸铝（包括其合金）	90	50
	镀锡	105	65
	镀银或镀镍	115	75

（4）相对温差法。

相对温差法定义：指两个对应测点之间的温差与其中较热点的温升之比的百分数。

相对温差公式：
$$\delta_t = (T_1 - T_2)/(T_1 - T_0) \times 100\%$$
式中：T_0——环境温度；

T_1——发热点的温度；

T_2——正常对应点的温度。

当发热点温升值（最高温度与环境温度之差）小于10℃，不能按照相对温差方法进行判断，如负荷率小、温升小但相对温差大的设备；如果有条件改变负荷率，可增大负荷电流后进行复测。当无法进行此类复测时，要注意监视，加强跟踪；当三相电流不平衡度较大时，应考虑负荷电流的影响；若三相设备同时出现异常，可与同回路的其他设备接点比较。

例：某变电站某 66kV 线路负荷电流为 80A，环境温度为 20℃，母隔离开关母线侧接线板 A、C 相测试温度为 21℃，B 相测试温度为 55℃，满足温升大于 10℃的要求，可以使用相对温差法计算。

$$\delta_t = (T_1 - T_2)/(T_1 - T_0) \times 100\% = (55 - 21)/(51 - 20) \times 100\% = 97.14\%$$

但绝对温度 <65℃，定性为严重缺陷。

5.2.5.2　隔离开关缺陷的处理

（1）运行中的隔离开关可能会出现的异常。接触部分过热，由于拧紧部件松动，刀口合得不严造成过热或刀口熔焊；瓷绝缘子外伤、硬伤，支柱底座破裂；在污秽严重时或过电压情况下产生闪络、放电、击穿接地而引起烧伤痕迹，严重时产生短路，瓷绝缘子爆炸，开关跳闸；三相合闸不同期；操作卡阻，拉合失灵；隔离开关自分；辅助接点转换不到位；操作过程中隔离开关停止在中间位置；电机烧坏，接触器烧坏；严重合不到位；远方不能操作。

（2）隔离开关的异常处理。需立即减少负荷，通知用户限负荷或拉开部分断路器；与母线连接的隔离开关，应尽可能停止使用；发热剧烈时，应以适当得隔离开关，利用倒母线或以备用断路器倒旁路母线等方式转移负荷使其退出运行；如需停用发热隔离开关，而可能引起停电并造成损失较大时，应采取带电作业进行抢修，做部件整紧工作。此时如仍未消除发热，可以使用接短路线的方法，临时将隔离开关短接；瓷绝缘子外伤严重，瓷绝缘子吊盖，对地击穿，瓷绝缘子爆炸，刀口熔焊等，应立即采取停电或带电作业处理。隔离开关三相严重不到位或不同期应进行检修；运行中的隔离开关因端子箱受潮（分闸回路接通）造成隔离开关自分现象，应立即断开本间隔的断路器，以防带负荷拉隔离开关。

5.2.6　避雷器缺陷的定性及处理

5.2.6.1　避雷器缺陷的定性

避雷器缺陷应分为一般缺陷、严重缺陷、危急缺陷等三种类型。运行单位应做好异常及缺陷记录，并根据缺陷的危险程度及系统的运行情况分别采取措施。

（1）一般缺陷。一般缺陷是指避雷器设备的缺陷尚不严重，不会或短时内不会危及避雷器安全运行的异常情况。如避雷器放电计数器的破损或不能正常动作；基座绝缘下降；瓷外套积污并在潮湿条件下引起表面轻度放电，伞裙的破损；硅橡胶复合绝缘外套的憎水性下降；引流线或接地引下线轻度断股，一般金属件或接地引下线的腐蚀；充气并带压力表的避雷器，压力低于正常运行值；等等。

（2）严重缺陷。严重缺陷是指避雷器设备的缺陷比较严重，短时内有可能会危及避雷器安全运行的异常情况。如避雷器试验结果异常，红外检测发现温度分布异常，泄漏电流在线监测装置指示泄漏电流出现异常；瓷外套积污严重并在潮湿条件下有明显放电的现象；瓷外套或基座出现裂纹；硅橡胶复合绝缘外套的憎水性丧失；均压环歪斜，引流线或接地引下线严重断股或散股，一般金属件的严重腐蚀；连接螺丝松动，引流线与避雷器连接处出现轻度放电现象；避雷器的引线及接地端子上以及密封结构金属件上出现不正常变色和熔孔；等等。

（3）危急缺陷。危急缺陷是指避雷器设备的缺陷非常严重，随时有可能会危及避雷器安全运行的异常情况。如避雷器试验结果严重异常，泄漏电流在线监测装置指示泄漏电流严重增长；红外检测发现温度分布明显异常；瓷外套或硅橡胶复合绝缘外套在潮湿条件下出现明显的爬电或桥络；均压环严重歪斜，引流线即将脱落，与避雷器连接处出现严重的放电现象；接地引下线严重腐蚀或与地网完全脱开；绝缘基座出现贯穿性裂纹；密封结构金属件破裂等；充气并带压力表的避雷器，当压力严重低于告警值；等等。

5.2.6.2 避雷器缺陷的处理

（1）避雷器缺陷的处理原则方法见表 5-4。

表 5-4　避雷器缺陷的处理原则方法

缺陷部位		缺陷的处理方法		
		一般缺陷	严重缺陷	危急缺陷
放电动作计数器		更换	—	—
绝缘基座	绝缘	检修	—	—
	裂纹	—	特殊巡视、更换	更换
瓷绝缘外套	积污	检修	检修	检修
	裂纹或破损	—	整体更换	
本体试验、泄漏电流在线监测			特殊巡视	整体更换
一般金属件、引流线接地引下线、连接件		检修	检修或更换	检修或更换
均压环		—	检修	检修或更换
端子及密封结构金属件			特殊巡视	整体更换
充气压力		检修	检修或整体更换	整体更换

一般缺陷的处理。对于避雷器的一般性缺陷，在发现当时能够处理的则当时进行处理，当时条件不具备而无法处理的可在条件具备后进行处理。但对于有可

能进一步发展，在一段时间后影响避雷器安全运行的缺陷，应进行特殊巡视。

严重缺陷的处理。对于避雷器的严重缺陷，在发现当时能够处理的则应及时进行处理，当时难以停运而无法处理的应尽快与调度部门联系安排停运进行处理。在安排设备停运前或缺陷未能消除即需投入运行的，运行单位还应加强特殊巡视。

危急缺陷的处理。对于避雷器的危急缺陷，在发现时应迅速进行处理，对于运行中的避雷器应立即与调度部门联系安排停运。

缺陷处理完毕后，无论缺陷是否消除，都应对缺陷的处理方法及缺陷的消除情况在设备的缺陷处理及消缺记录中进行详细记载。

（2）避雷器在下列情况下需要停电的处理：避雷器爆炸；避雷器瓷套破裂；避雷器在正常的情况下计算器动作；引线断损或松脱；氧化锌避雷器的泄漏电流值有明显的变化。

（3）避雷器瓷套裂纹时的处理：如天气正常，应请示调度停下损伤的避雷器，更换为合格的避雷器；如天气不正常（雷雨），应尽可能不使避雷器退出运行，待雷雨后再处理；如果因瓷质裂纹已造成闪络，但未接地者，在可能条件下应将避雷器停用。

（4）避雷器爆炸时的处理：避雷器爆炸尚未造成接地时，在雷雨过后拉开相应隔离开关，停用、更换避雷器；避雷器瓷套裂纹或爆炸已造成接地者，需要停电更换，禁止用隔离开关停用故障的避雷器。

5.2.7 互感器缺陷的定性及处理

5.2.7.1 互感器缺陷的定性

（1）危急缺陷：设备发生了直接威胁安全运行并需立即处理的缺陷，否则随时可能造成设备损坏、人身伤亡、大面积停电和火灾等事故。例如下列情况：设备漏油，从油位指示器中看不到油位；设备内部有放电声响；主导流部分接触不良，引起发热变色；设备严重放电或瓷质部分有明显裂纹；绝缘污秽严重，有污闪可能；电压互感器二次电压异常波动；设备的试验、油化验等主要指标超过规定，不能继续运行；SF_6 气体压力表为零。

（2）严重缺陷：缺陷有发展的趋势，但可以采取措施坚持运行，列入月计划处理，不致造成事故者。例如下列情况：设备漏油；红外测量设备内部异常发热；工作、保护接地失效；瓷质部分有掉瓷现象，不影响继续运行；充油设备油中有微量水分，呈淡黑色；二次回路绝缘下降，但下降不超过 30% 者；SF_6 气体压力表指针在红色区域。

（3）一般缺陷：上述危急、严重缺陷以外的设备缺陷，指性质一般，情况较轻，对安全运行影响不大的缺陷。例如下情况：储油柜轻微渗油；设备上缺少不重要的部件；设备不清洁、有锈蚀现象；二次回路绝缘有所下降者；非重要表计指示不准者；其他不属于危急、严重的设备缺陷。

5.2.7.2 互感器缺陷的处理

（1）互感器有下列故障征象之一者应立即停运：①瓷套出现裂纹或破损；②互感器有严重放电，已威胁安全运行时；③互感器内部有异常响声、异味、冒烟或着火；④金属膨胀器异常膨胀变形；⑤压力释放阀（防爆片）已冲破；⑥经红外测温检查发现内部有过热现象；⑦互感器严重漏油；⑧互感器本体或引线端子有严重过热时。

（2）互感器常见异常及原因：①电流互感器过热，可能是内、外接头松动，可能是一次过负荷，二次开路，或绝缘介损升高；②互感器产生异常声响，可能是铁芯或零件松动，电场屏蔽不当，二次开路或接触不良，末屏开路及绝缘损坏放电；③绝缘油溶解气体色谱分析异常。

（3）电容式电压互感器二次电压异常现象及引起的主要原因。引起二次电压波动的主要原因可能为二次连接松动，分压器低压端子未接地或未接载波线圈，电容单元可能被间断击穿，铁磁谐振。引起二次电压低的主要原因可能为二次连接不良，电磁单元故障或电容单元 $C2$ 损坏；引起二次电压高的主要原因可能为电容单元 $C1$ 损坏，分压电容接地端未接地。引起开口三角形电压异常升高的主要原因可能为某相互感器的电容单元故障。

（4）互感器的异常处理。当电压互感器回路断线时，会出现 PT 断线光字盒亮、警铃响、表计指示不正常，值班员应做如下处理：①若在短时间内不能排除故障点，应将所带的保护和仪表及自动装置切换到运行正常的互感器二次回路上，如无法切换，应停用保护及自动装置；②详细检查二次熔断器是否熔断，回路接头是否松动或断线，电压切换回路辅助接点是否接触良好，如果是熔丝熔断，换上后仍熔断，则应查明原因；③当 66kV 电压互感器二次熔丝熔断时，熔断相仪表指示电压为零，其他两相电压指示正常，当某相接地时其他两相升高到线电压，为 $\sqrt{3}$ 倍相电压，切勿错判；④电流互感器二次开路时，会产生很高的电压和异音，并伴随着有放电火花，应查清原因，处理时应保证安全的情况下站在绝缘垫上，可先将开口相接地后处理，一般采用侧路开关带出后处理；⑤互感器发生火灾时应立即切断电源，然后用干粉灭火器及沙子等灭火，绝对禁止用水灭火。

5.2.8 消弧线圈缺陷的定性及处理

5.2.8.1 消弧线圈缺陷的定性

（1）危急缺陷：设备发生了直接威胁安全运行并需立即处理的缺陷，否则随时可能造成设备损坏、人身伤亡、大面积停电和火灾等事故。例如下列情况：设备漏油，从油位指示器中看不到油位；设备内部有放电声响；一次导流部分接触不良，引起发热变色；设备严重放电或瓷质部分有明显裂纹；绝缘污秽严重，存在污闪可能；阻尼电阻发热、烧毁或接地变压器温度异常升高；设备的试验、油化验等主要指标超过相关规定，由试验人员判定不能继续运行；消弧线圈本体或接地变压器外壳鼓包或开裂。

（2）严重缺陷：缺陷有发展的趋势，但可以采取措施坚持运行，列入月计划处理，不致造成事故者。例如下列情况：设备漏油；红外测量设备内部异常发热；工作、保护接地失效；瓷质部分有掉瓷现象，不影响继续运行；充油设备油中有微量水分，游离碳呈淡黑色；二次回路绝缘下降，但不超过30%者；若消弧线圈在最大补偿电流档位运行，而此时脱谐度大于5%；中性点位移电压大于15%相电压。

（3）一般缺陷：上述危急、严重缺陷以外的设备缺陷，性质一般，情况较轻，对安全运行影响不大的缺陷。例如下列情况：储油柜轻微渗油；设备上缺少不重要的零部件；设备不清洁、有锈蚀现象；二次回路绝缘有所下降者；非重要表计指示不准者；其他不属于危急、严重的设备缺陷。

5.2.8.2 消弧线圈缺陷的处理

（1）消弧线圈动作后的处理：如果消弧线圈动作，应立即将接地相别、性质、仪表指示等情况汇报调度，并做好记录；检查高压设备是否有接地点，监视消弧线圈的油温情况；如消弧线圈本身发生故障，则应拉开连接消弧线圈的主变压器断路器，然后再拉开消弧线圈刀闸。

（2）消弧线圈有下列征象之一应立即停用：正常运行情况下，声响明显增大内部有爆裂声；严重漏油或喷油，使油面下降到低于油位计的指示限度；套管有严重的破损和放电现象；冒烟着火；附近的设备着火、爆炸或发生其他情况，对成套装置构成严重威胁时；当发生危及成套装置安全的故障，而有关的保护装置拒动时。

（3）有下列情况之一时，禁止拉合消弧线圈与中性点之间的单相隔离开关：系统有单相接地现象出现，已听到消弧线圈的嗡嗡声；中性点位移电压大于15%相电压。

（4）消弧线圈的异常处理：①消弧线圈瞬间动作时，值班人员应立即将动作情况汇报值班调度员，并将动作的全部现象记入运行记录簿内；②消弧线圈连续动作时，值班人员应将开始动作情况，如时间、电流、电压、母线电压等报告值班调度员，并记入运行记录簿内；③消弧线圈动作后，值班人员应穿绝缘靴去现场检查设备有无接地，并监视消弧线圈的升温情况；④消弧线圈的温升不得超过55℃，如果超过时，应立即报告值班调度员，并记入运行记录簿内；⑤消弧线圈本身有强烈的异音时，应采取措施，迅速停用；⑥消弧线圈着火或本体发生故障时，如系统有接地存在时，应立即联系调度值班员，将所属主变压器停电后，断开消弧线圈电源，并用灭火器和砂子扑灭，禁止用水灭火，如火势严重，威胁其他设备时，应迅速拨打119。

5.2.9 母线缺陷的处理

5.2.9.1 母线的异常处理

当母线发生事故时，应根据仪表及信号的指示，迅速进行检查，判明故障范围及故障性并立即向调度及所长汇报。

当一组母线故障停电时，如故障已不能使该母线继续运行时，应立即将负荷转移到另一组母线上，由运行人员布置好安全措施，通知检修人员，使母线尽快恢复正常运行方式。

由于保护误动或继电人员误操作，使母线全停或部分停电时，立即汇报调度，恢复送电，并应做好记录。

5.2.9.2 误操作导致母线全停，遵从下列顺序处理

（1）立即判明故障原因、故障性质、故障范围。

（2）将所有开关，电动或手动（直流不足或消失时）切开。

（3）将所有线路倒至无故障的母线上。

（4）尽可能采用线路向母线充电的方法，特别是变压器受到故障冲击的情况下，不得用变压器对母线充电。

（5）检查直流电压情况、主变风冷电源及主变压器有无异常，在无问题的情况下，将主变压器投入运行。

（6）依次送出各回线路，使其恢复送电。

（7）尽快组织对故障母线和所属设备抢修，达到恢复正常运行方式。

当母线接点及所连接的引线接点过热造成有严重隐患，必须停电进行处理时，应将该母线的负荷倒至另一条母线上，将该母线停电后处理；当66kV母线所连接的刀闸有严重的缺陷必须停电进行处理时，除将此线路用旁路带出外，还应将连

接此回路的母线停电，此母线上的负荷由另一条母线送出；母线所连接的电压互感器、避雷器设备有严重隐患或故障时，可将电压互感器一次刀闸拉开停电进行处理，但应首先考虑电压互感器所带的保护装置。

5.2.10　电容器缺陷的处理

发生下列情况时应立即停运。

（1）电容器发生爆炸。

（2）接头严重发热或电容器外壳示温蜡片熔化。

（3）电容器套管发生破裂并有闪络放电。

（4）电容器严重喷油或起火。

（5）电容器外壳明显膨胀，有油质流出或三相电流不平衡超过 5% 以上，以及电容器或电抗器内部有异常声响。

（6）当电容器外壳温度超过 55℃，或室温超过 40℃ 时，采取降温措施无效时。

（7）密集型并联电容器压力释放阀动作时。

（8）变电站全站停电或接有电容器的母线失压时，应先拉开该母线上的电容器断路器，再拉开线路断路器；来电后根据母线电压及系统无功补偿情况最后投入电容器。

（9）电容器开关跳闸后，不允许强送，应检查保护动作情况及电容器、开关及附属设备情况，经判明为外部故障造成跳闸，可以送电，否则应对电容器组逐台进行检查，保护进行试验未查明原因不得送电。

（10）在发现电容器外壳膨胀时，对运行中应加强监视，采取适当措施，在膨胀严重时应立即停止其运行。

5.2.11　10kV 系统接地的现象及处理

5.2.11.1　10kV 系统接地的现象

（1）警铃响。

（2）10kV 接地光字牌亮。

（3）10kV 绝缘监察电压表指示发生变化，接地相电压表指示下降；非接地相电压表指示上升，其中一相或三相电压超过当时运行线电压的 10%。

（4）发生接地瞬间，接地线路的电流表指针摆动。

5.2.11.2　处理步骤

（1）装有零序电流互感器的变电站，用零序电流互感器进行选择，未装有零序电流互感器的变电站，按调度下达的接地选择顺序进行手选。

（2）接地线路选出后，立即停运。

（3）运行人员对站内设备进行认真检查，检查时应穿绝缘靴，若有必要接触设备外壳和架构时，必须戴绝缘手套。

（4）若接地点不在站内，则立即通知线路维护单位进行带电巡视线路。

（5）若接地点在站内，则立即通知检修班进行抢修。

5.2.12　系统谐振的现象和处理

当系统内发生接地、断线、操作等，都可能引起系统谐振。电力系统发生不同频率的谐振，与电力系统中导线对地分布电容的容抗值和电压互感器综合电感的感抗值有关。

当对地电容比较大，则电容、电感振荡时的能量交换时间较长，如果在 1s 中内能量交换的次数是电源频率的分数倍，如为 50Hz 的 1/2、1/3、1/4 等，这种频率的谐振为分频谐振。

当对地电容比较小，则电容、电感振荡时的能量交换时间短，如果在 1s 中内能量交换的次数是电源频率的整数倍，如为 50Hz 的 3、5、7 倍等，这种频率的谐振为高频谐振。

当接近 50Hz，则发生的谐振为基频谐振。在 1s 之内电感、电容的能量交换次数正好和电源频率接近或相等。

5.2.12.1　系统谐振的现象

（1）相电压表一相或多相不规律的升高，甚至超过线电压值，而指针不断的抖动。

（2）线电压表变化不大，表计指针抖动。

（3 电力表指针抖动。

（4）表计指针快速抖动时是高频谐振，抖动较慢时是分频谐振（应注意分频谐振时，可能引起低周保护误动作）。

（5）谐振严重时瓷质绝缘有放电声响，电压互感器有异音。

（6）有消弧线圈的系统，由于系统运行方式的改变，可能引起消弧线圈与网络电容的参数谐振 。此时消弧线圈电压表，电流表均有指示，而且指针抖动，应做记录，报告调度听候处理。

5.2.12.2　接地故障和铁磁谐振的判别

接地故障和铁磁谐振判别见表 5 -5。

表 5 - 5　接地故障和铁磁谐振的判别

故障性质	相电压特征
金属性接地	故障相电压为0，非故障相电压等于线电压
非金属性（经电阻或电弧）接地	一相（或两相）电压低，但不为0，另两相（或一相）电压高，近似于线电压
基波谐振	一相电压低（但不为0），两相电压高（不超过3.2倍相电压），线电压基本不变，谐振电流很大，PT有响声，与系统单相接地想象相似（假接地现象），会导致设备绝缘击穿、避雷器损坏、PT保险熔断
分频谐振	三相电压同时升高，并超过线电压（不超过2.5倍相电压），三相电压表指针在相同范围内低频摆动，线电压的指示数基本不变
高频谐振	三相电压同时升高，远超过线电压（可达到4倍线电压），要比分频谐振时高得多，线电压指示数和分频谐振相同，谐振时过电流较小

5.2.12.3　金属性接地故障与电压互感器一相熔断

金属性接地故障与电压互感器一相熔断时，电压表示区别见表 5 - 6。

表 5 - 6　电压表指示的区别

故障性质	相别					
	A	B	C	AB	BC	CA
C相接地	线电压	线电压	0	正常	正常	正常
C相高压熔断器熔断	相电压	相电压	降低很多	正常	接近相电压	接近相电压
C相二次保险熔断	相电压	相电压	1/2相电压	正常	小于相电压	小于相电压

注：电压互感器二次保险熔断，"开口三角"无电压，即不发接地信号。

5.2.12.4　系统谐振的处理步骤

（1）检查电压表的变化情况，确是系统谐振时做好记录速报调度。

（2）系统发生谐振检查设备时，应穿绝缘鞋，人体不能触及开关柜及金属架构，禁止使用刀闸操作进行谐振消除。

（3）因接地引起谐振时，应立即拉开站内经常发生接地的线路断路器；因检修、限电等拉开某一出线断路器而发生谐振时，应立即合上该断路器，然后汇报调度；空载母线送电后发生谐振，尽快送出一条分路，不得使电压互感器长时间在谐振下运行；若双母解列运行发生谐振时，应立即合上母联断路器，待谐振消失后，再拉开母联断路器。可以合、拉电容器组，改变系统运行方式，但不得造成非同期并列。

（4）小电流接地系统，由于操作或事故引起电网发生分频谐振过电压（三相电压同时升高，仪表有节奏摆动），可立即按下述方法处理：立即恢复原系统（只限于用开关恢复）；投入或切除空载线路（长线路最佳）；改变运行方式。

（5）小电流接地系统向母线或向空线路充电时，出现铁磁谐振；三相电压不平衡时，一相或两相电压升高，汇报调度可按下列措施处理：拉开充电线路开关；投入母线上的任意线路；改变运行方式；投入备用变压器；为防止高压断路器三相开、合非同期可能产生过电压，直接接地系统中变压器投切前中性点必须接地。

（6）大电流系统电磁式电压互感器发生谐振时的故障处理。

故障现象：当具有开关断口电容的空母线进行操作时，出现电压表异常升高。

故障处理：当具有开关断口电容的空母线进行操作时，容易发生开关断口电容与电磁式电压互感器的谐振，操作前应有防谐振预想，准备好消除谐振的措施，操作过程中，如发生电压互感器谐振，严禁用隔离开关拉合电压互感器，采取合母联开关等措施破坏谐振条件以达到消除谐振的目的。

6　变电站事故处理

学习目标

　　①熟悉变电站事故处理任务、原则及流程等。②掌握变电站主要设备的事故处理方法及注意事项等。

6.1　变电站事故处理概述

6.1.1　事故处理的主要任务

　　尽快限制事故的发展，消除事故的根源并解除对人身和设备安全的危险，必要时将设备停电。

　　尽力设法保证站用电源及保安电源，坚持正常设备的运行。调整系统负荷，限制用户负荷，消除设备过负荷。

　　根据表计、继电保护自动装置的动作及信号显示，作全面分析，判断事故的性质和范围。

　　迅速进行检查和试验，查明故障点进行隔离并及时恢复停运的设备，尽快对用户恢复供电。

　　对故障设备做好安全措施，通知检修等相关专业对故障设备进行处理或抢修。

　　值班人员在事故处理的整个过程中要加强联系，操作要做到"稳、准、快"，并必须服从命令听从指挥。

6.1.2　事故处理时各级人员的关系

　　事故处理时，单位的值班人员要立即将事故情况（主要指跳闸的开关、故障设备名称、频率、电压、继电保护及自动装置的动作情况等）简明、清楚、正确的报告调度，在调度统一指挥下进行事故处理。

非事故单位应加强监视，做好事故预想，防止事故的蔓延，不要在事故当时向值班调度员询问事故情况，以免占用电话干扰值班调度员处理事故。

事故处理时，除总工程师批准的人员外，其他人员不允许进入调度室内，而且值班调度员有权拒绝向不参与指挥事故处理的领导汇报事故情况。

在事故处理中，属于省调指挥的设备以省调为主，属于地调指挥的设备以地调为主，属于下级调度（如供电分公司调度等）指挥的设备，由下级调度为主进行事故处理，但详细情况应向地调汇报。

6.1.3　事故处理的原则

电力系统发生故障时，运行人员必须坚守岗位，按调度命令密切配合处理事故，运行人员必须服从值长统一指挥，做好事故处理。处理原则如下。

（1）迅速限制事故的发展，消除事故的根源，解除对人身伤亡和设备损坏的威胁。

（2）用一切可能的办法保持正常设备的继续运行。

（3）尽快恢复对已停电用户的供电，要优先恢复站用电，先恢复对重要用户的供电。事故处理中运行人员要处理好排除设备故障和恢复供电之间的关系。对具备送电条件的用户先恢复供电。先恢复无故障设备的运行，在检查处理故障设备，以减小损失，否则将扩大事故和延误恢复送电，造成不应有的损失。

（4）迅速调整系统运行方式，使其恢复正常。

6.1.4　事故处理的流程

（1）及时检查和记录保护及自动装置的动作信号及事故象征。

（2）迅速对故障范围内的设备进行外部检查，并将事故象征和检查情况向调度汇报。

（3）根据事故象征，分析判断故障范围和事故停电范围。

（4）采取措施，限制事故的发展，解除对人身和设备安全的威胁。

（5）首先对无故障设备部分恢复供电。

（6）对故障所在范围，迅速隔离或排除故障，恢复供电。

（7）对损坏的设备做好安全措施，向有关上级汇报，由专业人员对故障设备进行检修。

事故处理的流程可以概括为：及时记录、迅速检查、简明汇报、认真分析、准确判断、限制发展、排除故障、恢复供电。

6.2 变电站主要设备的事故处理

6.2.1 主变压器的事故处理

（1）运行中的变压器跳闸时，立即查明如下情况报告调度：继电保护动作情况及跳闸开关；电压、电流变动情况；送电线路有无同时或越级跳闸情况；动作前及当时有无其他操作；变压器过负荷情况及温升情况；变压器外部检查有无异常现象。

变压器的任何一种主保护（差动、瓦斯、速断或仅有的限时过流保护）动作，开关跳闸，不准强送电。立即重点检查保护范围内的设备，发现外部故障点应迅速消除或断开隔离；如未发现外部故障点，应测定变压器绝缘，必要时可进行绝缘试验。

（2）变压器的主保护未动作，仅高后备保护动作，一次开关跳闸，未查明原因排除故障前不许强送电：拉开二次各线开关，检查站内设备无问题，变压器试受电，受电良好后逐一恢复线路送电，受电不良必须查明原因排除故障后恢复送电。

（3）当发现变压器高后备保护动作，系为穿越性故障，按以下步骤处理：强送不良，断开故障线路开关后，恢复其他线路送电。

（4）变压器二次主过流保护跳闸重合不良的处理如下：未发现屋外设备有异常现象，立即手动强送一次，不良时如有穿越性故障，将故障线路开关拉开，送出其他线路，如无穿越性故障，将各线路开关拉开，检查站内设备无问题可试送母线，良好后逐条线路试送，找出故障点。

（5）有备用变压器的变电站，首先起用备用变压器，然后再检查跳闸的变压器。

（6）电力变压器高压熔丝熔断的处理：只一相熔丝熔断，经外部检查无问题，更换熔丝恢复变压器送电；两相或三相同时熔断，又不是二次故障越级造成，经外部检查，绝缘电阻摇测无问题，拉开变压器二次负荷后试送一次，若仍有熔丝熔断，不再送电，需将变压器停运检查。

6.2.2 变压器轻瓦斯保护动作处理

6.2.2.1 变压器轻瓦斯保护动作原因

（1）加油、滤油或冷却系统不严密，空气进入变压器内部。

（2）由于漏油或温度下降致使油面降低。

（3）变压器内部有轻微损伤，局部过热而产生少量气体。

（4）瓦斯继电器或二次回路故障。

6.2.2.2　轻瓦斯动作处理办法

（1）做好记录，汇报调度和上级领导。

（2）判断是否有穿越性短路故障。

（3）检查变压器油位是否正常。

（4）检查瓦斯继电器内部有无气体，如无气体，则应检查瓦斯继电器装置及二次回路。

（5）如瓦斯继电器内有气体，应立即报告调度，并拿取气工具取气。按表6-1，根据气体性质，判断故障种类（留一部分气体送交试验所气体鉴别）。

表6-1　气体性质和故障种类对应表

气体颜色	气体性质	故障种类
无色无味	不可燃的	空气进入变压器
黄色	不易燃烧的	木质故障
淡黄色	强烈臭味可燃的	纸或纸板故障
灰色和黑色	易燃气体	油故障

经鉴别瓦斯继电器内的气体性质，应做如下处理：如为空气进入变压器，则将空气放出，变压器可以继续运行；如气体时可燃的，必须联系将变压器停止运行；若气体不是空气也不是可燃气体，则应根据油样、色谱分析结果决定变压器是否继续运行。

6.2.2.3　轻、重瓦斯同时动作，开关跳闸原因

（1）变压器内部严重故障分解出大量气体，引起油流，冲击瓦斯继电器挡板。

（2）瓦斯继电器强烈振动。

（3）瓦斯继电器和二次回路动作及故障。

6.2.2.4　变压器本体及有载分接开关重瓦斯保护动作处理办法

（1）恢复警报和信号，并立即报告调度。

（2）拉开变压器一二次开关和刀闸，做好安全措施。

（3）用无故障变压器送出全部负荷或采取必要的限制负荷措施。

在未查明原因消除故障前，不得将变压器投入运行，为查明原因，应重点考虑以下因素：是否为油枕呼吸不畅或排气未尽；保护或直流等二次回路是否正常；

油位、油色是否正常；变压器外观有无明显反映故障性质的异常现象；瓦斯继电器中积聚的气体是否可燃；瓦斯继电器中的气体和油中溶解气体的色谱分析结果；必要的电气试验结果；变压器其他继电保护装置动作情况。

6.2.2.5　变压器事故种类

（1）变压器着火。

（2）端子熔断、形成两相运行。

（3）油枕、压力释放阀喷油和喷烟。

（4）外壳破裂，大量漏油使油面下降快。

（5）外部音响很大，并有爆裂声。

（6）套管有严重的破裂和放电现象。

6.2.2.6　变压器的事故处理方法

变压器发现上述情况之一者，迅速倒出负荷停电处理，若不能倒出负荷，可以启用备用变压器。

（1）值长下令，断开故障变压器两侧开关及刀闸，并做好安全措施。

（2）停止故障变压器的直流电源，测温及冷却装置的交流电源。

（3）若变压器的油在变压器顶盖上着火，应打开变压器的底部油门放油，使油面低于着火处。

（4）变压器着火应立即报告领导、调度、通知消防队，并组织灭火。

6.2.3　母线的事故处理

66kV 变电站 10kV 母线无跳闸保护。

6.2.3.1　母线故障的原因

（1）误操作或操作时设备损坏。

（2）母线及连接设备的绝缘子发生污闪事故，或外力破坏、小动物等造成母线接地或短路。

（3）运行中母线设备绝缘损坏。如母线、刀闸、开关、避雷器、互感器等发生接地或短路故障，使电源进线保护动作跳闸。

6.2.3.2　母线故障的处理

母线的事故主要表现在接地故障和母线故障，发生母线故障的处理方法如下。

（1）如故障点发生在刀闸负荷侧，要及时隔离故障点，恢复母线及各配出线供电。

（2）如故障点发生在母线上，要设法及时消除，消除后，检查母线受损情况，母线良好的要立即恢复送电。

（3）如母线上故障点无法消除，或即使消除故障点，但母线已经受损严重无法继续送电，拉开各配出线开关，联系调度由配电将负荷倒出，站内对母线进行处理。

6.2.4　输电线路的事故处理

（1）线路跳闸事故处理。下列情况时不强送电，报告调度听候处理。

①充电线路跳闸。

②试运行线路跳闸。

③带电作业要求停止重合闸的线路跳闸。

④低周减载装置动作的线路跳闸。

⑤跳闸当时判明有严重的故障象征，如爆炸声、火花、火光、系统故障等情况（经检查无问题再送电）。

⑥两个系统的联络环并线路重合闸停止中，明确为解列点的线路开关跳闸。

⑦线路作业完了或限电解除恢复送电时跳闸。

⑧发现保护失灵，开关拒动，容易产生越级跳闸者。

⑨有特殊规定的线路开关跳闸。

（2）下列情况时，不待调度命令，检查保护动作情况，做好记录恢复信号立即手动强送电一次，良好与否报告调度。

①单回线路跳闸，重合不良或重合闸装置未动作等均立即强送一次（重合闸压板未投入者跳闸后不强送）。

②双回线并列送电，一回线跳闸，重合不良手动强送一次。

③双回线并列送电同时跳闸，强送其中一回线，良好时不再强送另一回线；不良时联系调度处理，调度令受端变电站解列后再试送其中一回线，良好后另一回线不送电，不良时再试送另一回线。

④环状运行的线路或两个系统的联络线路跳闸，没有明确为解列点的一端，立即强送一次。

（3）一组开关带多回线路跳闸，重合不良强送一次，不良时，先拉开联络刀闸，试送本线，再逐一试送其他线路，直到找出故障点。

（4）同杆并架的配电线路同时跳闸，首先选择一回线送电，强送时出现系统接地，则另一回线不试送。如果所选择的一回线强送不良，可立即强送另一回线。

（5）10kV线路在2h内同一条线路上发生三次跳闸，第三次不再强送。

（6）开关事故跳闸必须立即检查故障连接设备有无不正常现象。

6.2.5　接地事故处理

装有消弧线圈的变电站发生66kV系统接地时，立即报告调度，并监视消弧线圈的温升，随时与调度联系处理。

根据接地信号和相电压表指示（一相降低，另两相升高，全接地时接地相指示零，另两相升高1.73倍，即线电压），判明10kV系统接地。对发生接地时间，电压指示等接地情况，做详细记录，立即报告调度，派人配备安全工具到现场，检查站内设备，重点检查故障相设备。站内配电设备接地经检查没发现问题，立即汇报调度得到其同意后，按接地检除顺序进行选择检除，接地当时有明显接地现象的线路（发现某线有功、无功负荷有异常时），报告调度，按调度命令可以先选择。接地检除时应特别注意电压表的指示情况，以便正确判断故障线路。无论是否判断出接地点，线路均坚持送电。

经检除未判明接地线路，报告调度和上级领导，同时再次对本站设备进行详细检查，确认无问题时，可认为系统同相两点接地，根据调度命令采取线路顺序停电方法进行查找，停完某线接地消除，此线为第一故障线路，暂不送。然后将其他线路恢复送电，当送到某线路该系统又表示接地时，该线为第二故障线路，所有停电线路坚持送电。

判明接地线路后，应立即停止该线路重合闸，线路跳闸不进行强送。线路作业完了或限电恢复送电即发生接地故障时，应立即停止该线路送电。10kV系统发生单相接地故障时，故障线路运行时间不许超过2h。

6.2.6　电压互感器的事故处理

6.2.6.1　电压互感器常见的异常情况

三相电压指示不平衡，一相降低（可为零）另两相正常，相电压不正常或伴有声、光信号，可能是互感器高压或低压熔断器熔断。

三相电压指示不平衡，一相降低（可为零）另两相升高（可达线电压）或指针摆动，可能是单相接地故障或基频谐振，如三相电压同时升高，并超过线电压（指针可摆到头）则可能是分频或高频谐振。

高压熔断器多次熔断，可能是内部绝缘严重损坏，如绕组层间或匝间短路故障。

母线倒闸操作时，出现相电压升高并以低频摆动，一般为串联谐振现象，若无任何操作，突然出现相电压异常升高或降低，则可能是互感器内部绝缘损坏故障。

6.2.6.2 电压互感器回路断线处理

根据继电保护和自动装置有关规定,退出有关保护,防止误动作。

检查高、低压熔断器及自动开关是否正常,如熔断器熔断,应查明原因立即更换,当再次熔断时则应慎重处理。

检查电压回路所有接头有无松动,断头现象,切换回路有无接触不良现象。

当互感器发生下列情况之一时,应立即将互感器停用处理:互感器内部有严重异音并伴有噼啪声或其他声音;互感器着火;从互感器内部发生强烈异味或冒烟;高压套管或瓷套严重裂纹、破裂、破损并有严重放电现象,已威胁安全运行;油浸式互感器严重漏油,并油面低于油标的极限或看不见油位;互感器本体或引线端子有严重过热时;膨胀器永久性变形或漏油;电压互感器高压熔断器连续熔断2~3次;树脂浇注互感器出现表面严重裂纹、放电。

发生上述故障的处理方法:退出可能误动的保护及自动装置,断开故障电压互感器的二、三次开关,立即停止运行;充油互感器着火时,应在停电后用砂子或干粉灭火器灭火。

6.2.7 电流互感器的事故处理

电流互感器在运行中,发现下述现象,应立即转移负荷,停电处理。若声音异常较轻微,可不立即停电,应加强监视,尽快安排停电处理。

(1) 电流互感器内部过热,有臭味,冒烟。

(2) 内部有放电声或引线与外壳之间有火花放电现象,环氧树脂浇注式电流互感器外壳开裂。

(3) 外绝缘破裂放电。

电流互感器二次开路的事故现象及处理方法如下。

事故现象:负荷大时开路的电流互感器有电磁声音;二次开路处有放电声;电流表指示为零和电力表指示减少。

处理方法:设法在该电流互感器附近的端子排上将二次短路,此时须穿绝缘靴,使用绝缘工具;如不能将二次短路时,应联系调度改侧路开关代送电或将负荷倒出后停电处理。

6.2.8 站用变的事故处理

66kV变电站一般具备两台站用变压器,采用互为切换及两段母线采用自投装置互为备用的方式运行。

(1) 当一台站用变因故障跳闸时,可通过切换装置将负荷转移至另一台正常运行的变压器上来，而后停用故障变压器，进行检查和处理。

（2）母线分段运行且采用断路器联络。两段工作电源采用自投装置互为备用。当其中一段故障时，可通过自投装置转移负荷，停用故障变压器，进行检查处理。若检查发现所用母线有明显故障，对于具有分段母线的系统，应停用故障段母线，迅速恢复备用母线运行。

（3）站用变事故处理。站用变压器故障跳闸后，值班人员应作如下处理：立即查看保护动作情况；如为单台站用变压器运行，故障点明显，可立即消除；站内变压器检查无问题，可手动立即强送一次；站用变操作时，必须先合高压断路器，后合低压开关，以防止引起站用变电站的反充电。

6.2.9 直流系统的事故处理

6.2.9.1 直流系统故障事故处理

220V 直流系统两极对地电压绝对值差超过 40V 或绝缘电阻降低到 25kΩ 以下，48V 直流系统任一极对地电压有明显变化时，应视为直流系统接地。

直流系统接地后，应立即查明原因，根据接地选线装置指示或当日工作情况、天气和直流系统绝缘状况，找出接地故障点，并尽快消除。

使用拉路法查找直流接地时，至少应由两人进行，断开直流时间不得超过 3s。

推拉检查应先推拉容易接地的回路，依次推拉事故照明、防误闭锁装置回路、户外合闸回路、户内合闸回路、10kV 控制回路、其他控制回路、主控制室信号回路、主控制室控制回路、整流装置和蓄电池回路。

蓄电池组熔断器熔断后，应立即检查处理，并采取相应措施，防止直流母线失电。

直流储能装置电容器击穿或容量不足时，必须及时进行更换。

当直流充电装置内部故障跳闸时，应及时启动备用充电装置代替故障充电装置运行，并及时调整好运行参数。

直流电源系统设备发生短路、交流或直流失压时，应迅速查明原因，消除故障，投入备用设备或采取其他措施尽快恢复直流系统正常运行。

蓄电池组发生爆炸、开路时，应迅速将蓄电池总熔断器或空气断路器断开，投入备用设备或采取其他措施及时消除故障，恢复正常运行方式。如无备用蓄电池组，在事故处理期间只能利用充电装置带直流系统负荷运行，且充电装置不满足断路器合闸容量要求时，应临时断开合闸回路电源，待事故处理后及时恢复其运行。

6.2.9.2 直流电源系统检修与事故处理的要求

进入蓄电池室前，必须开启通风。

在直流电源设备和回路上的一切有关作业，应遵守《电业安全工作规程》的有关规定。

在整流装置发生故障时，应严格按照制造厂的要求操作，以防造成设备损坏。

查找和处理直流接地时工作人员应戴线手套、穿长袖工作服。应使用内阻大于 2 000Ω/V 的高内阻电压表，工具应绝缘良好。防止在查找和处理过程中造成新的接地。

检查和更换蓄电池时，必须注意核对极性，防止发生直流失压、短路、接地。工作时工作人员应戴耐酸、耐碱手套，穿着必要的防护服等。

7　变电运维管理规定

学习目标

①熟悉油浸式变压器（电抗器）运维细则。②熟悉断路器运维细则。③熟悉组合电器运维细则。④熟悉隔离开关运维细则。⑤熟悉开关柜运维细则。⑥熟悉电流互感器运维细则。⑦熟悉电压互感器运维细则。⑧熟悉并联电容器组运维细则。⑨熟悉消弧线圈运维细则。⑩熟悉电力电缆运维细则。⑪熟悉避雷器运维细则。⑫熟悉避雷针运维细则。⑬熟悉站用变运维细则。⑭熟悉站用交流电源系统运维细则。⑮熟悉站用直流电源系统运维细则。⑯熟悉母线及绝缘子运维细则。⑰熟悉干式电抗器运维细则。⑱熟悉端子箱及检修电源箱运维细则。⑲熟悉辅助设施运维细则。

7.1　油浸式变压器（电抗器）运维细则

7.1.1　运行规定

7.1.1.1　一般规定

（1）变压器不应超过铭牌规定的额定电流运行。

（2）在110kV及以上中性点有效接地系统中，变压器高压侧或中压侧与系统断开时，且在高—低或中—低侧传输功率时，应合上高压侧或中压侧中性点接地刀闸可靠接地。

（3）变压器承受近区短路冲击后，应记录短路电流峰值、短路电流持续时间。

（4）变压器在正常运行时，本体及有载调压开关重瓦斯保护应投跳闸。

（5）变压器下列保护装置应投信号：本体轻瓦斯；真空型有载调压开关轻瓦斯（油中熄弧型有载调压开关不宜投入轻瓦斯）；突发压力继电器；压力释放阀；

油流继电器（流量指示器）；顶层油面温度计；绕组温度计；

（6）有人值班变电站，强油循环风冷变压器的冷却装置全停，宜投信号；无人值班变电站，条件具备时宜投跳闸。

（7）变压器本体应设置油面过高和过低信号，有载调压开关宜设置油面过高和过低信号。

（8）运行中变压器进行以下工作时，应将重瓦斯保护改投信号，工作完毕后注意限期恢复：变压器补油，换潜油泵，油路检修及气体继电器探针检测等工作；冷却器油回路、通向储油柜的各阀门由关闭位置旋转至开启位置；油位计油面异常升高或呼吸系统有异常需要打开放油或放气阀门；变压器运行中，将气体继电器集气室的气体排出时；需更换硅胶、吸湿器，而无法判定变压器是否正常呼吸时。

（9）当气体继电器内有气体聚集时，应先判断设备无突发故障风险，不会危及人身安全后，方可开展取气，并及时联系试验。

（10）运行中的压力释放阀动作后，停运设备后将释放阀的机械、电气信号手动复位。

（11）现场温度计指示的温度、控制室温度显示装置、监控系统的温度基本保持一致，误差一般不超过±5℃。

（12）强油循环结构的潜油泵启动应逐台启用，延时间隔应在30s以上，以防止气体继电器误动。

（13）强油循环冷却器应对称开启运行，以满足油的均匀循环和冷却。工作或者辅助冷却器故障退出后，应自动投入备用冷却器。

（14）强油循环风冷变压器在运行中，当冷却系统发生故障切除全部冷却器时，变压器在额定负载下可运行20min。20min以后，当油面温度尚未达到75℃时，允许上升到75℃，但冷却器全停的最长运行时间不得超过1h。对于同时具有多种冷却方式（如ONAN、ONAF或OFAF），变压器应按制造厂规定执行。冷却装置部分故障时，变压器的允许负载和运行时间应参考制造厂规定。

（15）油浸（自然循环）风冷变压器的风扇停止工作时，允许的负载和运行时间，应按制造厂的规定。油浸风冷变压器当冷却系统部分故障停风扇后，顶层油温不超过65℃时，允许带额定负载运行。

（16）油浸（自然循环）风冷变压器的风机应满足分组投切的功能，运行中风机的投切应采用自动控制。

（17）运行中应检查吸湿器呼吸畅通，吸湿剂潮解变色部分不应超过总量的2/3。还应检查吸湿器的密封性是否良好，吸湿剂变色应由底部开始变色，如上部颜色发生变色则说明吸湿器密封性不严。

（18）变压器安装的在线监测装置应保持良好运行状态，定期检查装置电源、加热、驱潮、排风等装置。

（19）有载调压变压器并列运行时，其调压操作应轮流逐级或同步进行。

（20）在下列情况下，有载调压开关禁止调压操作：真空型有载开关轻瓦斯保护动作发信时；有载开关油箱内绝缘油劣化不符合标准；有载开关储油柜的油位异常；变压器过负荷运行时，不宜进行调压操作；过负荷1.2倍时，禁止调压操作。

（21）有载分接开关滤油装置的工作方式：正常运行时一般采用联动滤油方式；动作次数较少或不动作的有载分接开关，可设置为定时滤油方式；手动方式一般在调试时使用。

7.1.1.2 运行温度要求

除了变压器制造厂家另有规定外，油浸式变压器顶层油温一般不应超过表7-1的规定。当冷却介质温度较低时，顶层油温也相应降低。

表7-1 油浸式变压器顶层油温在额定电压下的一般限值

冷却方式	冷却介质最高温度（℃）	顶层最高油温（℃）	不宜经常超过温度（℃）	告警温度设定（℃）
自然循环自冷（ONAN）、自然循环风冷（ONAF）	40	95	85	85
强迫油循环风冷（OFAF）	40	85	80	80
强迫油循环水冷（OFWF）	30	70		

7.1.1.3 负载状态的分类及运行规定

变压器存在较为严重的缺陷（例如：冷却系统不正常、严重漏油、有局部过热现象、油中溶解气体分析结果异常）或者绝缘有弱点时，不宜超额定电流运行。

（1）正常周期性负载。在周期性负载中，某环境温度较高或者超过额定电流运行的时间段，可以通过其他环境温度较低或者低于额定电流的时间段予以补偿。

正常周期性负载状态下的负载电流、温度限值及最长时间见表7-2。

（2）长期急救周期性负载。变压器长时间在环境温度较高，或者超过额定电流条件下运行。这种运行方式将不同程度缩短变压器的寿命，应尽量避免这种运行方式；必须采用时，应尽量缩短超过额定电流运行时间，降低超过额定电流的倍数，投入备用冷却器。

长期急救周期性负载状态下的负载电流、温度限值及最长时间见表7-2。

在长期急救周期性负载运行期间，应有负载电流记录，并计算该运行期间的平均相对老化率。

（3）短期急救负载。变压器短时间大幅度超过额定电流条件下运行，这种负载可能导致绕组热点温度达到危险的程度，使绝缘强度暂时下降，应投入（包括备用冷却器在内的）全部冷却器（制造厂另有规定的除外），并尽量压缩负载，减少时间，一般不超过0.5h。

短期急救负载状态下的负载电流、温度限值及最长时间见表7-2。

表7-2 变压器负载电流和温度最大限值

负载类型		中型电力变压器	大型电力变压器	过负荷最长时间（h）
正常周期性负载	电流（标幺值）	1.5	1.3	2
	顶层油温（℃）	105	105	
长期急救周期性负载	电流（标幺值）	1.5	1.3	1
	顶层油温（℃）	115	115	
短期急救负载	电流（标幺值）	1.8	1.5	0.5
	顶层油温（℃）	115	115	
中型变压器：三相最大额定容量不超过100MVA，单相最大额定容量不超过33.3MVA的电力变压器				
大型变压器：三相最大额定容量100MVA及以上，单相最大额定容量在33.3MVA及以上的电力变压器				

在短期急救负载运行期间，应有详细的负载电流记录，并计算该运行期间的相对老化率。

7.1.1.4 运行电压要求

（1）变压器的运行电压不应高于该运行分接电压的105%，并且不得超过系统最高运行电压。

（2）对于特殊的使用情况（例如变压器的有功功率可以在任何方向流通），允许在不超过110%的额定电压下运行。

7.1.1.5 并列运行的基本条件

（1）联结组标号相同。

（2）电压比相同，差值不得超过±0.5%。

（3）阻抗电压值偏差小于10%。

电压比不等或者阻抗电压不等的变压器，任何一台变压器除满足 GB/T1094.7 和制造厂规定外，其每台变压器并列运行绕组的环流应满足制造厂的要求。

阻抗电压不同的变压器，可以适当提高短路阻抗高的变压器的二次电压，使并列运行变压器的容量均能充分利用。

7.1.1.6　紧急申请停运规定

运行中发现有下列情况之一，运维人员应立即汇报调控人员申请将变压器停运，停运前应远离设备。

（1）变压器声响明显增大，内部有爆裂声。

（2）严重漏油或者喷油，使油面下降到低于油位计的指示限度。

（3）套管有严重的破损和放电现象。

（4）变压器冒烟着火。

（5）变压器正常负载和冷却条件下，油温指示表计无异常时，若变压器顶层油温异常并不断上升，必要时应申请将变压器停运。

（6）变压器轻瓦斯保护动作，信号多次发出。

（7）变压器附近设备着火、爆炸或发生其他情况，对变压器构成严重威胁。

（8）强油循环风冷变压器的冷却系统因故障全停，超过允许温度和时间。

（9）其他根据现场实际认为应紧急停运的情况。

7.1.2　巡视及操作

7.1.2.1　巡视

（1）例行巡视。

①本体及套管。

a）运行监控信号、灯光指示、运行数据等均应正常。

b）各部位无渗油、漏油。

c）套管油位正常，套管外部无破损裂纹、无严重油污、无放电痕迹，防污闪涂料无起皮、脱落等异常现象。

d）套管末屏无异常声音，接地引线固定良好，套管均压环无开裂歪斜。

e）变压器声响均匀、正常。

f）引线接头、电缆应无发热迹象。

g）外壳及箱沿应无异常发热，引线无散股、断股。

h）变压器外壳、铁芯和夹件接地良好。

i）吸湿器完好，油杯内油面、油色正常，呼吸畅通（油中有气泡翻动），吸湿器受潮变色不超过2/3。

j) 35kV及以下接头及引线绝缘护套良好。

②分接开关。

a) 分接档位指示与监控系统一致。三相分体式变压器分接档位三相应置于相同档位，且与监控系统一致。

b) 机构箱电源指示正常，密封良好，加热、驱潮等装置运行正常。

c) 分接开关的油位、油色应正常。

d) 在线滤油装置工作方式设置正确，电源、压力表指示正常。

e) 在线滤油装置无渗漏油。

③冷却系统。

a) 各冷却器（散热器）的风扇、油泵、水泵运转正常，油流继电器工作正常。

b) 冷却系统及连接管道无渗漏油，特别注意冷却器潜油泵负压区出现渗漏油。

c) 冷却装置控制箱电源投切方式指示正常。

d) 水冷却器压差继电器、压力表、温度表、流量表的指示正常，指针无抖动现象。

e) 冷却塔外观完好，运行参数正常，各部件无锈蚀、管道无渗漏、阀门开启正确、电机运转正常。

④非电量保护装置。

a) 温度计外观完好、指示正常，表盘密封良好，无进水、凝露，温度指示正常。

b) 压力释放阀、安全气道及防爆膜应完好无损。

c) 气体继电器内应无气体。

d) 气体继电器、油流速动继电器、压力释放阀等温度计防雨措施完好。

⑤储油柜。

a) 本体及有载调压开关储油柜的油位应与制造厂提供的油温、油位曲线相对应。

b) 本体及有载调压开关吸湿器呼吸正常，外观完好，吸湿剂符合要求，油封油位正常。

⑥其他。

a) 各控制箱、端子箱和机构箱应密封良好，加热、驱潮等装置运行正常。

b) 变压器室通风设备应完好，温度正常。门窗、照明完好，房屋无漏水。

c）电缆穿管端部封堵严密。

d）各种标志应齐全明显。

e）原存在的设备缺陷是否有发展。

f）变压器导线、接头、母线上无异物。

（2）全面巡视。全面巡视在例行巡视的基础上增加以下项目。

①消防设施应齐全完好。

②储油池和排油设施应保持良好状态。

③各部位的接地应完好。

④冷却系统各信号正确。

⑤在线监测装置应保持良好状态。

⑥抄录主变油温及油位。

（3）熄灯巡视。

①引线、接头、套管末屏无放电、无发红迹象。

②套管无闪络及放电。

（4）特殊巡视。

①新投入或者经过大修的巡视。

a）各部件无渗漏油。

b）声音应正常，无不均匀声响或放电声。

c）油位变化应正常，应随温度的增加合理上升，并符合变压器的油温曲线。

d）冷却装置运行良好，每一组冷却器温度应无明显差异。

e）油温变化应正常，变压器（电抗器）带负载后，油温应符合厂家要求。

②异常天气时的巡视。

a）气温骤变时，检查储油柜油位和瓷套管油位是否有明显变化，各侧连接引线是否受力，是否存在断股或者接头部位、部件发热现象。各密封部位、部件是否有渗漏油现象。

b）浓雾、小雨、雾霾天气时，瓷套管有无沿表面闪络和放电，各接头部位、部件在小雨中不应有水蒸气上升现象。

c）下雪天气时，应根据接头部位积雪溶化迹象检查是否发热。检查导引线积雪累积厚度情况，为了防止套管因积雪过多受力引发套管破裂和渗漏油等，应及时清除导引线上的积雪和形成的冰柱。

d）高温天气时，应特别检查油温、油位、油色和冷却器运行是否正常。必要时，可以启动备用冷却器。

e）大风、雷雨、冰雹天气过后，检查导引线摆动幅度及有无断股迹象，设备上有无飘落积存杂物，瓷套管有无放电痕迹及破裂现象。

f）覆冰天气时，观察外绝缘的覆冰厚度及冰凌桥接程度，覆冰厚度不超 10mm，冰凌桥接长度不宜超过干弧距离的 1/3，放电不超过第二伞裙，不出现中部伞裙放电现象。

③过载时的巡视。

a）定时检查并记录负载电流，检查并记录油温和油位的变化。

b）检查变压器声音是否正常，接头是否发热，冷却装置投入数量是否足够。

c）防爆膜、压力释放阀是否动作。

④故障跳闸后的巡视。

a）检查现场一次设备（特别是保护范围内设备）有无着火、爆炸、喷油、放电痕迹、导线断线、短路、小动物爬入等情况。

b）检查保护及自动装置（包括气体继电器和压力释放阀）的动作情况。

c）检查各侧断路器运行状态（位置、压力、油位）。

7.1.2.2 操作

（1）新安装、大修后的变压器投入运行前，应在额定电压下做空载全电压冲击合闸试验。加压前应将变压器全部保护投入。新变压器冲击五次，大修后的变压器冲击三次。第一次送电后运行 10min，停电 10min 后再继续第二次冲击合闸，以后每次间隔 5min 进行一次。1 000kV 变压器第一次冲击合闸后的带电运行时间不少于 30min。

（2）变压器停电操作时，按照先停负荷侧、后停电源侧的操作顺序进行；变压器送电时操作顺序相反。对于三绕组降压变压器停电操作时，按照低压侧、中压侧、高压侧的操作顺序进行；变压器送电时操作顺序相反。有特殊规定者除外。

（3）110kV 及以上中性点有效接地系统中投运或停运变压器的操作，中性点应先接地。

（4）投运后可按系统需要决定中性点接地是否断开。

（5）变压器中性点接地方式为经小电抗接地时，允许变压器在中性点经小电抗接地的情况下，进行变压器停、送电操作。在送电操作前应特别检查变压器中性点经小电抗可靠接地。

（6）变压器操作对保护、无功自动投切、各侧母线、站用电等的要求如下。

①主变停电前，应先行调整好站用电运行方式。

②充电前应仔细检查充电侧母线电压，保证充电后各侧电压不超过规定值。检查主变保护及相关保护压板投退位置正确，无异常动作信号。

③变压器充电后，检查变压器无异常声音，遥测、遥信指示应正常，开关位

置指示及信号应正常，无异常告警信号。

7.1.3 维护

7.1.3.1 吸湿器维护

（1）吸湿剂受潮变色超过 2/3、油封内的油位超过上下限、吸湿器玻璃罩及油封破损时应及时维护。当吸湿剂从上部开始变色时，应立即查明原因，及时处理。

（2）更换吸湿器及吸湿剂期间，应将相应重瓦斯保护改投信号，对于有载分接开关还应联系调控人员将 AVC 调档功能退出。

（3）同一设备应采用同一种变色吸湿剂，其颗粒直径 4mm～7mm，且留有 1/5～1/6 空间。

（4）油封内的油应补充至合适位置，补充的油应合格。

（5）维护后应检查呼吸正常、密封完好。

7.1.3.2 冷却系统维护

（1）运行中发现冷却系统指示灯、空开、热耦和接触器损坏时，应及时更换。

（2）指示灯、空开、热耦和接触器更换时应尽量保持型号相同。

（3）更换完毕后应检查接线正确，电源自投、风机切换正常。

7.1.3.3 变压器事故油池维护

油池内不应有杂物，并视积水情况，及时进行清理和抽排。

7.1.3.4 气体继电器集气盒放气

（1）应记录放气时间、集气盒气体体积。

（2）放气后应及时关闭排气阀，确保关闭紧密，无渗漏油。

（3）如需取气进行气体检测时，应装设专用接头及进出口测量管路，接头及管路应连接可靠无漏气。

（4）严禁在取、放气口处以及变压器周围、充油充气设备周围进行气体点火检测。无气体地面采集装置时，若需将气体继电器集气室的气体排出时，为防止误碰探针，造成瓦斯保护跳闸可将变压器重瓦斯保护切换为信号方式；排气结束后，应将重瓦斯保护恢复为跳闸方式。

7.1.3.5 变压器铁芯、夹件接地电流测试

（1）检测周期。750kV～1 000kV 每月不少于一次；330kV～500kV 每三个月不少于一次；220kV 每 6 个月不少于一次；35kV～110kV 每年不少于一次。新安装及 A、B 类检修重新投运后 1 周内进行。

（2）严禁将变压器铁芯、夹件的接地点打开测试。

（3）在接地电流直接引下线段进行测试（历次测试位置应相对固定）。

（4）1 000kV 变压器接地电流大于 300mA 应予注意，其他电压等级的变压器接地电流大于 100mA 时应予注意。

7.1.3.6　红外检测

（1）精确测温周期。1 000kV 为 1 周，省评价中心 3 个月；330kV～750kV 为 1 个月；220kV 为 3 个月；110（66）kV 为半年；35kV 及以下为 1 年；新投运后 1 周内（但应超过 24h）。

（2）检测范围为变压器本体及附件。

（3）检测重点为套管油位、储油柜油位、引线接头、套管及其末屏、电缆终端、二次回路。

（4）配置智能机器人巡检系统的变电站，可由智能机器人完成红外普测和精确测温，由专业人员进行复核。

7.1.3.7　在线监测装置载气更换

（1）气瓶上高压指示下降到报警值时，应更换气瓶。

（2）更换时装置应停止工作。

（3）更换完毕后采用泡沫法或专用气体检漏仪，检测气路系统是否漏气。

7.1.4　典型故障和异常处理

7.1.4.1　变压器本体主保护动作

（1）现象。

①监控系统发出重瓦斯保护动作、差动保护动作、差动速断保护动作信息，主画面显示主变各侧断路器跳闸，各侧电流、功率显示为零。

②保护装置发出重瓦斯保护动作、差动保护动作、差动速断保护动作信息。

（2）处理原则。

①现场检查保护范围内一次设备，重点检查变压器有无喷油、漏油等，检查气体继电器内部有无气体积聚，检查油色谱在线监测装置数据，检查变压器本体油温、油位变化情况。

②确认变压器各侧断路器跳闸后，应立即停运强油风冷变压器的潜油泵。

③认真检查核对变压器保护动作信息，同时检查其他设备保护动作信号、一二次回路、直流电源系统和站用电系统运行情况。

④站用电系统全部失电应尽快恢复正常供电。

⑤按照调度指令或《变电站现场运行专用规程》的规定，调整变压器中性点运行方式。

⑥检查运行变压器是否过负荷，根据负荷情况投入冷却器。若变压器过负荷

运行，应汇报值班调控人员转移负荷。

⑦检查备自投装置动作情况。如果备自投装置正确动作，则根据调度指令退出该备自投装置。如果备自投装置没有正确动作，检查备自投装置作用断路器具备条件时，根据调度指令退出备用电源自投装置后，立即合上备自投装置动作后所作用的断路器，恢复失电母线所带负载。

⑧检查故障发生时现场是否存在检修作业，是否存在引起保护动作的可能因素，若有检修作业应立即停止工作。

⑨综合变压器各部位检查结果和继电保护装置动作信息，分析确认故障设备，快速隔离故障设备。

⑩记录保护动作时间及一二次设备检查结果并汇报。

⑪确认故障设备后，应提前布置检修试验工作的安全措施。

⑫确认保护范围内无故障后，应查明保护是否误动及误动原因。

7.1.4.2 变压器有载调压重瓦斯动作

（1）现象。

①监控系统发出有载调压重瓦斯保护动作信息，主画面显示主变各侧断路器跳闸，各侧电流、功率显示为零。

②保护装置发出变压器有载调压重瓦斯保护动作信息。

（2）处理原则。

①现场检查调压开关有无喷油、漏油等，检查气体继电器内部有无气体积聚、干簧管是否破碎。

②认真检查核对有载调压重瓦斯保护动作信息，同时检查其他设备保护动作信号、一二次回路、直流电源系统和站用电系统运行情况。

③站用电系统全部失电应尽快恢复正常供电。

④按照调度指令或《变电站现场运行专用规程》的规定，调整变压器中性点运行方式。

⑤检查运行变压器是否过负荷，根据负荷情况投入冷却器。若变压器过负荷运行，应汇报值班调控人员转移负荷。

⑥检查备自投装置动作情况。如果备自投装置正确动作，则根据调度指令退出该备自投装置。如果备自投装置没有正确动作，检查备自投装置作用断路器具备条件时，根据调度指令退出备用电源自投装置后，立即合上备自投装置动作后所作用的断路器，恢复失电母线所带负载。

⑦检查故障发生时滤油装置是否启动、现场是否存在检修作业，是否存在引起重瓦斯保护动作的可能因素。

⑧综合变压器各部位检查结果和继电保护装置动作信息，分析确认由于调压开关内部故障造成调压重瓦斯保护动作，快速隔离故障变压器。

⑨检查有载调压重瓦斯保护动作前，调压开关分接开关是否进行调整，统计调压开关近期动作次数及总次数。

⑩记录保护动作时间及一二次设备检查结果并汇报。

⑪确认调压开关内部故障造成瓦斯保护动作后，应提前布置故障变压器检修试验工作的安全措施。

⑫确认变压器内部无故障后，应查明有载调压重瓦斯保护是否误动及误动原因。

7.1.4.3 变压器后备保护动作

（1）现象。

①监控系统发出复合电压闭锁过流保护、零序保护、间隙保护等信息，主画面显示主变相应断路器跳闸，电流、功率显示为零。

②保护装置发出变压器后备保护动作信息。

（2）处理原则。

①检查变压器后备保护动作范围内是否存在造成保护动作的故障，检查故障录波器有无短路引起的故障电流，检查是否存在越级跳闸现象。

②认真检查核对后备保护动作信息，同时检查其他设备保护动作信号、一二次回路、直流电源系统和站用电系统运行情况。

③站用电系统全部失电应尽快恢复正常供电。

④按照调度指令或《变电站现场运行专用规程》的规定，调整变压器中性点运行方式。

⑤检查运行变压器是否过负荷，根据负荷情况投入冷却器。若变压器过负荷运行，应汇报值班调控人员转移负荷。

⑥检查失电母线及各线路断路器，根据调控人员命令转移负荷。

⑦检查故障发生时现场是否存在检修作业，是否存在引起变压器后备保护动作的可能因素，若有检修作业应立即停止工作。

⑧如果发现后备保护范围内有明显故障点，汇报值班调控人员，按照值班调控人员指令隔离故障点。

⑨确认出线断路器越级跳闸，在隔离故障点后，汇报值班调控人员，按照值班调控人员指令处理。

⑩检查站内无明显异常，应联系检修人员，查明后备保护是否误动及误动原因。

⑪记录后备保护动作时间及一二次设备检查结果并汇报。

⑫提前布置检修试验工作的安全措施。

7.1.4.4 变压器着火

（1）现象。

①监控系统发出重瓦斯保护动作、差动保护动作、灭火装置报警、消防总告警等信息，主画面显示主变各侧断路器跳闸，各侧电流、功率显示为零。

②保护装置发出变压器重瓦斯保护、差动保护动作信息。

③变压器冒烟着火、排油充氮装置启动、自动喷淋系统启动。

（2）处理原则。

①现场检查变压器有无着火、爆炸、喷油、漏油等。

②检查变压器各侧断路器是否断开，保护是否正确动作。检查变压器灭火装置启动情况。

③变压器保护未动作或者断路器未断开时，应立即拉开变压器各侧断路器及隔离开关和冷却器交流电源，迅速采取灭火措施，防止火灾蔓延。

④如油溢在变压器顶盖上着火时，则应打开下部阀门放油至适当油位；如变压器内部故障引起着火时，则不能放油，以防变压器发生严重爆炸。

⑤灭火后检查直流电源系统和站用电系统运行情况。

⑥按照调度指令或《变电站现场运行专用规程》的规定，调整变压器中性点运行方式。

⑦检查运行变压器是否过负荷，根据负荷情况投入冷却器。若变压器过负荷运行，应汇报值班调控人员转移负荷。

⑧检查失电母线及各线路断路器，汇报值班调控人员，按照值班调控人员指令处理。

⑨检查故障发生时现场是否存在引起主变着火的检修作业。

⑩记录保护动作时间及一二次设备检查结果并汇报。

⑪变压器着火时应立即汇报上级管理部门，及时报警。

7.1.4.5 变压器套管炸裂

（1）现象。

①监控系统发出差动保护动作信息，主画面显示主变各侧断路器跳闸，各侧电流、功率显示为零。

②保护装置发出变压器差动保护动作信息。

③变压器套管炸裂、严重漏油（无油位）。

（2）处理原则。

①检查变压器套管炸裂情况。

②确认变压器各侧断路器跳闸后，应检查强油风冷变压器的风机及潜油泵已停止运行。

③认真检查核对变压器差动保护动作信息，同时检查其他设备保护动作信号、一二次回路、直流电源系统和站用电系统运行情况。

④站用电系统全部失电应尽快恢复正常供电。

⑤按照调度指令或《变电站现场运行专用规程》的规定，调整变压器中性点运行方式。

⑥检查运行变压器是否过负荷，根据负荷情况投入冷却器。若变压器过负荷运行，应汇报值班调控人员转移负荷。

⑦检查备自投装置动作情况。如果备自投装置正确动作，则根据调度指令退出该设备自投装置。如果备自投装置没有正确动作，检查备自投装置作用断路器具备条件时，根据调度指令退出备用电源自投装置后，立即合上备自投装置动作后所作用的断路器，恢复失电母线所带负载。

⑧快速隔离故障变压器。

⑨记录变压器保护动作时间及一二次设备检查结果并汇报。

⑩提前布置故障变压器检修试验工作的安全措施。

7.1.4.6　压力释放动作

（1）现象。

①监控系统发出压力释放动作告警信息。

②保护装置发出压力释放动作告警信息。

（2）处理原则。

①现场检查变压器本体及附件，重点检查压力释放阀有无喷油、漏油，检查气体继电器内部有无气体积聚，检查油色谱在线监测装置数据，检查变压器本体油温、油位变化情况。

②认真检查核对变压器保护动作信息，同时检查其他设备保护动作信号、一二次回路、直流电源系统运行情况。

③记录保护动作时间及一二次设备检查结果并汇报。

④压力释放阀冒油，且变压器主保护动作跳闸时，在未查明原因、消除故障前，不得将变压器投入运行。

⑤压力释放阀冒油而重瓦斯保护、差动保护未动作时，应检查变压器油温、油位、运行声音是否正常，检查主变是否过负荷和冷却器投入情况、检查变压器本体与储油柜连接阀门是否开启、吸湿器是否畅通。并立即联系检修人员进行色

谱分析。如果色谱正常，应查明压力释放阀是否误动及误动原因。

⑥现场检查未发现渗油、冒油，应联系检修人员检查二次回路。

7.1.4.7 变压器（电抗器）轻瓦斯动作

（1）现象。

①监控系统发出变压器（电抗器）轻瓦斯保护告警信息。

②保护装置发出变压器（电抗器）轻瓦斯保护告警信息。

③变压器（电抗器）气体继电器内部有气体积聚。

（2）处理原则。

①轻瓦斯动作发信时，应立即对变压器（电抗器）进行检查，查明动作原因，是否因聚集气体、油位降低、二次回路故障或是变压器（电抗器）内部故障造成。

②若轻瓦斯报警信号连续发出2次及以上，可能说明故障正在发展，应申请尽快停运。

③如气体继电器内有气体，应立即取气并进行气体成分分析；同时应立即启动在线油色谱装置分析或就近送油样进行分析。

④若检测气体是可燃的或油中溶解气体分析结果异常，应立即申请将变压器（电抗器）停运。

⑤若检测气体继电器内的气体为无色、无臭且不可燃，且油色谱分析正常，则变压器（电抗器）可继续运行，并及时消除进气缺陷。

⑥在取气及油色谱分析过程中，应高度注意人身安全，严防设备突发故障。

7.1.4.8 声响异常

（1）现象。

变压器声音与正常运行时对比有明显增大且伴有各种噪音。

（2）处理原则。

①伴有电火花、爆裂声时，立即向值班调控人员申请停运处理。

②伴有放电的"啪啪"声时，检查变压器内部是否存在局部放电，汇报值班调控人员并联系检修人员进一步检查。

③声响比平常增大而均匀时，检查是否为过电压、过负荷、铁磁共振、谐波或直流偏磁作用引起，汇报值班调控人员并联系检修人员进一步检查。

④伴有放电的"吱吱"声时，检查器身或套管外表面是否有局部放电或电晕，可请试验班组用紫外成像仪协助判断，必要时联系检修人员处理。

⑤伴有水的沸腾声时，检查轻瓦斯保护是否报警、充氮灭火装置是否漏气，必要时联系检修人员处理。

⑥伴有连续的、有规律的撞击或摩擦声时，检查冷却器、风扇等附件是否存

在不平衡引起的振动，必要时联系检修人员处理。

7.1.4.9　强油风冷变压器冷却器全停

（1）现象。

①监控系统发出冷却器全停告警信息。

②保护装置发出冷却器全停告警信息。

③强油循环风冷变压器冷却系统全停。

（2）处理原则。

①检查风冷系统及两组冷却电源工作情况。

②密切监视变压器绕组和上层油温温度情况。

③如一组电源消失或故障，另一组备用电源自投不成功，则应检查备用电源是否正常，如正常，应立即手动将备用电源开关合上。

④若两组电源均消失或故障，则应立即设法恢复电源供电。

⑤现场检查变压器冷却装置控制箱各负载开关、接触器、熔断器和热继电器等工作状态是否正常。

⑥如果发现冷却装置控制箱内电源存在问题，则立即检查站用电低压配电屏负载开关、接触器、熔断器和站用变压器高压侧熔断器或断路器。

⑦故障排除后，将各冷却器选择开关置于"停止"位置，再试送冷却器电源。若成功，再逐步恢复冷却器运行。

⑧若冷却器全停故障短时间内无法排除，应立即汇报值班调控人员，申请转移负荷或将变压器停运。

⑨变压器冷却器全停的运行时间不应超过规定。

7.1.4.10　油温异常升高

（1）现象。

①监控系统发出变压器油温高告警信息。

②保护装置发出变压器油温高告警信息。

③变压器油温与正常运行时对比有明显升高。

（2）处理原则。

①检查温度计指示，判明温度是否确实升高。

②检查冷却器、变压器室通风装置是否正常。

③检查变压器的负荷情况和环境温度，并与以往相同情况做比较。

④温度计或测温回路故障、散热阀门没有打开，应联系检修人员处理。

⑤若温度升高是由于冷却器工作不正常造成，应立即排除故障。

⑥检查是否由于过负荷引起，按变压器过负荷规定处理。

⑦必要时，联系检修人员进行油中溶解气体分析。

7.1.4.11 油位异常

（1）现象。

①监控系统发变压器油位异常告警信息。

②保护装置发出变压器油位异常告警信息。

③变压器油位与油温不对应、有明显升高或降低。

（2）处理原则。

①检查变压器是否存在严重渗漏缺陷。

②利用红外测温装置检测储油柜油位。

③检查吸湿器呼吸是否畅通及油标管是否堵塞，注意做好防止重瓦斯保护误动措施。

④若变压器渗漏油造成油位下降，应立即采取措施制止漏油。若不能制止漏油，且油位计指示低于下限时，应立即向值班调控人员申请停运处理。

⑤若变压器无渗漏油现象，油温和油位偏差超过标准曲线，或油位超过极限位置上下限，联系检修人员处理。

⑥若假油位导致油位异常，应联系检修人员处理。

7.1.4.12 套管渗漏、油位异常和末屏放电

（1）现象。

①套管表面渗漏有油渍。

②套管油位异常下降或者升高。

③末屏接地处有放电声音、电火花。

（2）处理原则。

①套管严重渗漏或者瓷套破裂，需要更换时，向值班调控人员申请停运处理。

②套管油位异常时，应利用红外测温装置检测油位，确认套管发生内漏需要吊套管处理时，向值班调控人员申请停运处理。

③套管末屏有放电声，需要对该套管做试验或者检查处理时，立即向值班调控人员申请停运处理。

④现场无法判断时，联系检修人员处理。

7.1.4.13 油色谱在线监测装置告警

（1）现象。

变压器本体油色谱在线监测装置发出告警信号。

（2）处理原则。

①检查监控系统或输变电在线监测系统数据是否正常，是否有告警信息，必

要时联系检修人员取油样进行离线油色谱分析。

②对装置电源、在线监测油回路阀门、气压、加热、驱潮、排风等装置进行检查，如确定为在线监测装置故障，应将在线监测装置退出运行，联系检修人员处理。

③在确认在线监测装置运行正常时，将油色谱在线监测周期改为最短（2h 及以下），继续监视。

④如特征气体增长速率较快，应立即联系检修人员取油样进行离线油色谱分析。

⑤如特征气体增长速率较慢或趋于稳定，应继续监视运行，并汇报上级管理部门，进行综合分析。

⑥根据综合分析结果进行缺陷定性及处理。

7.2　断路器运维细则

7.2.1　运行规定

7.2.1.1　一般规定

（1）每年对断路器安装地点的母线短路电流与断路器的额定短路开断电流进行一次校核。断路器的额定短路开断电流接近或小于安装地点的母线短路电流，在开断短路故障后，禁止强送，并停用自动重合闸，严禁就地操作。

（2）当断路器开断额定短路电流的次数比其允许额定短路电流开断次数少一次时，应向值班调控人员申请退出该断路器的重合闸。当达到额定短路电流的开断次数时，申请将断路器检修。

（3）应按相累计断路器的动作次数、开断故障电流次数和每次短路开断电流。

（4）断路器允许开断故障次数应写入变电站现场专用规程。

（5）断路器应具备远方和就地操作方式。

（6）断路器应有完整的铭牌、规范的运行编号和名称，相色标志明显，其金属支架、底座应可靠接地。

7.2.1.2　本体

（1）户外安装的 SF_6 密度继电器（压力表）应设置防雨罩，防雨罩应能将表、控制电缆接线端子一起放入，防止指示表、控制电缆接线盒和充放气接口进水受潮。

（2）对于不带温度补偿的 SF_6 密度继电器（压力表），应对照制造厂提供的温度—压力曲线，与相同环境温度下的历史数据进行比较分析。

（3）SF_6 密度继电器应装设在与断路器本体同一运行环境温度的位置，以保证其报警、闭锁接点正确动作。

（4）压力异常导致断路器分、合闸闭锁时，不准擅自解除闭锁进行操作。SF_6 密度继电器（压力表）应定期校验。

（5）高寒地区 SF_6 断路器应采取防止 SF_6 气体液化的措施。

（6）绝缘子爬电比距应满足所处地区的污秽等级，不满足污秽等级要求的应采取防污闪措施。

（7）定期检查断路器金属法兰与瓷件的胶装部位防水密封胶的完好性，必要时重新复涂防水密封胶。

（8）未涂防污闪涂料的瓷套管应坚持"逢停必扫"，已涂防污闪涂料的瓷套管应监督涂料有效期限，在其失效前应复涂。

7.2.1.3 操动机构

（1）液压（气动）操动机构的油、气系统应无渗漏，油位、压力符合厂家规定。

（2）并联合闸脱扣器在合闸装置额定电源电压的 85% ~ 110% 范围内，应可靠动作；并联分闸脱扣器在分闸装置额定电源电压的 65% ~ 110%（直流）或 85% ~ 110%（交流）范围内，应可靠动作；当电源电压低于额定电压的 30% 时，脱扣器不应脱扣。在使用电磁机构时，合闸电磁铁线圈通流时的端电压为操作电压额定值的 80%（关合峰值电流等于或大于 50kA 时为 85%）应可靠动作。

（3）弹簧操动机构手动储能与电动储能之间联锁应完备，手动储能时必须使用专用工具，手动储能前，应断开储能电源。

（4）空压机及储气罐等连接管路的阀门位置正确，运行中的空压机排气、排水阀应关闭，其他手动阀门应正常开启。

（5）未加装气水分离装置的气动操动机构应每周手动排水，当发现有油污排出时，应联系检修人员检修。

（6）液压（气动）机构每天打压次数应不超过厂家规定。如打压频繁，应联系检修人员处理。

7.2.1.4 其他

（1）机构箱、汇控柜应设置可自动投切的加热驱潮装置，低温地区还应有保温措施，对于不满足当地最低环境温度要求的混合气体断路器、罐式断路器罐体及气动机构及其联接管路应加装加热带。

（2）机构箱、汇控柜加热驱潮装置运行正常、投退正确。

（3）定期对机构箱、汇控柜二次线进行清扫。

7.2.1.5 紧急申请停运规定

运行中发现有下列情况之一，运维人员应立即汇报调控人员申请将断路器停运，停运前应远离设备。

（1）套管有严重破损和放电现象。

（2）导电回路部件有严重过热或打火现象。

（3）SF_6 断路器严重漏气，发出操作闭锁信号。

（4）少油断路器灭弧室冒烟或内部有异常声响。

（5）少油断路器严重漏油，油位不可见。

（6）多油断路器内部有爆裂声。

（7）真空断路器的灭弧室有裂纹或放电声等异常现象。

（8）落地罐式断路器防爆膜变形或损坏。

（9）液压、气动操动机构失压，储能机构储能弹簧损坏。

（10）其他根据现场实际认为应紧急停运的情况。

运行中出现下列情况，断路器跳闸后不得试送：①全电缆线路；②值班调控人员通知线路有带电检修工作；③低频减载保护、系统稳定控制、联切装置及远切装置动作后跳闸的断路器；④断路器开断故障电流的次数达到规定次数；⑤ 断路器铭牌标称容量接近或小于安装地点的母线短路容量。

7.2.2 巡视及操作

7.2.2.1 巡视

（1）例行巡视。

①本体。

a）外观清洁、无异物、无异常声响。

b）油断路器本体油位正常，无渗漏油现象，油断路器套管油色、油位正常。油位计清洁。

c）断路器套管电流互感器无异常声响、外壳无变形、密封条无脱落。

d）分、合闸指示正确，与实际位置相符；SF_6 密度继电器（压力表）指示正常、外观无破损或渗漏，防雨罩完好。

e）外绝缘无裂纹、破损及放电现象，增爬伞裙粘接牢固、无变形，防污涂料完好、无脱落、起皮现象。

f）引线弧垂满足要求，无散股、断股，两端线夹无松动、裂纹、变色现象。

g）均压环安装牢固，无锈蚀、变形、破损。

h）套管防雨帽无异物堵塞，无鸟巢、蜂窝等。

i）金属法兰无裂痕，防水胶完好，连接螺栓无锈蚀、松动、脱落。

j）传动部分无明显变形、锈蚀，轴销齐全。

②操动机构。

a）液压、气动操动机构压力表指示正常。

b）液压操动机构油位、油色正常。

c）弹簧储能机构储能正常。

③其他。

a）名称、编号、铭牌齐全、清晰，相序标志明显。

b）机构箱、汇控柜箱门平整，无变形、锈蚀，机构箱锁具完好。

c）基础构架无破损、开裂、下沉，支架无锈蚀、松动或变形，无鸟巢、蜂窝等异物。

d）接地引下线标志无脱落，接地引下线可见部分连接完整可靠，接地螺栓紧固，无放电痕迹，无锈蚀、变形现象。

e）原存在的设备缺陷无发展。

（2）全面巡视。全面巡视是在例行巡视基础上增加以下巡视项目，并抄录断路器油位、SF_6 气体压力、液压（气动）操动机构压力、断路器动作次数、操动机构电机动作次数等运行数据。

①断路器动作计数器指示正常。

②气动操动机构空压机运转正常、无异音，油位、油色正常；气水分离器工作正常，无渗漏油、无锈蚀。

③液压操动机构油位正常，无渗漏，油泵及各储压元件无锈蚀。

④弹簧操动机构弹簧无锈蚀、裂纹或断裂。

⑤电磁操动机构合闸保险完好。

⑥SF_6 气体管道阀门及液压、气动操动机构管道阀门位置正确。

⑦指示灯正常，压板投退、远方/就地切换把手位置正确。

⑧空气开关位置正确，二次元件外观完好、标志、电缆标牌齐全清晰。

⑨端子排无锈蚀、裂纹、放电痕迹；二次接线无松动、脱落，绝缘无破损、老化现象；备用芯绝缘护套完备；电缆孔洞封堵完好。

⑩照明、加热驱潮装置工作正常。加热驱潮装置线缆的隔热护套完好，附近线缆无过热灼烧现象。加热驱潮装置投退正确。

⑪机构箱透气口滤网无破损，箱内清洁无异物，无凝露、积水现象。

⑫箱门开启灵活，关闭严密，密封条无脱落、老化现象。

⑬五防锁具无锈蚀、变形现象，锁具芯片无脱落损坏现象。

⑭高寒地区应检查罐式断路器罐体、气动机构及其连接管路加热带工作正常。

（3）熄灯巡视。重点检查引线、接头、线夹有无发热，外绝缘有无放电现象。

（4）特殊巡视。

①新安装或 A、B 类检修后投运的断路器、长期停用的断路器投入运行 72h 内，应增加巡视次数（不少于 3 次），巡视项目按照全面巡视执行。

②异常天气时的巡视。

a）大风天气时，检查引线摆动情况，有无断股、散股，均压环及绝缘子是否倾斜、断裂，各部件上有无搭挂杂物。

b）雷雨天气后，检查外绝缘有无放电现象或放电痕迹。

c）大雨后、连阴雨天气时，检查机构箱、端子箱、汇控柜等有无进水，加热驱潮装置工作是否正常。

d）冰雪天气时，检查导电部分是否有冰雪立即融化现象，大雪时还应检查设备积雪情况，及时处理过多的积雪和悬挂的冰柱。

e）覆冰天气时，观察外绝缘的覆冰厚度及冰凌桥接程度，覆冰厚度不超 10mm，冰凌桥接长度不宜超过干弧距离的 1/3，爬电不超过第二伞裙，不出现中部伞裙爬电现象。

f）冰雹天气后，检查引线有无断股、散股，绝缘子表面有无破损现象。

g）大雾、重度雾霾天气时，检查外绝缘有无异常电晕现象，重点检查污秽部分。

h）温度骤变时，检查断路器油位、压力变化情况、有无渗漏现象；加热驱潮装置工作是否正常。

i）高温天气时，检查引线、线夹有无过热现象。

j）高峰负荷期间，增加巡视次数，检查引线、线夹有无过热现象。

③故障跳闸后的巡视。

a）断路器外观是否完好。

b）断路器的位置是否正确。

c）外绝缘、接地装置有无放电现象、放电痕迹。

d）断路器内部有无异音。

e）SF_6 密度继电器（压力表）指示是否正常，操动机构压力是否正常，弹簧机构储能是否正常。

f）油断路器有无喷油，油色及油位是否正常。

g）各附件有无变形，引线、线夹有无过热、松动现象。

h）保护动作情况及故障电流情况。

7.2.2.2 操作

（1）断路器检修后应经验收合格、传动确认无误后，方可送电操作。断路器检修涉及继电保护、控制回路等二次回路时，还应由继电保护人员进行传动试验、确认合格后方可送电。

（2）断路器投运前，应检查接地线（接地刀闸）是否全部拆除（拉开），防误闭锁装置是否正常。

（3）长期停运超过 6 个月的断路器，应经常规试验合格方可投运。在正式执行操作前应通过远方控制方式进行试操作 2 ~ 3 次，无异常后方能按操作票拟定的方式操作。

（4）操作前应检查控制回路和辅助回路的电源正常，检查机构已储能，检查油断路器油位、油色正常；真空断路器外观无异常；SF_6 断路器气体压力在规定的范围内；各种信号正确、表计指示正常。

（5）SF_6 断路器气体压力、液压（气动）操动机构压力异常导致断路器分、合闸闭锁时，不准擅自解除闭锁，进行操作。

（6）断路器操作后的位置检查应以机械位置指示、电气指示、仪表及各种遥测、遥信等信号的变化来判断。具备条件时应到现场确认本体和机构（分）合闸指示器以及拐臂、传动杆位置，保证断路器确已正确（分）合闸。同时检查断路器本体有无异常。

（7）使用电磁操动机构的断路器进行合闸操作时，应注意观察合闸电源回路所接直流电流表的变化情况，合闸操作后直流电流表应返回。连续操作电磁操作机构的断路器后，应注意直流母线电压变化，发现异常及时进行调整。

（8）旁路断路器代路操作前，旁路断路器保护按所代断路器保护定值整定投入，且和被代断路器运行于同一条母线，确认旁路断路器三相均已合上后，方可拉开被代断路器，最后拉开被代断路器两侧隔离开关。

（9）液压操动机构的断路器，在分闸、合闸就地传动操作时，现场人员应尽量避开高压管道接口。

（10）分相操作的断路器发生非全相合闸时，应立即拉开断路器，查明原因。

（11）分相操作的断路器发生非全相分闸时，立即汇报值班调控人员，断开断路器操作电源，按照值班调控人员指令隔离该断路器。

7.2.3 维护

7.2.3.1 端子箱、机构箱、汇控柜维护

箱体、箱内加热驱潮装置元件及回路、照明装置、插座及电缆孔洞封堵维护要求参照本书端子箱部分相关内容。

7.2.3.2 断路器本体（地电位）锈蚀

（1）对断路器本体（地电位）的初发性锈蚀，用钢丝刷、砂布、刨刀、棉纱将锈蚀部位处理干净，使表面露出明显的金属光泽，无锈斑、起皮现象。

（2）对表面处理后的部分，涂抹防腐材料，并喷涂同色度的面漆。

（3）处理时应保证足够的安全距离。

7.2.3.3 指示灯更换

（1）发现指示灯不能正确反映设备正常状态时，应予以检查，确定为指示灯故障时应更换。

（2）应选用相同规格型号的指示灯。

（3）更换时，应戴线手套，使用的工具应绝缘良好，防止发生短路接地。

（4）拆解的二次线应做好标记，并进行绝缘包扎处理。

（5）更换完成后，应检查指示灯指示与设备实际状态相符。

7.2.3.4 储能空开更换

（1）发现储能空开故障时，应进行更换。

（2）应选用相同规格型号的空开。

（3）检查弹簧操动机构储能指示正常，液压、气动机构压力指示正常。

（4）更换前应断开上级电源空开或拆除电源线，并确认储能空开两侧无电压。

（5）更换时，应戴线手套，使用的工具应绝缘良好，防止发生短路接地。

（6）拆解的二次线应做好标记，并进行绝缘包扎处理。

（7）更换后检查相序正确，确认无误后方可投入。

7.2.3.5 红外检测

（1）精确测温周期。1 000kV 为 1 周，省评价中心 3 个月；330kV～750kV 为 1 个月；220kV 为 3 个月；110（66）kV 为半年；35kV 及以下为 1 年；新投运后 1 周内（但应超过 24h）。

（2）检测范围为断路器引线、线夹、灭弧室、外绝缘及二次回路。

（3）检测重点为断路器引线、线夹、灭弧室及二次回路。

（4）配置智能机器人巡检系统的变电站，可由智能机器人完成红外普测和精确测温，由专业人员进行复核。

7.2.4 典型故障和异常处理

7.2.4.1 断路器灭弧室爆炸

（1）现象。

①保护动作，相应断路器在分位，故障断路器电流、功率显示为零。

②现场检查发现断路器灭弧室炸裂，绝缘介质逸出。

（2）处理原则。

①检查监控系统断路器跳闸情况及光字、告警等信息。

②结合保护装置动作情况，核对断路器的实际位置，确定故障区域，查找故障点。

③找出故障点后，对故障间隔及关联设备进行全面检查，重点检查爆炸断路器相邻设备有无受损，引线有无受力拉伤、损坏的现象。

④汇报值班调控人员一二次设备检查结果。

⑤若爆炸现场引起火灾，应立即对火灾点进行隔离，然后进行扑救，必要时联系消防部门。

⑥若相邻设备受损，无法继续安全运行时，应立即向值班调控人员申请停运。

⑦隔离故障断路器，按照值班调控人员指令将非故障设备恢复运行。

⑧现场检查时，检查人员应按规定使用安全防护用品。

⑨检查时如需进入室内，应开启所有排风机进行强制排风 15min，并用检漏仪测量 SF_6 气体合格，用仪器检测含氧量合格；室外 SF_6 断路器检查时，应从上风侧接近断路器进行检查。

7.2.4.2　保护动作断路器拒分

（1）现象。

①故障间隔保护动作，断路器拒分。后备保护动作切除故障，相应断路器跳闸。

②拒分断路器在合位，电流、功率显示为零。

（2）处理原则。

①检查监控系统断路器跳闸情况及光字牌、告警等信息。

②结合保护装置动作情况，核对断路器的实际位置，确定拒动断路器。

③检查断路器保护出口压板是否按规定投入，控制电源是否正常，控制回路接线有无松动，直流回路绝缘是否良好，气动、液压操动机构压力是否正常，弹簧操动机构储能是否正常，SF_6 气体压力是否在合格范围内，汇控柜或机构箱内远方/就地把手是否在"远方"位置，分闸线圈是否有烧损痕迹。

④向值班调控人员汇报一二次设备检查结果，按照值班调控人员指令隔离故障点及拒动断路器，并将非故障设备恢复运行。

7.2.4.3　断路器偷跳（误跳）

（1）现象。

①无系统故障特征。

②无保护动作信号，监控系统有断路器变位信息。

（2）处理原则。

①检查监控系统断路器跳闸情况及光字、告警等信息。

②结合现场工作情况及天气状况分析判断。

③对由于人员误碰、断路器受机械外力振动、保护屏受外力振动、二次回路故障等原因引起的偷跳（误跳），应查明原因，排除故障后，汇报值班调控人员，恢复送电。

④对其他电气或机械部分引起故障，无法立即恢复送电的，应汇报值班调控人员，将偷跳（误跳）断路器隔离，联系检修人员处理。

⑤恢复送电时，应根据调令及现场运行方式使用同期装置，防止非同期合闸。

7.2.4.4 控制回路断线

（1）现象。

①监控系统及保护装置发出控制回路断线告警信号。

②监视断路器控制回路完整性的信号灯熄灭。

（2）处理原则。

①控制回路断线时应先检查以下内容：上一级直流电源是否消失；断路器控制电源空开有无跳闸；机构箱或汇控柜"远方/就地把手"位置是否正确；弹簧储能机构储能是否正常；液压、气动操动机构是否压力降低至闭锁值；SF_6 气体压力是否降低至闭锁值；分、合闸线圈是否断线、烧损；控制回路是否存在接线松动或接触不良。

②若控制电源空开跳闸或上一级直流电源跳闸，检查无明显异常，可试送一次。无法合上或再次跳开，未查明原因前不得再次送电。

③若机构箱、汇控柜远方/就地把手位置在"就地"位置，应将其切至"远方"位置，检查告警信号是否复归。

④若断路器 SF_6 气体压力或储能操动机构压力降低至闭锁值、弹簧机构未储能、控制回路接线松动、断线或分合闸线圈烧损，无法及时处理时，汇报值班调控人员，按照值班调控人员指令隔离该断路器。

⑤若断路器为两套控制回路时，其中一套控制回路断线时，在不影响保护可靠跳闸的情况下，该断路器可以继续运行。

7.2.4.5 SF_6 气体压力降低

（1）现象。

①监控系统或保护装置发出 SF_6 气体压力低告警、压力低闭锁信号，压力低闭锁时同时伴随控制回路断线信号。

②现场检查发现 SF_6 密度继电器（压力表）指示异常。

（2）处理原则。

①检查 SF_6 密度继电器（压力表）指示是否正常，气体管路阀门是否正确开启。

②严寒地区检查断路器本体保温措施是否完好。

③若 SF_6 气体压力降至告警值，但未降至压力闭锁值，联系检修人员，在保证安全的前提下进行补气，必要时对断路器本体及管路进行检漏。

④若运行中 SF_6 气体压力降至闭锁值以下，立即汇报值班调控人员，断开断路器操作电源，按照值班调控人员指令隔离该断路器。

⑤检查人员应按规定使用防护用品；若需进入室内，应开启所有排风机进行强制排风 15min，并用检漏仪测量 SF_6 气体合格，用仪器检测含氧量合格；室外应从上风侧接近断路器进行检查。

7.2.4.6 操动机构压力低闭锁分合闸

（1）现象。

①监控系统或保护装置发出操动机构油（气）压力低告警、闭锁重合闸、闭锁合闸、闭锁分闸、控制回路断线等告警信息，并可能伴随油泵运转超时等告警信息。

②现场检查发现油（气）压力表指示异常。

（2）处理原则。

①现场检查设备压力表指示是否正常。

②检查断路器储能操动机构电源是否正常、机构箱内二次元件有无过热烧损现象、油泵（空压机）运转是否正常。

③检查储能操动机构手动释压阀是否关闭到位，液压操动机构油位是否正常，有无严重漏油，气动操动机构有无漏气现象、排水阀、气水分离器电磁排污阀是否关闭严密。

④运行中储能操动机构压力值降至闭锁值以下时，应立即断开储能操动电机电源，汇报值班调控人员，断开断路器操作电源，按照值班调控人员指令隔离该断路器。

7.2.4.7 操动机构频繁打压

（1）现象。

①监控系统频繁发出油泵（空压机）运转动作、复归告警信息。

②现场检查油泵（空压机）运转频次超出厂家规定值。

（2）处理原则。

①现场检查油泵（空压机）运转情况。

②检查液压操动机构油位是否正常，有无渗漏油，手动释压阀是否关闭到位；气动操动机构有无漏气现象、排水阀、气水分离器电磁排污阀是否关闭严密。

③现场检查油泵（空压机）启、停值设定是否符合厂家规定。

④低温、雨季时检查加热驱潮装置是否正常工作。

⑤必要时联系检修人员处理。

7.2.4.8 液压机构油泵打压超时

（1）现象。

监控系统发出液压机构油泵打压超时告警信息。

（2）处理原则。

①检查压力是否正常，检查油位是否正常，有无渗漏油现象，手动释压阀是否关闭到位。

②检查油泵电源是否正常，如空开跳闸可试送一次，再次跳闸应查明原因。

③如热继电器动作，可手动复归，并检查打压回路是否存在接触不良、元器件损坏及过热现象等。

④检查延时继电器整定值是否正常。

⑤解除油泵打压超时自保持后，若电动机运转正常，压力表指示无明显上升，应立即断开电机电源，联系检修人员处理。

⑥若无法及时处理时，汇报值班调控人员，停电处理。

7.2.4.9 油断路器油位异常

（1）现象。

①断路器油位高于油位计上限或低于油位计下限。

②与同类设备比对发现油位异常。

（2）处理原则。

①油位过高。

a）应进行红外测温，如有异常，联系检修人员现场检查、分析，必要时向值班调控人员申请停运。

b）如测温结果正常，则可能由于气温过高、检修后补油过多或假油位造成，应联系检修人员处理，并加强监视。

②油位过低

a）检查断路器有无渗漏油现象，若无渗漏点可能由于气温过低或油量不足造成，应加强监视，联系检修人员处理，必要时做好停电准备。

b）若已看不见油位，应立即汇报值班调控人员，断开断路器操作电源，按照值班调控人员指令隔离该断路器。

7.2.4.10 操作失灵

（1）现象。

①分闸操作时发生拒分，断路器无变位，电流、功率指示无变化。

②合闸操作时发生拒合，断路器无变位，电流、功率显示为零。

（2）处理原则。

①核对操作设备是否与操作票相符，断路器状态是否正确，五防闭锁是否正常。

②遥控操作时远方/就地把手位置是否正确，遥控压板是否投入。

③有无控制回路断线信息，控制电源是否正常、接线有无松动、各电气元件有无接触不良，分、合闸线圈是否有烧损痕迹。

④气动、液压操动机构压力是否正常、弹簧操动机构储能是否正常、SF_6 气体压力是否在合格范围内。

⑤对于电磁操动机构，应检查直流母线电压是否达到规定值。

⑥无法及时处理时，汇报值班调控人员，终止操作。

⑦联系检修人员处理，必要时按照值班调控人员指令隔离该断路器。

7.3 组合电器运维细则

7.3.1 运行规定

7.3.1.1 一般规定

（1）送电前必须试验合格，各项检查项目合格，各项指标满足要求，保护按照整定配置要求投入，并经验收合格，方可投运。

（2）运行中 SF_6 气体年漏气率≤0.5%/年；湿度检测：有灭弧分解物的气室 ≤300μL/L，无灭弧分解物的气室≤500μL/L。

（3）当 SF_6 气体压力异常发报警信号时，应尽快联系检修人员处理；当气室内的 SF_6 压力降低至闭锁值时，严禁分、合闸操作。

（4）禁止在 SF_6 设备压力释放阀（防爆膜）附近停留。

（5）正常情况下应选择远方电控操作方式，当远方电控操作失灵时，方可选择就地电控操作方式。

（6）在组合电器上正常操作时，禁止触及外壳，并保持一定距离。

（7）组合电器各元件之间装设的电气联锁，运维人员不得随意解除闭锁，也不应随意更改、增加闭锁功能。

（8）高寒地区罐体应加装加热保温装置，根据环境温度正确投退。

（9）变电站应配置与实际相符的组合电器气室分隔图，标明气室分隔情况、气室编号，汇控柜上有本间隔的主接线示意图。

（10）组合电器室应装设强力通风装置，风口应设置在室内底部，排风口不能朝向居民住宅或行人，排风机电源开关应设置在门外。

（11）组合电器室低位区应安装能报警的氧量仪和 SF_6 气体泄漏报警仪，在工作人员入口处应装设显示器。上述仪器应定期检验，保证完好。

（12）工作人员进入组合电器室，应先通风 15min，并用检漏仪测量 SF_6 气体含量合格。尽量避免一人进入组合电器室进行巡视，不准一人进入从事检修工作。

（13）组合电器变电站应备有正压型呼吸器、SF_6 气体检漏仪、氧量仪等防护器具。

（14）组合电器室应配备干粉灭火器等消防设施。

（15）组合电器室控制盘及低压配电盘内应用防火材料严密封堵。

（16）所有扩建预留间隔应按在运设备管理，加装密度继电器并可实现远程监视。

（17）在完成待用间隔设备的交接试验后，应将预留间隔的断路器、隔离开关和接地刀闸置于分闸位置，断开就地控制和操作电源，并在机构箱上加装挂锁。

7.3.1.2　紧急申请停运规定

运行中发现有下列情况之一，运维人员应立即汇报调控人员申请将组合电器停运，停运前应远离设备。

（1）设备外壳破裂或严重变形、过热、冒烟。

（2）声响明显增大，内部有强烈的爆裂声。

（3）套管有严重破损和放电现象。

（4）SF_6 气体压力低至闭锁值。

（5）组合电器压力释放阀（防爆膜）动作。

（6）组合电器中断路器发生拒动。

（7）其他根据现场实际认为应紧急停运的情况。

7.3.2　巡视及操作

7.3.2.1　巡视

（1）例行巡视。

①设备出厂铭牌齐全、清晰。

②运行编号标识、相序标识清晰。

③外壳无锈蚀、损坏，漆膜无局部颜色加深或烧焦、起皮现象。

④伸缩节外观完好，无破损、变形、锈蚀。

⑤外壳间导流排外观完好，金属表面无锈蚀，连接无松动。

⑥盆式绝缘子分类标示清楚，可有效分辨通盆和隔盆，外观无损伤、裂纹。

⑦套管表面清洁，无开裂、放电痕迹及其他异常现象；金属法兰与瓷件胶装部位粘合应牢固，防水胶应完好。

⑧增爬措施（伞裙、防污涂料）完好，伞裙应无塌陷变形，表面无击穿，粘接界面牢固；防污闪涂料涂层无剥离、破损。

⑨均压环外观完好，无锈蚀、变形、破损、倾斜脱落等现象。

⑩引线无散股、断股；引线连接部位接触良好，无裂纹、发热变色、变形。

⑪设备基础应无下沉、倾斜，无破损、开裂。

⑫接地连接无锈蚀、松动、开断，无油漆剥落，接地螺栓压接良好。

⑬支架无锈蚀、松动或变形。

⑭对室内组合电器，进门前检查氧量仪和气体泄漏报警仪无异常。

⑮运行中组合电器无异味，重点检查机构箱中有无线圈烧焦气味。

⑯运行中组合电器无异常放电、振动声，内部及管路无异常声响。

⑰SF_6气体压力表或密度继电器外观完好，编号标识清晰完整，二次电缆无脱落，无破损或渗漏油，防雨罩完好。

⑱对于不带温度补偿的SF_6气体压力表或密度继电器，应对照制造厂提供的温度—压力曲线，并与相同环境温度下的历史数据进行比较，分析是否存在异常。

⑲压力释放阀（防爆膜）外观完好，无锈蚀变形，防护罩无异常，其释放出口无积水（冰）、无障碍物。

⑳开关设备机构油位计和压力表指示正常，无明显漏气漏油。

㉑断路器、隔离开关、接地刀闸等位置指示正确，清晰可见，机械指示与电气指示一致，符合现场运行方式。

㉒断路器、油泵动作计数器指示值正常。

㉓机构箱、汇控柜等的防护门密封良好，平整，无变形、锈蚀。

㉔带电显示装置指示正常，清晰可见。

㉕各类配管及阀门应无损伤、变形、锈蚀，阀门开闭正确，管路法兰与支架完好。

㉖避雷器的动作计数器指示值正常，泄漏电流指示值正常。

㉗各部件的运行监控信号、灯光指示、运行信息显示等均应正常。

㉘智能柜散热冷却装置运行正常；智能终端合并单元信号指示正确与设备运行方式一致，无异常告警信息；相应间隔内各气室的运行及告警信息显示正确。

㉙对集中供气系统，应检查以下项目：气压表压力正常，各接头、管路、阀门无漏气；各管道阀门开闭位置正确；空压机运转正常，机油无渗漏、无乳化现象。

㉚在线监测装置外观良好，电源指示灯正常，应保持良好运行状态。

㉛组合电器室的门窗、照明设备应完好，房屋无渗漏水，室内通风良好。

㉜本体及支架无异物，运行环境良好。

㉝有缺陷的设备，检查缺陷、异常有无发展。

㉞变电站现场运行专用规程中根据组合电器的结构特点补充检查的其他项目。

（2）全面巡视。全面巡视应在例行巡视的基础上增加以下项目。

①机构箱。机构箱的全面巡视检查项目参考本书断路器部分相关内容。

②汇控柜及二次回路。

a）箱门应开启灵活，关闭严密，密封条良好，箱内无水迹。

b）箱体接地良好。

c）箱体透气口滤网完好、无破损。

d）箱内无遗留工具等异物。

e）接触器、继电器、辅助开关、限位开关、空气开关、切换开关等二次元件接触良好、位置正确，电阻、电容等元件无损坏，中文名称标识正确齐全。

f）二次接线压接良好，无过热、变色、松动，接线端子无锈蚀，电缆备用芯绝缘护套完好。

g）二次电缆绝缘层无变色、老化或损坏，电缆标牌齐全。

h）电缆孔洞封堵严密牢固，无漏光、漏风，裂缝和脱漏现象，表面光洁平整。

i）汇控柜保温措施完好，温湿度控制器及加热器回路运行正常，无凝露，加热器位置应远离二次电缆。

j）照明装置正常。

k）指示灯、光字牌指示正常。

l）光纤完好，端子清洁，无灰尘。

m）压板投退正确。

③防误闭锁装置完好。

④记录避雷器动作次数、泄漏电流指示值。

（3）熄灯巡视。

①设备无异常声响。

②引线连接部位、线夹无放电、发红迹象，无异常电晕。

③套管等部件无闪络、放电。

（4）特殊巡视。

①新设备或大修后投入运行 72h 内应开展不少于 3 次特巡，重点检查设备有无异声、压力变化，红外检测罐体及引线接头等有无异常发热。

②异常天气时的巡视。

a）严寒季节时，检查设备 SF_6 气体压力有无过低，管道有无冻裂，加热保温装置是否正确投入。

b）气温骤变时，检查加热器投运情况，以及压力表计变化、液压机构设备有无渗漏油等情况；检查本体有无异常位移、伸缩节有无异常。

c）大风、雷雨、冰雹天气过后，检查导引线位移、金具固定情况及有无断股迹象，设备上有无杂物，套管有无放电痕迹及破裂现象。

d）浓雾、重度雾霾、毛毛雨天气时，检查套管有无表面闪络和放电；各接头部位在小雨中出现水蒸气上升现象时，应进行红外测温。

e）冰雪天气时，检查设备积雪、覆冰厚度情况，及时清除外绝缘上形成的冰柱。

f）高温天气时，增加巡视次数，监视设备温度，检查引线接头有无过热现象，设备有无异常声音。

③故障跳闸后的巡视。

a）检查现场一次设备（特别是保护范围内设备）外观，导引线有无断股等情况。

b）检查保护装置的动作情况。

c）检查断路器运行状态（位置、压力、油位）。

d）检查各气室压力。

7.3.2.2　操作

（1）组合电器电气闭锁装置禁止随意解锁或者停用。正常运行时，汇控柜内的闭锁控制钥匙应严格按照国家电网公司电力安全工作规程规定保管使用。

（2）组合电器操作前后，无法直接观察设备位置的，应按照安规的规定通过间接方法判断设备位置。

（3）组合电器无法进行直接验电的部分，可以按照安规的规定进行间接验电。

7.3.3　维护

7.3.3.1　汇控柜维护

（1）结合设备停电进行清扫。必要时可增加清扫次数，但必须采用防止设备误动的可靠措施。

（2）加热装置在入冬前应进行一次全面检查并投入运行，发现缺陷及时处理。

（3）驱潮防潮装置应长期投入，在雨季来临之前进行一次全面检查，发现缺陷及时处理。

（4）汇控柜体消缺及柜内驱潮加热、防潮防凝露模块和回路、照明回路作业消缺，二次电缆封堵修补的维护要求参照本书端子箱部分相关内容。

7.3.3.2　高压带电显示装置维护

（1）高压带电显示装置显示异常，应进行检查维护。

（2）对于具备自检功能的带电显示装置，利用自检按钮确认显示单元是否正常。

（3）对于不具备自检功能的带电显示装置，测量显示单元输入端电压：若有电压则判断为显示单元故障，自行更换；若无电压则判断为传感单元故障，联系检修人员处理。

（4）更换显示单元前，应断开装置电源，拆解二次线时应做绝缘包扎处理。

（5）维护后，应检查装置运行正常，显示正确。

7.3.3.3　指示灯更换

（1）指示灯指示异常，应进行检查。

（2）测量指示灯两端对地电压：若电压正常则判断为指示灯故障，自行更换；若电压异常则判断为回路其他单元故障，联系检修人员处理。

（3）更换指示灯前，应断开相关电源，并用万用表测量电源侧确无电压。

（4）更换时，运维人员应戴手套，拆解二次线时应做绝缘包扎处理。

（5）维护后，应检查指示灯运行正常，显示正确。

（6）对于位置不利于更换或与控制把手一体的指示灯，应建议停电更换，防止因短路造成机构误动。

7.3.3.4　储能空开更换

（1）储能空开不满足运行要求时，应进行更换。

（2）更换储能空开前，应断开上级电源，并用万用表测量电源侧确无电压。

（3）更换时，运维人员应戴手套，打开的二次线应做好绝缘措施。

（4）更换后检查极性、相序正确，确认无误后方可投入储能空开。

7.3.3.5　红外检测

（1）精确测温周期。1 000kV 为 1 周，省评价中心 3 个月；330kV ~ 750kV 为 1 个月；220kV 为 3 个月；110（66）kV 为半年；35kV 及以下为 1 年。新投运后 1 周内（但应超过 24h）。

（2）检测本体及进出线电气连接、汇控柜等处，对电压互感器隔室、避雷器隔室、电缆仓隔室、接地线及汇控柜内二次回路重点检测。

（3）检测中若发现罐体温度异常偏高，应尽快上报处理。

（4）配置智能机器人巡检系统的变电站，可由智能机器人完成红外普测和精确测温，由专业人员进行复核。

7.3.4 典型故障及异常处理

7.3.4.1 内部绝缘故障、击穿

（1）现象。

组合电器内部绝缘故障、击穿将造成保护动作跳闸，在不同接线方式下，将造成出线保护、母线保护或主变后备保护等动作。

（2）处理原则。

①检查现场故障情况（保护动作情况、现场运行方式、故障设备外观等），汇报值班调控人员。

②根据值班调控人员指令隔离故障组合电器，将其他非故障设备恢复运行，联系检修人员处理。

7.3.4.2 SF$_6$ 气体压力异常

（1）现象。

监控系统发出 SF$_6$ 气体压力报警、闭锁信号或 SF$_6$ 压力表压力指示降低。

（2）处理原则。

①现场检查 SF$_6$ 压力表外观是否完好，所接气体管道阀门是否处于打开位置。

②监控系统发出气体压力低告警或闭锁信号，但现场检查 SF$_6$ 压力表指示正常，判断为误发信号，联系检修人员处理。

③若 SF$_6$ 压力确已降低至告警值，但未降至闭锁值，联系检修人员处理。

④补气后，检查 SF$_6$ 各管道阀门的开闭位置是否正确，并跟踪监视 SF$_6$ 压力变化情况。

⑤若 SF$_6$ 压力确已降到闭锁操作压力值或直接降至零值，应立即断开操作电源，锁定操动机构，并立即汇报值班调控人员申请将故障组合电器隔离。

7.3.4.3 声响异常

（1）现象。

与正常运行时对比有明显增大且伴有各种杂音。

（2）处理原则。

①伴有电火花、爆裂声时，立即申请停电处理。

②伴有振动声时，检查组合电器外壳及接地紧固螺栓有无松动，必要时联系检修人员处理。

③伴有放电的"吱吱"等声响时，检查本体或套管外表面是否有局部放电或电晕，联系检修人员处理。

7.3.4.4 局部过热

（1）现象。

红外测温中罐体、引线接头等部位温度异常偏高。

（2）处理原则。

①红外测温发现组合电器罐体温度异常升高时，应考虑是否为内部发热导致，并进行精确测温判断。

②红外测温发现组合电器引线接头温度异常升高时，应进行下列操作。发热部分和正常相温差不超过15℃，应对该部位增加测温次数，进行缺陷跟踪。发热部分最高温度≥90℃或相对温差≥80%，应加强检测，必要时上报调控中心，申请转移负荷或倒换运行方式。发热部分最高温度≥130℃或相对温差≥95%，应立即上报调控中心，申请转移负荷或倒换运行方式，必要时停运该组合电器。

7.3.4.5 分、合闸异常

（1）现象。

分、合闸指示器指示不正确、指示不到位；操作过程中有非正常金属撞击声。

（2）处理原则。

①检查分、合闸指示器标识是否存在脱落变形，操动机构机械传动部分是否变形、脱落。

②结合运行方式和操作命令，检查监控系统变位、保护装置、遥测、遥信等情况，确认设备实际位置，必要时联系检修人员处理。

7.3.4.6 组合电器发生故障气体外逸时的安全技术措施

（1）现象。

现场可听到"嘶嘶"声，SF_6 及氧气含量检测装置报警。

（2）处理原则。

①室内组合电器发生故障有气体外逸时，全体人员迅速撤离现场，并立即投入全部通风设备。只有在组合电器室彻底通风或检测室内氧气含量正常（不低于18%），SF_6 气体分解物完全排除后，才能进入室内，必要时戴防毒面具或正压式呼吸器，穿防护服。

②室外组合电器发生故障有气体外逸时，全体人员迅速撤离到上风口，严禁

滞留。

③在事故发生后15min之内，只准抢救人员进入室内。事故发生后4h内，任何人员进入室内必须穿防护服，戴手套，以及佩戴有氧气呼吸器的防毒面具。

④若有人被外逸气体侵袭，应立即送医院诊治。

7.4　隔离开关运维细则

7.4.1　运行规定

7.4.1.1　一般规定

（1）隔离开关应满足装设地点的运行工况，在正常运行和检修或发生短路情况下应满足安全要求。

（2）隔离开关和接地刀闸所有部件和箱体上，尤其是传动连接部件和运动部位不得有积水出现。

（3）隔离开关应有完整的铭牌、规范的运行编号和名称，相序标志明显，分合指示、旋转方向指示清晰正确，其金属支架、底座应可靠接地。

7.4.1.2　导电部分

（1）隔离开关导电回路长期工作温度不宜超过80℃。

（2）隔离开关在合闸位置时，触头应接触良好，合闸角度应符合产品技术要求。

（3）隔离开关在分闸位置时，触头间的距离或打开角度应符合产品技术要求。

7.4.1.3　绝缘子

（1）绝缘子爬电比距应满足所处地区的污秽等级，不满足污秽等级要求的应采取防污闪措施。

（2）定期检查隔离开关绝缘子金属法兰与瓷件的胶装部位防水密封胶的完好性，必要时联系检修人员处理。

（3）未涂防污闪涂料的瓷质绝缘子应坚持"逢停必扫"，已涂防污闪涂料的绝缘子应监督涂料有效期限，在其失效前复涂。

7.4.1.4　操动机构和传动部分

（1）隔离开关与其所配装的接地刀闸间有可靠的机械闭锁，机械闭锁应有足够的强度，电动操作回路的电气联锁功能应满足要求。

（2）接地刀闸可动部件与其底座之间的铜质软连接的截面积应不小于50mm²。

（3）隔离开关电动操动机构操作电压应在额定电压的85%～110%之间。

（4）隔离开关辅助接点应切换可靠，操动机构、测控、保护、监控系统的分合闸位置指示应与实际位置一致。

（5）同一间隔内的多台隔离开关的电机电源，在端子箱内应分别设置独立的开断设备。

（6）操动机构箱内交直流空开不得混用，且与上级空开满足级差配置的要求。

（7）电动操动机构的隔离开关手动操作时，应断开其控制电源和电机电源。

（8）电动操作时，隔离开关分合到位后电动机应自动停止。

（9）接地刀闸的传动连杆及导电臂（管）上应按规定设置接地标识。

7.4.1.5　其他

（1）机构箱应设置可自动投切的驱潮加热装置，定期检查驱潮加热装置运行正常、投退正确。

（2）应结合设备停电对机构箱二次设备进行清扫。

7.4.1.6　紧急申请停运规定

运行中发现下列情况之一，运维人员应立即汇报调控人员申请将隔离开关停运，停运前应远离设备。

（1）线夹有裂纹、接头处导线断股散股严重。

（2）导电回路严重发热达到危急缺陷，且无法倒换运行方式或转移负荷。

（3）绝缘子严重破损且伴有放电声或严重电晕。

（4）绝缘子发生严重放电、闪络现象。

（5）绝缘子有裂纹。

（6）其他根据现场实际认为应紧急停运的情况。

7.4.2　巡视及操作

7.4.2.1　巡视

（1）例行巡视。

①导电部分。

a）合闸状态的隔离开关触头接触良好，合闸角度符合要求；分闸状态的隔离开关触头间的距离或打开角度符合要求，操动机构的分、合闸指示与本体实际分、合闸位置相符。

b）触头、触指（包括滑动触指）、压紧弹簧无损伤、变色、锈蚀、变形，导电臂（管）无损伤、变形现象。

c）引线弧垂满足要求，无散股、断股，两端线夹无松动、裂纹、变色等现象。

d）导电底座无变形、裂纹，连接螺栓无锈蚀、脱落现象。

e）均压环安装牢固，表面光滑，无锈蚀、损伤、变形现象。

②绝缘子。

a）绝缘子外观清洁，无倾斜、破损、裂纹、放电痕迹或放电异声。

b）金属法兰与瓷件的胶装部位完好，防水胶无开裂、起皮、脱落现象。

c）金属法兰无裂痕，连接螺栓无锈蚀、松动、脱落现象。

③传动部分。

a）传动连杆、拐臂、万向节无锈蚀、松动、变形现象。

b）轴销无锈蚀、脱落现象，开口销齐全，螺栓无松动、移位现象。

c）接地刀闸平衡弹簧无锈蚀、断裂现象，平衡锤牢固可靠；接地刀闸可动部件与其底座之间的软连接完好、牢固。

④基座、机械闭锁及限位部分。

a）基座无裂纹、破损，连接螺栓无锈蚀、松动、脱落现象，其金属支架焊接牢固，无变形现象。

b）机械闭锁位置正确，机械闭锁盘、闭锁板、闭锁销无锈蚀、变形、开裂现象，闭锁间隙符合要求。

c）限位装置完好可靠。

⑤操动机构。

a）隔离开关操动机构机械指示与隔离开关实际位置一致。

b）各部件无锈蚀、松动、脱落现象，连接轴销齐全。

⑥其他。

a）名称、编号、铭牌齐全清晰，相序标识明显。

b）超 B 类接地刀闸辅助灭弧装置分合闸指示正确、外绝缘完好无裂纹、SF_6 气体压力正常。

c）机构箱无锈蚀、变形现象，机构箱锁具完好，接地连接线完好。

d）基础无破损、开裂、倾斜、下沉，架构无锈蚀、松动、变形现象，无鸟巢、蜂窝等异物。

e）接地引下线标志无脱落，接地引下线可见部分连接完整可靠，接地螺栓紧固，无放电痕迹，无锈蚀、变形现象。

f）五防锁具无锈蚀、变形现象，锁具芯片无脱落损坏现象。

g）原存在的设备缺陷是否有发展。

（2）全面巡视。全面巡视在例行巡视的基础上增加以下项目。

①隔离开关"远方/就地"切换把手，"电动/手动"切换把手位置正确。

②辅助开关外观完好，与传动杆连接可靠。

③空气开关、电动机、接触器、继电器、限位开关等元件外观完好。二次元件标识、电缆标牌齐全清晰。

④端子排无锈蚀、裂纹、放电痕迹；二次接线无松动、脱落，绝缘无破损、老化现象；备用芯绝缘护套完备；电缆孔洞封堵完好。

⑤照明、驱潮加热装置工作正常，加热器线缆的隔热护套完好，附近线缆无烧损现象。

⑥机构箱透气口滤网无破损，箱内清洁无异物，无凝露、积水现象。

⑦箱门开启灵活，关闭严密，密封条无脱落、老化现象，接地连接线完好。

（3）熄灯巡视。重点检查隔离开关触头、引线、接头、线夹有无发热，绝缘子表面有无放电现象。

（4）特殊巡视。

①新安装或 A、B 类检修后投运的隔离开关应增加巡视次数，巡视项目按照全面巡视执行。

②异常天气时的巡视。

a）大风天气时，检查引线摆动情况，有无断股、散股，均压环及绝缘子是否倾斜、断裂，各部件上有无搭挂杂物。

b）雷雨天气后，检查绝缘子表面有无放电现象或放电痕迹，检查接地装置有无放电痕迹。

c）大雨、连阴雨天气时，检查机构箱、端子箱有无进水，驱潮加热装置工作是否正常。

d）冰雪天气时，检查导电部分是否有冰雪立即熔化现象，大雪时还应检查设备积雪情况，及时处理过多的积雪和悬挂的冰柱。

e）覆冰天气时，观察外绝缘的覆冰厚度及冰凌桥接程度，覆冰厚度不超过10mm，冰凌桥接长度不宜超过干弧距离的1/3，爬电不超过第二伞裙，不出现中部伞裙爬电现象。

f）冰雹天气后，检查引线有无断股、散股，绝缘子表面有无破损现象。

g）大雾、重度雾霾天气时，检查绝缘子有无放电现象，重点检查污秽部分。

h）高温天气时，检查触头、引线、线夹有无过热现象。

③高峰负荷间的巡视。高峰负荷期间，增加巡视次数，重点检查触头、引线、线夹有无过热现象。

④故障跳闸后的巡视。故障跳闸后，检查隔离开关各部件有无变形，触头、引线、线夹有无过热、松动，绝缘子有无裂纹或放电痕迹。

7.4.2.2 操作

（1）允许隔离开关操作的范围如下：拉、合系统无接地故障的消弧线圈；拉、合系统无故障的电压互感器、避雷器或 220kV 及以下电压等级空载母线；拉、合系统无接地故障的变压器中性点的接地刀闸；拉、合与运行断路器并联的旁路电流；拉、合 110kV 及以下且电流不超过 2A 的空载变压器和充电电流不超过 5A 的空载线路，但当电压在 20kV 以上时，应使用户外垂直分合式三联隔离开关；拉开 330kV 及以上电压等级 3/2 接线方式中的转移电流（需经试验允许）；拉、合电压在 10kV 及以下时，电流小于 70A 的环路均衡电流。

（2）运行中的隔离开关与其断路器、接地刀闸间的闭锁装置应完善可靠。

（3）隔离开关支持瓷瓶、传动部件有严重损坏时，严禁操作该隔离开关。

（4）隔离开关、接地刀闸合闸前应检查触头内无异物（覆冰）。

（5）隔离开关操作过程中，应严格监视隔离开关动作情况，如有机构卡涩、顶卡、动触头不能插入静触头等现象时，应停止操作，检查原因并上报，严禁强行操作。

（6）隔离开关就地操作时，应做好支柱绝缘子断裂的风险分析与预控，操作人员应正确站位，避免站在隔离开关及引线正下方，操作中应严格监视隔离开关动作情况，并视情况做好及时撤离的准备。

（7）手动合上隔离开关开始时应迅速果断，但合闸终了不应用力过猛，以防瓷质绝缘子断裂造成事故。手动拉开隔离开关开始时应慢而谨慎，当触头刚刚分开的时刻应迅速拉开，然后检查动静触头断开是否到位。

（8）合闸操作后应检查三相触头是否合闸到位，接触应良好；水平旋转式隔离开关检查两个触头是否在同一轴线上；单臂垂直伸缩式和垂直开启剪刀式隔离开关检查上、下拐臂是否均已经越过"死点"位置。

（9）电动操作隔离开关后，应检查隔离开关现场实际位置是否与监控机显示隔离开关位置一致。

（10）母线侧隔离开关操作后，检查母差保护模拟图及各间隔保护电压切换箱、计量切换继电器等是否变位，并进行隔离开关位置确认。

（11）配置独立操作机构的单相隔离开关送电操作时，应先合上边相隔离开关、再合上中相隔离开关；停电操作顺序与此相反。操作单相隔离开关一旦发生错误时，应停止操作其他各相隔离开关。

（12）超 B 类接地刀闸合闸操作顺序：线路侧接地刀闸→辅助灭弧装置→接地侧接地刀闸，且三者之间电气互锁应正常。分闸时顺序相反。

（13）误合上隔离开关后禁止再行拉开，合闸操作时即使发生电弧，也禁止将隔离开关再次拉开。误拉隔离开关时，当主触头刚刚离开即发现电弧产生时应立即合回，查明原因。如隔离开关已经拉开，禁止再合上。

（14）长期备用隔离开关运行后应对其进行一次红外测温。

7.4.3 维护

7.4.3.1 端子箱、机构箱维护

箱体、箱内驱潮加热元件及回路、照明回路、电缆孔洞封堵维护周期及要求参照本书端子箱部分相关内容。

7.4.3.2 红外检测

（1）精确测温周期。1 000kV 为 1 周，省评价中心 3 个月；330kV～750kV 为 1 个月；220kV 为 3 个月；110（66）kV 为半年；35kV 及以下为 1 年；新投运后 1 周内（但应超过 24h）。

（2）检测范围为引线、线夹、触头、导电臂（管）、绝缘子、二次回路。

（3）检测重点为线夹、触头、导电臂（管）。

（4）配置智能机器人巡检系统的变电站，可由智能机器人完成红外普测和精确测温，由专业人员进行复核。

（5）检测方法及缺陷定性参照 DL/T 664《带电设备红外诊断应用规范》。

7.4.4 典型异常和故障处理

7.4.4.1 绝缘子断裂

（1）现象。

①绝缘子断裂引起保护动作跳闸时：保护动作，相应断路器在分位。

②绝缘子断裂引起小电流接地系统单相接地时：接地故障相母线电压降低，其他两相母线电压升高。

③现场检查发现绝缘子断裂。

（2）处理原则。

①绝缘子断裂引起保护动作跳闸。

a）检查监控系统断路器跳闸情况及光字、告警等信息。

b）结合保护装置动作情况，核对跳闸断路器的实际位置，确定故障区域，查找故障点。

②绝缘子断裂引起小电流接地系统单相接地。

a）依据监控系统母线电压显示和试拉结果，确定接地故障相别及故障范围。

b）对故障范围内设备进行详细检查，查找故障点。查找时室内不准接近故障

点 4m 以内，室外不准接近故障点 8m 以内，进入上述范围人员应穿绝缘靴，接触设备的外壳和构架时，应戴绝缘手套。

③找出故障点后，对故障间隔及关联设备进行全面检查，重点检查故障绝缘子相邻设备有无受损，引线有无受力拉伤、损坏的现象。

④汇报值班调控人员一二次设备检查结果。

⑤若相邻设备受损，无法继续安全运行时，应立即向值班调控人员申请停运。

⑥对故障点进行隔离，按照值班调控人员指令将无故障设备恢复运行。

7.4.4.2 拒分、拒合

（1）现象。

远方或就地操作隔离开关时，隔离开关不动作。

（2）处理原则。

①隔离开关拒分或拒合时不得强行操作，应核对操作设备、操作顺序是否正确，与之相关回路的断路器、隔离开关及接地刀闸的实际位置是否符合操作程序。

②运维人员应从电气和机械两方面进行检查。

a）电气方面。隔离开关遥控压板是否投入，测控装置有无异常、遥控命令是否发出，"远方/就地"切换把手位置是否正确。检查接触器是否励磁：若接触器励磁，应立即断开控制电源和电机电源，检查电机回路电源是否正常，接触器接点是否损坏或接触不良；若接触器未励磁，应检查控制回路是否完好；若接触器短时励磁无法自保持，应检查控制回路的自保持部分。若空开跳闸或热继电器动作，应检查控制回路或电机回路有无短路接地，电气元件是否烧损，热继电器性能是否正常。

b）机械方面。检查操动机构位置指示是否与隔离开关实际位置一致；检查绝缘子、机械联锁、传动连杆、导电臂（管）是否存在断裂、脱落、松动、变形等异常问题；操动机构蜗轮、蜗杆是否断裂、卡滞。

③若电气回路有问题，无法及时处理，应断开控制电源和电机电源，手动进行操作。

④手动操作时，若卡滞、无法操作到位或观察到绝缘子晃动等异常现象时，应停止操作，汇报值班调控人员并联系检修人员处理。

7.4.4.3 合闸不到位

（1）现象。

隔离开关合闸操作后，现场检查发现隔离开关合闸不到位。

（2）处理原则。

①运维人员应从电气和机械两方面进行检查。

a）电气方面．检查接触器是否励磁、限位开关是否提前切换，机构是否动作到位。若接触器励磁，应立即断开控制电源和电机电源，检查电机回路电源是否正常，接触器接点是否损坏或接触不良，电机是否损坏；若接触器未励磁，应检查控制回路是否完好。若空开跳闸或热继电器动作，应检查控制回路或电机回路有无短路接地，电气元件是否烧损，热继电器性能是否正常。

b）机械方面。检查驱动拐臂、机械联锁装置是否已达到限位位置；检查触头部位是否有异物（覆冰）、绝缘子、机械联锁、传动连杆、导电臂（管）是否存在断裂、脱落、松动、变形等异常问题。

②若电气回路有问题，无法及时处理，应断开控制电源和电机电源，手动进行操作。

③手动操作时，若卡滞、无法操作到位或观察到绝缘子晃动等异常现象时，应停止操作，汇报值班调控人员并联系检修人员处理。

7.4.4.4 导电回路异常发热

（1）现象。

①红外测温时发现隔离开关导电回路异常发热。

②冰雪天气时，隔离开关导电回路有冰雪立即熔化现象。

（2）处理原则。

①导电回路温差达到一般缺陷时，应对发热部位增加测温次数，进行缺陷跟踪。

②发热部分最高温度或相对温差达到严重缺陷时应增加测温次数并加强监视，向值班调控人员申请倒换运行方式或转移负荷。

③发热部分最高温度或相对温差达到危急缺陷且无法倒换运行方式或转移负荷时，应立即向值班调控人员申请停运。

7.4.4.5 绝缘子有破损或裂纹

（1）现象。

隔离开关绝缘子有破损或裂纹。

（2）处理原则。

①若绝缘子有破损，应联系检修人员到现场进行分析，加强监视，并增加红外测温次数。

②若绝缘子严重破损且伴有放电声或严重电晕，立即向值班调控人员申请停运。

③若绝缘子有裂纹，该隔离开关禁止操作，立即向值班调控人员申请停运。

7.4.4.6　隔离开关位置信号不正确

（1）现象。

①监控系统、保护装置显示的隔离开关位置和隔离开关实际位置不一致。

②保护装置发出相关告警信号。

（2）处理原则。

①现场确认隔离开关实际位置。

②检查隔离开关辅助开关切换是否到位、辅助接点是否接触良好。如现场无法处理，应立即汇报值班调控人员并联系检修人员处理。

③对于双母线接线方式，应将母差保护相应隔离开关位置强制对位至正确位置。对于3/2接线方式，若隔离开关的位置影响到短引线保护的正确投入，应强制投入短引线保护。

7.5　开关柜运维细则

7.5.1　运行规定

7.5.1.1　一般规定

（1）开关柜内一次接线应符合国家电网公司输变电工程典型设计要求，避雷器、电压互感器等柜内设备应经隔离开关（或隔离手车）与母线相连，严禁与母线直接连接。其前面板模拟显示图必须与其内部接线一致，开关柜可触及隔室、不可触及隔室、活门和机构等关键部位在出厂时应设置明显的安全警告、警示标识。柜内隔离金属活门应可靠接地，活门机构应选用可独立锁止的结构，可靠防止检修时人员失误打开活门。

（2）对于开关柜存在误入带电区域可能的部位应加锁并粘贴醒目警示标志；后上柜门打开的母线室外壳，应粘贴醒目警示标志。

（3）开关柜的柜间、母线室之间及与本柜其他功能隔室之间应采取有效的封堵隔离措施。

（4）封闭式开关柜必须设置压力释放通道，压力释放方向应避开人员和其他设备。

（5）变电运维人员必须在完成开关柜内所有可触及部位验电、接地及防止碰触带电设备的安全措施后，工作人员方可进入柜内实施检修维护作业。

（6）对进出线电缆接头和避雷器引线接头等易疏忽部位，应作为验电重点全部验电，确保检修人员可触及部位全部停电。

（7）开关柜隔离开关触头拉合后的位置应便于观察各相的实际位置或机械指示位置；开关（小车开关在工作或试验位置）的分合指示、储能指示应便于观察并明确标示。

（8）开关柜内驱潮器应一直处于运行状态，以免开关柜内元件表面凝露，影响绝缘性能，导致沿面闪络。对运行环境恶劣的开关柜内相关元件可喷涂防污闪涂料，提高绝缘件憎水性。

（9）开关柜内电缆接头宜设置示温蜡片，便于通过巡视观察示温蜡片变色情况判断接头是否发热。

（10）在进行开关柜停电操作时，停电前应首先检查带电显示装置指示正常，证明其完好性。

（11）进入开关室对开关柜进行巡视前，宜首先告知调控中心，将带有电压自动控制（AVC）功能的电容器、电抗器开关改为不能自动投切的状态，巡视期间禁止远方操作开关，巡视完毕离开开关室后告知调控中心将电压自动控制（AVC）恢复至自动投切状态。

（12）开关柜一二次电缆进线处应采取有效的封堵措施，并做防火处理。

7.5.1.2 开关柜内断路器运行规定

（1）对用于投切电容器组等操作频繁的开关柜要适当缩短巡检和维护周期。当无功补偿装置容量增大时，应进行断路器容性电流开合能力校核试验。

（2）开关柜断路器在工作位置时，严禁就地进行分合闸操作。远方操作时，就地人员应远离设备。

（3）手车开关每次推入柜内后，应保证手车到位、隔离插头接触良好和机械闭锁可靠。

（4）开关柜内手车开关拉出后，隔离带电部位的挡板封闭后禁止开启，并设置"止步，高压危险！"的标示牌。

7.5.1.3 开关柜防误闭锁装置运行规定

（1）成套开关柜五防功能应齐全、性能良好，出线侧应装设具有自检功能的带电显示装置，并与线路侧接地刀闸实行联锁；配电装置有倒送电源时，间隔网门应装有带电显示装置的强制闭锁。

（2）开关柜所装设的高压带电显示装置应符合 DL/T 538《高压带电显示装置》标准要求。

（3）手车式断路器无论在工作位置还是在试验位置，均应用机械联锁把手车锁定。断路器与其手车之间应具有机械联锁，断路器必须在分位方可将手车从"工作位置"（"试验位置"）拉出或推至"试验位置"（"工作位置"）。断路器手车与线路接地刀闸之间必须具有机械联锁，手车在"试验位置"或"检修位置"方可合上线路接地刀闸。反之，线路接地刀闸在分位时方将断路器手车推至"工作位置"。

（4）应充分利用停电时间检查断路器机构与手车断路器、手车与接地刀闸、隔离开关与接地刀闸的机械闭锁装置。

（5）加强带电显示闭锁装置的运行维护，保证其与柜门间强制闭锁的运行可靠性。防误操作闭锁装置或带电显示装置失灵应作为严重缺陷尽快予以消除。

7.5.1.4　开关室运行规定

（1）应在开关室配置通风、除湿、防潮设备，防止凝露导致绝缘事故。

（2）对高寒地区，应选用满足低温运行的断路器和二次装置，否则应在开关室内配置有效的采暖或加热设施，防止凝露导致绝缘事故。

（3）运行环境较差的开关室应加强房间密封，在柜内加装加热驱潮装置并采取安装空调或工业除湿机等措施，空调的出风口不应直接对着开关柜柜体，避免制冷模式下造成柜体凝露导致绝缘事故。

（4）开关室长期运行温度不得超过 45℃，否则应采取加强通风降温措施（开启开关室通风设施）。

（5）开关室内相对湿度保持在 75% 以下，除湿机应定期排水，防止发生柜内凝露现象，空调应切换至除湿模式。

（6）在 SF_6 断路器开关室低位区应安装能报警的氧量仪和 SF_6 气体泄漏报警仪，在工作人员入口处也要装设显示器。仪器应定期检验，保证完好。

（7）进入室内 SF_6 开关设备区，需先通风 15min，并检测室内氧气密度正常（大于 18%），SF_6 气体密度小于 1 000μL/L。处理 SF_6 设备泄漏故障时必须戴防毒面具，穿防护服。

（8）尽量避免一人进入 SF_6 断路器开关室进行巡视，不准一人进入从事检修工作。

（9）SF_6 断路器开关室的排风机电源开关应设置在门外，通风装置因故停止运行时，禁止进行电焊、气焊、刷漆等工作，禁止使用煤油、酒精等易燃易爆物品。

（10）开关室门应设置防小动物挡板，并在室内放置一定数量的捕鼠器械。

（11）每年雨季到来前，应进行开关室防漏（渗）雨的检查维护。

7.5.1.5　紧急申请停运规定

运行中发现下列情况之一，运维人员应立即汇报调控人员申请将开关柜停运，停运前应远离设备。

（1）开关柜内有明显的放电声并伴有放电火花，烧焦气味等。

（2）柜内元件表面严重积污、凝露或进水受潮，可能引起接地或短路时。

（3）柜内元件外绝缘严重裂纹，外壳严重破损、本体断裂或严重漏油已看不到油位。

（4）接头严重过热或有打火现象。

（5）SF_6断路器严重漏气，达到"压力闭锁"状态；真空断路器灭弧室故障。

（6）手车无法操作或保持在要求位置。

（7）充气式开关柜严重漏气，达到"压力报警"状态。

（8）其他根据现场实际认为应紧急停运的情况。

7.5.2 巡视及操作

7.5.2.1 巡视

（1）例行巡视。

①开关柜运行编号标识正确、清晰，编号应采用双重编号。

②开关柜上断路器或手车位置指示灯、断路器储能指示灯、带电显示装置指示灯指示正常。

③开关柜内断路器操作方式选择开关处于运行、热备用状态时置于"远方"位置，其余状态时置于"就地"位置。

④机械分、合闸位置指示与实际运行方式相符。

⑤开关柜内应无放电声、异味和不均匀的机械噪声。

⑥开关柜压力释放阀无异常，释放出口无障碍物。

⑦柜体无变形、下沉现象，柜门关闭良好，各封闭板螺栓应齐全，无松动、锈蚀。

⑧开关柜闭锁盒、五防锁具闭锁良好，锁具标号正确、清晰。

⑨充气式开关柜气压正常。

⑩开关柜内 SF_6 断路器气压正常。

⑪开关柜内断路器储能指示正常。

⑫开关柜内照明正常，非巡视时间照明灯应关闭。

（2）全面巡视。全面巡视在例行巡视的基础上增加以下项目。

①关柜出厂铭牌齐全、清晰可识别，相序标识清晰可识别。

②开关柜面板上应有间隔单元的一次电气接线图，并与柜内实际一次接线一致。

③开关柜接地应牢固，封闭性能及防小动物设施应完好。

④开关柜控制仪表室巡视检查项目及要求。

a）表计、继电器工作正常，无异声、异味。

b）不带有温湿度控制器的驱潮装置小开关正常在合闸位置，驱潮装置附近温度应稍高于其他部位。

c）带有温湿度控制器的驱潮装置，温湿度控制器电源灯亮，根据温湿度控制器设定启动温度和湿度，检查加热器是否正常运行。

d）控制电源、储能电源、加热电源、电压小开关正常在合闸位置。

e）环路电源小开关除在分段点处断开外，其他柜均在合闸位置。

f）二次接线连接牢固，无断线、破损、变色现象。

g）二次接线穿柜部位封堵良好。

⑤有条件时，通过观察窗检查以下项目。

a）开关柜内部无异物。

b）支持瓷瓶表面清洁、无裂纹、破损及放电痕迹。

c）引线接触良好，无松动、锈蚀、断裂现象。

d）绝缘护套表面完整，无变形、脱落、烧损。

e）油断路器、油浸式电压互感器等充油设备，油位在正常范围内，油色透明无炭黑等悬浮物，无渗、漏油现象。

f）检查开关柜内 SF_6 断路器气压是否正常，并抄录气压值。

g）试温蜡片（试温贴纸）变色情况及有无熔化。

h）隔离开关动、静触头接触良好；触头、触片无损伤、变色；压紧弹簧无锈蚀、断裂、变形。

i）断路器、隔离开关的传动连杆、拐臂无变形，连接无松动、锈蚀，开口销齐全；轴销无变位、脱落、锈蚀。

j）断路器、电压互感器、电流互感器、避雷器等设备外绝缘表面无脏污、受潮、裂纹、放电、粉蚀现象。

k）避雷器泄漏电流表电流值在正常范围内。

l）手车动、静触头接触良好，闭锁可靠。

m）开关柜内部二次线固定牢固、无脱落，无接头松脱、过热，引线断裂，外绝缘破损等现象。

n）柜内设备标识齐全、无脱落。

o）一次电缆进入柜内处封堵良好。

⑥检查遗留缺陷有无发展变化。

⑦根据开关柜的结构特点，在变电站现场运行专用规程中补充检查的其他项目。

（3）熄灯巡视。熄灯巡视时应通过外观检查或者通过观察窗检查开关柜引线、接头无放电、发红迹象，检查瓷套管无闪络、放电。

（4）特殊巡视。

①新设备或大修投入运行后要求重点检查有无异声、触头是否发热、发红、打火，绝缘护套有无脱落等现象。

②雨、雪天气时的特殊巡视。

a）检查开关室有无漏雨、开关柜内有无进水情况。

b）检查设备外绝缘有无凝露、放电、爬电、电晕等异常现象。

③高温大负荷期间的巡视。

a）检查试温蜡片（试温贴纸）变色情况。

b）用红外热像仪检查开关柜有无发热情况。

c）通过观察窗检查柜内接头、电缆终端有无过热，绝缘护套有无变形。

d）开关室的温度较高时应开启开关室所有的通风、降温设备，若此时温度还不断升高应减低负荷。

e）检查开关室湿度是否超过75%，否则应开启全部通风、除湿设备进行除湿，并加强监视。

④故障跳闸后的巡视。

a）检查开关柜内断路器控制、保护装置动作和信号情况。

b）检查事故范围内的设备情况，开关柜有无异音、异味，开关柜外壳、内部各部件有无断裂、变形、烧损等异常。

7.5.2.2 操作

（1）手车分为工作位置、试验位置和检修位置三种位置，禁止手车停留在以上三种位置以外的其他过渡位置。

（2）手车在工作位置、试验位置，机械联锁均应可靠锁定手车。

（3）手车推入、拉出操作前，应将车体位置摆正，认真检查机械联锁位置正确方可进行操作；禁止强行操作。

（4）手车推入开关柜内前，应检查断路器确已断开、动触头外观完好、设备本身及柜内清洁无积灰，无试验接线，无工具物料等。

（5）手车在试验位置时，应检查二次空开、插头是否投入，指示灯等是否正常。

（6）手车推入工作位置前，应检查"远方/就地"切换开关在"就地"位置，检查保护压板、保护定值区是否按照调控命令方式投入，保护装置无异常。

（7）拉出、推入手车之前应检查断路器在分闸位置。

（8）手车开关拉出后，隔离带电部位的挡板封闭后禁止开启，并设置"止步，高压危险！"的标示牌。

（9）在确认配电线路无电的情况下，才能合上线路侧接地刀闸，该开关柜电缆仓门才能打开。

（10）全封闭式开关柜操作前后，无法直接观察设备位置的，应通过间接方法判断设备位置。

（11）全封闭式开关柜无法进行直接验电的部分，应采取间接验电的方法进行判断。

7.5.3　维护

7.5.3.1　高压带电显示装置维护

（1）发现高压带电显示装置显示异常，应进行检查维护。

（2）测量显示单元输入电压，如输入电压正常，为显示单元故障；如输入电压不正常，则为感应器故障，应联系检修人员处理。

（3）高压带电显示装置更换显示单元或显示灯前，应断开装置电源，并检测确无工作电压。

（4）接触高压带电显示装置显示单元前，应检查感应器及二次回路正常，无接近、触碰高压设备或引线的情况。

（5）如需拆、接二次线，应逐个记录拆卸二次线编号、位置，并做好拆解二次线的绝缘。

（6）高压带电显示装置维护后，应检查装置运行正常，显示正确。

7.5.3.2　红外测温

（1）开关柜红外检测周期。

①精确检测周期。1 000kV 为 1 周，省评价中心 3 个月；750kV 及以下为 1 年；新设备投运后 1 周内（但应超过 24h）。

②新安装及 A、B 类检修重新投运后为 1 周内。

③迎峰度夏（冬）、大负荷、检修结束送电、保电期间和必要时增加检测频次。

（2）检测范围为开关柜母线裸露部位、开关柜柜体、开关柜控制仪表室端子排、空开。

（3）检测重点为开关柜柜体及进、出线电气连接处。

（4）检测方法应按照 DL/T 664《带电设备红外诊断应用规范》执行。

（5）红外热像图显示应无异常温升、温差和（或）相对差，注意与同等运行条件下相同开关柜进行比较。当柜体表面温度与环境温度温差大于 20K 或与其他柜体相比较有明显差别时（应结合开关柜运行环境、运行时间、柜内加热器运行情况等进行综合判断），应停电由检修人员检查柜内是否有过热部位。

（6）测量时记录环境温度、负荷及其近 3h 内的变化情况，以便分析参考。

7.5.3.3 暂态地电压局部放电检测

（1）暂态地电压局部放电检测周期。

①暂态地电压局部放电检测至少一年一次，结合迎峰度夏（冬）开展。

②新投运和解体检修后的设备，应在投运后 1 个月内进行一次运行电压下的检测，记录开关柜每一面的测试数据作为初始数据，以后测试中作为参考。

③对存在异常的开关柜设备，在该异常不能完全判定时，可根据开关柜设备的运行工况缩短检测周期。

（2）应在设备投入运行 30min 后，方可进行带电测试。

（3）检测前应检查开关柜设备上无其他作业，开关柜金属外壳应清洁并可靠接地。

（4）检测中应尽量避免干扰源（如气体放电灯、排风系统电机）等带来的影响；信号线应完全展开，避免与电源线（若有）缠绕一起，必要时可关闭开关室内照明灯及通风设备。

（5）雷电时禁止进行检测。

（6）测试现场出现明显异常情况时（如异音、电压波动、系统接地等），应立即停止测试工作并撤离现场。

（7）若开关柜检测结果与环境背景值、历史数据或邻近开关柜检测结果的差值大于 20dBmV，应查明原因。

7.5.4 典型故障和异常处理

7.5.4.1 开关柜绝缘击穿

（1）现象。

①单相绝缘击穿，监控系统发出接地报警信号，接地相电压降低（最低降低到零），非接地相电压升高（最高升高到线电压），线电压不变。运行开关柜内部可能有放电异响。

②两相以上绝缘击穿，监控系统发出相应保护动作信号，相应保护装置发出跳闸信号，给故障设备供电的断路器跳闸。

（2）处理原则。

①检查、处理开关柜单相绝缘击穿故障时，应穿绝缘靴，接触开关柜外壳时

应戴绝缘手套。未穿绝缘靴的情况下，不得靠近故障点4m以内。

②单相绝缘击穿的开关柜不得用隔离开关隔离，应采用断路器断开电源，然后再隔离故障点。

③两相以上绝缘击穿的开关柜，应检查保护动作、开关跳闸情况，隔离故障点后优先恢复正常设备供电。

④绝缘击穿故障点隔离并做好安全措施后，应检查开关柜外壳、内部其他元件有无变形、破损等异常现象。

⑤隔离故障点后，应及时联系检修人员处理，并汇报值班调控人员。

7.5.4.2 开关柜着火

（1）现象。

①开关室火灾报警装置报警。

②开关室内有火光、烟雾。

③如火灾已引起设备跳闸，相应保护装置动作，故障设备供电的断路器跳闸。

（2）处理原则。

①检查并断开起火设备电源。

②开启开关室通风装置，排出室内的烟雾。排除烟雾前需进入检查设备时，要戴防毒面具。

③如开关柜火未完全熄灭，检查故障开关柜已断开电源后，用灭火器灭火，必要时报火警。

④检查保护动作及断路器跳闸情况。

⑤断开故障间隔的交直流电源开关。

⑥隔离故障设备，做好必要的安全措施后，检查开关柜及内部设备损坏情况。

⑦将保护跳闸和设备损坏情况汇报值班调控人员，并联系检修人员处理。

7.5.4.3 开关柜声响异常

（1）现象。

①放电产生的"噼啪"声、"吱吱"声。

②机械振动产生的"嗡嗡"声或异常敲击声。

③其他与正常运行声音不同的噪声。

（2）处理原则。

①在保证安全的情况下，检查确认异常声响设备及部位，判断声音性质。

②对于放电造成的异常声响，应联系检修人员确认放电对设备的危害，跟踪放电发展情况，必要时，申请值班调控人员将设备退出运行，联系检修人员处理。

③对于机械振动造成的异常声响，应汇报值班调控人员，并联系检修人员

处理。

④无法直接查明异常声响的部位、原因时，可结合开关柜运行负荷、温度及附近有无异常声源进行分析判断，并可采用红外测温、地电压检测等带电检测技术进行辅助判断。

⑤无法判断异常声响部位、设备及原因时，应联系检修人员处理。

7.5.4.4 开关柜过热

（1）现象。

①红外测温发现开关柜柜体表面温度与环境温度温差大于20K；或与其他柜体相比较温度有明显差别，结合运行环境、运行时间、柜内加热器运行情况等综合判断为开关柜内部有过热时。

②试温蜡片（试温贴纸）变色或融化。

③通过观察窗发现内部设备有过热变色、绝缘护套过热变形等异常现象。

（2）处理原则。

①检查过热间隔开关柜是否过负荷运行。

②红外测温发现开关柜过热时，应进一步通过观察窗检查柜内设备有无过热变色、试温蜡片（试温贴纸）变色或绝缘护套过热变形等异常现象。

③对于因负荷过大引起的过热，应汇报值班调控人员，申请降低或转移负荷，并加强巡视检查。

④对于触头或接头接触不良引起的过热，应汇报值班调控人员，申请降低负荷或将设备停运，并联系检修人员处理。

7.5.4.5 开关柜手车位置指示异常

（1）现象。

手车位置指示灯不亮或与实际不符。

（2）处理原则。

①检查手车操作是否到位。

②检查二次插头是否插好、有无接触不良。

③检查相关指示灯的工作电源是否正常，如电源开关跳闸，试合电源开关。

④检查指示灯是否损坏，如损坏进行更换。

⑤无法自行处理或查明原因时，应联系检修人员处理。

7.5.4.6 开关柜线路侧接地刀闸无法分、合闸

（1）现象。

线路侧接地刀闸操作卡涩或隔离开关操作挡板无法打开。

（2）处理原则。

①检查手车断路器位置是否处于"试验"或"检修"位置。

②检查隔离开关机械闭锁装置是否解除；检查开关柜运行方式把手是否处于"操作"位置；检查电缆室门是否关闭良好。

③检查带电显示装置有无异常。

④检查电气闭锁装置是否正常。

⑤无法自行处理或查明原因时，应联系检修人员处理。

7.5.4.7　开关柜电缆室门不能打开

（1）现象。

电缆室门在解除五防闭锁和固定螺栓后，无法打开。

（2）处理原则。

①检查接地刀闸是否处于分闸位置，如在分闸位置应检查操作步骤无误后，合上接地刀闸。

②检查带电显示装置有无异常。

③检查电气或机械闭锁装置是否正常。

④无法自行处理或查明原因时，应联系检修人员处理。

7.5.4.8　开关柜手车推入或拉出操作卡涩

（1）现象。

操作中手车不能推入或拉出。

（2）处理原则。

①检查操作步骤是否正确。

②检查手车是否歪斜。

③检查操作轨道有无变形、异物。

④检查电气闭锁或机械闭锁有无异常。

⑤无法自行处理或查明原因时，应联系检修人员处理。

7.5.4.9　开关柜手车断路器不能分、合闸

（1）现象。

手车断路器处于"试验"或"工作"位置时，不能进行正常分、合闸操作。

（2）处理原则。

①检查手车断路器分、合闸指示灯是否正常。

②检查手车断路器储能是否正常。

③检查手车断路器控制方式把手位置是否正确。

④检查手车操作是否到位。

⑤检查手车二次插头是否插好、有无接触不良。

⑥检查操作步骤是否正确，电气闭锁是否正常。

⑦无法自行处理或查明原因时，应联系检修人员处理。

7.5.4.10　充气式开关柜气压异常

（1）现象。

充气式开关柜发出低气压报警或气压表显示气压低于正常压力。

（2）处理原则。

①发现充气式开关柜发生 SF$_6$ 气体大量泄漏等紧急情况时，人员应迅速撤出现场，开启所有排风机进行排风。未佩戴防毒面具或正压式空气呼吸器人员禁止入内。

②进入充气式开关柜开关室前，应检查 SF$_6$ 气体含量显示器指示 SF$_6$ 气体含量合格，入口处若无 SF$_6$ 气体含量显示器，应先通风 15min，并用检漏仪测量 SF$_6$ 气体含量合格。

③检查充气式开关柜压力表指示，确认是否误发信号。

④充气式开关柜严重漏气引起气压过低时，应立即汇报值班调控人员，申请将故障间隔停运处理。

⑤充气式开关柜确因气压降低发出报警时，禁止进行操作。

⑥充气式开关柜气压力降低或者压力表误发信号，应汇报值班调控人员，并联系检修人员处理。

7.6　电流互感器运维细则

7.6.1　运行规定

7.6.1.1　一般规定

（1）电流互感器二次绕组所接负荷应在准确等级所规定的负荷范围内。

（2）电流互感器允许在设备最高电压下和额定连续热电流下长期运行。

（3）电流互感器二次侧严禁开路，备用的二次绕组应短接接地。

（4）运行中的电流互感器二次侧只允许有一个接地点。其中公用电流互感器二次绕组二次回路只允许且必须在相关保护柜屏内一点接地。独立的、与其他电压互感器和电流互感器的二次回路没有电气联系的二次回路应在开关场一点接地。

（5）电流互感器在投运前及运行中应注意检查各部位接地是否牢固可靠，末屏应可靠接地，严防出现内部悬空的假接地现象。

（6）应及时处理或更换已确认存在严重缺陷的电流互感器。对怀疑存在缺陷的电流互感器，应缩短试验周期进行跟踪检查和分析查明原因。

（7）停运中的电流互感器投入运行后，应立即检查相关电流指示情况和本体有无异常现象。

（8）新装或检修后，应检查电流互感器三相的油位指示正常，并保持一致，运行中的电流互感器应保持微正压。

（9）新投入或大修后（含二次回路更动）的电流互感器必须核对相序、极性。

（10）具有吸湿器的电流互感器，运行中其吸湿剂应干燥，油封油位应正常，呼吸应正常。

（11）SF_6电流互感器投运前，应检查无漏气，气体压力指示与制造厂规定相符，三相气压应调整一致。

（12）SF_6电流互感器压力表偏出正常压力区时，应及时上报并查明原因，压力降低应进行补气处理。

（13）SF_6电流互感器密度继电器应便于运维人员观察，防雨罩应安装牢固，能将表计、控制电缆接线端子遮盖。

（14）设备故障跳闸后，未查到故障原因时，应联系检修人员进行SF_6电流互感器气体分解产物检测，以确定内部有无放电，避免带故障强送再次放电。

（15）对硅橡胶套管或加装硅橡胶伞裙的瓷套，应经常检查硅橡胶表面有无放电痕迹现象，如有放电现象应及时处理。

7.6.1.2 紧急申请停运的规定

运行中发现有下列情况之一时，运维人员应立即汇报值班调控人员申请将电流互感器停运，停运前应远离设备。

（1）外绝缘严重裂纹、破损，严重放电。

（2）严重异音、异味、冒烟或着火。

（3）严重漏油、看不到油位。

（4）严重漏气、气体压力表指示为零。

（5）本体或引线接头严重过热。

（6）金属膨胀器异常伸长顶起上盖。

（7）压力释放阀（防爆片）已冲破。

（8）末屏开路。

（9）二次回路开路不能立即恢复时。

（10）设备的油化试验或SF_6气体试验时主要指标超过规定不能继续运行。

（11）其他根据现场实际认为应紧急停运的情况。

7.6.2 巡视

7.6.2.1 例行巡视

（1）各连接引线及接头无发热、变色迹象，引线无断股、散股。

（2）外绝缘表面完整，无裂纹、放电痕迹、老化迹象，防污闪涂料完整无脱落。

（3）金属部位无锈蚀，底座、支架、基础无倾斜变形。

（4）无异常振动、异常声响及异味。

（5）底座接地可靠，无锈蚀、脱焊现象，整体无倾斜。

（6）二次接线盒关闭紧密，电缆进出口密封良好。

（7）接地标识、出厂铭牌、设备标识牌、相序标识齐全、清晰。

（8）油浸电流互感器油位指示正常，各部位无渗漏油现象；吸湿器硅胶变色在规定范围内；金属膨胀器无变形，膨胀位置指示正常。

（9）SF_6电流互感器压力表指示在规定范围，无漏气现象，密度继电器正常，防爆膜无破裂。

（10）干式电流互感器外绝缘表面无粉蚀、开裂，无放电现象，外露铁芯无锈蚀。

（11）原存在的设备缺陷是否有发展趋势。

7.6.2.2 全面巡视

全面巡视在例行巡视的基础上，增加以下项目。

（1）端子箱内各空气开关投退正确，二次接线名称齐全，引接线端子无松动、过热、打火现象，接地牢固可靠。

（2）端子箱内孔洞封堵严密，照明完好；电缆标牌齐全、完整。

（3）端子箱门开启灵活、关闭严密，无变形锈蚀，接地牢固，标识清晰。

（4）端子箱内部清洁，无异常气味、无受潮凝露现象；驱潮加热装置运行正常，加热器按季节和要求正确投退。

（5）记录并核查SF_6气体压力值，应无明显变化。

7.6.2.3 熄灯巡视

（1）引线、接头无放电、发红、严重电晕迹象。

（2）外绝缘无闪络、放电。

7.6.2.4 特殊巡视

（1）大负荷运行期间的巡视。

①检查接头无发热、本体无异常声响、异味。

②必要时用红外热像仪检查电流互感器本体、引线接头的发热情况。

③检查 SF₆ 气体压力指示或油位指示正常。

（2）异常天气时的巡视。

①气温骤变时，检查一次引线接头无异常受力，引线接头部位无发热现象；各密封部位无漏气、渗漏油现象，SF₆ 气体压力指示及油位指示正常；端子箱内无受潮凝露。

②大风、雷雨、冰雹天气过后，检查导引线无断股迹象，设备上无飘落积存杂物，外绝缘无闪络放电痕迹及破裂现象。

③雾霾、大雾、毛毛雨天气时，检查无沿表面闪络和放电，重点监视瓷质污秽部分，必要时夜间熄灯检查。高温及严寒天气时，检查油位指示正常，SF₆ 气体压力正常。

④覆冰天气时，检查外绝缘覆冰情况及冰凌桥接程度，覆冰厚度不超过10mm，冰凌桥接长度不宜超过干弧距离的 1/3，放电不超过第二伞裙，不出现中部伞裙放电现象。

（3）故障跳闸后的巡视。故障范围内的电流互感器重点检查油位、气体压力是否正常，有无喷油、漏气，导线有无烧伤、断股，绝缘子有无闪络、破损等现象。

7.6.3　维护

（1）精确测温周期。1 000kV 为 1 周，省评价中心 3 个月；330kV～750kV 为 1 个月；220kV 为 3 个月；110（66）kV 为半年；35kV 及以下为 1 年；新投运后 1 周内（但应超过 24h）。

（2）检测范围为本体、引线、接头、二次回路。

7.6.4　典型故障及异常处理

7.6.4.1　本体渗漏油

（1）现象。

①本体外部有油污痕迹或油珠滴落现象。

②器身下部地面有油渍。

③油位下降。

（2）处理原则。

①检查本体外绝缘、油嘴阀门、法兰、金属膨胀器、引线接头等处有无渗漏油现象，确定渗漏油部位。

②根据渗漏油及油位情况，判断缺陷的严重程度。

③渗油及漏油速度每滴不快于 5s，且油位正常的，应加强监视，按缺陷处理流程上报。

④漏油速度虽每滴不快于 5s，但油位低于下限的，应立即汇报值班调控人员申请停运处理。

⑤漏油速度每滴快于 5s，应立即汇报值班调控人员申请停运处理。

⑥倒立式互感器出现渗漏油时，应立即汇报值班调控人员申请停运处理。

7.6.4.2　SF_6 气体压力降低报警

（1）现象。

①监控系统发出 SF_6 气体压力低的告警信息。

②密度继电器气体压力指示达到或低于报警值。

（2）处理原则。

①检查表计外观是否完好，指针是否正常，记录气体压力值。

②检查表计压力是否降低至报警值，若为误报警，应查找原因，必要时联系检修人员处理。

③若确系气体压力异常，应检查各密封部件有无明显漏气现象并联系检修人员处理。

④气体压力恢复前应加强监视，因漏气较严重一时无法进行补气或 SF_6 气体压力为零时，应立即汇报值班调控人员申请停运处理。

⑤检查中应做好防护措施，从上风向接近设备，防止 SF_6 气体中毒。

7.6.4.3　本体及引线接头发热

（1）现象

①引线接头处有变色发热迹象。

②红外检测本体及引线接头温度和温升超出规定值。

（2）处理原则

①发现本体或引线接头有过热迹象时，应使用红外热像仪进行检测，确认发热部位和程度。

②对电流互感器进行全面检查，检查有无其他异常情况，查看负荷情况，判断发热原因。

③本体热点温度超过 55℃，引线接头温度超过 90℃，应加强监视，按缺陷处理流程上报。

④本体热点温度超过 80℃，引线接头温度超过 130℃，应立即汇报值班调控人员申请停运处理。

⑤油浸式电流互感器瓷套等整体温升增大且上部温度偏高，温差为2K～3K时，可判断为内部绝缘能力降低，应立即汇报值班调控人员申请停运处理。

7.6.4.4 异常声响

（1）现象。

电流互感器声响与正常运行时对比有明显增大且伴有各种噪音。

（2）处理原则。

①内部伴有"嗡嗡"较大噪声时，检查二次回路有无开路现象。

②声响比平常增大而均匀时，检查是否为过电压、过负荷、铁磁共振、谐波作用引起，汇报值班调控人员并联系检修人员进一步检查。

③内部伴有"噼啪"放电声响时，可判断为本体内部故障，应立即汇报值班调控人员申请停运处理。

④外部伴有"噼啪"放电声响时，应检查外绝缘表面是否有局部放电或电晕，若因外绝缘损坏造成放电，应立即汇报值班调控人员申请停运处理。

⑤若异常声响较轻，不需立即停电检修的，应加强监视，按缺陷处理流程上报。

7.6.4.5 末屏接地不良

（1）现象。

①末屏接地处有放电声响及发热迹象。

②夜间熄灯可见放电火花、电晕。

（2）处理原则。

①检查电流互感器有无其他异常现象，红外检测有无发热情况。

②立即汇报值班调控人员申请停运处理。

7.6.4.6 外绝缘放电

（1）现象。

①外部有放电声响。

②夜间熄灯可见放电火花、电晕。

（2）处理原则。

①发现外绝缘放电时，应检查外绝缘表面，有无破损、裂纹、严重污秽情况。

②外绝缘表面严重损坏的，应立即汇报值班调控人员申请停运处理。

③外绝缘未见明显损坏，放电未超过第二伞裙的，应加强监视，按缺陷处理流程上报。

④超过第二伞裙的，应立即汇报值班调控人员申请停运处理。

7.6.4.7 二次回路开路

（1）现象。

①监控系统发出告警信息，相关电流、功率指示降低或为零。

②相关继电保护装置发出"TA断线"告警信息。

③本体发出较大噪声，开路处有放电现象。

④相关电流表、功率表指示为零或偏低，电度表不转或转速缓慢。

（2）处理原则。

①检查当地监控系统告警信息，相关电流、功率指示。

②检查相关电流表、功率表、电能表指示有无异常。

③检查本体有无异常声响、有无异常振动。

④检查二次回路有无放电打火、开路现象，查找开路点。

⑤检查相关继电保护及自动装置有无异常，必要时申请停用有关电流保护及自动装置。

⑥二次回路开路，应申请降低负荷；如不能消除，应立即汇报值班调控人员申请停运处理。

⑦查找电流互感器二次开路点时应注意安全，应穿绝缘靴，戴绝缘手套，至少两人一起。禁止用导线缠绕的方式消除电流互感器二次回路开路。

7.6.4.8 冒烟着火

（1）现象。

①监控系统相关继电保护动作信号发出，断路器跳闸信号发出，相关电流、电压、功率无指示。如为室内设备，则监控系统有火灾报警信号发出。

②变电站现场相关继电保护装置动作，相关断路器跳闸。

③设备本体冒烟着火。

（2）处理原则。

①检查当地监控系统告警及动作信息，相关电流、电压数据。

②检查记录继电保护及自动装置动作信息，核对设备动作情况，查找故障点。

③发现电流互感器冒烟着火，应立即确认各来电侧断路器是否断开，未断开的立即断开。

④在确认各侧电源已断开且保证人身安全的前提下，用灭火器材灭火。

⑤应立即向调控及上级主管部门汇报，及时报警。

⑥应及时将现场检查情况汇报值班调控人员及有关部门。

⑦根据值班调控人员指令进行故障设备的隔离操作和负荷的转移操作。

7.7 电压互感器运维细则

7.7.1 运行规定

7.7.1.1 一般规定

（1）新投入或大修后（含二次回路更动）的电压互感器必须核相。

（2）电压互感器二次绕组所接负荷应在准确等级所规定的负荷范围内。

（3）电压互感器二次侧严禁短路。

（4）电压互感器的各个二次绕组（包括备用）均必须有可靠的保护接地，且只允许有一个接地点。接地点的布置应满足有关二次回路设计的规定。

（5）应及时处理或更换已确认存在严重缺陷的电压互感器。对怀疑存在缺陷的电压互感器，应缩短试验周期进行跟踪检查和分析查明原因。

（6）停运中的电压互感器投入运行后，应立即检查相关电压指示情况和本体有无异常现象。

（7）新装或检修后，应检查电压互感器三相的油位指示正常，并保持一致，运行中的互感器应保持微正压。

（8）中性点非有效接地系统中，作单相接地监视用的电压互感器，一次中性点应接地。为防止谐振过电压，应在一次中性点或二次回路装设消谐装置。

（9）双母线接线方式下，一组母线电压互感器退出运行时，应加强运行电压互感器的巡视和红外测温。

（10）电磁式电压互感器一次绕组 N（X）端必须可靠接地。电容式电压互感器的电容分压器低压端子（N、δ、J）必须通过载波回路线圈接地或直接接地。

（11）电压互感器（含电磁式和电容式电压互感器）允许在 1.2 倍额定电压下连续运行。中性点有效接地系统中的互感器，允许在 1.5 倍额定电压下运行 30s。中性点非有效接地系统中的电压互感器，在系统无自动切除对地故障保护时，允许在 1.9 倍额定电压下运行 8h；在系统有自动切除对地故障保护时，允许在 1.9 倍额定电压下运行 30s。

（12）具有吸湿器的电压互感器，运行中其吸湿剂应干燥，油封油位应正常，呼吸应正常。

（13）SF_6 电压互感器投运前，应检查电压互感器无漏气，SF_6 气体压力指示与制造厂规定相符，三相气压应调整一致。

（14）SF_6 电压互感器压力表偏出正常压力区时，应及时上报并查明原因，压力降低应进行补气处理。

（15）SF$_6$电压互感器密度继电器应便于运维人员观察，防雨罩应安装牢固，能将表、控制电缆接线端子遮盖。

7.7.1.2　紧急申请停运规定

运行中发现有下列情况之一，运维人员应立即汇报值班调控人员申请将电压互感器停运，停运前应远离设备。

（1）高压熔断器连续熔断 2 次。

（2）外绝缘严重裂纹、破损，电压互感器有严重放电，已威胁安全运行时。

（3）内部有严重异音、异味、冒烟或着火。

（4）油浸式电压互感器严重漏油，看不到油位。

（5）SF$_6$电压互感器严重漏气或气体压力低于厂家规定的最小运行压力值。

（6）电容式电压互感器电容分压器出现漏油。

（7）电压互感器本体或引线端子有严重过热。

（8）膨胀器永久性变形或漏油。

（9）压力释放阀（防爆片）已冲破。

（10）电压互感器接地端子 N（X）开路、二次短路，不能消除。

（11）设备的油化试验或 SF$_6$ 气体试验时主要指标超过规定不能继续运行。

（12）其他根据现场实际认为应紧急停运的情况。

7.7.2　巡视及操作

7.7.2.1　巡视

（1）例行巡视。

①外绝缘表面完整，无裂纹、放电痕迹、老化迹象，防污闪涂料完整无脱落。

②各连接引线及接头无松动、发热、变色迹象，引线无断股、散股。

③金属部位无锈蚀；底座、支架、基础牢固，无倾斜变形。

④无异常振动、异常音响及异味。

⑤接地引下线无锈蚀、松动情况。

⑥二次接线盒关闭紧密，电缆进出口密封良好；端子箱门关闭良好。

⑦均压环完整、牢固，无异常可见电晕。

⑧油浸电压互感器油色、油位指示正常，各部位无渗漏油现象；吸湿器硅胶变色小于2/3；金属膨胀器膨胀位置指示正常。

⑨SF$_6$电压互感器压力表指示在规定范围内，无漏气现象，密度继电器正常，防爆膜无破裂。

⑩电容式电压互感器的电容分压器及电磁单元无渗漏油。

⑪干式电压互感器外绝缘表面无粉蚀、开裂、凝露、放电现象，外露铁芯无锈蚀。

⑫330kV 及以上电容式电压互感器电容分压器各节之间防晕罩连接可靠。

⑬接地标识、设备铭牌、设备标示牌、相序标注齐全、清晰。

⑭原存在的设备缺陷是否有发展趋势。

（2）全面巡视。全面巡视在例行巡视的基础上，增加以下项目。

①端子箱内各二次空气开关、刀闸、切换把手、熔断器投退正确，二次接线名称齐全，引接线端子无松动、过热、打火现象，接地牢固可靠。

②端子箱内孔洞封堵严密，照明完好，电缆标牌齐全完整。

③端子箱门开启灵活、关闭严密，无变形、锈蚀，接地牢固，标识清晰。

④端子箱内部清洁，无异常气味、无受潮凝露现象；驱潮加热装置运行正常，加热器按要求正确投退。

⑤检查 SF_6 密度继电器压力正常，记录 SF_6 气体压力值。

（3）熄灯巡视。

①引线、接头无放电、发红、严重电晕迹象。

②外绝缘套管无闪络、放电。

（4）特殊巡视。

①异常天气时的巡视。

a）气温骤变时，检查引线无异常受力，是否存在断股，接头部位无发热现象；各密封部位无漏气、渗漏油现象，SF_6 气体压力指示及油位指示正常；端子箱无凝露现象。

b）大风、雷雨、冰雹天气过后，检查导引线无断股、散股迹象，设备上无飘落积存杂物，外绝缘无闪络放电痕迹及破裂现象。

c）雾霾、大雾、毛毛雨天气时，检查外绝缘无沿表面闪络和放电，重点监视瓷质污秽部分，必要时夜间熄灯检查。

d）高温天气时，检查油位指示正常，SF_6 气体压力应正常。

e）覆冰天气时，检查外绝缘覆冰情况及冰凌桥接程度，覆冰厚度不超过10mm，冰凌桥接长度不宜超过干弧距离的1/3，放电不超过第二伞裙，不出现中部伞裙放电现象。

f）大雪天气时，应根据接头部位积雪溶化迹象检查是否发热，及时清除导引线上的积雪和形成的冰柱。

②故障跳闸后的巡视。检查故障范围内的电压互感器，重点检查导线有无烧

伤、断股，油位、油色、气体压力等是否正常，有无喷油、漏气异常情况等，绝缘子有无污闪、破损现象。

7.7.2.2　操作

（1）电压互感器退出时，应先断开二次空气开关（或取下二次熔断器），后拉开高压侧隔离开关；直接连接在线路、变压器或母线上的电压互感器应在其连接的一次设备停电后拉开二次空气开关（或取下二次熔断器）；投入时顺序相反。

（2）电压互感器停用前，应注意下列事项：①按继电保护和自动装置有关规定要求变更运行方式，防止继电保护误动和拒动；②将二次回路主熔断器或二次空气开关断开，防止电压反送。

（3）严禁用隔离开关或高压熔断器拉开有故障（油位异常升高、喷油、冒烟、内部放电等）的电压互感器。

（4）66kV 及以下中性点非有效接地系统发生单相接地或产生谐振时，严禁用隔离开关或高压熔断器拉、合电压互感器。

（5）为防止串联谐振过电压烧损电压互感器，倒闸操作时，不宜使用带断口电容器的断

（6）路器投切带电磁式电压互感器的空母线。

（7）高压侧装有熔断器的电压互感器，其高压熔断器应在停电并采取安全措施后才能取下、装上。在有隔离开关的和熔断器的低压回路，停电时应先拉开隔离开关，后取下熔断器，送电时相反。

（8）分别接在两段母线上的电压互感器并列时，应先将一次侧并列，再进行二次并列操作。

（9）电压互感器故障时，严禁两台电压互感器二次并列。

7.7.3　维护

7.7.3.1　高压熔断器更换

（1）运行中电压互感器高压熔断器熔断时，应立即停电进行更换。

（2）高压熔断器的更换应在电压互感器停电并做好安全措施后方可进行，并注意二次电压消失对继电保护、自动装置的影响，采取相应的措施，防止误动、拒动。

（3）更换前，应核对高压熔断器型号、技术参数与被更换的一致，并验证其良好。

（4）更换前，应检查电压互感器无异常。

（5）带撞击器的高压熔断器更换时，应注意其安装方向正确。

（6）更换完毕送电后，应立即检查相应电压情况。

（7）高压熔断器连续熔断2次，汇报值班调控人员，申请停运，由检修人员对电压互感器检查试验合格后，方能对电压互感器送电。

7.7.3.2　二次熔断器、二次空气开关更换

（1）运行中电压互感器二次回路熔断器熔断、二次空气开关损坏时，应立即进行更换，并注意二次电压消失对继电保护、自动装置的影响，采取相应的措施，防止误动、拒动。

（2）更换前应做好安全措施，防止二次回路短路或接地。

（3）更换时，应采用型号、技术参数一致的备品。

（4）更换后，应立即检查相应的电压指示，确认电压互感器二次回路是否恢复正常，存在异常，按照缺陷流程处理。

7.7.3.3　红外检测

（1）精确测温周期。1 000kV为1周，省评价中心3个月；330kV～750kV为1个月；220kV为3个月；110（66）kV为半年；35kV及以下为1年；新投运后1周内（但应超过24h）。

（2）重点检测本体。

7.7.4　典型故障及异常处理

7.7.4.1　本体渗漏油

（1）现象。

①本体外部有油污痕迹或油珠滴落现象。

②器身下部地面有油渍。

③油位下降。

（2）处理原则。

①检查本体套管、放（注）油阀、法兰、金属膨胀器、引线接头等部位，确定渗漏油部位。

②根据渗漏油速度结合油位情况，判断缺陷的严重程度。

③油浸式电压互感器电磁单元油位不可见，且无明显渗漏点，应加强监视，按缺陷流程上报。

④油浸式电压互感器电磁单元漏油速度每滴时间不快于5s，且油位正常，应加强监视，按缺陷处理流程上报。

⑤油浸式电压互感器电磁单元漏油速度虽每滴时间不快于5s，但油位低于下限的，立即汇报值班调控人员申请停运处理。

⑥油浸式电压互感器电磁单元漏油速度每滴时间快于5s，立即汇报值班调控人员申请停运处理。

⑦电容式电压互感器电容单元渗漏油，应立即汇报值班调控人员申请停运处理。

7.7.4.2 SF₆气体压力降低报警

（1）现象。

①监控系统发出SF₆气体压力低的告警信息。

②SF₆密度继电器气体压力指示低于报警值。

（2）处理原则。

①检查表计外观是否完好，指针是否正常，记录SF₆气体压力值。

②检查表计压力是否降低至报警值，若为误报警，应查找原因，必要时联系检修人员处理。

③若确系SF₆气体压力异常，应检查各密封部件有无明显漏气现象并联系检修人员处理。

④气体压力恢复前应加强监视，因漏气较严重一时无法进行补气或SF₆气体压力为零时，应立即汇报值班调控人员申请停运处理。

7.7.4.3 本体发热

（1）现象。

红外检测时整体温升偏高，油浸式电压互感器中上部温度高。

（2）处理原则。

①对电压互感器进行全面检查，检查有无其他异常情况，查看二次电压是否正常。

②油浸式电压互感器整体温升偏高，且中上部温度高，温差超过2K，可判断为内部绝缘能力降低，应立即汇报值班调控人员申请停运处理。

7.7.4.4 异常声响

（1）现象。

电压互感器声响与正常运行时对比有明显增大且伴有各种噪音。

（2）处理原则。

①内部伴有"嗡嗡"较大噪声时，检查二次电压是否正常。

②声响比平常增大而均匀时，检查是否为过电压、铁磁谐振、谐波作用引起，汇报值班调控人员并联系检修人员进一步检查。

③内部伴有"噼啪"放电声响时，可判断为本体内部故障，应立即汇报值班调控人员申请停运处理。

④外部伴有"噼啪"放电声响时，应检查外绝缘表面是否有局部放电或电晕，若因外绝缘损坏造成放电，应立即汇报值班调控人员申请停运处理。

⑤若异常声响较轻，不需立即停电检修的，应加强监视，按缺陷处理流程上报。

7.7.4.5 外绝缘放电

（1）现象。

①外部有放电声响。

②夜间熄灯可见放电火花、电晕。

（2）处理原则。

①发现外绝缘放电时，应检查外绝缘表面，有无破损、裂纹、严重污秽情况。

②外绝缘表面损坏的，应立即汇报值班调控人员申请停运处理。

③外绝缘未见明显损坏，放电未超过第二裙的，应加强监视，按缺陷处理流程上报。超过第二伞裙的，应立即汇报调控人员申请停电处理。

7.7.4.6 二次电压异常

（1）现象。

①监控系统发出电压异常越限告警信息，相关电压指示降低、波动或升高。

②变电站现场相关电压表指示降低、波动或升高。相关继电保护及自动装置发"TV断线"告警信息。

（2）处理原则。

①测量二次空气开关（二次熔断器）进线侧电压，如电压正常，检查二次空气开关及二次回路；如电压异常，检查设备本体及高压熔断器。

②处理过程中应注意二次电压异常对继电保护、自动装置的影响，采取相应的措施，防止误动、拒动。

③中性点非有效接地系统，应检查现场有无接地现象、互感器有无异常声响，并汇报值班调控人员，采取措施将其消除或隔离故障点。

④二次熔断器熔断或二次空气开关跳开，应试送二次空气开关（更换二次熔断器），试送不成汇报值班调控人员申请停运处理。

⑤二次电压波动、二次电压低，应检查二次回路有无松动及设备本体有无异常，电压无法恢复时，联系检修人员处理。

⑥二次电压高、开口三角电压高，应检查设备本体有无异常，联系检修人员处理。

7.7.4.7 冒烟着火

（1）现象。

①监控系统相关继电保护动作信号发出，断路器跳闸信号发出，相关电流、

电压、功率无指示。如为室内设备，则监控系统有火灾报警信号发出。

②变电站现场相关继电保护装置动作，相关断路器跳闸。

③设备本体冒烟着火。

（2）处理原则。

①检查当地监控系统告警及动作信息，相关电流、电压数据。

②检查记录继电保护及自动装置动作信息，核对设备动作情况，查找故障点。

③处理过程中应注意二次电压消失对继电保护、自动装置的影响，采取相应的措施，防止误动、拒动。

④在确认各侧电源已断开且保证人身安全的前提下，用灭火器材灭火。

⑤应立即向值班调控人员及上级主管部门相关人员汇报，及时报警。

⑥应及时将现场检查情况汇报值班调控人员及有关部门。

⑦根据值班调控人员指令进行故障设备的隔离操作和负荷的转移操作。

7.8　并联电容器组运维细则

7.8.1　运行规定

7.8.1.1　一般规定

（1）并联电容器组新装投运前，除各项试验合格并按一般巡视项目检查外，还应检查放电回路，保护回路、通风装置完好。构架式电容器装置每只电容器应编号，在上部三分之一处贴45℃～50℃试温蜡片。在额定电压下合闸冲击三次，每次合闸间隔时间5min，应将电容器残留电压放完时方可进行下次合闸。

（2）并联电容器组放电装置应投入运行，断电后在5s内应将剩余电压降到50V以下。

（3）运行中的并联电容器组电抗器室温度不应超过35℃，当室温超过35℃时，干式三相重迭安装的电抗器线圈表面温度不应超过85℃，单独安装不应超过75℃。

（4）并联电容器组外熔断器的额定电流应不小于电容器额定电流的1.43倍选择，并不宜大于额定电流的1.55倍。更换外熔断器时应注意选择相同型号及参数的外熔断器。每台电容器必须有安装位置的唯一编号。

（5）电容器引线与端子间连接应使用专用线夹，电容器之间的连接线应采用软连接，宜采取绝缘化处理。

（6）室内并联电容器组应有良好的通风，进入电容器室宜先开启通风装置。

（7）电容器围栏应设置断开点，防止形成环流，造成围栏发热。

（8）电容器室不宜设置采光玻璃，门应向外开启，相邻两电容器的门应能向两个方向开启。电容器室的进、排风口应有防止风雨和小动物进入的措施。

（9）室内布置电容器装置必须按照有关消防规定设置消防设施，并设有总的消防通道，应定期检查设施完好，通道不得任意堵塞。

（10）吸湿器（集合式电容器）的玻璃罩杯应完好无破损，能起到长期呼吸作用，使用变色硅胶，罐装至顶部 1/6 ~ 1/5 处，受潮硅胶不超过 2/3，并标识 2/3 位置，硅胶不应自上而下变色，上部不应被油浸润，无碎裂、粉化现象。油封完好，呼或吸状态下，内油面或外油面应高于呼吸管口。

（11）非密封结构的集合式电容器应装有储油柜，油位指示应正常，油位计内部无油垢，油位清晰可见，储油柜外观应良好，无渗油、漏油现象。

（12）注油口和放油阀（集合式电容器）阀门必须根据实际需要，处在正确位置。指示开、闭位置的标志清晰、正确，阀门接合处无渗漏油现象。

（13）系统电压波动、本体有异常（如振荡、接地、低周或铁磁谐振），应检查电容器固件有无松动，各部件相对位置有无变化，电容器有无放电及焦味，电容器外壳有无膨胀变形。

（14）对于接入谐波源用户的变电站电容器，每年应安排一次谐波测试，谐波超标时应采取相应的消谐措施。

（15）电容器允许在额定电压 ±5% 波动范围内长期运行。电容器过电压倍数及运行持续时间见表 7-3 规定执行，尽量避免在低于额定电压下运行。

表 7-3　电容器过电压倍数及运行持续时间

过电压倍数（U_g/U_n）	持续时间	说明
1.05	连续	
1.10	每 24h 中 8h	
1.15	每 24h 中 30min	系统电压调整与波动
1.20	5min	
1.30	1min	轻荷载时电压升高

（16）并联电容器组允许在不超过额定电流的 30% 的运行情况下长期运行。三相不平衡电流不应超过 ±5%。

（17）当系统发生单相接地时，不准带电检查该系统上的电容器。

7.8.1.2 紧急申请停运规定

运行中发现有下列情况之一，运维人员应立即汇报调控人员申请将并联电容器停运，停运前应远离设备。

（1）电容器发生爆炸、喷油或起火。

（2）接头严重发热。

（3）电容器套管发生破裂或有闪络放电。

（4）电容器、放电线圈严重渗漏油时。

（5）电容器壳体明显膨胀，电容器、放电线圈或电抗器内部有异常声响。

（6）集合式并联电容器压力释放阀动作时。

（7）当电容器2根及以上外熔断器熔断时。

（8）电容器的配套设备有明显损坏，危及安全运行时。

（9）其他根据现场实际认为应紧急停运的情况。

7.8.2 巡视及操作

7.8.2.1 巡视

（1）例行巡视。

①设备铭牌、运行编号标识、相序标识齐全、清晰。

②母线及引线无过紧过松、散股、断股、无异物缠绕，各连接头无发热现象。

③无异常振动或响声。

④电容器壳体无变色、膨胀变形；集合式电容器无渗漏油，油温、储油柜油位正常，吸湿器受潮硅胶不超过2/3，阀门接合处无渗漏油现象；框架式电容器外熔断器完好。带有外熔断器的电容器，应检查外熔断器的运行工况。

⑤限流电抗器附近无磁性杂物存在，表面涂层无变色、龟裂、脱落或爬电痕迹，无放电及焦味，电抗器撑条无脱出现象，油电抗器无渗漏油。

⑥放电线圈二次接线紧固无发热、松动现象；干式放电线圈绝缘树脂无破损、放电；油浸放电线圈油位正常，无渗漏。

⑦避雷器垂直和牢固，外绝缘无破损、裂纹及放电痕迹，运行中避雷器泄漏电流正常，无异响。

⑧设备的接地良好，接地引下线无锈蚀、断裂且标识完好。

⑨电缆穿管端部封堵严密。

⑩套管及支柱绝缘子完好，无破损裂纹及放电痕迹。

⑪围栏安装牢固，门关闭，无杂物，五防锁具完好。

⑫本体及支架上无杂物，支架无锈蚀、松动或变形。

⑬原有的缺陷无发展趋势。

（2）全面巡视。全面巡视在例行巡视的基础上增加以下项目。

①电容器室干净整洁，照明及通风系统完好。

②电容器防小动物设施完好。

③端子箱门应关严，无进水受潮，温控除湿装置应工作正常，在"自动"方式长期运行。

④端子箱内孔洞封堵严密，照明完好；电缆标牌齐全、完整。

（3）熄灯巡视。

①检查引线、接头有无放电、发红过热迹象。

②检查套管无闪络、放电痕迹。

（4）特殊巡视。

①新投入或经过大修后的巡视。

a）声音应正常，如果发现响声特大，不均匀或者有放电声，应认真检查。

b）单体电容器壳体无膨胀变形，集合式电容器油温、油位正常。

c）红外测温各部分本体和接头无发热。

②异常天气时的巡视。

a）气温骤变时，检查一次引线端子无异常受力，引线无断股、发热，集合式电容器检查油位应正常。

b）雷雨、冰雹、大风天气过后，检查导引线无断股迹象，设备上无飘落积存杂物，瓷套管无放电痕迹及破裂现象。

c）浓雾、毛毛雨天气时，套管无沿表面闪络和放电，各接头部位、部件在小雨中不应有水蒸气上升现象。

d）高温天气时，应特别检查电容器壳体无变色、膨胀变形；集合式电容器油温、油位正常。

e）覆冰天气时，观察外绝缘的覆冰厚度及冰凌桥接程度，放电不超过第二伞裙，不出现中部伞裙放电现象。

f）下雪天气时，应根据接头部位积雪溶化迹象检查是否发热。检查导引线积雪累积厚度情况，应及时清除导引线上的积雪和形成的冰柱。

③故障跳闸后的巡视。

a）检查电容器各引线接点无发热现象，外熔断器无熔断或松弛。

b）检查本体各部件无位移、变形、松动或损坏现象。

c）检查外表涂漆无变色，壳体无膨胀变形，接缝无开裂、渗漏油。

d）检查外熔断器、放电回路、电抗器、电缆、避雷器是否完好。

e）检查瓷件无破损、裂纹及放电闪络痕迹。

7.8.2.2 操作

（1）正常情况下电容器的投入、切除由调控中心 AVC 系统自动控制，或由值班调控人员根据调度颁发的电压曲线自行操作。

（2）站内并联电容器与并联电抗器不得同时投入运行。

（3）由于继电保护动作使电容器开关跳闸，在未查明原因前，不得重新投入电容器。

（4）装设自动投切装置的电容器，应有防止保护跳闸时误投入电容器装置的闭锁回路，并应设置操作解除控制开关。

（5）对于装设有自动投切装置的电容器，在停复电操作前，应确保自动投切装置已退出，复电操作完后，再按要求进行投入。

（6）电容器检修作业，应先对电容器高压侧及中性点接地，再对电容器进行逐个充分放电。装在绝缘支架上的电容器外壳亦应对地放电。

（7）分组电容器投切时，不得发生谐振（尽量在轻载荷时切出）。

（8）环境温度长时间超过允许温度或电容器大量渗油时禁止合闸；电容器温度低于下限温度时，应避免投入操作。

（9）某条母线停役时应先切除该母线上电容器，然后拉开该母线上的各出线回路，母线复役时则应先合上母线上的各出线回路断路器，后合上电容器断路器。

（10）电容器切除后，须经充分放电后（必须在 5min 以上），才能再次合闸。因此在操作时，若发生断路器合不上或跳跃等情况时，不可连续合闸，以免电容器损坏。

（11）有条件时，各组并联电容器应轮换投退，以延长使用寿命。

7.8.3 维护

（1）精确测温周期。1 000kV 为 1 周，省评价中心 3 个月；750kV 及以下为 1 年;新设备投运后 1 周内（但应超过 24h）。

（2）检测范围为电容器、放电线圈、串联电抗器、电流互感器、避雷器及所属设备。

（3）检测重点为并联电容器组各设备的接头、电容器、放电线圈、串联电抗器。

（4）配置智能机器人巡检系统的变电站，可由智能机器人完成红外普测和精确测温，由专业人员进行复核。

7.8.4 典型故障和异常处理

7.8.4.1 电容器故障跳闸

（1）现象。

①事故音响启动。

②监控系统显示电容器断路器跳闸，电流、功率显示为零。

③保护装置发出保护动作信息。

（2）处理原则。

①联系调控人员停用该电容器 AVC 功能，由运维人员至现场检查。

②检查保护动作情况，记录保护动作信息。

③检查电容器有无喷油、变形、放电、损坏等现象。

④检查外熔断器的通断情况。

⑤集合式电容器需检查油位及压力释放阀动作情况。

⑥检查电容器内其他设备（电抗器、避雷器）有无损坏、放电等故障现象。

⑦联系检修人员抢修。

⑧由于故障电容器可能发生引线接触不良，内部断线或熔丝熔断，存在剩余电荷，在接触故障电容器前，应戴绝缘手套，用短路线将故障电容器的两极短接接地。对双星形接线电容器的中性线及多个电容器的串接线，还应单独放电。

7.8.4.2 不平衡保护告警

（1）现象。

电容器不平衡保护告警，但未发生跳闸。

（2）处理原则。

①检查保护装置情况，是否存在误告警现象。

②检查外熔断器的通断情况。

③检查电容器有无喷油、变形、放电、损坏等故障现象。

④检查中性点回路内设备及电容器间引线是否损坏。

⑤现场无法判断时，联系检修人员检查处理。

7.8.4.3 壳体破裂、漏油、膨胀变形

（1）现象。

①框架式电容器壳体破裂、漏油、膨胀、变形。

②集合式电容器壳体严重漏油。

（2）处理原则。

①发现框架式电容器壳体有破裂、漏油、膨胀、变形现象后，记录该电容器

所在位置编号，并查看电容器不平衡保护读数（不平衡电压或电流）是否有异常，立即汇报调控人员，做紧急停运处理。

②发现集合式电容器壳体有漏油时，应根据相关规程判断其严重程度，并按照缺陷处理流程进行登记和消缺。

③发现集合式电容器压力释放阀动作时应立即汇报调控人员，做紧急停运处理。

④现场无法判断时，联系检修人员检查处理。

7.8.4.4 声音异常

（1）现象。

①电容器伴有异常振动声、漏气声、放电声。

②异常声响与正常运行时对比有明显增大。

（2）处理原则。

①有异常振动声时应检查金属构架是否有螺栓松动脱落等现象。

②有异常声音时应检查电容器有否渗漏、喷油等现象。

③有异常放电声时应检查电容器套管有无爬电现象，接地是否良好。

④现场无法判断时，联系检修人员检查处理。

7.8.4.5 瓷套异常

（1）现象。

①瓷套外表面严重污秽，伴有一定程度电晕或放电。

②瓷套有开裂、破损现象。

（2）处理原则。

①瓷套表面污秽较严重并伴有一定程度电晕，有条件的可先采用带电清扫。

②瓷套表面有明显放电或较严重电晕现象的，应立即汇报调控人员，做紧急停运处理。

③电容器瓷套有开裂、破损现象的，应立即汇报调控人员，做紧急停运处理。

④现场无法判断时，联系检修人员检查处理。

7.8.4.6 温度异常

（1）现象。

①电容器壳体温度异常。

②电容器金属连接部分温度异常。

③集合式电容器油温高报警。

（2）处理原则。

①红外测温发现电容器壳体相对温差 $\delta \geqslant 80\%$ 的，可先采取轴流风扇等降温措

施。如降温措施无效的，应立即汇报调控人员，做紧急停运处理。

②红外测温发现电容器金属连接部分热点温度大于80℃或相对温差δ≥80%的，应检查相应的接头、引线、螺栓有无松动，引线端子板有无变形、开裂，并联系检修人员检查处理。

③集合式电容器油温高报警后，先检查温度计指示是否正确，电容器室通风装置是否正常。如确实温度较平时升高明显，应联系检修人员处理。

7.8.4.7 冒烟着火

（1）现象。

①监控系统相关继电保护动作信号发出，断路器跳闸信号发出，相关电流、电压、功率无指示。

②变电站现场相关继电保护装置动作，相关断路器跳闸。

③电容器本体冒烟着火。

（2）处理原则。

①检查现场监控系统告警及动作信息，相关电流、电压数据。

②检查记录继电保护及自动装置动作信息，核对设备动作情况，查找故障点。

③在确认各侧电源已断开且保证人身安全的前提下，用灭火器材灭火。

④立即向上级主管部门汇报，及时报警。

⑤及时将现场检查情况汇报值班调控人员及有关部门。

⑥根据值班调控人员指令，进行故障设备的隔离操作。

7.9 消弧线圈运维细则

7.9.1 运行规定

7.9.1.1 一般规定

（1）消弧线圈控制屏交直流输入电源应由站用电系统、直流系统独立供电，不宜与其他电源并接，投运前应检查交直流电源正常并确保投入。

（2）中性点经消弧线圈接地系统，应运行于过补偿状态。

（3）中性点位移电压不得超过$15\% U_n$（U_n为系统标称电压除以$\sqrt{3}$），中性点电流应小于5A。

（4）中性点位移电压小于$15\% U_n$（U_n为系统标称电压除以$\sqrt{3}$）时，消弧线圈允许长期运行。

（5）接地变压器二次绕组所接负荷应在规定的范围内。

（6）并联电阻投入超时跳闸出口应退出。

（7）控制器正常应置于"自动"控制状态。

（8）带有自动调整控制器的消弧线圈，脱谐度应调整在5%～20%之间。

（9）运行中，当两段母线处于并列运行状态时，所属的两台消弧线圈控制器（或一控二的单台控制器）应能识别，并自动将消弧线圈转入主、从运行模式。

7.9.1.2　紧急申请停运规定

运行中发现有下列情况之一，运维人员应立即汇报调度，申请将设备停运，停运前应远离设备。

（1）接地变压器或消弧线圈冒烟着火。

（2）油浸式接地变压器或消弧线圈严重漏油或者喷油。

（3）接地变压器或消弧线圈套管有严重破损和放电现象。

（4）干式接地变压器或消弧线圈本体表面树枝状爬电现象。

（5）阻尼电阻烧毁。

（6）正常运行情况下，声响明显增大，内部有爆裂声。

（7）附近的设备着火、爆炸或发生其他情况，对成套装置构成严重威胁。

（8）当发生危及成套装置安全的故障，而有关的保护装置拒动。

（9）其他根据现场实际认为应紧急停运的情况。

7.9.2　巡视及操作

7.9.2.1　巡视

（1）例行巡视。

①消弧线圈、接地变压器。

a）设备铭牌、运行编号标识清晰可见。

b）设备引线连接完好无过热，接头无松动、变色现象。

c）干式消弧线圈、接地变表面无裂纹及放电现象。

d）干式消弧线圈、接地变无异味、无异常振动、无异常声音。

e）油浸式消弧线圈、接地变各部位密封应良好无渗漏。

f）油浸式消弧线圈、接地变温度计外观完好、指示正常，储油柜的油位应与温度相对应。

g）油浸式消弧线圈、接地变吸湿器呼吸正常，外观完好，吸湿剂符合要求，油封油位正常，各部位无渗油、漏油。

h）油浸式消弧线圈、接地变压力释放阀应完好无损。

i）各控制箱、端子箱应密封良好，加热、驱潮等装置运行正常。

j）原存在的设备缺陷是否有发展。

k）金属部位无锈蚀，底座、支架牢固，无倾斜变形。

l）各表计指示准确。

m）消弧线圈室通风正常。

②控制器。

a）电源工作正常。

b）液晶显示屏应清晰可辨认，无花屏、黑屏，装置采样正常，符合实际运行方式。

c）与变电站综合自动化系统的通信应正常。

d）原存在的设备缺陷是否有发展。

e）控制器打印机应能正常工作，备有充足的打印纸，墨盒无干涸、褪色。

③附属部件。

a）分接开关档位指示应与消弧线圈控制屏、综自监控系统上的档位指示一致。

b）调容式消弧线圈单体电容器套管无渗油，壳体无膨胀变形、无异常发热。

c）互感器、避雷器表面无裂纹、损伤或爬电、烧灼痕迹。

d）中性点隔离开关分合位置正常，指示位置正确。

e）无异常震动、异常声响及异味。

f）原存在的设备缺陷是否有发展。

（2）全面巡视。全面巡视在例行巡视的基础上增加以下项目。

①二次引线接触良好，接头处无过热、变色，热缩包扎无变形。

②阻尼电阻各部位应无发热、鼓包、烧伤等现象，散热风扇启动正常。

③阻尼电阻箱内所有熔断器和二次空气开关正常。

④阻尼电阻箱内清洁，无杂物，标志明确，引线端子无松动、过热、打火现象。

⑤设备底座、支架应支撑牢固，无倾斜或变形。

⑥控制箱和二次端子箱内应清洁，无异物。

⑦接地引下线应完好，接地标识清晰可见。

⑧电缆穿管端部封堵严密。

（3）熄灯巡视。

①引线、接头、套管末屏无放电、发红迹象。

②套管无闪络、放电。

（4）特殊巡视。

①新投入或者经过大修的巡视。

a）声音应正常。

b）油位变化应正常，应随温度的增加合理上升。

c）引线、接头、套管无放电现象，无异味。

d）调容式消弧线圈单体电容器套管无渗油，壳体无膨胀变形、无异常发热。

e）用红外测温设备检查无发热现象。

②异常天气时的巡视

a）高温天气时，检查油温、油位指示正常。

b）气温骤变时，检查油位正常，各部位无渗油，各侧连接引线无断股或接头处发红现象。

c）大风、雷雨、冰雹后，检查引线完好，设备上无杂物，套管无放电痕迹及破裂现象。

d）浓雾、小雨、下雪时，套管无沿表面闪络或放电，各接头在小雨中或下雪后不应有水蒸气上升或快速融雪现象，若有应用红外测温仪进一步检查其实际情况。

7.9.2.2 操作

（1）消弧线圈装置运行中从一台变压器的中性点切换到另一台时，必须先将消弧线圈断开后再切换。不得将两台变压器的中性点同时接到一台消弧线圈上。

（2）中性点接有消弧线圈的主变压器在停电时，应先拉开消弧线圈的隔离开关，再停主变，送电时相反。

（3）系统中发生单相接地或中性点位移电压大于 $15\% U_n$（U_n 为系统标称电压除以 $\sqrt{3}$）时，禁止操作或手动调节该段母线上的消弧线圈。

（4）装置参数设定后应作记录，记录设定时间、设定值等，以便分析、查询。

（5）手动调匝消弧线圈切换分接头的操作规定如下：①按当值调度员下达的分接头位置切换消弧线圈分接头；②切换分接头前，应确认系统中没有接地故障，再用隔离开关断开消弧线圈，装设好接地线后，才可切换分接头，并测量直流电阻；③切换分接头后，应检查消弧线圈导通情况，合格后方可将消弧线圈投入运行。

（6）消弧线圈投运时应先投控制器，再投一次设备；停电顺序与此相反。

（7）母线送电时，宜先投入消弧线圈，再送馈线；停电操作顺序与此相反。

（8）消弧线圈并联电阻过流延时切除接地变压器功能不应投入运行。

（9）母线并列或跨站合环操作时，分接两段母线上的消弧线圈均不宜退出运行。

（10）中性点经消弧线圈接地的变压器，正常运行时最高运行负荷应扣除消弧线圈容量，不得满载运行。阻尼电阻各部位应无发热、鼓包、烧伤等现象，散热风扇启动正常。

（11）带有接地变的消弧线圈刀闸在系统有接地时，要先拉开接地变开关再拉开消弧线圈刀闸，正常无接地时可先拉开刀闸再分断路器。

7.9.3 维护

7.9.3.1 红外检测

（1）精确测温周期。1 000kV 为 1 周，省评价中心 3 个月；330kV～750kV 为 1 个月；220kV 为 3 个月；110（66）kV 为半年；35kV 及以下为 1 年；新投运后 1 周内（但应超过 24h）。

（2）检测范围为消弧线圈本体及附件。

（3）检测重点为消弧线圈、接地变压器、储油柜、套管、引线接头、电缆终端、阻尼电阻、端子箱内二次回路接线。

（4）配置智能机器人巡检系统的变电站，可由智能机器人完成红外普测和精确测温。

7.9.3.2 吸湿器维护

（1）吸湿剂受潮变色超过 2/3、油封内的油位超过上下限、吸湿器玻璃罩及油封破损时应及时维护。

（2）更换吸湿器及吸湿剂期间，应将相应重瓦斯保护改投信号。

（3）吸湿器内的吸湿剂宜采用同一种变色硅胶，其颗粒直径 4mm～7mm，且留有 1/5～1/6 空间。

（4）油封内的油应补充至合适位置，补充的油应合格。

（5）维护后应检查呼吸正常、密封完好。

7.9.3.3 更换消弧线圈成套柜外交流空开

（1）更换交流空开时，应检查设备电源是否已断开，用万用表测量接线柱（对地）是否已确无电压。

（2）二次线拆除后用绝缘胶布或护套包扎好，防止误碰临近带电设备。

（3）更换完毕后应检查接线正确、紧固。

7.9.4 典型故障和异常处理

7.9.4.1 消弧线圈保护动作处理

（1）现象。

①事故音响启动。

②监控系统发出消弧线圈速断保护动作、过流保护动作、零序过流保护动作，零序过压保护动作信息，主画面显示消弧线圈断路器跳闸。

③保护装置发出消弧线圈速断保护动作、过流保护动作、零序过流保护动作，零序过压保护动作信息。

（2）处理原则。

①现场检查保护范围内一次设备，有无明显短路、爆炸痕迹，油浸式接地变压器或消弧线圈有无喷油，检查气体继电器内部有无气体积聚。

②认真检查核对消弧线圈保护动作信息，一二次回路情况。

③故障发生时现场是否存在检修作业，是否存在引起保护动作的可能因素。

④综合消弧线圈各部位检查结果和继电保护装置动作信息，分析确认故障设备，快速隔离故障设备。

⑤记录保护动作时间及一二次设备检查结果并汇报。

⑥确认故障设备后，应根据调控指令快速隔离故障设备并提前布置检修试验工作的安全措施。

⑦确认保护范围内无故障后，应查明保护是否误动及误动原因。

7.9.4.2　消弧线圈、接地变压器着火处理

（1）现象。

①事故音响启动。

②监控系统发出消弧线圈速断保护动作、过流保护动作、零序过流保护动作，零序过压保护动作信息，主画面显示消弧线圈断路器跳闸。

③保护装置发出消弧线圈速断保护动作、过流保护动作、零序过流保护动作，零序过压保护动作信息。

④消弧线圈、接地变压器冒烟着火。

⑤火灾消防装置报警。

（2）处理原则。

①现场检查消弧线圈、接地变压器冒烟着火。

②检查消弧线圈断路器是否断开，保护是否正确动作。

③消弧线圈保护未动作或者断路器未断开时，应立即采取措施隔离故障消弧线圈或接地变压器，迅速采取灭火措施，防止火灾蔓延。

④记录保护动作时间及一二次设备检查结果并汇报。

⑤消弧线圈、接地变压器着火时应立即汇报上级主管部门，及时报警。

7.9.4.3 接地告警处理

（1）现象。

①消弧线圈发出接地告警信号。

②监控系统发出母线接地告警信号，接消弧线圈的母线电压出现一相对地电压降低、其他两相对地电压升高现象。

（2）处理原则。

①检查现场情况以及控制器选线装置提供选线结果，汇报调控中心。

②依据调控指令进行试拉，确定接地故障线路和故障相别并汇报调控中心。

③发生单相接地时限一般不超过2h，接地故障应及时排除。

④发生单相接地时，禁止操作或手动调节该段母线上的消弧线圈。

⑤在单相接地故障期间应记录以下数据：接地变和消弧线圈运行情况；阻尼电阻箱运行情况；控制器显示参数电容电流、残流、脱谐度、中性点电压和电流、有载开关档位和有载开关动作次数等；单相接地开始、结束时间、单相接地线路；天气状况。

7.9.4.4 有载拒动告警处理

（1）现象。

消弧线圈发出有载拒动告警信号。

（2）处理原则。

①检查装置，如存在死机情况应重启。

②观察现场分接开关，是否有蜂鸣器报警、相序保护动作等信号，是否处于最高档且处于欠补偿状态。

③重合上一级交流电源空气开关，切换消弧线圈至手动调档状态，尝试升、降档，观察档位是否发生变化。

④应汇报调控中心，联系检修人员进行检查处理。

7.9.4.5 位移过限告警处理

（1）现象。

消弧线圈发出位移过限告警信号。

（2）处理原则

①记录中性点位移电压和母线三相电压。

②中性点位移电压在相电压额定值的15%～30%之间，消弧装置允许运行时间不超过1h。

③中性点位移电压在相电压额定值的30%～100%之间，消弧装置允许在事故时限内运行。

④通知调控中心，并联系检修人员进行检查处理。

7.9.4.6　并联电阻异常处理

（1）现象。

消弧线圈发出并联电阻投入超时告警信号。

（2）处理原则。

①检查并联电阻交流空气开关是否跳开，试合空气开关。

②检查现场并联电阻有无冒烟、异响或异味。

③通知调控中心，并联系检修试验人员进行检查处理。

7.9.4.7　频繁调档处理

（1）现象

消弧线圈的有载开关位频繁动作。

（2）处理原则

①检查母线运行在分列还是并列状态，控制装置是否正确识别相应状态。

②若母线处于分列运行状态，应将频繁调档的消弧线圈申请停运。

③若母线处于并列运行状态，应检查控制器是否正确识别并列运行方式，处于"主从"模式。待观察一段时间后现象仍未消除，应将频繁调档的消弧线圈申请停运。

④应通知调控中心，联系检修人员进行检查处理。

7.10　电力电缆运维细则

7.10.1　运行规定

7.10.1.1　一般规定

（1）电力电缆弯曲半径应满足表7-4要求。

表7-4　电力电缆敷设和运行时的最小弯曲半径

项目	35kV 及以下的电缆				66kV 及以上的电缆
	电芯电缆		三芯电缆		
	无铠装	有铠装	无铠装	有铠装	
敷设时	20D	15D	15D	12D	20D
运行时	15D	12D	12D	10D	15D

注1："D"成品电缆标称外径。

注2：非本表范围电缆的最小弯曲半径按制造厂提供的技术资料的规定。

（2）电缆终端、设备线夹、与导线连接部位不应出现温度异常现象，电缆终端套管各相同位置部件温差不宜超过 2K；设备线夹、与导线连接部位各相相同位置部件温差不宜超过 6K。

（3）电缆夹层、电缆竖井、电缆沟敷设的非阻燃电缆应包绕防火包带或涂防火涂料，涂刷应覆盖阻火墙两侧不小于1m 范围。

（4）电缆竖井中应分层设置防火隔板，电缆沟每隔一定的距离（60m）应采取防火隔离措施。

（5）电缆接地箱焊接部位应做防腐处理。

（6）电缆金属支架应接地良好，并进行防腐处理，交流系统的单芯电缆或分相后的分相电缆的固定夹具应采用非铁磁性材料。

7.10.1.2　紧急申请停运规定

运行中发现有下列情况之一，应立即汇报值班调控人员申请将电力电缆停运，停运前应远离设备。

（1）电缆或电缆终端冒烟起火。

（2）充油电缆终端发生漏油，变电运维人员不能控制、排除时。

（3）电缆终端及本体存在破损、局部损坏及放电现象，需要停运处理时。

（4）电缆终端及引出线、线夹温度异常，红外测温显示温度达到严重发热程度，需要停运处理时。

（5）其他被判定为危急缺陷的情况，需要停运处理时。

7.10.2　巡视

7.10.2.1　例行巡视

（1）电缆本体。

①电缆本体无明显变形。

②外护套无破损和龟裂现象。

（2）电缆终端。

①套管外绝缘无破损、裂纹，无明显放电痕迹、异味及异常响声。

②套管密封无漏油、流胶现象；瓷套表面不应严重结垢。

③固定件无松动、锈蚀，支撑瓷瓶外套无开裂、底座无倾斜。

④电缆终端及附近无不满足安全距离的异物。

⑤电缆终端无倾斜现象，引流线不应过紧。

⑥电缆金属屏蔽层、铠装层应分别接地良好，引线无锈蚀、断裂。

（3）电缆接头。

①电缆接头无损伤、变形或渗漏，防水密封良好。

②中间接头部分应悬空采用支架固定，接头底座无偏移、锈蚀和损坏现象。

（4）接地箱。

①箱体（含门、锁）无缺失、损坏，固定应可靠。

②接地设备应连接可靠，无松动、断开。

③接地线或回流线无缺失、受损。

（5）电缆通道。

①电缆沟盖板表面应平整、平稳，无扭曲变形，活动盖板应开启灵活、无卡涩。

②电缆沟无结构性损伤，附属设施应完整。

7.10.2.2　全面巡视

全面巡视在例行巡视的基础上增加以下项目。

（1）消防设施应齐全完好。

（2）在线监测装置应保持良好状态。

（3）电缆支架无缺件、锈蚀、破损现象，接地应良好。

（4）主接地引线应接地良好，接地线或回流线无缺失、受损，焊接部位应做防腐处理。

（5）电缆通道、夹层应保持整洁、畅通，无火灾隐患，不得积存易燃、易爆物。

（6）电缆通道、夹层内使用的临时电源应满足绝缘、防火、防潮要求，照明应良好。

（7）电缆通道内无杂物、积水。

（8）电缆穿过竖井、墙壁、楼板或进入电气盘、柜的孔洞处用防火堵料密实封堵。

（9）防火槽盒、防火涂料、防火阻燃带、防火泥无脱落现象，防火墙标示完好、清晰。

（10）原存在的设备缺陷是否有发展。

（11）电缆及通道标志牌、标桩完好、无缺失，设备铭牌、相序等标志信息清晰、正确。

（12）其他附属设施无破损。

7.10.2.3　熄灯巡视

（1）电缆终端线夹、引线连接部位无放电、过热迹象。

（2）电缆终端套管无放电痕迹或电晕。

7.10.2.4 特殊巡视

(1) 新投入或者经过大修的电力电缆巡视。

①电缆终端无异常声响。

②充油电缆终端无渗漏油现象。

③电缆终端无异常发热现象,三相终端温差应满足要求。

④电缆本体无破损、龟裂现象。

(2) 异常天气时的巡视。

①雷雨、冰雹天气过后,终端引线无断股迹象,电缆终端上无飘落积存杂物,无放电痕迹及破损现象。

②雨雪天气后,电缆夹层、电缆沟无进水、积水情况。若存在应及时排水,并对排水设施进行检查、疏通,潮气过大时应做好通风。

③浓雾、小雨天气时,终端无闪络和放电。

④下雪天气时,应根据终端连接部位积雪溶化迹象检查无过热。检查终端积雪情况,并应及时清除终端上的积雪和形成的冰柱。

(3) 高温大负荷时的巡视。

①高温大负荷期间,应定期检查负荷电流不超过额定电流。

②检查电缆终端温度变化,终端及线夹、引线无过热现象。

③电缆终端应无异常声响。

7.10.3 维护

7.10.3.1 电缆孔洞封堵

(1) 电力电缆进入电缆沟、竖井、变电站夹层、墙壁、楼板或进入电气盘、柜的孔洞时,应用合格的防火、防水材料进行封堵,并定期检查封堵情况,如有脱落应及时进行维护。

(2) 在封堵电缆孔洞时,封堵应严实可靠,不应有明显的裂缝和可见的缝隙,孔洞较大者应加耐火衬板后再进行封堵。

(3) 交流单芯、分相电缆穿过金属护板时,金属护板不应形成闭合磁路。

7.10.3.2 红外检测

(1) 精确测温周期。330kV 及以上为 1 个月;220kV 为 3 个月;110 (66) kV 为半年;35kV 及以下为 1 年;新设备投运及解体检修后 1 周内。

(2) 检测重点为金属搭接处、应力控制处、接地线等易发热、放电部位。

(3) 检测时,电力电缆带电运行时间应该在 24h 以上,宜在设备负荷高峰状态下进行。

（4）尽量移开或避开电力电缆与测温仪之间的遮挡物，记录环境温度、负荷及其近3h内的变化情况，以便分析参考。

（5）配置智能机器人巡检系统的变电站，可由智能机器人完成红外普测和精确测温，由专业人员进行复核。

7.10.4　典型故障和异常处理

7.10.4.1　电缆本体及附件起火、爆炸处理

（1）现象。

①电缆本体及附件起火、冒烟。

②电缆本体及附件绝缘击穿，终端套管爆炸。

③相关继电保护装置、故障录波器动作，发出告警信息。

④故障电缆本体及附件所在间隔断路器跳闸。

⑤故障电缆本体及附件所在线路电压、负荷电流为0。

（2）处理原则。

①电缆本体及附件起火初期，首先应检查故障电缆本体及附件所在间隔断路器是否已跳闸，保护是否正确动作。

②保护未动作或者断路器未断开时，应立即拉开所在间隔断路器，汇报值班调控人员，做好安全措施，迅速报火警并灭火，防止火势继续蔓延。

③户内终端起火应进行排风，人员进入前宜佩戴正压式呼吸器。

④确认现场故障情况，将故障点与其他带电设备隔离。

⑤做好记录，待检修人员处理。

7.10.4.2　电缆终端过热处理

（1）现象。

①三相终端金属连接部位、绝缘套管过热。

②充油电缆终端套管温度分布不均，存在分层、漏油、鼓肚、绝缘焦化现象。

（2）处理原则。

①检查发热终端线路的负荷情况，必要时联系值班调控人员转移负荷。

②检查充油电缆终端是否存在漏油现象。

③若需停电处理，应汇报值班调控人员，待检修人员处理。

7.10.4.3　电缆终端存在异响处理

（1）现象。

①电缆终端发出异常声响。

②电缆终端表面存在放电痕迹。

（2）处理原则。

①检查终端外绝缘是否存在破损、污秽，是否有放电痕迹。

②检查终端上是否悬挂异物。

③若需停电处理，应汇报值班调控人员，待检修人员处理。

7.10.4.4 电缆终端渗、漏油处理

（1）现象。

①电缆终端存在漏油痕迹。

②红外检测呈现终端内部绝缘油液面低于正常值。

（2）处理原则。

①检查终端油位及渗漏情况。

②检查终端套管有无异常，是否存在破损、开裂。

③检查终端底座有无异常，封铅及密封带是否破损、开裂。

④检查紧固螺栓是否松动、缺失。

⑤若需停电处理，应汇报值班调控人员，待检修人员处理。

7.11 避雷器运维细则

7.11.1 运行规定

7.11.1.1 一般规定

（1）110kV 及以上电压等级避雷器应安装泄漏电流监测装置。

（2）安装了监测装置的避雷器，在投入运行时，应记录泄漏电流值和动作次数，作为原始数据记录。

（3）瓷外套金属氧化物避雷器下方法兰应设置有效排水孔。

（4）瓷绝缘避雷器禁止加装辅助伞裙，可采取喷涂防污闪涂料的辅助防污闪措施。

（5）避雷器应全年投入运行，严格遵守避雷器交流泄漏电流测试周期，雷雨季节前测量一次，测试数据应包括全电流及阻性电流，合格后方可继续运行。

（6）当避雷器泄漏电流指示异常时，应及时查明原因，必要时缩短巡视周期。

（7）系统发生过电压、接地等异常运行情况时，应对避雷器进行重点检查。

（8）雷雨时，严禁巡视人员接近避雷器。

7.11.1.2 紧急申请停运规定

运行中发现有下列情况之一，运维人员应立即汇报值班调控人员申请将避雷

器停运，停运前应远离设备。

（1）本体严重过热达到危急缺陷程度。

（2）瓷套破裂或爆炸。

（3）底座支持瓷瓶严重破损、裂纹。

（4）内部异常声响或有放电声。

（5）运行电压下泄漏电流严重超标。

（6）连接引线严重烧伤或断裂。

（7）其他根据现场实际认为应紧急停运的情况。

7.11.2　巡视

7.11.2.1　例行巡视

（1）引流线无松股、断股和弛度过紧及过松现象；接头无松动、发热或变色等现象。

（2）均压环无位移、变形、锈蚀现象，无放电痕迹。

（3）瓷套部分无裂纹、破损、无放电现象，防污闪涂层无破裂、起皱、鼓泡、脱落；硅橡胶复合绝缘外套伞裙无破损、变形，无电蚀痕迹。

（4）密封结构金属件和法兰盘无裂纹、锈蚀。

（5）压力释放阀封闭完好且无异物。

（6）设备基础完好、无塌陷；底座固定牢固、整体无倾斜；绝缘底座表面无破损、积污。

（7）接地引下线连接可靠，无锈蚀、断裂。

（8）引下线支持小套管清洁、无碎裂，螺栓紧固。

（9）运行时无异常声响。

（10）监测装置外观完整、清洁、密封良好、连接紧固，表计指示正常，数值无超标；放电计数器完好，内部无受潮、进水。

（11）接地标识、设备铭牌、设备标识牌、相序标识齐全、清晰。

（12）原存在的设备缺陷是否有发展趋势。

7.11.2.2　全面巡视

全面巡视在例行巡视的基础上增加以下项目：记录避雷器泄漏电流的指示值及放电计数器的指示数，并与历史数据进行比较。

7.11.2.3　熄灯巡视

（1）引线、接头无放电、发红、严重电晕迹象。

（2）外绝缘无闪络、放电。

7.11.2.4 特殊巡视

（1）异常天气时的巡视。

①大风、沙尘、冰雹天气后，检查引线连接应良好，无异常声响，垂直安装的避雷器无严重晃动，户外设备区域有无杂物、漂浮物等。

②雾霾、大雾、毛毛雨天气时，检查避雷器无电晕放电情况，重点监视污秽瓷质部分，必要时夜间熄灯检查。

③覆冰天气时，检查外绝缘覆冰情况及冰凌桥接程度，覆冰厚度不超过10mm，冰凌桥接长度不宜超过干弧距离的1/3，放电不超过第二伞裙，不出现中部伞裙放电现象。

④大雪天气，检查引线积雪情况，为防止套管因过度受力引起套管破裂等现象，应及时处理引线积雪过多和冰柱。

（2）雷雨天气及系统发生过电压后的巡视。

①检查外部是否完好，有无放电痕迹。

②检查监测装置外壳完好，无进水。

③与避雷器连接的导线及接地引下线有无烧伤痕迹或断股现象，监测装置底座有无烧伤痕迹。

④记录放电计数器的放电次数，判断避雷器是否动作。

⑤记录泄漏电流的指示值，检查避雷器泄漏电流变化情况。

7.11.3 维护

（1）精确测温周期。1 000kV 为 1 周，省评价中心 3 个月；330kV ~ 750kV 为 1 个月;220kV 为 3 个月；110（66）kV 为半年；35kV 及以下为 1 年；新安装及 A、B 类检修重新投运后 1 个月。

（2）检测范围为避雷器本体及电气连接部位。

（3）检测重点为本体。

7.11.4 典型故障和异常处理

7.11.4.1 本体发热

（1）现象。

①整体轻微发热，较热点一般在靠近上部且不均匀，多节组合从上到下各节温度递减，引起整体发热或局部发热，温差超过 0.5K ~ 1K。

②整体或局部发热，相间温差超过 1K。

（2）处理原则。

①确认本体发热后，可判断为内部异常。

②立即汇报值班调控人员申请停运处理。

③接近避雷器时，注意与避雷器设备保持足够的安全距离，应远离避雷器进行观察。

7.11.4.2 泄漏电流指示值异常

（1）现象。

①在线监测系统发出数据超标告警信号。

②泄漏电流指示值异常，超出正常范围。

（2）处理原则。

①发现泄漏电流指示异常增大时，应检查本体外绝缘积污程度，是否有破损、裂纹，内部有无异常声响，并进行红外检测，根据检查及检测结果，综合分析异常原因。

②核查避雷器放电计数器动作情况。

③正常天气情况下，泄漏电流读数超过初始值1.2倍，为严重缺陷，应登记缺陷并按缺陷流程处理。

④正常天气情况下，泄漏电流读数超过初始值1.4倍，为危急缺陷，应汇报值班调控人员申请停运处理。

⑤发现泄漏电流读数低于初始值时，应检查避雷器与监测装置连接是否可靠，中间是否有短接，绝缘底座及接地是否良好、牢靠，必要时通知检修人员对其进行接地导通试验，判断接地电阻是否合格。

⑥若检查无异常，并且接地电阻合格，可能是监测装置有问题，为一般缺陷，应登记缺陷并按缺陷流程处理。

⑦若泄漏电流读数为零，可能是泄漏电流表指针失灵，可用手轻拍监测装置检查泄漏电流表指针是否卡死，如无法恢复时，为严重缺陷，应登记缺陷并按缺陷流程处理。

7.11.4.3 外绝缘破损

（1）现象。

外绝缘表面有破损、开裂、缺胶、杂质、凸起等。

（2）处理原则。

①判断外绝缘表面缺陷的面积和深度。

②查看避雷器外绝缘的放电情况，有无火花、放电痕迹。

③巡视时应注意与避雷器设备保持足够的安全距离，应远离避雷器进行观察。

④发现避雷器外绝缘破损、开裂等，需要更换外绝缘时，应汇报值班调控人

员申请停运处理。

7.11.4.4 本体炸裂、引线脱落接地

（1）现象。

①中性点有效接地系统。

a）监控系统发出相关保护动作、断路器跳闸变位信息，相关电压、电流、功率显示为零。

b）相关保护装置发出动作信息。

c）避雷器本体损坏、引线脱落。

②中性点非有效接地系统。

a）监控系统发出母线接地告警信息。

b）相应母线电压表指示接地相电压降低，其他两相电压升高。

c）避雷器本体损坏、引线脱落。

（2）处理原则。

①检查记录监控系统告警信息，现场记录有关保护及自动装置动作情况。

②现场查看避雷器损坏、引线脱落情况和临近设备外绝缘的损伤状况，核对一次设备动作情况。

③查找故障点，判明故障原因后，立即将现场情况汇报值班调控人员，按照值班调控人员指令隔离故障，联系检修人员处理。

④查找中性点非有效接地系统接地故障时，应遵守《国家电网公司电力安全工作规程（变电部分）》规定，与故障设备保持足够的安全距离，防止跨步电压伤人。

7.11.4.5 绝缘闪络

（1）现象。

①中性点有效接地系统。

a）监控系统发出相关保护动作、断路器跳闸变位信息，相关电压、电流、功率显示为零。

b）相关保护装置发出动作信息。

c）避雷器外绝缘有放电痕迹，接地引下线或有放电痕迹。

②中性点非有效接地系统。

a）监控系统发出母线接地告警信息。

b）相应母线电压表指示接地相电压降低，其他两相电压升高。

c）避雷器外绝缘有放电痕迹，接地引下线或有放电痕迹，夜间可见放电火花。

（2）处理原则。

①检查记录监控系统告警信息，现场记录有关保护及自动装置动作情况。

②检查一次设备情况，重点检查避雷器接地引下线有无放电痕迹、外绝缘的积污状况、表面及金具是否出现裂纹或损伤。

③查找接地点，判明故障原因后，立即将现场情况汇报值班调控人员，按照值班调控人员指令隔离故障，联系检修人员处理。

④查找中性点非有效接地系统接地故障时，应遵守《国家电网公司电力安全工作规程（变电部分)》规定，与故障设备保持足够的安全距离，防止跨步电压伤人。

7.12　避雷针运维细则

7.12.1　运行规定

7.12.1.1　一般规定

（1）避雷针在变电站投运前必须经验收合格，方可投运。

（2）变电站内独立避雷针统一编号且标识正确清晰。

（3）不准在避雷针上装设其他设备。

（4）在雷雨天气若需要巡视室外高压设备时，应穿绝缘靴，并不得靠近避雷针。

（5）以6年为基准周期或在接地网结构发生改变后进行独立避雷针接地网接地阻抗检测，当测试值大于10Ω时应采取降阻措施，必要时进行开挖检查。

7.12.1.2　本体及基础规定

（1）避雷针应保持垂直，无倾斜。

（2）独立避雷针构架上不应安装其他设备。

（3）避雷针基础完好，无破损、酥松、裂纹、露筋及下沉等现象。

（4）避雷针及接地引下线无锈蚀，必要时开挖检查，并进行防腐处理。

（5）钢管避雷针应在下部有排水孔。

7.12.1.3　接地规定

（1）避雷针与接地极应可靠连接，避雷针应采用双接地引下线，接地牢固，黄绿相间的接地标识清晰。

（2）独立避雷针及其接地装置与道路或建筑物的出入口等的距离应大于3m。当小于3m时，应采取均压措施或铺设卵石或沥青地面。

（3）独立避雷针应设置独立的集中接地装置。不满足要求时，该接地装置可与接地网连接，但避雷针与主接地网的地下连接点至 35kV 及以下设备与接地网的地下连接点，沿接地体的长度不得小于 15m。

7.12.2 巡视

7.12.2.1 例行巡视

（1）运行编号标识清晰。

（2）避雷针本体塔材无缺失、脱落，无摆动、倾斜、裂纹、锈蚀。

7.12.2.2 全面巡视

全面巡视在例行巡视的基础上增加以下项目。

（1）避雷针接地引下线焊接处无开裂，压接螺栓无松动，连接处无锈蚀；黄绿相间的接地标识清晰，无脱落、变色。

（2）避雷针连接部件螺栓无松动，脱落；连接部件本体无裂纹；镀锌层表面应光滑、连续、完整，呈灰色或暗灰色，无黄色、铁红色、鼓泡及起皮等异常现象。

（3）钢管避雷针排水孔无堵塞，无锈蚀。

（4）避雷针基础完好，无沉降、破损、酥松、裂纹及露筋等现象。

（5）焊接接头无裂纹、锈蚀、镀锌层脱落现象。

7.12.2.3 特殊巡视

（1）气温骤变后，避雷针本体无裂纹，连接接头处无开裂。

（2）大风前后，避雷针无晃动、倾斜，设备上无飘落积存杂物。

（3）雷雨、冰雹、冰雪等异常天气后，设备上无飘落积存杂物，避雷针本体与引下线连接处无脱焊断裂。

（4）大雨后，基础无沉降，钢管避雷针排水孔无堵塞。

7.12.3 维护

7.12.3.1 本体防腐

（1）避雷针本体及连接部件应进行防腐处理，防止锈蚀。

（2）防腐处理前应清理锈蚀部分表面，使其露出明显的金属光泽，无锈斑、起皮现象。

（3）应采用热喷涂锌或涂富锌涂层进行修复，涂层表面应光滑、连续、完整，厚度满足设计要求。

7.12.3.2 设备接地引下线导通检查

（1）测试周期：独立避雷针每年一次；其他设备、设施，220kV 及以上变电站每年一次；110（66）kV 变电站每三年一次；35kV 变电站每 4 年一次。应在雷雨季节前开展接地导通测试。

（2）设备接地导通性检测时，测试点和参考点的位置应和以往测试保持不变，以便于进行历史数据的比较。

（3）设备接地引下线导通电阻值应小于等于 200mΩ，且导通电阻初值差≤50%。

（4）独立避雷针的接地电阻测试值应在 500mΩ 以上，当独立避雷针导通电阻值低于 500mΩ 时，需进行校核测试。

7.12.4 典型故障和异常处理

7.12.4.1 本体倾斜

（1）现象。

避雷针本体有倾斜。

（2）处理原则。

①避雷针本体有倾斜时，联系专业人员进行评估处理。

②避雷针倾斜未处理前，需制定防倒塌措施，并加强设备巡视。

7.12.4.2 避雷针风致振动或涡激振动

（1）现象。

钢管结构形式的避雷针，在强风条件下发生大幅风致振动，在低风速条件下发生涡激振动。

（2）处理原则。

①发现避雷针出现风致振动或涡激振动时，联系专业人员进行评估处理。

②避雷针振动未处理前，需制定防倒塌措施，并加强设备巡视。

7.12.4.3 避雷针倒塌

（1）现象。

避雷针倒塌，引起设备跳闸。

（2）处理原则。

①运维人员到达变电站现场后，检查保护动作信息、现场设备实际情况。

②若避雷针倒塌引起的设备损坏情况，汇报调控员和上级管理部门。

③按照值班调控人员指令隔离故障设备，恢复未受影响的设备运行，并布置现场安全措施。

④检查站内其他避雷针运行状况。

7.13 站用变运维细则

7.13.1 运行规定

7.13.1.1 一般规定

（1）当任一台站用变退出时，备用站用变应切换至失电的工作母线段继续供电。

（2）新投运站用变、涉及绕组接线的大修、低压回路进行拆接线、站用电源线路进行导线拆接线工作后，必须进行核相。

（3）站用变电源电压等级、联结组别、短路阻抗、相角不一致时，严禁并列运行。

（4）切换不同电源点的站用变时，严禁站用变低压侧并列，严防造成站用变倒送电。

（5）站用变在额定电压下运行，其二次电压变化范围一般不超过 −5% ~ +10%。

（6）在下列情况下，站用变有载分接开关禁止调压操作：有载分接开关油箱内绝缘油劣化不符合标准；有载分接开关储油柜的油位异常。

（7）树脂绝缘干式站用变宜安装在室内；安装在室外时，应带防护外壳，站用变门要求加装机械锁或电磁锁；站用变壳体选用易于安装、维护的铝合金材料（或者其他优质非导磁材料），下有通风百叶或网孔，上有出风孔，外壳防护等级大于 IP20。

（8）室外运行的站用变，应在站用变高、低压侧接线端子处加装绝缘罩、引线部分应采取绝缘措施；站用变母排应加装绝缘护套。

7.13.1.2 运行温度要求

（1）油浸式站用变的上层油温不超过 95℃，温升不超过 55K。正常运行时，上层油温不宜经常超过 85℃。

（2）正常运行时，干式站用变的绝缘系统温度及绕组平均温升不超过表 7−5 中所列出的相应限值。

表 7−5 干式站用变绕组温升限值

绝缘系统温度 （绝缘等级）℃	额定电流下的绕组 平均温升限值 K	绝缘系统温度 （绝缘等级）℃	额定电流下的绕组 平均温升限值 K
105（A）	60	180（H）	125
120（E）	75	200	135
130（B）	80	220	150
155（F）	100		

7.13.1.3 紧急申请停运规定

运行中发现有下列情况之一，应立即将站用变停运。

（1）站用变喷油、冒烟、着火。

（2）站用变严重漏油使油面下降，低于油位计的指示限度。

（3）站用变套管有轻微裂纹、局部损坏及放电现象，需要停运处理。

（4）站用变内部有异常响声，有爆裂声。

（5）站用变在正常负载下，温度不正常并不断上升。

（6）高压熔断器连续熔断。

（7）站用变引出线的接头过热，红外测温显示温度达到严重发热程度，需要停运处理。

（8）干式站用变环氧树脂表面出现爬电现象。

（9）其他根据现场实际认为应紧急停运的情况。

7.13.2 巡视

7.13.2.1 例行巡视

（1）运行监控信号、灯光指示、运行数据等均应正常。

（2）各部位无渗油、漏油。

（3）套管无破损裂纹、无放电痕迹及其他异常现象。

（4）本体声响均匀、正常。

（5）引线接头、电缆应无过热。

（6）站用变低压侧绝缘包封情况良好。

（7）站用变各部位的接地可靠，接地引下线无松动、锈蚀、断股。

（8）电缆穿管端部封堵严密。

（9）有载分接开关的分接位置及电源指示应正常，分接档位指示与监控系统一致。

（10）本体运行温度正常，温度计指示清晰，表盘密封良好、防雨措施完好。

（11）压力释放阀及防爆膜应完好无损，无漏油现象。

（12）气体继电器内应无气体。

（13）储油柜油位计外观正常，油位应与制造厂提供的油温、油位曲线相对应。

（14）吸湿器呼吸畅通，吸湿剂不应自上而下变色，上部不应被油浸润，无碎裂、粉化现象，吸湿剂潮解变色部分不超过总量的2/3，油杯油位正常。

（15）干式站用变环氧树脂表面及端部应光滑、平整，无裂纹、毛刺或损伤变形，无烧焦现象，表面涂层无严重变色、脱落或爬电痕迹。

（16）干式站用变温度控制器显示正常，器身感温线固定良好，无脱落现象，散热风扇可正常启动，运转时无异常响声。

（17）原存在的设备缺陷是否有发展。

（18）气体继电器（本体、有载开关）、温度计防雨措施良好。

7.13.2.2　全面巡视

全面巡视在例行巡视的基础上增加以下项目。

（1）端子箱门应关闭严密无受潮，电缆孔洞封堵完好，温、湿度控制装置工作正常。

（2）站用变室的门、窗、照明完好，房屋无渗漏水，室内通风良好、温度正常、环境清洁；消防灭火设备良好。

7.13.2.3　熄灯巡视

（1）引线、接头有无放电、发红迹象。

（2）瓷套管有无闪络、放电。

7.13.2.4　特殊巡视

（1）新投入或者经过大修的站用变巡视。

①声音应正常，如果发现响声特大，不均匀或者有放电声，应认为内部有故障。

②油位变化应正常，应随温度的增加合理上升，如果发现假油面应及时查明原因。

③油温变化应正常，站用变带负载后，油温应缓慢上升，上升幅度合理。

④干式站用变本体温度应变化正常，站用变带负载后，本体温度上升幅度应合理。

（2）异常天气时的巡视。

①气温骤变时，检查储油柜油位是否有明显变化，各侧连接引线是否受力，是否存在断股或者接头部位、部件发热现象。各密封部位、部件有否渗漏油现象。

②大风、雷雨、冰雹天气过后，检查导引线有无断股迹象，设备上有无飘落积存杂物，瓷套管有无放电痕迹及破裂现象。

③浓雾、小雨天气时，瓷套管有无沿表面闪络和放电，各接头部位、部件在小雨中不应有水蒸气上升现象。

④雨雪低温天气时，根据接头部位积雪溶化迹象检查是否发热。检查导引线积雪累积厚度，根据情况清除导引线上的积雪和形成的冰柱。

⑤高温天气时，检查本体温度及其散热是否正常，室内站用变的散热风扇及

辅助通风装置可正常启动。

⑥覆冰天气时，观察绝缘子的覆冰厚度及冰凌桥接程度，覆冰厚度不超10mm，冰凌桥接长度不宜超过干弧距离的1/3，放电不超过第二伞裙，不出现中部伞裙放电现象。

（3）故障跳闸后的巡视。

①检查站用变间隔内一次设备有无着火、爆炸、喷油、放电痕迹、导线断线、短路、小动物爬入等情况。

②检查保护及自动装置的动作情况。

③检查两侧断路器运行状态（位置、压力、油位）。

7.13.3　维护

7.13.3.1　吸湿剂更换

（1）吸湿剂受潮变色超过2/3应及时维护。

（2）保证工作中与设备带电部位的安全距离，必要时将站用变停电处理。

（3）吸湿器内吸湿剂宜采用同一种变色吸湿剂，其颗粒直径大于3mm，且留有1/5～1/6空间。

（4）油杯内的油应补充至合适位置，补充的油应合格。

（5）维护后应检查呼吸正常、密封完好。

7.13.3.2　外熔断器（高压跌落保险）更换

（1）运行中站用变高压进线外熔断器（高压跌落保险）熔断时，应立即进行更换。

（2）外熔断器的更换应在站用变无负载时进行，更换过程中采取必要的安全措施，必要时将站用变停电。

（3）应更换为同型号、参数的外熔断器。

（4）再次熔断不得试送，应及时处理。

7.13.3.3　定期切换试验

（1）备用站用变每半年应进行一次启动试验，试验操作方法列入现场专用运行规程。

（2）不运行的站用变每半年应带电运行不少于24h。

（3）备用站用变切换试验时，先停用运行站用变低压侧断路器，确认相应断路器已断开、低压母线已无压后，方可投入备用站用变。

（4）切换试验前后应检查直流、不间断电源系统、主变冷却系统电源情况，强油循环主变压器还应检查负荷及油温。

7.13.3.4 红外检测

（1）精确测温周期为每年至少 1 次，新设备投运后 1 周内（但应超过 24h）。

（2）检测范围为站用变本体及附件，重点检测储油柜油位、引线接头、套管、电缆终端、二次回路。

（3）配置智能机器人巡检系统的变电站，可由智能机器人完成红外普测和精确测温，由专业人员进行复核。

7.13.4 典型故障和异常处理

7.13.4.1 站用变过流保护动作

（1）现象。

①监控系统发出过流保护动作信息，站用变高压侧断路器跳闸，各侧电流、功率显示为零。

②保护装置发出站用变过流保护动作信息。

（2）处理原则。

①现场检查站用变本体有无异状，重点检查站用变有无喷油、漏油等，检查气体继电器（如有）内部有无气体积聚，检查站用变本体油温、油位变化情况。

②检查站用变套管、引线及接头有无闪络放电、断线、短路，有无小动物爬入引起短路故障等情况。

③核对站用变保护动作信息，检查低压母线侧备自投装置动作情况、运行站用变及其馈线负载情况。

④检查故障发生时现场是否存在检修作业，是否存在引起保护动作的可能因素。

⑤记录保护动作时间及一二次设备检查结果。

⑥确认故障设备后，应及时处理。

7.13.4.2 站用变着火

（1）现象。

站用变本体冒烟着火，可能存在喷油、漏油等现象。

（2）处理原则。

①检查站用变各侧断路器是否断开，保护是否正确动作。

②站用变保护未动作或者断路器未断开时，应立即断开站用变各侧电源及故障站用变回路直流电源，迅速采取灭火措施，防止火灾蔓延。

③灭火后检查直流电源系统和站用电系统运行情况，及时恢复失电低压母线及其负载供电。

④检查故障发生时现场是否存在引起站用变着火的检修作业。

⑤记录保护动作时间及一二次设备检查结果。

⑥汇报上级管理部门，应及时处理。

7.13.4.3 干式站用变超温告警

（1）现象。

①监控系统发出干式站用变超温告警信息。

②干式站用变温度控制器温度指示超过告警值。

（2）处理原则。

①开启室内通风装置，检查站用变温度及冷却风机运行情况。

②检查站用变负载情况，若站用变过负载运行，应转移、降低站用变负载。

③检查温度控制器指示温度与红外测温数值是否相符。如果判明本体温度升高，应停用站用变，应及时处理。

7.14 站用交流电源系统运维细则

7.14.1 运行规定

7.14.1.1 一般规定

（1）交流电源相间电压值应不超过420V、不低于380V，三相不平衡值应小于10V。如发现电压值过高或过低，应立即安排调整站用变分接头，三相负载应均衡分配。

（2）两路不同站用变电源供电的负荷回路不得并列运行，站用交流环网严禁合环运行。

（3）站用电系统重要负荷（如主变压器冷却系统、直流系统等）应采用双回路供电，且接于不同的站用电母线段上，并能实现自动切换。

（4）站用交流电源系统涉及拆动接线工作后，恢复时应进行核相。接入发电车等应急电源时，应进行核相。

7.14.1.2 站用交流电源柜

（1）站用交流电源柜内各级开关动、热稳定、开断容量和级差配合应配置合理。

（2）交流回路中的各级保险、快分开关容量的配合每年进行一次核对，并对快分开关、熔断器（熔片）逐一进行检查，不良者予以更换。

（3）具有脱扣功能的低压断路器应设置一定延时。低压断路器因过载脱扣，应在冷却后方可合闸继续工作。

（4）漏电保护器每季度应进行一次动作试验。

7.14.1.3 站用交流不间断电源系统（UPS）

运行中不得随意触动 UPS 装置控制面板开、关机及其他按键。

7.14.1.4 自动装置

（1）站用电切换及自动转换开关、备用电源自投装置动作后，应检查备自投装置的工作位置、站用电的切换情况是否正常，详细检查直流系统，UPS 系统，主变压器（高抗）冷却系统运行正常。

（2）站用电正常工作电源恢复后，备用电源自投装置不能自动恢复正常工作电源的需人工进行恢复，不能自重启的辅助设备应手动重启。

（3）备自投装置闭锁功能应完善，确保不发生备用电源自投到故障元件上、造成事故扩大。

（4）备自投装置母线失压启动延时应大于最长的外部故障切除时间。

7.14.2 巡视

7.14.2.1 例行巡视

（1）站用电运行方式正确，三相负荷平衡，各段母线电压正常。

（2）低压母线进线断路器、分段断路器位置指示与监控机显示一致，储能指示正常。

（3）站用交流电源柜支路低压断路器位置指示正确，低压熔断器无熔断。

（4）站用交流电源柜电源指示灯、仪表显示正常，无异常声响。

（5）站用交流电源柜元件标志正确，操作把手位置正确。

（6）站用交流不间断电源系统（UPS）面板、指示灯、仪表显示正常，风扇运行正常，无异常告警、无异常声响振动。

（7）站用交流不间断电源系统（UPS）低压断路器位置指示正确，各部件无烧伤、损坏。

（8）备自投装置充电状态指示正确，无异常告警。

（9）自动转换开关（ATS）正常运行在自动状态。

（10）原存在的设备缺陷是否有发展趋势。

7.14.2.2 全面巡视

全面巡视在例行巡视的基础上增加以下项目。

（1）屏柜内电缆孔洞封堵完好。

（2）各引线接头无松动、无锈蚀，导线无破损，接头线夹无变色、过热迹象。

（3）配电室温度、湿度、通风正常，照明及消防设备完好，防小动物措施完善。

（4）门窗关闭严密，房屋无渗、漏水现象。

（5）环路电源开环正常，断开点警示标志正确。

7.14.2.3 特殊巡视

（1）雨、雪天气，检查配电室无漏雨，户外电源箱无进水受潮情况。

（2）雷电活动及系统过电压后，检查交流负荷、断路器动作情况，UPS不间断电源主从机柜浪涌保护器、站用电屏（柜）避雷器动作情况。

7.14.3 维护

7.14.3.1 低压熔断器更换

（1）熔断器损坏，应查明原因并处理后方可更换。

（2）应更换为同型号的熔断器，再次熔断不得试送，联系检修人员处理。

7.14.3.2 消缺（故障）维护

（1）屏柜体维护要求及屏柜内照明回路维护要求参照本书端子箱部分相关内容。

（2）指示灯更换要求参照本书油浸式变压器（电抗器）部分相关内容。

7.14.3.3 站用交流不间断电源装置（UPS）除尘

（1）定期清洁UPS装置柜的表面、散热风口、风扇及过滤网等。

（2）维护中做好防止低压触电的安全措施。

7.14.3.4 红外检测

（1）必要时应对交流电源屏、交流不间断电源屏（UPS）等装置内部件进行检测。

（2）检测重点为屏内各进线开关、联络开关、馈线支路低压断路器、熔断器、引线接头及缆终端。

（3）配置智能机器人巡检系统的变电站，有条件时可由智能机器人完成红外普测和精确测温，由专业人员进行复核。

7.14.4 典型故障和异常处理

7.14.4.1 站用交流母线全部失压

（1）现象。

①监控系统发出保护动作告警信息，全部站用交流母线电源进线断路器跳闸，低压侧电流、功率显示为零。

②站用交流电源柜电压、电流仪表指示为零，低压断路器失压脱扣动作，馈线支路电流为零。

（2）处理原则。

①检查系统失电引起站用电消失，拉开站用变低压侧断路器。

②若有外接电源的备用站用变，投入备用站用变，恢复站用电系统。

③汇报上级管理部门，申请使用发电车恢复站用电系统。

④检查蓄电池工作情况，短时无法恢复时，切除非重要负荷。

7.14.4.2 站用交流一段母线失压

（1）现象。

①监控系统发出站用变交流一段母线失压信息，该段母线电源进线断路器跳闸，低压侧电流、电压、功率显示为零。

②一段站用交流电源柜电压、电流、功率表指示为零，低压断路器故障跳闸指示器动作，馈线支路电流为零。

（2）处理原则。

①检查站用变高压侧断路器无动作，高压熔断器无熔断。

②检查主变压器冷却设备、直流系统及 UPS 系统等重要负荷运行情况。

③检查站用变低压侧断路器确已断开，拉开故障段母线所有馈线支路低压断路器，查明故障点并将其隔离。

④合上失压母线上无故障馈线支路的备用电源开关（或并列开关），恢复失压母线上各馈线支路供电。

⑤无法处理故障时，联系检修人员处理。

⑥若站用变保护动作，按站用变故障处理。

7.14.4.3 低压断路器跳闸、熔断器熔断

（1）现象。

馈线支路低压断路器跳闸、熔断器熔断。

（2）处理原则。

①检查故障馈线回路，未发现明显故障点时，可合上低压断路器或更换熔断器，试送一次。

②试送不成功且隔离故障馈线后，或查明故障点但无法处理，联系检修人员处理。

7.14.4.4 站用交流不间断电源装置交流输入故障

（1）现象。

①监控系统发出 UPS 装置市电交流失电告警。

②UPS 装置蜂鸣器告警，市电指示灯灭，装置面板显示切换至直流逆变输出。

（2）处理原则。

①检查主机已自动转为直流逆变输出，主、从机输入、输出电压及电流指示是否正常。

②检查 UPS 装置是否过载，各负荷回路对地绝缘是否良好。

③联系检修人员处理。

7.14.4.5 备自投装置异常告警

（1）现象。

备自投装置发出闭锁、失电告警等信息。

（2）处理原则。

①检查备自投方式是否选择正确，检查备自投装置交流输入情况。

②检查备自投装置告警是否可以复归，必要时将备自投装置退出运行，联系检修人员处理。

③外部交流输入回路异常或断线告警时，如检查发现备自投装置运行灯熄灭，应将备自投装置退出运行。

④备自投装置电源消失或直流电源接地后，应及时检查，停止现场与电源回路有关的工作，尽快恢复备自投装置的运行。

⑤备自投装置动作且备用电源断路器未合上时，应在检查工作电源断路器确已断开，站用交流电源系统无故障后，手动投入备用电源断路器。工作电源断路器恢复运行后，应查明备用电源拒合原因。

⑥对于成套备自投装置，在排除上述可能的情况下，可采取断开装置电源再重启一次的方法检查备自投装置异常告警是否恢复。

7.14.4.6 自动转换开关自动投切失败

（1）现象。

自动转换开关面板显示失电、闭锁等信息。

（2）处理原则。

①检查监控系统告警信息，检查自动转换开关所接两路电源电压是否超出控制器正常工作电压范围。

②若自动转换开关电源灯闪烁，检查进线电源有无断相、虚接现象。

③检查自动转换开关安装是否牢固，是否选至自动位置。

④若自动转换无法修复，应采用手动切换，联系检修人员更换自动切换装置。

⑤若手动仍无法正常切换电源，应转移负荷，联系检修人员处理。

7.15 站用直流电源系统运维细则

7.15.1 运行规定

7.15.1.1 一般规定

（1）330kV 及以上电压等级变电站及重要的 220kV 变电站应采用三台充电装置，两组蓄电池组的供电方式。每组蓄电池和充电装置应分别接于一段直流母线上，第三台充电装置（备用充电装置）可在两段母线之间切换，任一工作充电装置退出运行时，手动投入第三台充电装置。

（2）每台充电装置两路交流输入（分别来自不同站用电源）互为备用，当运行的交流输入失去时能自动切换到备用交流输入供电。

（3）两组蓄电池组的直流系统，应满足在运行中二段母线切换时不中断供电的要求，切换过程中允许两组蓄电池短时并联运行，禁止在两系统都存在接地故障情况下进行切换。

（4）直流母线在正常运行和改变运行方式的操作中，严禁发生直流母线无蓄电池组的运行方式。

（5）查找和处理直流接地时，应使用内阻大于 $2000\Omega/V$ 的高内阻电压表，工具应绝缘良好。

（6）使用拉路法查找直流接地时，至少应由两人进行，断开直流时间不得超过 3s，并做好防止保护装置误动作的措施。

（7）直流电源系统同一条支路中熔断器与直流断路器不应混用，尤其不应在直流断路器的下级使用熔断器，防止在回路故障时失去动作选择性。严禁直流回路使用交流断路器。直流断路器配置应符合级差配合要求。

（8）蓄电池室应使用防爆型照明、排风机及空调，开关、熔断器和插座等应装在室外。门窗完好，窗户应有防止阳光直射的措施。

7.15.1.2 蓄电池

（1）新安装的阀控密封蓄电池组，应进行全核对性放电试验。以后每隔两年进行一次核对性放电试验。运行了四年以后的蓄电池组，每年做一次核对性放电试验。

（2）阀控蓄电池组正常应以浮充电方式运行，浮充电压值应控制为（2.23 ~ 2.28）$V \times N$，一般宜控制在 $2.25V \times N$（25℃时）；均衡充电电压宜控制为（2.30 ~ 2.35）$V \times N$。

（3）测量电池电压时应使用四位半精度万用表

（4）蓄电池熔断器损坏应查明原因并处理后方可更换。

（5）蓄电池室的温度宜保持在5℃～30℃，最高不应超过35℃，并应通风良好。

（6）蓄电池不宜受到阳光直射。

（7）蓄电池室内禁止点火、吸烟，并在门上贴有"严禁烟火"警示牌，严禁明火靠近蓄电池。

7.15.1.3 充电装置

（1）充电装置在检修结束恢复运行时，应先合交流侧断路器，再带直流负荷。

（2）对交流切换装置模拟自动切换，重点检查交流接触器是否正常、切换回路是否完好。

（3）运行中直流电源装置的微机监控装置，应通过操作按钮切换检查有关功能和参数，其各项参数的整定应有权限设置。

（4）当微机监控装置故障时，若有备用充电装置，应先投入备用充电装置，并将故障装置退出运行。

7.15.2 巡视

7.15.2.1 例行巡视

（1）蓄电池。

①蓄电池组外观清洁，无短路、接地。

②蓄电池组总熔断器运行正常。

③蓄电池壳体无渗漏、变形，连接条无腐蚀、松动，构架、护管接地良好。

④蓄电池电压在合格范围内。

⑤蓄电池编号完整。

⑥蓄电池巡检采集单元运行正常。

⑦蓄电池室温度、湿度、通风正常，照明及消防设备完好，无易燃、易爆物品。

⑧蓄电池室门窗严密，房屋无渗、漏水。

（2）充电装置。

①监控装置运行正常，无其他异常及告警信号。

②充电装置交流输入电压、直流输出电压、电流正常。

③充电模块运行正常，无报警信号，风扇正常运转，无明显噪音或异常发热。

④直流控制母线、动力（合闸）母线电压、蓄电池组浮充电压值在规定范围

内，浮充电流值符合规定。

⑤各元件标志正确，断路器、操作把手位置正确。

（3）馈电屏。

①绝缘监测装置运行正常，直流系统的绝缘状况良好。

②各支路直流断路器位置正确、指示正常，监视信号完好。

③各元件标志正确，直流断路器、操作把手位置正确。

（4）事故照明屏。

①交流、直流电压正常，表计指示正确。

②交、直流断路器及接触器位置正确。

③屏柜（前、后）门接地可靠，柜体上各元件标志正确可靠。

7.15.2.2　全面巡视

全面巡视在例行巡视的基础上增加以下项目。

（1）仪表在检验周期内。

（2）屏内清洁，屏体外观完好，屏门开、合自如。

（3）防火、防小动物及封堵措施完善。

（4）直流屏内通风散热系统完好。

（5）抄录蓄电池检测数据。

7.15.2.3　特殊巡视

（1）变电站站用电停电或全站交流电源失电，直流电源蓄电池带全站直流电源负载期间特殊巡视检查。

①蓄电池带负载时间严格控制在规程要求的时间范围内。

②直流控制母线、动力母线电压、蓄电池组电压值在规定范围内。

③各支路直流断路器位置正确。

④各支路的运行监视信号完好、指示正常。

⑤交流电源恢复后，应检查直流电源运行工况，直到直流电源恢复到浮充方式运行，方可结束特巡工作。

（2）出现直流断路器脱扣、熔断器熔断等异常现象后，应巡视保护范围内各直流回路元件有无过热、损坏和明显故障现象。

7.15.3　维护

7.15.3.1　蓄电池核对性充放电

（1）一组阀控蓄电池组。

①全站仅有一组蓄电池时，不应退出运行，也不应进行全核对性放电，只允

许用I_{10}电流放出其额定容量的50%。

②在放电过程中，蓄电池组的端电压不应低于$2V \times N$。

③放电后，应立即用I_{10}电流进行限压充电—恒压充电—浮充电。反复放充2~3次，蓄电池容量可以得到恢复。

④若有备用蓄电池组替换时，该组蓄电池可进行全核对性放电。

（2）两组阀控蓄电池组。

①全站若具有两组蓄电池时，则一组运行，另一组退出运行进行全核对性放电。

②放电用I_{10}恒流，当蓄电池组电压下降到$1.8V \times N$或单体蓄电池电压出现低于1.8V时，停止放电。

③隔1h~2h后，再用I_{10}电流进行恒流限压充电—恒压充电—浮充电。反复放充2~3次，蓄电池容量可以得到恢复。

④若经过三次全核对性放充电，蓄电池组容量均达不到其额定容量的80%以上，则应安排更换。

⑤阀控畜电池在运行中电压偏差值及放电终止电压值的规定如表7-6所示。

表7-6　阀控蓄电池在运行中电压偏差值及放电终止电压值的规定

阀控密封铅酸蓄电池	标称电压（V）		
	2V	6V	12V
运行中的电压偏差值	±0.05	±0.15	±0.3
开路电压最大最小电压差值	0.03	0.04	0.06
放电终止电压值	1.80	5.25（1.75×3）	10.5（1.75×6）

7.15.3.2　蓄电池组内阻测试

（1）测试工作至少两人进行，防止直流短路、接地、断路。

（2）蓄电池内阻在生产厂家规定的范围内。

（3）蓄电池内阻无明显异常变化，单只蓄电池内阻偏离值应不大于出厂值10%。

（4）测试时连接测试电缆应正确，按顺序逐一进行蓄电池内阻测试。

（5）单体蓄电池电压测量应每月至少1次，蓄电池内阻测试应每年至少1次。

7.15.3.3　电缆封堵

（1）应使用有机防火材料封堵。

（2）孔洞较大时，应用阻燃绝缘材料封堵后，再用有机防火材料封堵严密。

7.15.3.4 指示灯更换

(1) 应检查设备电源是否已断开，用万用表测量接线柱（对地）是否已确无电压。

(2) 拆除二次线要用绝缘胶布粘好并做好标记，防止误搭临近带电设备，防止恢复时错接线。

(3) 应更换为同型号的指示灯。

(4) 更换完毕后应检查接线牢固、正确。

7.15.3.5 蓄电池熔断器更换

(1) 蓄电池熔断器损坏应查明原因并处理后方可更换。

(2) 检查熔断器是否完好、有无灼烧痕迹，使用万用表测量蓄电池熔断器两端电压，电压不一致，表明熔断器损坏。

(3) 应更换为同型号的熔断器，再次熔断不得试送，联系检修人员处理。

7.15.3.6 采集单元熔丝更换

(1) 应使用绝缘工具，工作中防止人身触电，直流短路、接地，蓄电池开路。

(2) 更换熔丝前，应使用万用表对更换熔丝的蓄电池单体电压测试，确认蓄电池电压正常。

(3) 更换的熔丝应与原熔丝型号、参数一致。

(4) 旋开熔丝管时不得过度旋转。

(5) 熔丝取出后，应测试熔丝是否良好，判断是否由于连接弹簧或垫片接触不良造成电压无法采集。

7.15.3.7 红外检测

(1) 检测范围为蓄电池组、充电装置、馈电屏及事故照明屏。

(2) 检测重点为蓄电池及连接片、充电模块、各屏引线接头，还包括各负载断路器的上、下两级的连接处。

7.15.4 典型故障和异常处理

7.15.4.1 直流失电处理

(1) 现象。

①监控系统发出直流电源消失告警信息。

②直流负载部分或全部失电，保护装置或测控装置部分或全部出现异常并失去功能。

(2) 处理原则。

①直流部分消失，应检查直流消失设备的直流断路器是否跳闸，接触是否良

好。检查无明显异常时可对跳闸断路器试送一次。

②直流屏直流断路器跳闸，应对该回路进行检查，在未发现明显故障现象或故障点的情况下，允许合直流断路器送一次，试送不成功则不得再强送。

③直流母线失压时，首先检查该母线上蓄电池总熔断器是否熔断，充电机直流断路器是否跳闸，再重点检查直流母线上设备，找出故障点，并设法消除。更换熔丝，如再次熔断，应联系检修人员来处理。

④如果全站直流消失，应先检查充电机电源是否正常，蓄电池组及蓄电池总熔断器（断路器）是否正常，直流充电模块是否正常有无异味，降压硅链是否正常。

⑤如因各馈线支路直流断路器拒动越级跳闸，造成直流母线失压，应拉开该支路直流断路器，恢复直流母线和其他直流支路的供电，然后再查找、处理故障支路故障点。

⑥如因充电机或蓄电池本身故障造成直流一段母线失压，应将故障的充电机或蓄电池退出，并确认失压直流母线无故障后，用无故障的充电机或蓄电池试送，正常后对无蓄电池运行的直流母线，合上直流母联断路器，由另一段母线供电。

⑦如果直流母线绝缘检测良好，直流馈电支路没有越级跳闸的情况，蓄电池直流断路器没有跳闸（熔丝熔断）而充电装置跳闸或失电，应检查蓄电池接线有无短路，测量蓄电池无电压输出，断开蓄电池直流断路器。合上直流母联断路器，由另一段母线供电。

7.15.4.2 直流系统接地处理

（1）现象

①监控系统发出直流接地告警信号。

②绝缘监测装置发出直流接地告警信号并显示接地支路。

③绝缘监测装置显示接地极对地电压下降、另一级对地电压上升。

（2）处理原则

①对于 220V 直流系统两极对地电压绝对值差超过 40V 或绝缘能力降低到 25kΩ 以下，110V 直流系统两极对地电压绝对值差超过 20V 或绝缘能力降低到 15kΩ 以下，应视为直流系统接地。

②直流系统接地后，运维人员应记录时间、接地极、绝缘监测装置提示的支路号和绝缘电阻等信息。用万用表测量直流母线正对地、负对地电压，与绝缘监测装置核对后，汇报调控人员。

③出现直流系统接地故障时应及时消除，同一直流母线段，当出现两点接地时，应立即采取措施消除，避免造成继电保护、断路器误动或拒动故障。直流接

地查找方法及步骤如下。a）发生直流接地后，应分析是否天气原因或二次回路上有工作，如二次回路上有工作或有检修试验工作时，应立即拉开直流试验电源看是否为检修工作所引起。b）比较潮湿的天气，应首先重点对端子箱和机构箱直流端子排作一次检查，对凝露的端子排用干抹布擦干或用电吹风烘干，并将驱潮加热器投入。c）对于非控制及保护回路可使用拉路法进行直流接地查找。按事故照明、防误闭锁装置回路、户外合闸（储能）回路、户内合闸（储能）回路的顺序进行。其他回路的查找，应在检修人员到现场后，配合进行查找并处理。d）保护及控制回路宜采用便携式仪器带电查找的方式进行，如需采用拉路的方法，应汇报调控人员，申请退出可能误动的保护。e）用拉路法检查未找出直流接地回路，应联系检修人员处理。当发生交流窜入问题时，参照交流窜入直流处理。

7.15.4.3　充电装置交流电源故障处理

（1）现象。

①监控系统发出交流电源故障等告警信号。

②充电装置直流输出电流为零。

③蓄电池带直流负荷。

（2）处理原则

①一路交流断路器跳闸，检查备自投装置及另一路交流电源是否正常。

②充电装置报交流故障，应检查充电装置交流电源断路器是否正常合闸，进出两侧电压是否正常，不正常时应向电源侧逐级检查并处理，当交流电源断路器进出两侧电压正常，交流接触器可靠动作、触点接触良好，而装置仍报交流故障，则通知检修人员检查处理。

③交流电源故障较长时间不能恢复时，应尽可能减少直流负载输出（如事故照明、UPS、在线监测装置等非一次系统保护电源）并尽④可能采取措施恢复交流电源及充电装置的正常运行，联系检修人员尽快处理。

⑤当交流电源故障较长时间不能恢复，应调整直流系统运行方式，用另一台充电装置带直流负荷。

⑥当交流电源故障较长时间不能恢复，使蓄电池组放出容量超过其额定容量的20%及以上时，在恢复交流电源供电后，应立即手动或自动启动充电装置，按照制造厂或按恒流限压充电—恒压充电—浮充电方式对蓄电池组进行补充充电。

7.15.4.4　充电模块故障处理

（1）现象。

①充电装置充电模块故障信息告警。

②故障充电模块输出异常。

（2）处理原则。

①检查各充电模块运行状况。

②故障充电模块交流断路器跳闸，无其他异常可以试送，试送不成功应联系检修人员处理。

③故障充电模块运行指示灯不亮、液晶显示屏黑屏、模块风扇故障等，应联系检修人员处理。

7.15.4.5　直流母线电压异常处理

（1）现象。

①监控系统发出直流母线电压异常等告警信号。

②直流母线电压过高或者过低。

（2）处理原则。

①测量直流系统各极对地电压，检查直流负荷情况。

②检查电压继电器动作情况。

③检查充电装置输出电压和蓄电池充电方式，综合判断直流母线电压是否异常。

④因蓄电池未自动切换至浮充电运行方式导致直流母线电压异常，应手动调整到浮充电运行方式。

⑤因充电装置故障导致直流母线电压异常，应停用该充电装置，投入备用充电装置。

⑥调整直流系统运行方式，由另一段直流系统带全站负荷。

⑦检查直流母线电压正常后，联系检修人员处理。

7.15.4.6　蓄电池容量不合格处理

（1）现象。

①蓄电池组容量低于额定容量的80%。

②蓄电池内阻异常或者电池电压异常。

（2）处理原则。

①发现蓄电池内阻异常或者电池电压异常，应开展核对性充放电。

②用反复充放电方法恢复容量。

③若连续三次充放电循环后，仍达不到额定容量的100%，应加强监视，缩短单个电池电压普测周期。

④若连续三次充放电循环后，仍达不到额定容量的80%，应联系检修人员处理。

7.15.4.7 交流窜入直流处理

（1）现象。

①监控系统发出直流系统接地、交流窜入直流告警信息。

②绝缘监测装置发出直流系统接地、交流窜入直流告警信息。

③不具备交流窜入直流监控功能的变电站发出直流系统接地告警信息。

（2）处理原则。

①应立即检查交流窜入直流时间、支路、各母线对地电压和绝缘电阻等信息。

②发生交流窜入直流时，若正在进行倒闸操作或检修工作，则应暂停操作或工作，并汇报调控人员。

③根据绝缘监测装置指示或当日工作情况、天气和直流系统绝缘状况，找出窜入支路。

④确认具体的支路后，停用窜入支路的交流电源，联系检修人员处理。

7.16 母线及绝缘子运维细则

7.16.1 运行规定

7.16.1.1 一般规定

（1）母线及绝缘子送电前应试验合格，各项检查项目合格，各项指标满足要求，保护按照要求投入，并经验收合格，方可投运。

（2）母线及接头长期允许工作温度不宜超过70℃。

（3）检修后或长期停用的母线，投运前须用带保护的断路器对母线充电。

（4）母线拆卸大修后，需进行重新核相。

（5）用母联（分段）断路器给母线充电前，应投入充电保护；充电（正常）后，退出充电保护。

（6）旁路母线投入前，应在保护投入的情况下用旁路断路器对旁路母线充电一次。

（7）母线停送电操作中，应避免电压互感器（TV）二次侧反充电。

7.16.1.2 紧急申请停运规定

运行中发现有下列情况之一，应立即汇报值班调控人员申请停运，停运前应远离设备。

（1）母线支柱绝缘子倾斜、断裂、放电或覆冰严重时。

（2）悬挂型母线滑移。

（3）单片悬式瓷绝缘子严重发热。

（4）硬母线伸缩节变形。

（5）软母线或引流线有断股，截面损失达25%以上或不满足母线短路通流要求时。

（6）母线严重发热，热点温度≥130℃或δ≥95%时。

（7）母线异常音响或放电声音较大时。

（8）户外母线搭挂异物，危及安全运行，无法带电处理时；其他引线脱落，可能造成母线故障时。

（9）其他根据现场实际认为应紧急停运的情况。

7.16.2 巡视及操作

7.16.2.1 巡视

（1）例行巡视。

①母线。

a）名称、电压等级、编号、相序等标识齐全、完好，清晰可辨。

b）无异物悬挂。

c）外观完好，表面清洁，连接牢固。

d）无异常振动和声响。

e）线夹、接头无过热、无异常。

f）带电显示装置运行正常。

g）软母线无断股、散股及腐蚀现象，表面光滑整洁。

h）硬母线应平直、焊接面无开裂、脱焊，伸缩节应正常。

i）绝缘母线表面绝缘包敷严密，无开裂、起层和变色现象。

j）绝缘屏蔽母线屏蔽接地应接触良好。

②引流线。

a）引线无断股或松股现象，连接螺栓无松动脱落，无腐蚀现象，无异物悬挂。

b）线夹、接头无过热、无异常。

c）无绷紧或松弛现象。

③金具。

a）无锈蚀、变形、损伤。

b）伸缩节无变形、散股及支撑螺杆脱出现象。

c）线夹无松动，均压环平整牢固，无过热发红现象。

④绝缘子。

a）绝缘子防污闪涂料无大面积脱落、起皮现象。

b）绝缘子各连接部位无松动现象、连接销子无脱落等，金具和螺栓无锈蚀。

c）绝缘子表面无裂纹、破损和电蚀，无异物附着。

d）支柱绝缘子伞裙、基座及法兰无裂纹。

e）支柱瓷瓶及硅橡胶增爬伞裙表面清洁、无裂纹及放电痕迹。

f）支柱绝缘子无倾斜。

（2）全面巡视。全面巡视应在例行巡视基础上增加以下内容。

①检查绝缘子表面积污情况。

②支柱绝缘子结合处涂抹的防水胶无脱落现象，水泥胶装面完好。

（3）熄灯巡视。

①母线、引流线及各接头无发红现象。

②绝缘子、金具应无电晕及放电现象。

（4）特殊巡视。

①新投运及设备经过检修、改造或长期停运后重新投入运行后巡视要观察支柱瓷绝缘子有无放电及各引线连接处是否有发热现象。使用红外热成像仪进行测温。

②异常天气时的巡视。

a）严寒季节时重点检查母线抱箍有无过紧、有无开裂发热、母线接缝处伸缩节是否良好、绝缘子有无积雪冰凌桥接等现象，软母线是否过紧造成绝缘子严重受力。

b）高温季节时重点检查接点、线夹、抱箍发热情况，母线连接处伸缩器是否良好。

c）冰雹、大风、沙尘暴天气时重点检查母线、绝缘子上无悬挂异物，倾斜等异常现象，以及母线舞动情况。

d）大雾霜冻季节和污秽地区：检查绝缘子表面无爬电或异常放电，重点监视污秽瓷质部分。

e）雨雪天气时检查绝缘子表面无爬电或异常放电，母线及各接头不应有水蒸气上升或融化现象，如有，应用红外热像仪进一步检查。大雪时还应检查母线积雪情况，无冰溜及融雪现象。雷雨后：重点检查绝缘子无闪络痕迹。

f）严重雾霾天气时重点检查绝缘子有无放电、闪络等情况发生。

g）覆冰天气时观察绝缘子的覆冰厚度及冰凌桥接程度，覆冰厚度不超 10mm，冰凌桥接长度不宜超过干弧距离的 1/3，爬电不超过第二伞裙，不出现中部伞裙爬电现象。

③故障跳闸后的巡视。

a) 检查现场一次设备（特别是保护范围内设备）外观，导引线有无断股或放电痕迹等情况。

b) 检查保护装置的动作情况。

c) 检查断路器运行状态（位置、压力、油位）。

d) 检查绝缘子表面有无放电。

e) 检查各气室压力、接缝处伸缩器（如有）有无异常。

7.16.2.2 操作

（1）母线停送电操作。

①母线停电前应检查停电母线上所有负荷确已转移，同时应防止电压互感器反送电。

②拉开母联、分段断路器前后，应检查该断路器电流。

③如母联断路器设有断口均压电容且母线电压互感器为电磁式的，为了避免拉开母联断路器后可能产生串联谐振而引起过电压，应先停用母线电压互感器，再拉开母联断路器；复役时相反。

④母线送电操作程序与停电操作程序相反。

⑤母线送电时，应对母线进行检验性充电。用母联（或分段）断路器给母线充电前，应将专用充电保护投入；充电正常后，退出专用充电保护。用旁路断路器对旁路母线充电前应投入旁路开关线路保护或充电保护。

⑥母线充电后检查母线电压。

（2）倒母线操作。

①倒母线操作时，应按照合上母联断路器，投入母线保护互联压板，拉开母联断路器控制电源，再切换母线侧隔离开关的顺序进行。运行断路器切换母线隔离开关应"先合、后拉"。

②冷倒（热备用断路器）切换母线刀闸，应"先拉、后合"。

③倒母线操作时，在某一设备间隔母线侧隔离开关合上或拉开后，应检查该间隔二次电压切换正常。

④双母线接线方式下变电站倒母线操作结束后，先合上母联断路器控制电源开关，然后再退出母线保护互联压板。

⑤母线停电前，有站用变接于停电母线上的，应先做好站用电的调整。

7.16.3 维护

7.16.3.1 标识维护、更换

（1）发现标识脱落、辨识不清时，应视现场实际情况对标识进行维护或更换。

（2）维护时保持与带电设备足够安全距离。

7.16.3.2 红外测温

（1）精确测温周期。1 000kV 为 1 周，省评价中心 3 个月；330kV～750kV 为 1 个月；220kV 为 3 个月；110（66）kV 为半年；35kV 及以下为 1 年；新投运后 1 周内（但应超过 24h）。

（2）检测范围为母线、引流线、绝缘子及各连接金具。

（3）检测重点为母线各连接接头（线夹）等部位。

（4）配置智能机器人巡检系统的变电站，可由智能机器人完成红外普测和精确测温，由专业人员进行复核。

7.16.4 典型故障和异常处理

7.16.4.1 母线短路失压

（1）现象。

①后台显示相关保护动作信息，母线电压显示为零。

②母线发生短路故障，系统出现强烈冲击，现场出现支柱绝缘子断裂或异常声响、火光、冒烟等现象。

③保护动作，断路器跳闸。

（2）处理原则。

①立即检查母线设备，并设法隔离或排除故障。

a）如故障点在母线侧隔离开关外侧，可将该回路两侧隔离开关拉开。故障隔离或排除以后，按调度命令恢复母线运行。对双母线或单母线分段接线，宜采用有充电保护的断路器对母线充电。对于 3/2 断路器接线，应选择一条电源线路对停电母线充电。母线充电成功后，再送出其他线路。

b）若故障点不能立即隔离或排除，对于双母线接线，按值班调控人员指令对无故障的元件倒至运行母线运行。

c）若找不到明显故障点，则不准将跳闸元件接入运行母线送电，以防止故障扩大至运行母线。可按照值班调控人员指令处理试送母线。线路对侧有电源时应由线路对侧电源对故障母线试送电。

②运维人员不能自己排除母线故障时，应立即联系检修人员处理，在处理之前做好安全措施。

7.16.4.2 支柱瓷绝缘子断裂

（1）现象。

支柱瓷绝缘子断裂。

（2）处理原则。

①对于硬母线，应全面检查硬母线有无变形或其他异常现象。

②汇报值班调控人员申请停电处理，将断裂绝缘子进行隔离，布置现场安全措施。

7.16.4.3　母线接头（线夹）过热

（1）现象。

①母线接头（线夹）温度与正常运行时对比有明显增高。

②母线接头（线夹）颜色与正常运行时对比有明显变化。

（2）处理原则。

①用红外热成像仪检测确定发热部位及温度。

②核对负荷情况和环境温度，并与历史数据比较后做出综合判断。

③汇报值班调控人员，结合现场情况申请转移负荷或停电处理。

7.16.4.4　小电流接地系统母线单相接地

（1）现象。

监控后台发出接地信号，同时母线一相电压降低或者为零，其他两相升高或者等于线电压。

（2）处理原则。

①检查母线及相连设备，确定接地点，小电流接地系统发生母线单相接地，运行时间不得超过2h。

②发生小电流接地系统母线单相接地故障时，在故障母线未停电或故障点未找到的情况下，运维人员不得进入设备区。

③高压设备发生接地时，室内人员应距离故障点4m以外，室外人员应距离故障点8m以外。进入上述范围人员应穿绝缘靴，接触设备的外壳和构架时，应戴绝缘手套。

④汇报值班调控人员后，按值班调控人员指令隔离接地点，进行处理。

⑤如若没有发现接地点，汇报值班调控人员申请停电进行详细检查、处理。

7.17　干式电抗器运维细则

7.17.1　运行规定

7.17.1.1　一般规定

（1）电抗器送电前必须试验合格，各项检查项目合格，各项指标满足要求，并经验收合格，方可投运。

（2）电抗器应满足安装地点的最大负载、工作电压等条件的要求。正常运行时，串联电抗器的工作电流应不大于其1.3倍的额定电流。

（3）电抗器存在较为严重的缺陷（如局部过热等）或者绝缘有弱点时，不宜超额定电流运行。

（4）电抗器应接地良好，本体风道通畅，上方架构和四周围栏不应构成闭合环路，周边无铁磁性杂物。

（5）电抗器的引线安装，应保证运行中一次端子承受的机械负载不超过制造厂规定的允许值。

（6）具备告警功能的铁芯电抗器，温度高时应能发出"超温"告警信号。

7.17.1.2　紧急申请停运规定

运行中发现下列情况之一，应立即申请停用，停运前应远离设备。

（1）接头及包封表面异常过热、冒烟。

（2）包封表面有严重开裂，出现沿面放电。

（3）支持瓷瓶有破损裂纹、放电。

（4）出现突发性声音异常或振动。

（5）倾斜严重，线圈膨胀变形。

（6）其他根据现场实际认为应紧急停运的情况。

7.17.2　巡视及操作

7.17.2.1　巡视

（1）例行巡视。

①设备铭牌、运行编号标识、相序标识齐全、清晰。

②包封表面无裂纹、无爬电，无油漆脱落现象，防雨帽、防鸟罩完好，螺栓紧固。

③空心电抗器撑条无松动、位移、缺失等情况。

④铁芯电抗器紧固件无松动，温度显示及风机工作正常。

⑤引线无散股、断股、扭曲，松弛度适中；连接金具接触良好，无裂纹、发热变色、变形。

⑥瓷瓶无破损，金具完整；支柱绝缘子金属部位无锈蚀，支架牢固，无倾斜变形。

⑦运行中无过热，无异常声响、震动及放电声。

⑧设备的接地良好，接地引下线无锈蚀、断裂，接地标识完好。

⑨电缆穿管端部封堵严密。

⑩围栏安装牢固，门关闭，无杂物，五防锁具完好；周边无异物且金属物无异常发热。

⑪电抗器本体及支架上无杂物，若室外布置应检查无鸟窝等异物。

⑫设备基础构架无倾斜、下沉。

⑬原有的缺陷无发展趋势。

（2）全面巡视。全面巡视在例行巡视的基础上增加以下项目。

①电抗器室干净整洁，照明及通风系统完好。

②电抗器防小动物设施完好。

③检查接地引线是否完好。

④端子箱门关闭，封堵完好，无进水受潮。

⑤端子箱体内加热、防潮装置工作正常。

⑥表面涂层无破裂、起皱、鼓泡、脱落现象。

⑦端子箱内孔洞封堵严密，照明完好；电缆标牌齐全、完整。

（3）熄灯巡视。

①检查引线、接头无放电、发红过热迹象。

②检查绝缘子无闪络、放电痕迹。

（4）特殊巡视。

①新投入后巡视。

a）声音应正常，如果发现响声特大，不均匀或者有放电声，应认真检查。

b）表面无爬电，壳体无变形。

c）表面油漆无变色，无明显异味。

d）红外测温电抗器本体和接头无发热。

e）新投运电抗器应使用红外成像测温仪进行测温，注意收集、保存、填报红外测温成像图谱佐证资料。

②异常天气时巡视。

a）气温骤变时，检查一次引线端子无异常受力，无散股、断股，撑条无位移、变形。

b）雷雨、冰雹、大风天气过后，检查导引线摆动幅度及有无断股迹象，设备上有无飘落积存杂物，瓷套管有无放电痕迹及破裂现象。

c）浓雾、毛毛雨天气时，瓷套管有无沿表面闪络和放电和异常声响。

d）高温天气时，应特别检查电抗器外表有无变色、变形，有无异味或冒烟。

e）下雪天气时，应根据接头部位积雪溶化迹象检查是否发热。检查导引线积雪累积厚度情况，及时清除导引线上的积雪和形成的冰柱。

③故障跳闸后的巡视。

a）线圈匝间及支持部分有无变形、烧坏。

b）回路内引线接点有无发热现象。

c）检查本体各部件无位移、变形、松动或损坏。

d）外表涂漆是否变色，外壳有无膨胀、变形。

e）瓷件有无破损、裂缝及放电闪络痕迹。

7.17.2.2　操作

（1）并联电抗器的投切按调度部门下达的电压曲线或调控人员命令进行，系统正常运行情况下电压需调整时，应向调控人员申请，经许可后可以进行操作。

（2）站内并联电容器与并联电抗器不得同时投入运行。

（3）因总断路器跳闸使母线失压后，应将母线上各组并联电抗器退出运行，待母线恢复后方可投入。正常操作中不得用总断路器对并联电抗器进行投切。

（4）有条件时，各组并联电抗器应轮换投退，以延长使用寿命。

7.17.3　维护

（1）精确测温周期。1 000kV 为 1 周，省评价中心 3 个月；330kV～750kV 为 1 个月；220kV 为 3 个月；110（66）kV 为半年；35kV 及以下为 1 年；新投运后 1 周内（但应超过 24h）。

（2）检测范围为电抗器及附属设备。

（3）检测重点为电抗器本体、引线接头、电缆终端。

（4）配置智能机器人巡检系统的变电站，可由智能机器人完成红外普测和精确测温，由专业人员进行复核。

7.17.4　典型故障和异常处理

7.17.4.1　电抗器故障跳闸

（1）现象。

①事故音响启动。

②监控系统显示断路器跳闸，电流、功率显示为零。

③保护装置发出相关保护动作信息。

（2）处理原则。

①现场检查电抗器本体有无着火、闪络放电、断线短路、小动物爬入和鸟害引起短路等故障情况。

②现场检查继电保护装置的动作情况，复归信号并打印故障报告。

③检查保护范围内相关设备有无损坏、放电、异物缠绕等故障象征。

④根据故障点情况，立即向调控人员申请隔离故障点，联系检修人员抢修。

7.17.4.2 包封冒烟、起火

（1）现象。

运行中包封冒烟、起火

（2）处理原则。

①现场检查保护范围内的一二次设备的动作情况，断路器是否跳开。

②如保护动作未跳开断路器，应立即自行将干式电抗器停运。

③户内电抗器着火时，应堵死通风口，防止扩大燃烧，火苗熄灭前严禁人员进入。人员进入前，应充分通风，必要时戴好防毒面具。

④汇报调控人员和上级主管部门，及时报警。

⑤联系检修人员组织抢修。

7.17.4.3 内部有鸟窝或异物

（1）现象。

空心电抗器内部有鸟窝或异物。

（2）处理原则。

①如有异物，在保证安全距离的情况下，可采用不停电方法用绝缘棒将异物挑离。

②不宜进行带电处理的应填报缺陷，安排计划停运处理。

③如同时伴有内部放电声，应立即汇报调控人员，及时停运处理。

7.17.4.4 声音异常

（1）现象。

声音与正常运行时对比有明显增大且伴有各种噪声。

（2）处理原则。

①正常运行时，响声均匀，但比平时增大，结合电压表计的指示检查是否电网电压较高，发生单相过电压或产生谐振过电压等，汇报调控人员并联系检修人员进一步检查。

②对于干式空心电抗器，在运行中或拉开后经常会听到"咔咔"声，这是电抗器由于热胀冷缩而发出的声音，可利用红外检测是否有发热，利用紫外成像仪检测是否有放电，必要时联系检修人员处理。

③有杂音，检查是否为零部件松动或内部有异物，汇报调控人员并联系检修人员进一步检查。

④外表有放电声，检查是否为污秽严重或接头接触不良，可用紫外成像仪协助判断，必要时联系检修人员处理。

⑤内部有放电声，检查是否为不接地部件静电放电、线圈匝间放电，影响设备正常运行的，应汇报调控人员，及时停运，联系检修人员处理。

7.17.4.5 外绝缘破损、包封开裂

（1）现象。

通过望远镜或现场观察到电抗器外绝缘表层破损、包封存在开裂。

（2）处理原则。

①检查外绝缘表面缺陷情况，如破损、杂质、凸起等。

②判断外绝缘表面缺陷的面积和深度。

③查看外绝缘的放电情况，有无火花、放电痕迹。

④巡视时注意与设备保持足够的安全距离，应远离进行观察。

⑤发现外绝缘破损、外套开裂，需要更换外绝缘时，应立即按照规定提请停运，做好安全措施。

⑥待设备缺陷消除并试验合格后，方可重新投运电抗器。

7.18 端子箱及检修电源箱运维细则

7.18.1 运行规定

7.18.1.1 一般规定

（1）端子箱及检修电源箱送电前经验收合格，方可投运。

（2）端子箱基座高于地面，周围地面无塌陷、无积水。

（3）端子箱及检修电源箱内部应干净、整齐，无灰尘、蛛网等异物；箱内无积水，无凝露现象；箱内通风孔畅通，无堵塞；端子箱锁具应完好。

（4）电缆芯绝缘层外观无破损，备用电缆芯线需分别绝缘包扎处理。

（5）敞开式设备同一间隔内的多台隔离开关的电机电源，在端子箱内必须分别设置独立的开断设备。

7.18.1.2 标识规定

（1）箱外标识牌清晰，无褪色脱落。箱内元器件标识齐全、命名正确、清晰。

（2）检修电源箱内应有交流回路电气示意图，明确空气开关及插座接线布置，级差配置。

（3）端子排的二次线必须穿有清晰的标号牌，清楚注明二次线的对侧端子排号及二次回路号。

（4）二次电缆必须挂有清晰的电缆走向牌，清楚注明二次电缆的型号、两侧所接位置，电缆走向牌排列要整齐。

7.18.1.3 接地规定

（1）箱门与箱体间铰链连接牢固，并用软铜线连接。

（2）二次接地线及二次电缆屏蔽层应与接地铜排可靠连接。

（3）箱体及底座应可靠接地，并使用黄绿相间的接地标识。

7.18.1.4 接线规定

（1）端子排在端子箱内的布置要整齐。

（2）接到端子排的二次线相互之间保持水平、平行，连接牢固，且线芯裸露部分不应大于5mm。

（3）每个接线端子不得超过两根接线，不同截面芯线不得接在同一个接线端子上。

（4）端子排正、负电源之间以及正电源与分、合闸回路之间，宜以空端子或绝缘隔板隔开。

7.18.1.5 封堵规定

（1）箱体与基础间电缆孔洞采用绝缘、防火材料封堵。

（2）端子箱及检修电源箱封堵应完好、平整、无缝隙。

（3）箱门密封条完好，密封可靠。

7.18.1.6 端子箱驱潮加热装置规定

（1）端子箱内应加装驱潮加热装置，装置应设置为自动或常投状态，驱潮加热装置电源应单独设置，可手动投退。

（2）温湿度传感器应安装于箱内中上部，发热元器件悬空安装于箱内底部，与箱内导线及元器件保持足够的距离。

7.18.2 巡视

7.18.2.1 例行巡视

（1）箱门运行编号标识清晰，标识牌无脱落。

（2）箱体基座无倾斜、开裂、沉降。

（3）箱体无锈蚀。

（4）箱体底部黄绿相间的接地标识清晰，无脱落、变色。

（5）检修电源箱门侧面临时电源接入孔洞封闭良好。

7. 18. 2. 2　全面巡视

（1）全面巡视在例行巡视的基础上增加以下项目。

（2）箱体接地良好，箱门与箱体连接完好，锁具完好。

（3）箱内元器件标识齐全、命名正确，且无脱落。

（4）箱内隔离 380V 交流铜排小母线绝缘挡板无破损，带电标识清晰，无脱落。

（5）箱体密封良好，密封条无老化开裂，内部无进水、受潮、锈蚀，无凝露。

（6）驱潮加热装置运行正常，温湿度控制器参数设定正确，手动加热器按照环境温湿度变化投退。

（7）箱内电缆孔洞封堵严密，防火板无变形翘起，封堵无塌陷、变形。

（8）箱内开关、刀闸、把手等位置正确，熔断器运行正常。

（9）电源正常，漏电保护器工作正常。

（10）箱内端子无变色、过热，无异味，空气开关无过热、烧损。

（11）箱内二次接地线及二次电缆屏蔽层与接地铜排可靠连接，压接螺栓无松动，箱门接地软铜线完好，无松动，脱落。

（12）电缆绑扎牢固，电缆号牌、二次接线标示清晰正确、排列整齐；备用电缆芯线绝缘包扎无脱落，无短路接地隐患。

（13）箱内照明灯具完好，照明正常，接触开关无卡涩。

（14）箱内干净、整齐，无灰尘、蛛网等异物。

7. 18. 2. 3　特殊巡视

（1）在高温、大负荷运行期间，应对箱内设备红外测温。

（2）新投入运行、检修、改造或长期停运后重新投入运行，检查箱门密封良好，箱内元件无发热。

（3）气温骤降后，检查箱体内驱潮加热装置正确投入，手动加热器要及时投入。

（4）大雨过后，通风孔无堵塞，箱体内无进水，驱潮加热装置正确投入。

（5）大风、冰雪、冰雹及雷雨后，检查端子箱无变形，箱内设备运行正常，无损坏。

（6）沙尘暴天气或沙尘天气后，检查端子箱无变形，箱门密封良好，通风孔无堵塞。

9. 18. 3　维护

7. 18. 3. 1　箱体维护

（1）每半年进行一次箱体的检查维护。

（2）密封条老化或破损造成密封不严时，及时更换箱体密封条，更换后检查箱门关闭密封良好。

（3）箱门铰链或把手损坏造成箱门关不严，及时维修或更换铰链和把手，维护完毕后检查箱门关闭良好、严密、无卡涩现象。

（4）处理箱体锈蚀部分，喷涂防腐材料，喷涂需均匀、光滑。

（5）箱体、箱门、二次接地松动或脱落时，应紧固螺栓或更换。

（6）黄绿相间的接地标识起皮、脱色或损坏时，应去除起皮部分，重新涂刷或粘贴。

7.18.3.2 封堵维护

（1）每月进行一次封堵的检查维护。

（2）封堵时，应用防火堵料封堵，必要时用防火板等绝缘材料封堵后再用防火堵料封堵严密，以防止发生堵料塌陷。

（3）封堵时应防止电缆损伤，松动造成设备异常。

（4）封堵完毕后，检查孔洞封堵完好。

7.18.3.3 驱潮加热装置维护

（1）每季度进行一次驱潮加热装置的检查维护。

（2）根据环境变化驱潮加热装置是否自动投切判断装置工作是否正常。

（3）维护时做好与运行回路的隔离措施，断开驱潮加热回路电源。

（4）更换损坏的加热器、感应器、控制器等元件。

（5）检查加热器工作状况时，工作人员不宜用皮肤直接接触加热器表面，以免造成烫伤。

（6）工作结束逐一紧固驱潮加热回路内二次线接头，防止松动断线。

7.18.3.4 照明装置维护

（1）每季度进行一次照明装置的检查维护。

（2）维护时做好与运行回路的隔离措施，断开照明回路电源。

（3）箱内照明装置不亮时，检查照明装置及回路，如接触开关是否卡涩，回路接线有无松动。

（4）更换灯泡，应安装牢固可靠，更换后，检查照明装置是否正常点亮。

7.18.3.5 熔断器、空气开关、接触器、插座维护

（1）每半年进行一次熔断器、空气开关、接触器、插座的检查维护。

（2）熔断器、空气开关及接触器等损坏后，应先查找回路有无短路，如仅是元件损坏，立即更换。

（3）更换配件应使用同容量备品设备，熔断器、空气开关更换应满足级差配置要求。

（4）插座配置满足设计、规范和负荷的要求，通电后插座电压测量正常。

（5）更换后，熔断器再次熔断或空气开关再次跳闸，应查明具体故障原因。

7.18.3.6 红外检测

（1）精确测温周期为每半年至少1次；新设备投运后1周内（但应超过24h）。

（2）检测范围为端子箱及检修电源箱内所有设备。

（3）检测重点为接线端子、二次电缆、空气开关、熔断器、接触器。

（4）测试设备温度是否在正常范围，有疑问，应汇报并进行复测。

7.18.4 典型故障和异常处理

7.18.4.1 箱门或箱体变形

（1）现象。

箱门或箱体发生变形。

（2）处理原则。

①发现因外力引起的端子箱门或箱体严重变形、损坏时，立即联系检修人员处理。

②箱体变形处理时应做好相应防范措施，防止端子短路、开路引起设备误动，防止电缆绝缘受损，必要时向值班调控人员申请停运处理。

7.18.4.2 端子箱受潮

（1）现象。

箱内有凝露。

（2）处理原则。

①检查驱潮加热装置运行是否正常。如果驱潮加热装置故障，应及时更换。

②如果防凝露装置正常，应查找受潮原因，如箱体密封损坏，应及时处理箱体密封。

③如果是天气原因造成箱体凝露，可开启箱门通风干燥并做好防小动物措施，必要时使用干燥的抹布均匀地擦除，擦拭的过程应缓慢，并做好防范措施。

④如箱体凝露危及设备安全运行时，向值班调控人员申请停运处理。

7.19 辅助设施运维细则

7.19.1 消防系统

7.19.1.1 运行规定

（1）消防器材和设施应建立台帐，并有管理制度。

（2）变电运维人员应熟知消防器具的使用方法，熟知火警电话及报警方法。

（3）有结合本站实际的消防预案，消防预案内应有本站变压器类设备灭火装置、烟感报警装置和消防器材的使用说明并定期开展演练。

（4）现场运行规程中应有变压器类设备灭火装置的操作规定。

（5）变电站应制定消防器材布置图，标明存放地点、数量和消防器材类型，消防器材按消防布置图布置；变电运维人员应会正确使用、维护和保管。

（6）消防器材配置应合理、充足，满足消防需要。

（7）消防砂池（箱）砂子应充足、干燥。

（8）消防用铲、桶、消防斧等应配备齐全，并涂红漆，以起警示提醒作用，并不得露天存放。

（9）变电站火灾应急照明应完好、疏散指示标志应明显，变电运维人员掌握自救逃生知识和技能。

（10）穿越电缆沟、墙壁、楼板进入控制室、电缆夹层、控制保护屏等处电缆沟、洞、竖井应采用耐火泥、防火隔墙等严密封堵。

（11）防火墙两侧、电缆夹层内、电缆沟通往室内的非阻燃电缆应包绕防火包带或涂防火涂料，涂刷至防火墙两端各1m，新敷设电缆也应及时补做相应的防火措施。

（12）设备区、开关室、主控室、休息室严禁存放易燃易爆及有毒物品。

（13）失效或使用后的消防器材必须立即搬离存放地点并及时补充。

（14）因施工需要放在设备区的易燃、易爆物品，应加强管理，并按规定要求使用及存放，施工后立即运走。

（15）在变电站内进行动火作业，需要到主管部门办理动火（票）手续，并采取安全可靠的措施。

（16）在电气设备发生火灾时，禁止用水进行灭火。

（17）现场消防设施不得随意移动或挪作他用。

7.19.1.2 巡视

（1）例行巡视。

①防火重点部位禁止烟火的标志清晰、无破损、脱落，安全疏散指示标志清晰、无破损、脱落，安全疏散通道照明完好、充足。

②消防通道畅通，无阻挡；消防设施周围无遮挡，无杂物堆放。

③灭火器外观完好、清洁，罐体无损伤、变形，配件无破损、松动、变形。

④消防箱、消防桶、消防铲、消防斧完好、清洁，无锈蚀、破损。

⑤消防砂池完好，无开裂、漏砂。

⑥消防室清洁，无渗、漏雨；门窗完好，关闭严密。

⑦室内、外消火栓完好，无渗漏水；消防水带完好、无变色。

⑧火灾报警控制器各指示灯显示正常，无异常报警。

⑨火灾自动报警系统触发装置安装牢固，外观完好；工作指示灯正常。

⑩排油充氮灭火装置：控制屏各指示灯显示正确，无异常及告警信号，工作状态正常；手动启动方式按钮防误碰措施完好；火灾探测器、法兰、管道、支架和紧固件无变形、损伤、防腐层完好；断流阀、充氮阀、排油阀、排气塞等位置标识清晰、位置正确，无渗漏；消防柜红色标记醒目，设备编号、标识齐全、清晰、无损坏；消防柜无锈迹、污物、损伤。

⑪水（泡沫）喷淋系统：控制柜各指示灯显示正确，无异常及告警信号，工作状态正常；设备编号、标识齐全、清晰、无损坏；感温电缆完好，无断线、损坏；雨淋阀、喷雾头、管件、管网及阀门无损伤、腐蚀、渗漏；各阀门标识清晰、位置正确，工作状态正确；各管路畅通，接口、排水管口无水流；消防水池水位正常。

⑫气体灭火装置：灭火剂贮存容器、选择阀、液体单向阀、高压软管、集流管、阀驱动装置、管网、喷嘴等外观正常，无变形、损伤；各部件表面无锈蚀，保护涂层完好、铭牌清晰；手动操作装置的保护罩、铅封和安全标志完整；感温电缆完好。

（2）全面巡视。在例行巡视的基础上增加以下项目。

①灭火器检验不超期，生产日期、试验日期符合规范要求，合格证齐全；灭火器压力正常。

②电缆沟内防火隔墙完好，墙体无破损，封堵严密。

③火灾报警控制器装置打印纸数量充足。

④火灾自动报警系统备用电源正常，能可靠切换。

⑤火灾自动报警系统自动、手动报警正常；火灾报警联动正常。

⑥排油充氮灭火装置氮气瓶压力、氮气输出压力合格。

⑦水（泡沫）喷淋系统水泵工作正常；泵房内电源正常，各压力表完好，指示正常。

⑧气体灭火装置贮存容器内的气体压力和气动驱动装置的气动源压力符合要求。

⑨排油充氮灭火装置、水（泡沫）喷淋系统控制柜完好无锈蚀、接地良好，封堵严密，柜内无异物。

⑩排油充氮灭火装置、水（泡沫）喷淋系统基础无倾斜、下沉、破损开裂。

⑪排油充氮灭火装置、水（泡沫）喷淋系统控制屏压板的投退、启动控制方式符合变电站现场运行专用规程要求。

7.19.1.3　维护

（1）防火封堵检查维护。

①每季度对防火封堵检查维护一次。

②当发现封堵损坏或破坏后，应及时用防火堵料进行封堵。

③封堵维护时防止对电缆造成损伤。

④封堵后，检查封堵严实，无缝隙、美观，现场清洁。

（2）消防砂池补充、灭火器检查清擦维护。

①每月对消防器材进行一次检查维护。

②补充的砂子应干燥。

③发现灭火器压力低于正常范围时，及时更换合格的灭火器。

④二氧化碳灭火器重量比额定重量减少十分之一时，应进行灌装。

⑤灭火器的表面保持清洁。

（3）变电站水喷淋系统、消防水系统、泡沫灭火系统检查维护。

①每季度对水喷淋系统、消防水系统、泡沫灭火系统检查维护一次。

②对水喷淋系统、消防水系统、泡沫灭火系统的控制柜体及柜内驱潮加热、防潮防凝露模块和回路、照明回路、二次电缆封堵修补进行维护，维护要求参照本书端子箱部分相关内容。

③当发现有渗漏时，及时对渗漏点进行处理。

④对松动的配件进行紧固，对损坏的配件进行更换。

⑤维护时防止装置误动作。

（4）火灾自动报警系统主机除尘，电源等附件维护。

①每半年对火灾自动报警系统主机除尘，电源等附件维护一次。

②清扫时动作要轻缓，防止损坏部件。

③清扫后，应对各部件进行检查，防止接触不良，影响正常使用。

④更换插头、插座、空气开关时，更换前应切断回路电源。

⑤更换配件应使用同容量的备品。

⑥更换后应检查其完好性。

（5）火灾自动报警系统操作功能试验，远程功能核对。

①每季度对火灾自动报警系统操作功能、远程功能核对检查试验一次。

②线型红外光束感烟火灾探测器、光电感烟火灾探测器、差定温火灾探测器功能试验正常。

③手动、自动报警功能正常。

④与值班调控人员核对消防报警系统告警信号正确，火灾报警联动正常。

7.19.1.4　典型故障和异常处理。

（1）火灾报警控制系统动作。

①现象。

a）变电站消防告警总信号发出。

b）警报音响发出。

②处理原则。

a）火灾报警控制系统动作时，通过安防视频观察判断，同时派人前往现场确认是否有火情发生。

b）根据控制器的故障信息或打印出的故障点码查找出对应的火情部分，若确认有火情发生，应根据情况采取灭火措施。必要时，拨打119报警。

c）检查对应部位并无火情存在，且按下"复位"键后不再报警，可判断为误报警，加强对火灾报警装置的巡视检查。若按下"复位"键，仍多次重复报警，可判断为该地址码相应回路或装置故障，应将其屏蔽，及时维修。

d）若不能及时排除的故障，应联系专业人员处理。

（2）火灾报警控制系统故障。

①现象。

a）变电站消防告警总信号发出。

b）警报音响发出。

②处理原则。

a）火灾报警控制系统动作时，立即派人前往现场检查确认故障信息。

b）当报主电故障时，应确认是否发生主供电源停电。检查主电源的接线、熔断器是否发生断路，备用电源是否已切换。

c）当报备电故障时，应检查备用电池的连接接线。当备用电池连续工作时间超过8h后，也可能因电压过低而报备电故障。

d）若系统装置发生异常的声音、光指示、气味等情况时，应立即关闭电源，联系专业人员处理。

（3）排油充氮灭火装置动作发信。

①现象。

a）排油充氮装置动作信号发出。

b）注氮阀开启告警信号发出。

②处理原则。

a）若现场确有火情，检查主变各侧断路器确已断开；检查排油充氮灭火装置正确动作；根据火情组织灭火，必要时拨打 119 报警；按照值班调控人员指令调整系统运行方式。

b）若现场无火情，应检查是否为误发信号；检查户外排油充氮柜柜体密封是否良好，加热器是否正常开启。若不能恢复，联系专业人员处理。

（4）排油充氮灭火装置压力低。

①现象。

氮气瓶欠压告警信号发出。

②处理原则。

a）现场检查排油充氮柜氮气瓶压力是否正常。

b）若确为压力低，应及时停用排油充氮灭火装置，联系专业人员处理。

c）若氮气压力正常，应判断是否为误报警。若不能恢复，联系专业人员处理。

（5）水喷雾灭火系统蓄水池水泵不能正常工作。

①现象。

水喷雾灭火系统蓄水池水泵不启动。

②处理原则。

a）停用故障泵，启动备用泵。

b）电源问题：检查电源回路各元器件是否正常，如不能恢复，联系专业人员处理。

c）控制装置故障：检查控制开关、联锁开关位置是否正确，水位感应装置是否正常；接线是否松动等，若不能恢复，联系专业人员处理。

d）机械故障：维修更换处理。

（6）泡沫灭火装置压力异常。

①现象。

泡沫灭火装置压力异常。

②处理原则。

现场检查泡沫灭火装置氮气瓶压力、灭火药剂容器罐压力是否正常，发现氮气压力低、灭火药剂容器罐压力低，联系专业人员处理。

（7）气体灭火装置贮存容器内的气体压力低。

①现象。

气体灭火装置贮存容器内的气体压力低。

②处理原则。

现场检查氮气瓶压力、气体灭火装置贮存容器内的气体压力低于正常值，联系专业人员处理。

（8）控制电源异常处理。

①现象。

控制电源异常处理。

②处理原则。

当发现水（泡沫）喷淋系统、气体灭火装置的控制电源异常时，应检查控制电源空气开关是否跳闸；控制电源回路是否短路；排除故障后，恢复正常运行；若无法排除故障，则联系专业人员处理。

7.19.2 安防设施及视频监控系统

7.19.2.1 运行规定

（1）应有安防系统的专用规程、视频监控布置图。

（2）安防系统设备标识、标签齐全、清晰。

（3）在大风、大雪、大雾等恶劣天气后，要对室外安防系统进行特巡，重点检查报警器等设备运行情况。

（4）遇有特殊重要的保供电和节假日应增加安防系统的巡视次数。

（5）巡视设备时应兼顾安全保卫设施的巡视检查。

（6）应了解、熟悉变电站的安防系统的正常使用方法。

（7）无人值守变电站防盗报警系统应设置成布防状态。

（8）无人值守变电站的大门正常应关闭、上锁。

（9）定期清理影响电子围栏正常工作的障碍物。

7.19.2.2 巡视

（1）视频监控巡视。

①例行巡视。

a）视频显示主机运行正常、画面清晰、摄像机镜头清洁，摄像机控制灵活，传感器运行正常。

b）视频主机屏上各指示灯正常，网络连接完好，交换机（网桥）指示灯正常。

c）视频主机屏内的设备运行情况良好，无发热、死机等现象。

d）视频系统工作电源及设备正常，无影响运行的缺陷。

e）摄像机安装牢固，外观完好，方位正常。

f）围墙震动报警系统光缆完好。

g）围墙震动报警系统主机运行情况良好，无发热、死机等现象。

②全面巡视。在例行巡视的基础上增加以下项目。

a）摄像机的灯光正常，旋转到位，雨刷旋转正常。

b）信号线和电源引线安装牢固，无松动及风偏。

c）视频信号汇集箱无异常，无元件发热，封堵严密，接地良好，标识规范。

d）摄像机支撑杆无锈蚀，接地良好，标识规范。

（2）防盗报警系统巡视。

①例行巡视。

a）电子围栏报警主控制箱工作电源应正常，指示灯正常，无异常信号。

b）电子围栏主导线架设正常，无松动、断线现象，主导线上悬挂的警示牌无掉落。

c）围栏承立杆无倾斜、倒塌、破损。

d）红外对射或激光对射报警主控制箱工作电源应正常，指示灯正常，无异常信号。

e）红外对射或激光对射系统电源线、信号线连接牢固。

f）红外探测器或激光探测器支架安装牢固，无倾斜、断裂，角度正常，外观完好，指示灯正常。

g）红外探测器或激光探测器工作区间无影响报警系统正常工作的异物。

②全面巡视。在例行巡视的基础上增加以下项目。

a）电子围栏报警、红外对射或激光对射报警装置报警正常；联动报警正常。

b）电子围栏各防区防盗报警主机箱体清洁、无锈蚀、无凝露。标牌清晰、正确，接地、封堵良好。

c）红外对射或激光对射系统电源线、信号线穿管处封堵良好。

（3）门禁系统巡视。

①例行巡视。

a）读卡器或密码键盘防尘、防水盖完好，无破损、脱落。

b）电源工作正常。

c）开关门声音正常，无异常声响。

d）电控锁指示灯正常。

e）开门按钮正常，无卡涩、脱落。

f）附件完好，无脱落、损坏。

②全面巡视。在例行巡视的基础上增加以下项目。

a）远方开门正常、关门可靠。

b）读卡器及按键密码开门正常。

c）主机运行正常，各指示灯显示正常，无死机现象，报警正常。

7.19.2.3　维护

（1）安防系统主机除尘，电源等附件维护。

对安防系统主机除尘，电源等附件的维护要求参照本管理规定消防系统主机除尘，电源等附件维护部分相关内容。

（2）安防系统报警探头、摄像头启动、操作功能试验，远程功能核对维护。

①每季对安防系统报警探头、摄像头启动、操作功能试验，远程功能核对维护。

②对监控系统、红外对射或激光对射装置、电子围栏进行试验，检查报警功能正常，报警联动正常。

③摄像头的灯光、雨刷旋转、移动、旋转试验正常、图像清晰。

④在对电子围栏主导线断落连接、承立杆歪斜纠正维护时，应先断开电子围栏电源。

⑤视频信号汇集箱、电子围栏、红外对射或激光对射报警主控制箱箱体、封堵修补的维护要求参照本书规定端子箱部分相关内容。

7.19.2.4　典型故障和异常处理

（1）电子围栏主机发告警信号。

①现象。

a）变电站防盗装置报警告警信号发出。

b）报警音响信号发出。

②处理原则。

a）防盗装置报警动作时，立即派人前往现场检查是否有人员入侵痕迹。

b）若为人员入侵造成的报警，核查是否有财产损失，同时汇报上级管理部门。

c）若无人员入侵，根据控制箱显示的防区，检查电子围栏有无断线、异物搭挂，按"消音"键中止警报声。

d）若是围栏断线造成的报警，断开电子围栏电源，将断线处重新接好，调整围栏线松紧度，再合上电子围栏电源。

e）若为异物造成的告警，清除异物，恢复正常。

f）若检查无异常，确认是误发信号，又无法恢复正常，联系专业人员处理。

（2）电子围栏主机不工作或无任何显示。

①现象。

电子围栏主机不工作或无任何显示。

②处理原则。

a）应检查主机电源是否正常，回路是否断线松动，主机是否损坏。

b）若无法恢复正常，联系专业人员处理。

（3）红外对射报警。

①现象。

a）变电站防盗装置报警告警信号发出。

b）报警音响信号发出。

②处理原则。

a）防盗装置报警动作时，通过安防视频观察判断防盗装置是否为误报警，安防视频无法判断时应派人前往现场确认是否有人员入侵痕迹。

b）若为人员入侵造成的报警，核查是否有财产损失，同时汇报上级管理部门。

c）根据控制箱显示的防区，检查报警区域两个探头之间有无异物阻断遮挡，按"消音"键中止警报声。

d）若无异物，复归报警即可。

e）若有异物，立即清除。

f）若属于误报，不能恢复正常，联系专业人员处理。

（4）视频监控主机无图像显示，无视频信号。

①现象。

视频监控主机无图像显示，无视频信号。

②处理原则。

a）检查电源、变压器、电源线及回路等是否正常。

b）检查显示器、主机是否正常工作。

c）检查交换机是否正常工作，数据线是否脱落。

d）不能恢复正常，联系专业人员处理。

（5）视频监控云台、高速球无法控制、控制失灵。

①现象

视频监控云台、高速球无法控制、控制失灵。

②处理原则

a）应检查设备有无明显损坏，回路是否完好。

b）断合故障摄像机的电源，重启视频系统主机。

c）故障仍没有消除，联系专业人员处理。

7.19.3 防汛设施

7.19.3.1 运行规定

（1）雨季来临前对可能积水的地下室、电缆沟、电缆隧道及场区的排水设施进行全面检查和疏通，做好防进水和排水措施。

（2）应每年组织修编变电站防汛应急预案和措施，定期组织防汛演练。

（3）防汛物资配置、数量、存放符合要求。

7.19.3.2 巡视

（1）每年汛期前对防汛设施、物资进行全面巡视。

①潜水泵、塑料布、塑料管、砂袋、铁锹完好。

②应急灯处于良好状态，电源充足，外观无破损。

③站内地面排水畅通、无积水。

④站内外排水沟（管、渠）道应完好、畅通，无杂物堵塞。

⑤变电站各处房屋无渗漏，各处门窗完好；关闭严密。

⑥集水井（池）内无杂物、淤泥，雨水井盖板完整，无破损，安全标识齐全。

⑦防汛通信与交通工具完好。

⑧雨衣、雨靴外观完好。

⑨防汛器材检验不超周期，合格证齐全。

⑩变电站屋顶落水口无堵塞；落水管固定牢固，无破损。

⑪站内所有沟道、围墙无沉降、损坏。

⑫水泵运转正常（包括备用泵），主备电源、手自动切换正常。控制回路及元器件无过热，指示正常。变电站内外围墙、挡墙和护坡有无异常，无开裂、坍塌。

⑬变电站围墙排水孔护网完好，安装牢固。

（2）特殊巡视。大雨前后检查以下项目。

①地下室、电缆沟、电缆隧道排水畅通，无堵塞，设备室潮气过大时做好通风除湿。

②变电站围墙外周边沟道畅通，无堵塞。

③变电站房屋无渗漏、无积水；下水管排水畅通，无堵塞。

④变电站围墙、挡墙和护坡有无异常。

7.19.3.3 维护

（1）电缆沟、排水沟、围墙外排水沟维护。

①在每年汛前应对水泵、管道等排水系统、电缆沟（或电缆隧道）、通风回路、防汛设备进行检查、疏通，确保畅通和完好通畅。

②对于破坏、损坏的电缆沟、排水沟，要及时修复。

（2）水泵维护。

①每年汛前对污水泵、潜水泵、排水泵进行启动试验，保证处于完好状态。

②对于损坏的水泵，要及时修理、更换。

7.19.3.4 典型故障和异常处理

（1）排水沟堵塞，站内排水不通畅。

①现象。

排水沟堵塞，站内排水不通畅。

②处理原则。

a）清除排水沟内杂物，使排水沟道畅通。

b）排水沟损坏，及时修复。

（2）站内外护坡坍塌、开裂、围墙变形、开裂、房屋渗漏。

①现象。

站内外护坡坍塌、开裂、围墙变形、开裂、房屋渗漏。

②处理原则。

a）应将损坏情况及时汇报上级管理部门。

b）对运行设备造成影响的，应采取临时应急措施。

c）在问题没有解决前，应对损坏情况加以监视，及时将发展情况汇报上级管理部门。

7.19.4 采暖、通风、制冷、除湿设施

7.19.4.1 运行规定

（1）采暖、通风、制冷、除湿设施参数设置应满足设备对运行环境的要求。

（2）根据季节天气的特点，调整采暖、通风、制冷、除湿设施运行方式。

（3）定期检查采暖、通风、制冷、除湿设施是否正常。

（4）进入 SF_6 设备室，入口处若无 SF_6 气体含量显示器，应手动开启风机，强制通风 15min。

（5）蓄电池室采用的采暖、通风、制冷、除湿设备的电源开关、插座应设在室外。

（6）室内设备着火，在未熄灭前严禁开启通风设施。

7.19.4.2 巡视

（1）例行巡视。

①采暖器洁净完好，无破损，输暖管道完好，无堵塞、漏水。

②电暖器工作正常，无过热、异味、断线。

③空调室内外机外观完好，无锈蚀、损伤；无结露或结霜；标识清晰。

④空调、除湿机运转平稳、无异常振动声响；冷凝水排放畅通。

⑤风机外观完好，无锈蚀、损伤；外壳接地良好；标识清晰。

（2）全面巡视。在例行巡视的基础上增加以下项目。

①通风口防小动物措施完善，通风管道、夹层无破损，隧道、通风口通畅，排风扇扇叶中无鸟窝或杂草等异物。

②空调、除湿机内空气过滤器（网）和空气热交换器翅片应清洁、完好。

③空调、除湿机管道穿墙处封堵严密，无雨水渗入。

④风机电源、控制回路完好，各元器件无异常。

⑤风机安装牢固，无破损、锈蚀。叶片无裂纹、断裂，无擦刮。

⑥空调、除湿机控制箱、接线盒、管道、支架等安装牢固，外表无损伤、锈蚀。

⑦空调、除湿机室内外机安装应牢固、可靠，固定螺栓拧紧，并有防松动措施。

7.19.4.3 维护

（1）通风系统维护。

①每月进行一次站内通风系统的检查维护。

②检查风机运转正常、无异常声响，空调开启正常、排水通畅、滤网无堵塞。

③通风管道、夹层、隧道、通风口进行检查，保证通风口通畅无异物。

④及时修理、更换损坏的风机。

（2）风机维护。

①若出现风机不转，应检查风机电源是否正常；控制开关是否正常。

②若更换电机，应更换同功率的电机。

③更换电机前，应将回路电源断开。

④拆除损坏电机接线时，应做好标记。

⑤更换电机后，检查电机安装牢固，运行正常，无异常声响。

7.19.4.4 典型故障和异常处理

（1）风机不转。

①现象。

风机不转。

②处理原则。

a）应检查是否有异物卡涩，清除异物，恢复风机正常运转。

b）检查风机电源、控制开关是否正常。

c）若控制开关损坏，需断开风机电源进行更换。

d）若电机本身故障，应更换电机。

（2）空调、除湿机不工作。

①现象。

空调、除湿机不工作。

②处理原则。

a）应检查工作电源是否正常。

b）当出现异常停机时，重新开启空调、除湿机。

c）若无法使故障排除，应联系专业人员处理。

7.19.5 给排水系统

7.19.5.1 运行规定

（1）冬季来临前应做好给排水系统室内外设备防冻保温工作。

（2）变电站各类建筑物为平顶结构时，定期对排水口进行清淤，雨季、大风天气前后增加特巡，以防淤泥、杂物堵塞排水管道。

（3）定期对水池、水箱的进行维修养护，若遇特殊情况可增加清洗次数。

（4）定期对水泵进行切换试验，水泵工作应无异常声响或大的振动，轴承的润滑情况良好，电机无异味。

（5）站内给水池、水塔、水箱等生活卫生储水设施容量充足，应定期检查水量并及时补充。

7.19.5.2 巡视

（1）例行巡视。

①水泵房通风换气情况良好，环境卫生清洁。

②给排水设备阀门、管道完好，无跑、冒、滴、漏现象；寒冷地区，保温措施齐全。

③水池、水箱水位正常，相关的连接供水管阀门状态正常。

④场地排水畅通，无积水。

⑤站内外排水沟（管、渠）道完好、畅通，无杂物堵塞。

（2）全面巡视。在例行巡视的基础上增加以下项目。

①水泵运转正常（包括备用泵），主备电源、手自动切换正常。

②水泵控制箱关闭严密，控制柜无异常，表计或指示灯显示正确。

③集水井（池）、雨水井、污水井、排水井内无杂物、淤泥，无堵塞。

④房屋屋顶落水口无堵塞；落水管固定牢固，无破损。

⑤给排水管道支吊架的安装平整、牢固，无松动、锈蚀。

⑥各水井的盖板无锈蚀、破损、盖严，安全标识齐全。

⑦电缆沟内过水槽排水通畅、沟内无积水，出水口无堵塞。

⑧围墙排水孔护网完好，安装牢固。

7.19.5.3 维护

（1）电缆沟、排水沟、围墙外排水沟维护。

对电缆沟、排水沟、围墙外排水沟维护要求参照本书规定防汛部分对电缆沟、排水沟、围墙外排水沟维护的相关内容。

（2）污水泵、潜水泵、排水泵维护。

对给排水污水泵、潜水泵、排水泵的维护要求参照本书规定防汛部分对污水泵、潜水泵、排水泵维护的相关内容。

7.19.5.4 典型故障和异常处理

（1）工作水泵停止工作。

①现象。

工作水泵停止工作。

②处理原则。

a）应先检查水泵电源是否正常，回路是否异常。

b）若无电源，手动投入备用电源。

c）若电源正常，则可能水泵故障，手动投入备用泵。

d）联系专业人员修理故障泵。

（2）阀门接头漏水。

①现象。

阀门或接头漏水。

②处理原则。

a）检查阀门或接头是否松动，用工具紧固。

b）若是阀门或接头损坏，关闭总阀门，更换阀门或接头。

（3）地漏堵塞不通。

①现象

地漏堵塞不通。

②处理原则

a）可先用专用工具试通。

b）若仍不能疏通，联系专业人员修理。

7.19.6　照明系统

7.19.6.1　运行规定

（1）变电站室内工作及室外相关场所、地下变电站均应设置正常照明；应该保证足够的亮度，照明灯具的悬挂高度应不低于 2.5m，低于 2.5m 时应设保护罩。

（2）室外灯具应防雨、防潮、安全可靠，设备间灯具应根据需要考虑防爆等特殊要求。

（3）在控制室、保护室、开关室、GIS 室、电容器室、电抗器室、消弧线圈室、电缆室应设置事故应急照明，事故照明的数量不低于正常照明的 15%。

（4）在电缆室、蓄电池室应使用防爆灯具，开关应设在门外。

（5）定期对带有漏电保护功能的空气开关测试。

7.19.6.2　巡视

（1）例行巡视。

①事故、正常照明灯具完好，清洁，无灰尘。

②照明开关完好；操作灵活，无卡涩；室外照明开关防雨罩完好，无破损。

③照明灯具、控制开关标识清晰。

（2）全面巡视。在例行巡视的基础上增加以下项目。

①照明灯杆完好；灯杆无歪斜、锈蚀，基础完好，接地良好。

②照明电源箱完好，无损坏；封堵严密。

7.19.6.3　维护

（1）每季度对室内外照明系统维护一次。

（2）每季度对事故照明试验一次。

（3）需更换同规格、同功率的备品。

（4）更换灯具、照明箱时，需断开回路的电源。

（5）更换灯具、照明箱后，检查工作正常。

（6）拆除灯具、照明箱接线时，做好标记，并进行绝缘包扎处理。

（7）更换室外照明灯具时，要注意与高压带电设备保持足够的安全距离。

7.19.6.4　典型故障和异常处理

（1）灯具、照明箱损坏。

①现象。

灯具、照明箱损坏。

②处理原则。

a）在拆除损坏灯具、照明箱回路前，核实并断开灯具、照明箱回路电源。

b）确认无电压后拆除灯具、照明箱回路接线，并做好标记。

c）更换灯具、照明箱后，按照标记恢复接线，投入回路电源，检查工作正常。

（2）照明开关、电源开关损坏。

①现象。

照明开关、电源开关损坏。

②处理原则。

a）在拆除照明开关、电源开关损坏回路前，核实并断开照明箱回路上级电源。

b）确认无电压后拆除照明开关、电源开关回路接线，并做好标记。

c）更换照明开关、电源开关后，按照标记恢复接线，投入回路电源，检查工作正常。

参考文献

［1］国家电网公司人力资源部．继电保护及自动装置［M］．北京：中国电力出版社，2010.

［2］国家电网公司人力资源部．变电运行（110kV 及以下）［M］．北京：中国电力出版社，2010.

［3］孙国凯，霍利民，柴玉华．电力系统继电保护原理［M］．北京：中国水利水电出版社，2002.

［4］李火元．电力系统继电保护与自动装置［M］．北京：中国电力出版社，2006.

［5］蒋治国，马爱芳．供配电技术［M］．武汉：华中科技大学出版社，2012.

［6］白明．供配电技术［M］．北京：清华大学出版社，2012.

［7］吴硕．工厂供配电技术［M］．北京：中央广播电视大学出版社，2015.

参考文献

[1] 国际商会中国国家委员会. 国际贸易术语解释通则[M]. 北京: 中国对外经济贸易出版社, 2010.

[2] 唐海燕. 国际贸易惯例与规则[M]. 北京: 北京大学出版社, 2006.

[3] 黎孝先, 王健. 国际贸易实务[M]. 北京: 对外经济贸易大学出版社, 2007.

[4] 王善论, 国际贸易实务[M]. 北京: 清华大学出版社, 2009.

[5] 黎孝先. 国际贸易实务[M]. 北京: 对外经济贸易大学出版社, 2012.

[6] 冷柏军. 国际贸易实务[M]. 北京: 高等教育出版社, 2010.

[7] 邓旭. 国际贸易实务[M]. 上海: 上海财经大学出版社, 2008.